21世纪高等教育计算机规划教材

计算机科学概论

Introduction to Computer Science

吕云翔 李子瑨 翁学平 编著

人民邮电出版社
北京

图书在版编目（CIP）数据

计算机科学概论 / 吕云翔，李子瑨，翁学平编著
. -- 北京 : 人民邮电出版社，2015.5
21世纪高等教育计算机规划教材
ISBN 978-7-115-38780-6

Ⅰ. ①计… Ⅱ. ①吕… ②李… ③翁… Ⅲ. ①计算机科学－高等学校－教材 Ⅳ. ①TP3

中国版本图书馆CIP数据核字(2015)第066934号

内容提要

本书共12章，具体内容涉及计算机科学基础知识，包括计算机发展历史、计算机科学基础概念和计算思维概念；计算机硬件知识，包括数据在硬件上的表示方法、硬件功能结构；计算机软件知识，包括程序设计基础和软件工程基本概念等；计算机数据相关内容，包括数据的抽象、存储和表示等；计算机网络相关内容，包括网络结构与信息安全等；最后一章对计算机技术的最新发展方向进行了介绍。读者在阅读本书后可在整体上对计算机科学产生较为全面的认识。

本书对计算机科学领域的重要理论知识有广泛的覆盖，内容全面翔实，语言易读易懂，有充分的图片、举例、练习和拓展阅读，是高等院校计算机科学、软件工程及计算机相关专业学生入门的理想教材。

◆ 编　　著　吕云翔　李子瑨　翁学平
责任编辑　武恩玉
责任印制　沈　蓉　彭志环
◆ 人民邮电出版社出版发行　北京市丰台区成寿寺路11号
邮编　100164　电子邮件　315@ptpress.com.cn
网址　http://www.ptpress.com.cn
北京虎彩文化传播有限公司印刷
◆ 开本：787×1092　1/16
印张：19.5　2015年5月第1版
字数：512千字　2024年7月北京第8次印刷

定价：45.00元

读者服务热线：(010) 81055256　印装质量热线：(010) 81055316
反盗版热线：(010) 81055315

前言

“计算机科学概论”是计算机科学及相关专业的学生入学以来的第一门专业课程，也是后续学习其他专业课程的必备基础。本书主要目的在于介绍计算机科学的内容，并对计算机学科进行系统化的阐述，使得学生了解计算机科学涵盖的范围，掌握计算机科学课程必备的知识，并把握住计算机科学的前沿内容。

本书是“计算机科学概论”课程的对应教材，因此本书在编写的过程中，力求语言简洁、逻辑清晰，使没有计算机科学知识背景的读者也能通过本书学习到大量计算机科学的基本知识。此外，本书作为计算科学概括性的教程，力求做到知识体系完整、覆盖面广、内容翔实，并且紧跟计算机科学理论最新发展的步伐，使得学生在掌握计算机科学基础知识的同时，也能及时了解计算机科学的前沿动态。

本书最为重要的一点是借鉴和参考了国内外的同类教材，吸收了这些教材的优点，并结合本书的特色进行内容的安排。教材的内容遵循 CC 2005 课程体系要求，从广度上覆盖了计算机科学的主要内容，从深度上满足了入门级教材的要求。

本书不仅适用于计算机专业，也适用于高校的公共基础课程。本书使读者了解计算机科学领域的背景、定义、内容和意义；了解计算机学科包含的内容以及应用的领域；了解计算机学科课程领域的设置和核心的概念、方法与实践；能够建立起对计算机科学领域的宏观认识，为以后深入地学习计算机课程做好铺垫。为了达到这一目的，本书主要强调概念和宏观认识，而不是具体的技术细节和数学模型，并且通过大量的图片、表格等增强读者对内容的理解和知识的掌握。为了满足部分读者的阅读需求，本书还为相应的内容提供了扩展阅读，使得有意深入了解相关内容的读者能够拓宽视野，深入理解。

本书建议用 32～48 学时完成，教师可以根据教学目标适当地添加或删减内容，也可以开设上机实验课程。学时安排建议如下。

章节	内容	学时
第 1 章	计算机科学基础	2～3
第 2 章	计算思维	2
第 3 章	计算机数据表示	3～5
第 4 章	计算机硬件结构	2～4
第 5 章	操作系统	3～5
第 6 章	算法和数据结构	3～5
第 7 章	程序设计	4
第 8 章	软件工程	3～5
第 9 章	数据库	3
第 10 章	计算机网络	3～5
第 11 章	信息安全	2～4
第 12 章	计算机科学发展前景	2～3

本书是在作者多年科研和教学基础上编写的，书中还引用了国内外的相关文献和资料，由于篇幅问题，在此就不一一列举，参考的书目和文献在书后列出，在此对这些教材和资料的作者表示衷心的感谢。

感谢其他参与本书审核和校验的教师及学生。

一本书的出版离不开许多人的支持，尤其是本书，为此感谢我们的家人和朋友。

由于作者水平有限，书中难免有疏漏和不妥之处，恳请各位读者不吝赐教（yunxianglu@hotmail.com）。

作 者

2015 年 1 月

目 录

第 1 章 计算机科学基础

从世界上第一台电子计算机诞生到现在这短短的几十年时间中，计算机以惊人的发展速度，让人们的生活发生了翻天覆地的变化，以计算机为基础的应用在学习、工作、生活等各个方面都已深入我们的生活。计算机的出现不但极大提高了人们的效率，在教育、商业、娱乐等各个领域也带来了传统模式的巨大变革，更促进了信息和知识的传递，加速了人们迈入信息化时代的步伐，如今计算机已成为人类社会不可分割的一部分。计算机科学正是专门研究计算机系统及其应用的学科，自计算机诞生以来也在不断地发展，目前已涉及许多不同的领域，拥有多种分支学科。在本章中我们将先对计算机的发展历史和计算机科学及其各个分支学科进行介绍，之后将对计算机科学的应用领域做相应的介绍。

1.1 计算机发展简史

计算机是计算机科学发展的基础，在理解计算机科学之前，有必要先对计算机的发展历史做简要的了解。广义上来说，任何能帮助人类执行计算的机器和设备都可以称为计算机，但现在人们谈到计算机时一般代指电子计算机。计算机发展的速度是惊人的，从 1946 年诞生的 ENIAC（埃尼亚克）的每秒 5 000 次加减运算到我国的“天河二号”超级计算机每秒 33.86 千万亿次浮点运算，计算机在体系结构及各种软硬件配置方面都有了巨大的进步。在第一台计算机诞生之前，人们又是利用哪些工具进行计算的呢?

1.1.1 电子计算机诞生之前

1. 早期计算工具

（1）古代中国的算筹与算盘

如同许多领域和学科一样，在早期计算工具方面对世界贡献尤为突出的是古代兼具勤劳与智慧的中国劳动人民。十进制计数法早在商代就已经在中国开始使用了，这足足领先了世界一千余年。算筹是古代中国特有的一种计算工具，它于周朝最早出现。算筹是一种由竹子、木头或骨头等材料制成的刻有计数标记的棍型工具，利用算筹人们可以方便地对数字进行表示和计算。算筹表示数字的方式有纵式和横式两种，如图 1-1 所示，以纵式为例：一根纵向放置的算筹表示 1，当要表示的数字超过 5 时，用一根横向放置的算筹表示 5；横式与纵式相反，利用这种数字的组合，算筹可以表示范围很广的数字。算筹对于数制的发展具有重要意义，它在算盘出现推广之前都是中国最重要的计算工具。

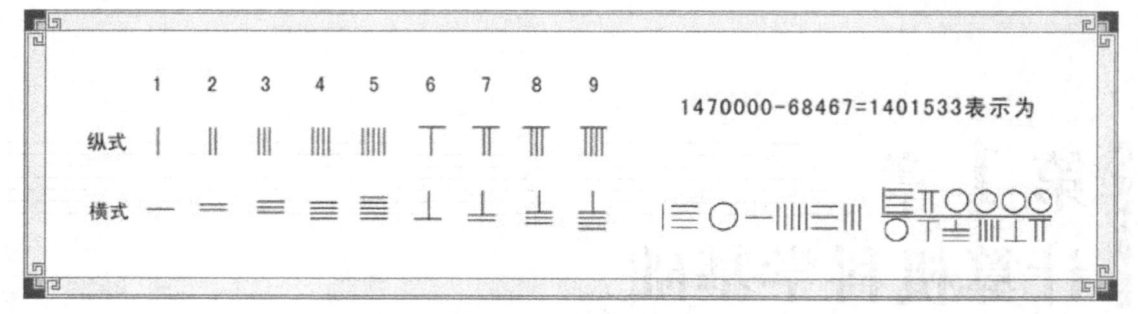

图 1-1 算筹数字表示方法

算盘是另一种古老的计算工具，由于算盘上计数的单位大多由珠子构成，因此也称为珠算。算盘由算筹演变而来，算盘分上下两档，上档一珠当 5，下档一珠当 1，这与纵式的算筹是完全一致的。算盘利用进位制计数，通过拨动算珠就能很快地进行计算。由于算盘结构简单、计算方便迅速、价格低廉又便于携带，在计算器盛行之前一直在我国的经济生活中长期发挥着重大作用，直到今天国内一些幼儿园中还开设珠算课程。

（2）纳皮尔的骨头

约翰·纳皮尔是 16～17 世纪苏格兰数学家、物理学家兼天文学家，他最为人所熟知的是发明对数和纳皮尔的骨头计算器。纳皮尔于 1617 年在他所著的一本书中介绍了一种利用工具计算乘法的简便方法，这个工具被后人称为“纳皮尔棒”或“纳皮尔的骨头”。纳皮尔的骨头也是由一些表面刻着类似乘法数字的棍状的木头或骨头组成，但它的原理却与中国的算筹大相径庭，纳皮尔的骨头的原理类似于竖式乘法，它是根据乘数和被乘数排列好木棍的顺序，这样仅需要做简单的加法就能计算出乘积等复杂的运算，从而大大简化了计算过程。

（3）计算尺

计算尺，即对数计算尺，也称为滑尺，是一种模拟计算机，通常由 3 个互相锁定的有刻度的长条和一个滑动窗口（称为游标）组成，如图 1-2 所示。在 20 世纪 70 年代之前广泛使用，之后被电子计算器所取代，成为过时技术。

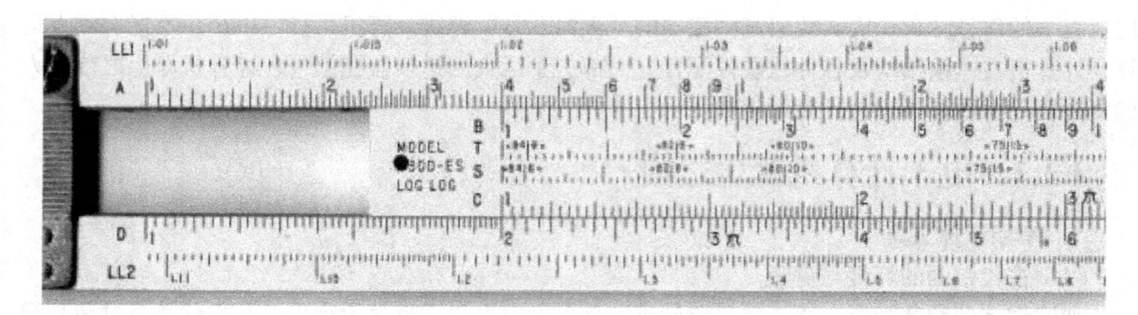

图 1-2 计算尺

计算尺发明于 1620—1630 年，在约翰·纳皮尔对数概念发表后不久，英国牛津大学的埃德蒙·甘特发明了一种使用单个对数刻度的计算工具，当和另外的测量工具配合使用时，可以用来做乘除法。1632 年，剑桥大学的威廉·奥垂德将两把甘特式计算尺组合起来使用，发现可以更加便捷地进行计算，这便是计算尺的前身。

在使用计算尺进行数学计算时，通常通过把滑动杆上的记号和其他固定杆上的记号对齐来进行，结果通过观察杆子上的其他记号的相对位置来读出。在其最基本的形式中，计算尺用两个对数标度来做乘除法这种在纸上既费时又易出错的常见运算。算尺本身只提供结果的数字序列，使用者通过估计决定小数点在结果中的位置来获得最终结果。更复杂的算尺可以进行其他计算，例如平方根、指数、对数和三角函数等。

2. 机械式计算机

机械时代计算装置的主要特点是利用了齿轮、杠杆等各种机械传动装置达到计算的自动化，包括进位的自动传送等，而机械装置的主要动力来自计算人员的人力。

（1）帕斯卡加法器

帕斯卡加法器是由法国著名哲学家、数学家布雷斯 • 帕斯卡于 1642 年为了帮助其父亲进行税务计算而发明的机器，它是第一台真正的机械式计算器。

帕斯卡加法器的外形如图 1-3 所示，它的操作面板上由 6 个滚轮构成，因此也称为滚轮式加法器，它是利用齿轮传动的原理，通过手工操作来实现加减运算的机器。加法器从右至左的每个滚轮依次代表个、十、百、千、万、十万这 6 个位数，每个轮子上又刻着 0～9 这 10 个数字。利用加法器进行加法运算时，先在滚轮上按照位数和各个位数的数字拨出第一个加数，再按照第二个加数的各位数字在对应滚轮上转动相应格数，最终面板上显示的数字即为两数相加之和，如果是执行减法，则只需在第二步时向相反方向转动滚轮即可。加法器的精妙之处在于能够过齿轮等机械传动装置使某一位产生进位或退位时自动对其他数位的数值进行改变，同时也给人们以启示：用一种机械装置去代替人们的思考和记忆是完全可以做到的。

图 1-3　帕斯卡加法器

（2）莱布尼茨乘法器

发明了二进制的德国哲学家、数学家莱布尼茨于 17 世纪 70 年代设计并建造了一台可以进行加、减、乘、除四则运算的机器，后人通常称其为莱布尼茨乘法器。莱布尼茨乘法器的基本原理和帕斯卡加法器相同，同样是利用了齿轮体系来传动，但除了加、减法之外，还能进行乘、除法的运算，还有一系列加、减后的平方根算法，这是通过一种称为“步进轮”的装置完成的。步进轮是一个有 9 个齿的阶梯型柱体，9 个齿依次分布于圆柱表面；步进轮旁边另有可以沿着轴向移动的小齿轮，以便逐次与步进轮啮合。每当小齿轮转动一圈，步进轮可根据它与小齿轮啮合的齿数，分别转动 1/10 圈、2/10 圈……直到 9/10 圈，这样一来它就能够连续重复地做加减法。通过使用者转动手柄，使这种重复的加减运算转变为乘除运算。莱布尼茨乘法器长约 1m，宽 30cm，高 25cm，如图 1-4 所示。

图 1-4 莱布尼茨乘法器

（3）差分机和分析机

英国数学家、发明家、机械工程师查尔斯·巴贝奇于 19 世纪初期提出了差分机和分析机的概念，为现代计算机设计思想的发展奠定了基础，差分机和分析机在计算机发展史上占有重要的地位，巴贝奇也被视为计算机先驱。

巴贝奇首先设计了差分机一号，他设计计算机器的最初目的是利用“机器”将计算到印刷的过程全部自动化，全面去除计算错误、抄写错误、校对错误、印制错误等人为疏失。而差分机一号则是利用 *N* 次多项式求值会有共通的 *N* 次阶差的特性，以齿轮运转带动十进制的数值相加减、进位。差分机一号由英国政府出资，预计完工需要 25 000 个零件，重达 4 000kg，可计算到第六阶差，最高可以存 16 位数。但因为大量精密零件制造困难、设计不断被修改以及人员冲突等原因，差分机一号并未能完工，到 1832 年巴贝奇只能拿出完成品的 1/7 部分来展示，12 000 多个还没用到的精密零件后来都被熔解报废，不过差分机运转的精密程度仍令当时的人们叹为观止，至今依然是人类踏进科技的一个重大起步。

图 1-5 差分机

图 1-6 分析机

在差分机一号搁浅之后，巴贝奇仍继续工作，设计一台更为复杂的机器——分析机。这台机器本有希望成为真正的计算机，可以运行包含“条件”“循环”语句的程序，有暂存器用来存储数据，不过同样没有完成。然而巴贝奇计划在分析机上使用的穿孔卡控制机器却是人类计算机历史上的一次重大飞跃，利用穿孔卡可以让分析机按任何制定的公式去执行计算，这与现代计算机编程的概念是完全一致的。之后巴贝奇又于 1849 年设计了具有更高精度、能执行更复杂计算的差分机二号，但由于失去政府资助等原因，同样未能实现，但巴贝奇设计的差分机和分析机对计算机发展的贡献是不可磨灭的。后人仿制的差分机和分析机如图 1-5 和图 1-6 所示。

3. 机电计算机

电动机械时代的计算机器的特点是使用电力作为驱动计算机的动力，但机器结构本身还是机械式结构。

（1）制表机

19 世纪美国每 10 年就要进行一次人口普查，由于人口的不断增长，利用传统的人工统计方法进行一次人口普查的时间将超过 10 年普查周期，这样人口普查就没有意义了，利用更高效的机器提高统计效率迫在眉睫。1886 年，美国人口统计局的统计学家赫尔曼·霍勒瑞斯博士借鉴了雅各布织布机的穿孔卡原理，用穿孔卡片存储数据，用电磁继电器代替一部分机械元件来控制穿孔卡片，制成第一台机电式穿孔卡系统——制表机。制表机加快了数据处理速度，避免了手工操作引起的差错，这台机器参与了 1890 年的美国人口普查工作，结果仅用了六周时间就得出了准确的人口数据，还曾在奥地利、加拿大、挪威等许多国家的人口普查中被使用。于是霍勒瑞斯于 1896 年创建了制表机公司（Tabulating Machine Company，TMC），1911 年，TMC 与另外两家公司合并，成立了 CTR 公司。1924 年，CTR 公司改名为国际商业机器公司（International Business Machines Corporation，IBM），这就是长期占据大型计算机制造业霸主地位的 IBM 公司的由来。1890 年的制表机如图 1-7 所示。

图 1-7　制表机

（2）Z 系列计算机

1934 年，德国工程师、计算机先驱和发明家康拉德·楚泽开始致力于计算机的研制，他设计的第一台计算机 Z1 于 1938 年完成，Z1 是一种纯机械式计算装置，它有可存储 64 位数的机械存储器，并与一个机械运算单元相连接，Z1 的运算速度较慢，可靠性并不可观。早在 Z1 完成之前，楚泽就已经开始设计 Z1 的下一代计算机 Z2，Z2 计划采用电器元件并于 1940 年研制完成。在 Z2 的基础上楚泽开始研制他的第三代计算机 Z3，并于 1941 年研制成功。Z3 是世界上第一台采用电磁继电器控制并可以由程序控制的计算机，它使用了 2 600 个继电器，采用浮点二进制数进行运算，采用带数字存储地址形式的指令，这些设计思想虽然在楚泽之前就已被提出，但是楚泽第一次具体实现。Z3 能够进行数的四则运算和求平方根，进行一次加法用时 0.3s，并且 Z3 计算机的体积比同时代的计算机体积小很多，而且可以通过程序控制。Z3 计算机工作了 3 年，1944 年美国空军对柏林实施空袭，楚泽的住宅连同 Z3 计算机一起被炸得支离破碎。在德国法西斯即将毁灭前夕，楚泽于 1945 年又建造了一台比 Z3 更先进的电磁式 Z4 计算机，存储器单元也从 64 位扩展到 1 024 位，继电器几乎占满了一个房间。为了使机器的效率更高，楚泽甚至设计了一种编程语言 Plankalkuel，这一成果使楚泽也跻身于计算机语言先驱者行列，该语言也被视为现代算法程序设计语言和逻辑程序设计语言的鼻祖。

图 1-8 为晚年的楚泽与 Z1 的仿制品。

图 1-8 楚泽与 Z1 仿制品

扩展阅读：康拉德·楚泽

康拉德·楚泽于 1910 年 6 月 22 日生于德国维尔梅斯多夫，在东普鲁士接受早期教育。东普鲁士的文化传统相当保守，为了获得更好的发展，他进入一所比较开放的学校，直到高中毕业。1927 年，楚泽考进柏林工业大学，学的是土木工程建筑专业。他从小爱好绘画，具有非常好的美术功底，因此很快就学会了如何设计房屋结构和外观。多才多艺的楚泽兴趣广泛，修理机器的活也很拿手，时常动手制作出一些稀奇古怪的玩艺，让班上的同学大吃一惊。

求学期间，楚泽需要完成许多力学计算的功课，如桥梁、材料强度设计等，必须自己动手根据公式算出结果，往往一整天都算不完一道强度核算题目。一天，在疲惫不堪地完成老师布置的作业后，楚泽突然发现，写在教科书里的力学公式是固定不变的，他们要做的只是向这些公式中填充数据，这种单调的工作，应该可以交给机器做。

1935 年，楚泽获得了土木工程学士学位，在柏林一家飞机制造厂找到了工作，主要任务恰好是他最挠头的飞机强度分析，烦琐的计算现在变成了他的主要职业，而辅助工具只有计算尺可用。楚泽想制造一台计算机的愿望愈来愈强烈，他在这家工厂里只待了短短的几个月，便辞职回家做他的“发明梦”，迈出了成为计算机先驱的第一步。

（3）自动序列控制演算器

自动序列控制演算器的全称为哈佛-IBM 自动序列控制计算机（Harvard-IBM Automatic Sequence Controlled Calculator），它也是机电计算机的典型代表。美国哈佛大学应用数学教授、计算机先驱霍华德·艾肯（Howard Aiken，1900—1973 年）于 1939 年在哈佛大学取得博士学位，他当时正苦恼于解决微分方程的求解问题，传统的计算方式使求解效率十分低下又占据大量时间。在阅读了巴贝奇和艾达·拉芙蕾丝关于差分机和分析机的文献后他深受启发，提出将巴贝奇分析机纯机械的实现方法改为机电结合的实现方法，于是在 IBM 公司的资助下他成功设计出一台计算机，其原名为自动序列控制演算器（Automatic Sequence Controlled Calculator，ASCC），之后更名为哈佛马克一号（Harvard Mark-I）（以下简称马克一号）。马克一号最终于 1944 年完成并被搭建在哈佛校园内，长 15.5 米，高 2.4 米，由超过 75 万个零件构成，如图 1-9 所示。艾肯又于 1947 年完成了马克二号，之后又完成了更加先进的马克三号和马克四号。马克三号仍是机电式计算机，而马克四号已成为完全由电子部件构成的计算机了，马克三号和马克四号使用磁鼓作为存储器介质，马克四号同时还有磁芯存储器。霍华德·艾肯的马克系列计算机在计算机发展史上占有十分重要的地位，同时这一时代的计算机应用了大量继电器，为早期电子计算机的设计制造积累了经验，为现代计算机的发展奠定了十分坚实的理论和时间基础。

图 1-9　马克一号计算机

1.1.2　电子计算机的发展

从 20 世纪 30 年代开始，科学家认识到电动机械部件可以由简单的真空管来代替，在这种思想的引导下，机电计算机中的机械部件被电子部件替换，真正的电子计算机开始登上历史舞台。按照电子计算机使用元件的不同，可将电子计算机分为电子管计算机、晶体管计算机、集成电路计算机、大规模集成电路计算机这四代。

1．第一代计算机：电子管计算机

电子管计算机主要存在于 1946—1957 年，其主要特点为：

（1）主要元件由放大电信号的电子管代替了机电时代的机械装置和继电器；

（2）运算速度低为几千次每秒，高至几万次每秒；计算机成本较高、可靠性较低、体积十分庞大；

（3）可以使用介质存储程序，介质从早期的水银延迟线和静电存储管发展到后来的磁鼓和磁芯，存储容量进一步增大；

（4）程序采用的指令由十进制转变为二进制，这一阶段主要编写程序的语言是机器语言和汇编语言，机器语言全由二进制数 0 和 1 构成，极容易出错又消耗时间，汇编语言的出现使这一情况有所改观，但编写程序仍然十分困难；

（5）程序的输入和输出采用穿孔卡，用有孔和无孔对应二进制数的 0 和 1，速度较慢；

（6）这一阶段的计算机主要用于执行科学计算，很少用于其他领域。

电子管计算机时代开启的标志是普遍认为的第一台电子计算机——ENIAC 的诞生。ENIAC 的全称为“电子数值积分计算机”（Electrical Numerical Integrator and Computer，ENIAC，读作“埃尼阿克”），是为了计算导弹的弹道而研制的。第二次世界大战中，美国宾夕法尼亚大学穆尔学院同阿伯丁弹道研究实验室共同负责为陆军每天提供 6 张火力表，而每张火力表都要计算几百条弹道，对于人工计算弹道的方式来说从时间上是完全不可行的。在穆尔学院任教的莫奇利（John W. Mauchly，1907—1980 年）在参观军方实验室之后于 1942 年 8 月题写了《高速电子管计算装置的使用》，称为 ENIAC 的初始设计方案。莫奇利在研究生约翰·埃克特（John P.Eckert，1919—1995 年）的帮助和美国陆军的资助下开始了 ENIAC 的设计和建造，建造合同在 1943 年 6 月 5 日签订，实际的建造在 7 月以“PX 项目”为代号秘密开始，由宾夕法尼亚大学穆尔电气工程学院进行，建造 ENIAC 花费了将近 50 万美元。建造完成的机器在 1946 年 2 月 14 日公布，并于次日在宾夕法尼亚大学正式投入使用，之后于 1946 年 7 月被美国陆军军械兵团正式接受。为了翻新和升级存储器，ENIAC 在 1946 年 11 月 9 日关闭，在 1947 年转移到了马里兰州的阿伯丁试验场，并在那里继续工作到 1955 年。

ENIAC 每秒可进行 5 000 次简单的加减运算或 385 次乘法运算，它包含了 17 468 个真空管、7 200 个晶体二极管、1 500 个继电器、10 000 个电容器，还有大约 500 万个手工焊接头。它的重量达 27 吨，体积大约是 2.4 米×0.9 米×30 米，占地 167 平方米，耗电 150 千瓦，如图 1-10 所示。有传言说，每当这台计算机启动的时候，费城的灯都变暗了。ENIAC 的输入和输出装置采用 IBM 的卡片阅读器和打卡器。

图 1-10　电子计算机 ENIAC

但是实际上 ENIAC 并不是真正的第一台电子计算机，第一台电子计算机是于 1939 年在爱荷华州立大学研制完成的阿坦纳索夫-贝里计算机（Atanasoff-Berry Computer，ABC）。20 世纪 30 年代，阿坦纳索夫（John V.Atanasoff，1903—1995 年）为了帮助学生求解线性偏微分方程组，尝试着运用模拟和数字的方法来处理繁杂的计算问题。阿坦纳索夫的设计目标是一台能够解含有 29 个未知数的线性方程组的机器，经过两年反复研究试验，思路越来越清晰，在研究生克利福德•贝里（Clifford E.Berry，1918—1963 年）的帮助下，两个人终于在 1939 年造出来一台完整的样机，证明了他们的概念是正确并且是可以实现的。人们把这台样机称为 ABC，代表的意思是 Atanasoff-Berry Computer，包含他们两人的名字。这台计算机是电子与电器的结合，电路系统中装有 300 个电子真空管执行数字计算与逻辑运算，机器上装有两个记忆鼓，使用电容器来进行数值存储，以电量表示数值，数据输入采用打孔卡，采用二进位制。ABC 的设计中已经包含了现代计算机中 4 个最重要的基本概念。但令人惋惜的是，阿坦纳索夫在 1942 年应征去海军服役，没有为自己的计算机申请专利保护。直至 1973 年，美国明尼苏达地区法院经历了美国联邦法庭最长时间的调查之后，最终发现 ENIAC 的设计制造者莫奇利是深受 ABC 的影响才完成了 ENIAC 的研制，这台机器根本不能作为一项独立的发明，于是法院吊销了莫奇利的专利，并肯定了阿坦纳索夫才是真正的现代计算机的发明人。但是，阿坦纳索夫-贝里计算机仅能用于数值计算而且不能编程，而 ENIAC 是可以编程的。因此，可以认为 ABC 是第一台电子数字计算机，而 ENIAC 是第一台电子普适计算机。图 1-11 为阿坦纳索夫-贝里计算机的仿制品。

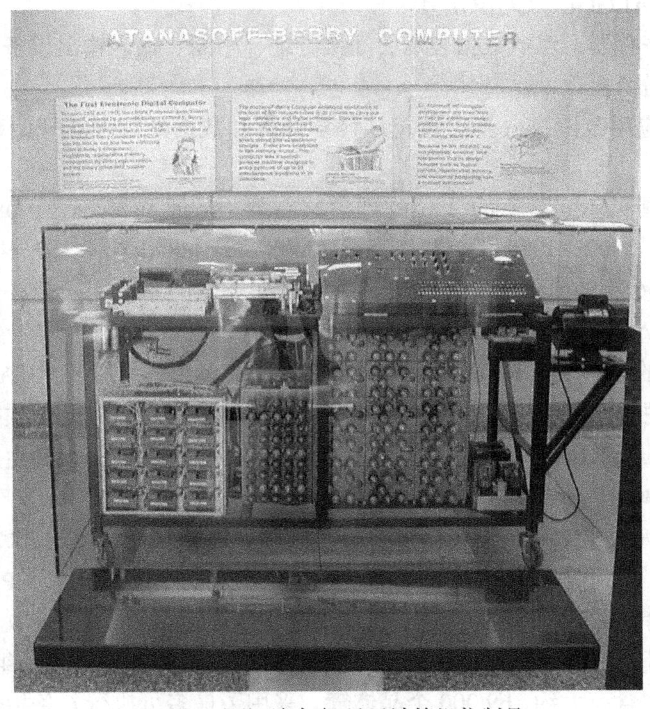

图 1-11　阿坦纳索夫-贝里计算机仿制品

这一阶段的一个重要计算机先驱是约翰•冯•诺依曼（John von Neumann，1903—1957 年）。冯•诺依曼是出生于匈牙利的美国籍犹太人数学家，现代计算机创始人之一，他在计算机科学、经济学、物理学中的量子力学及几乎所有数学领域都作过重大贡献。1944—1945 年间，冯•诺依曼主持设计了 EDVAC（Electronic Discrete Variable Automatic Computer）方案，它明确了计算机由运算器、逻辑控制装置、存储器、输入设备和输出设备这 5 个部分组成，方案中还描述了这 5

部分的职能和相互关系。1946年，冯·诺依曼在其他一些人的帮助下，在EDVAC方案的基础上，提出了更加完善的计算机设计报告——《电子计算机逻辑设计初探》。这些设计标志着著名的冯·诺依曼计算机体系结构的形成，这个体系结构的概念被誉为计算机发展史上的一个里程碑，它标志着电子计算机时代的真正开始，并指导着以后的计算机设计。

2. 第二代计算机：晶体管计算机

晶体管计算机主要存在于1959年至1964年，其主要特点为：

（1）主要元件由晶体管代替了第一代计算机中的电子管。晶体管是一种固体半导体器件，具有检波、整流、放大、开关、稳压、信号调制等多种功能。晶体管作为一种可变电流开关，具有非常快的开关速度，实验室中的切换速度可达100GHz以上；

（2）晶体管使计算机的运算速度进一步提高，且计算机的体积减小、耗电量降低、成本降低，计算机体系结构也发生了变化；

（3）磁芯作为主存储器介质被普遍使用，磁盘与磁带作为外部存储介质也开始使用，这些新存储介质的使用使计算机存储空间增大、存储速度加快、可靠性提高，为系统软件的开发和运行创造了条件；

（4）高级程序设计语言在这一阶段开始出现，程序设计语言取得了较大发展，编程工作变得更加高效简洁，这一时期出现了监控程序，后来发展成为操作系统。这一阶段出现的程序设计语言有：FORTRAN、ALGOL、COBOL等；

（5）可变地址寄存器、浮点数据表示、间接寻址、中断、输入输出设备等现代计算机体系结构中的许多新技术纷纷出现；

（6）计算机的应用范围进一步扩大，从科学计算和数据处理领域开始延伸到实时过程控制领域。

晶体管是由美国贝尔实验室的3位物理学家巴丁（John Bardeen，1908—1991年）、布莱顿（Walter H. Brattain，1902—1987年）和肖克莱（William Shockley，1910—1989年）发明的，他们也因此获得了1956年的诺贝尔物理学奖。1954年贝尔实验室使用了800个晶体管研制出第一台晶体管计算机TRADIC（TRAnsistor DIgital Computer）。

1958年，美国的IBM公司制成了第一台全部使用晶体管的计算机RCA501型。由于第二代计算机采用晶体管逻辑元件，以及快速磁芯存储器，计算速度从每秒几千次提高到几十万次，主存储器的存储量从几千KB提高到10万KB以上。1959年，IBM公司又生产出全部晶体管化的电子计算机IBM 7090。

1961年，IBM完成了第一台使用晶体管的超级计算机IBM 7030，也称为Stretch。整个IBM 7030数据处理系统的尺寸为67.5英寸×64.25英寸×29.5英寸，由7101型CPU、7803功耗分布单元、7302核心存储单元、7619交换通道（提供8个I/O通道）、7620通道扩展、353磁盘存储单元、磁盘控制器、磁带控制器、打印机控制器，以及卡片穿孔机、控制台等模块组成，功耗为21.6kW。IBM 7030的CPU包含有大约169 000个晶体管，采用了最多可执行6条指令的控制方式，每秒能执行65万次浮点运算和35万次乘法运算，在当时是最快的超级计算机，它在包括核弹开发、气象、国家安全等领域中都发挥了重要作用。图1-12是位于巴黎工艺美术博物馆的IBM 7030维护控制台展品。

CDC 6600是来自控制资料公司的大型计算机，首先于1964年在加州大学伯克利分校的劳伦斯放射实验室投入使用。在当时，CDC 6600主要被用于高能核物理研究，包括一部分在阿尔瓦雷斯气泡室中录摄的核事件分析。一般来说，CDC 6600被认为是第一个成功的超级计算机，每秒浮点运算次数达 1M，超过之前最快的 IBM 7030 约三倍，它从 1964 年到 1969 年一直保持世界最快的计算机，直到遇到其继任者 CDC 7600。

图 1-12　IBM 7030

1958—1964 年，晶体管电子计算机经历了大范围的发展过程，从印刷电路板到单元电路和随机存储器，从运算理论到程序设计语言，不断革新使晶体管电子计算机日臻完善。

3. 第三代计算机：集成电路计算机

集成电路计算机主要存在于 1965—1970 年，其主要特点为：

（1）主要元件由集成电路代替了晶体管。集成电路（Integrated Circuit，IC）通过采用半导体工艺或薄膜、厚膜工艺，把一个电路中所需的晶体管、电阻、电容和电感等元件及布线互连一起，制作在一小块或几小块半导体晶片或介质基片上，然后封装在一个管壳内，成为具有所需电路功能的微型结构；

（2）计算机的运算速度和可靠性进一步提高，计算速度达到每秒几十万次到几百万次，体积、成本、耗电量等进一步减小；

（3）磁鼓和磁芯存储介质逐步被半导体存储器取代，使存储器的集成化程度和存储器容量都有大幅度提升；

（4）程序设计技术进一步提高，出现了结构化、模块化程序设计方法，操作系统出现并在功能上取得了提高和完善，具备批量处理、分时处理、实时处理等多种功能，系统软件和应用软件也有较大发展，软件开发的质量和效率均有提高；

（5）计算机的应用领域更加广泛，尤其是中小企事业单位和政府职能部门开始使用计算机作为办公工具，成本较低、体积较小的计算机为了满足这些需要也应运而生。计算机的生产开始采用流水线和微程序设计技术，计算机作为产品走向系列化、通用化和标准化，计算机体系结构的兼容性也有巨大改善。

第三代计算机中最具代表性的产品是 IBM 公司的 IBM 360 机型。1964 年 4 月 7 日，吉恩·阿姆达尔（Gene Amdahl，1922 年至今）在 IBM 公司成立 50 周年之际公布了由他担任主设计师、历时 4 年研发完成的 IBM 360 计算机，它是 IBM 公司历史上最为成功的机型之一，它的诞生也标志着集成电路计算机时代的到来。360 计算机系列是世界上首个指令集可以兼容的计算机系列：1964 年以前，计算机厂商要针对每种主机量身定做操作系统，而 360 系统的问世则让单一操作系统适用于整系列的计算机，360 系统的主要型号有 20 型/25 型/30 型小型机、40 型/44 型/50 型中型机、65 型/75 型/85 型大型机和 91 型/95 型超级计算机，图 1-13 展示了 65 型机器的控制台。这项计划的投入规模空前，特为此招募了 6 万名新员工，建立了 5 座新工厂，当时的研发费用超过了 50 亿美元（相当于现在的 340 亿美元）。直到 1965 年首台 360 系统的计算机才开始出货，但是到 1966 年 IBM 每月售出超过千台，每台的价格在 250 万～300 万美元，约合现在的 2 000 万美元。

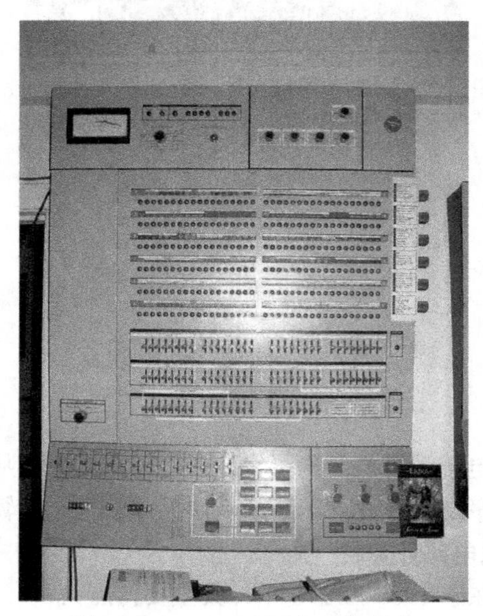

图 1-13　IBM 360/65 机型控制台

计算机程序设计语言在这一阶段也取得了巨大的发展，高级程序设计语言的种类进一步增加，语言在语法上也更加接近人们使用的自然语言，它允许用英文编写计算机程序，程序中所使用的运算符号和运算式子均与日常使用的数学式子相似。高级语言的通用性增强，使用的便捷性、简单性和编程效率均有提高。这一阶段中有些流行的高级语言已经被大多数计算机厂商采用，固化在计算机的内存里，如美国达特茅斯学院的凯默尼（John G. Kemeny，1926—1992 年）和库尔泽（Thomas E. Kurtz，1930—）发明的 BASIC 语言。

4. 第四代计算机：大规模集成电路计算机

从 1971 年至今的计算机均属于第四代大规模集成电路计算机，其主要特点为：

（1）主要元件由微处理器或大规模集成电路代替了普通的集成电路。随着制作工艺的进步，更多的电子元件能被集成到体积更小的芯片上，出现了大规模集成电路和超大规模集成电路，大规模集成电路（Large Scale Integration，LSI），通常指含逻辑门数为 100 门～9 999 门（或含元件数 1 000 个～99 999 个）、在一个芯片上集合有 1 000 个以上电子元件的集成电路。超大规模集成电路（Very Large Scale Integration，VLSI）通常指含逻辑门数大于 10 000 门（或含元件数大于 100 000 个）的集成电路。将一片或多片超大规模集成电路集成在一起执行算数逻辑部件和控制器功能便构成了微处理器，微处理快速成为了新一代的中央处理单元；

（2）计算机的体积和价格不断下降，可靠性和计算能力不断提升，每秒能执行的计算次数上升到上千万次到上亿次；

（3）计算机的存储容量进一步扩大，出现了新的设备，如光盘和激光打印机等；

（4）计算机程序设计更加人性化，更高级的程序设计语言如 C、C++、Java 等相继出现并迅速占领市场，编程变得更加简单、高效；

（5）计算机的生产技术不断提升，流水线生产和集成制造技术使一台计算机生产的时间显著下降，这一时期各大计算机制造厂商开始生产适合个人生活、学习、工作和娱乐的微型计算机。微型计算机是以微处理器为核心，加上存储器和外部输入、输出等设备构成，具有体积小、价格低廉等优点；

（6）计算机的应用领域前所未有地扩大，深入多媒体技术、人工智能、数据库和数据挖掘、电子商务等各个领域，并且在每个领域中发展了单独的计算机技术，甚至诞生了分支学科；

（7）计算机网络的兴起使全世界各个计算机“互联”起来，从社会、经济、科技等各个方面极大地影响了人们的生活，推动了人类社会的信息化步伐。

个人计算机（Personal Computer，PC）、便携式计算机的出现和普及以及超级计算机的进化是这一阶段的特征。

IBM PC 是 IBM 公司于 1981 年 8 月推出的旗下首款个人计算机，由唐·埃斯特奇（D. Estridge，1937—1985 年）领导的开发团队用一年的时间开发完成。IBM PC 的出现开启了个人计算机的先河，使微型计算机走进千家万户，虽然 IBM PC 出现之前苹果公司和坦迪公司均推出过个人计算机，但均不及 IBM PC 成功，唐·埃斯特奇也被称为“个人计算机之父”。IBM PC 的主要电路板是主机板，上面嵌有中央处理器和主存储器，此外它还有总线及其装扩展卡的槽。内部存储器如硬盘、软盘和光盘驱动器等通过总线与主机板相连，这些内部存储器一般有标准的大小，如 3.5 英寸或 5.25 英寸的宽度，此外它们有固定的插孔，同时机身的外壳带有标准的电源。IBM PC 中的设计普及得非常广泛，成为工业标准架构体系。图 1-14 展示了 IBM 5150 型 PC 的外观，可见它与现在使用的个人计算机已具有基本一致的结构。

图 1-14　IBM 5150 型 PC

苹果公司于 1984 年 1 月 24 日由史蒂夫·乔布斯（Steve Jobs，1956—2011 年）推出了 Macintosh 个人计算机，这是苹果公司继 Apple Lisa 后第二款具备图形化界面的个人计算机产品，但由于其销售上的成功，使 Macintosh 的影响远超过 Apple Lisa，故 Macintosh 常被认为是首款使用图形化操作界面的个人计算机。目前，苹果公司凭借其产品出色的性能、独特的设计、时尚的外观和出色的市场营销，在台式计算机、便捷式笔记本电脑和平板电脑、智能手机等电子产品领域占据重要的地位，拥有一批忠实的消费者。

便携式计算机包括笔记本电脑和平板电脑，它们的出现均得益于计算机硬件生产技术的发展，各个零部件变得越来越小、成本越来越低廉，原本要占满一个房间的计算机现在可以集成到一块小小的芯片上。计算机的设计也越来越向着一体化方向发展，使随身携带成为可能。笔记本电脑的组成与台式机一致，它的液晶显示屏与机身相连并且可以折叠以减小体积，机身上带有键盘和具有鼠标功能的触摸板。平板电脑是计算机产品的新形式，是一种小型、方便携带的个人计算机，一般以触摸屏幕作为输入方式，因此不需要键盘和鼠标。它的体积比笔记本电脑还要小，携带更加方便。目前又产生了个人计算机、平板电脑二合一的便携式计算机，如图 1-15 所示，这种计算机的显示器为触控式，与主机是一体的，且具有可以拆卸和组合的键盘，安装上键盘之后在外观上看起来就像笔记本电脑一样，可以通过键盘更快速地进行输入；拆掉键盘之后它又变成了一个普通的平板电脑，通过触摸屏幕进行操作，可以方便地携带。

图 1-15　PC 平板二合一电脑

超级计算机主要是为了满足高强度的计算需要而产生的超大型电子计算机，具有很强的计算和处理数据的能力。其基本组成组件与个人计算机的概念无太大差异，但规格与性能则强大许多，能以极高速度执行一般计算机所无法完成的运算，处理海量数据。主要特点表现为高速度和大容量，配有多种外部和外围设备及丰富的、高功能的软件系统。在目前的全球超级计算机排名中，我国的“天河”系列超级计算机已经连续三年取得冠军，性能最高的“天河二号”峰值计算速度为每秒 5.49 亿亿次双精度浮点运算，持续计算速度为每秒 3.39 亿亿次双精度浮点运算。超级计算机多用于国家天文、气象、军事、基因等高科技领域和尖端技术研究，是一个国家科技发展水平和综合国力的重要标志。

扩展阅读：苹果公司

苹果公司由史蒂夫·乔布斯、史蒂夫·沃兹尼克、罗纳德·韦恩创立于 1976 年 4 月 1 日，主要业务是开发和销售个人计算机。该公司于 1977 年 1 月 3 日正式称为苹果电脑公司，并于 2007 年 1 月 9 日改名为苹果公司，此后该公司将业务重点转向消费电子领域。

苹果公司按收入计算为仅在三星电子之后的世界第二大信息技术公司，是三星电子之后世界第二大移动电话制造商。2013 年 9 月 30 日，在宏盟集团的“全球最佳品牌”报告中，苹果公司超过可口可乐成为世界最有价值品牌。然而，苹果公司曾在其产业链中的劳工制度、环境和商业实践中受到批评。

到 2014 年 6 月，苹果公司拥有 14 个国家的 425 间零售商店，还有线上苹果商店、iTunes 商店。iTunes 商店是世界最大音乐零售商。苹果公司是市值最高的公共交易公司，到 2014 年 6 月，大约拥有市值 6 000 亿美元，到同年 11 月更是历史上首家突破 7 000 亿美元的公司。截至 2012

年 9 月 29 日，苹果公司全球拥有永久全职员工 72 800 名，临时全职员工 3 300 名。2013 年全球总收入 1 709 亿美元。截至 2014 年第 1 季度，苹果公司五年平均销售额增长率为 39%，利润率为 45%。2013 年 5 月苹果公司首次进入财富 500 强公司名单前 10 名，比 2012 年上升 11 位，位列第 6 名。

1.1.3　计算机发展趋势

计算机的发展并没有止步于第四代计算机，自大规模集成电路计算机之后，科学家们正在尝试打破以往固有的计算机结构，使计算机向着更加智能化、网络化的方向发展，各种应用于单一领域的高精尖计算机也不断被研制出来。

1. 智能计算机

智能计算机也被认为是第五代计算机，其最主要的特点是将计算机的信息采集、存储、处理、通信等功能同人工智能技术结合起来，使计算机成为一种具有知识处理、形式化推理与联想，以及学习解释能力的机器。人与机器的信息交互通过自然语言和未经处理的图像、声音、文字等形式进行，人们不必告知计算机处理问题的具体步骤，而只需要描述需要解决的问题，智能计算机就能根据已有知识系统帮助用户进行判断和决策。智能计算机的体系结构突破了传统的冯·诺依曼结构，更强调通过并行计算等技术提升计算机的运算速度。1981 年，日本在“第五代计算机”国际学术会议上，宣布了“新一代计算机技术研究所”的成立以及“知识信息处理系统”研制计划的开始，这项计划预期 10 年，投资 1 000 亿日元，目前已经顺利完成了第一阶段规定的任务。美国也于 1982 年成立了 MCC 公司，研究的主要方向也是拥有智能性的计算机。

2. 神经计算机

神经计算机也被认为是第六代计算机，它的特点是模仿人类大脑的信息处理方式进行计算。人脑拥有大约几千亿个神经细胞（神经元），它们之间相互交叉相联，每个神经细胞的作用都相当于一台微型计算机，我们正是通过这些神经元对信息的处理才完成对世界的认知。用许多微处理机模仿人脑的神经元结构，采用并行分布式网络将这些微处理机连接就构成了神经计算机。神经计算机除有许多处理器外，还有类似神经的节点，每个节点与许多点相连，每一步运算分配给多台微处理器同时进行，大大提高了信息处理速度。神经计算机也可以对事物进行判断和决策，但是与第五代智能计算机不同，神经计算机本身可以判断对象的性质并采取相应的行动，而且可以同人脑一样对支离破碎、含糊不清的信息进行处理，智能性更进一步。

3. 生物计算机

生物计算机又称仿生计算机，指的是用生物芯片取代目前的大规模集成电路芯片而制成的计算机。生物芯片的主要材料是利用生物工程技术产生的 DNA 和蛋白质分子等。科学家们发现，生物体内的蛋白质、DNA 等物质具有比目前计算机更高的数据存储能力与计算速度，如 DNA 具有在极小空间里存储海量信息的自然特性，遗传密码符号的间距仅有 0.34 纳米等。用蛋白质制造的计算机芯片，在 1 平方毫米的面积上可容纳数亿个电路，体积大大减小，且拥有比人脑还快的计算速度。生物计算机不仅能够制造成分子级别大小，还能拥有生物特性，例如帮助人体修复受损组织等。

4. 物理计算机

物理计算机指的是利用超导现象或量子效应等物理原理制作或计算的计算机。超导计算机是利用超导技术生产的计算机及其部件的统称，超导技术能使计算机的耗电量显著降低至半导体元件计算机的几千分之一，执行一条命令的时间也要比半导体元速度提升 10 倍以上。另一类物理计算机是量子计算机，量子计算机是一类遵循量子力学规律进行高速数学和逻辑运算、存储及处理量子信息的物理装置，不同于传统计算机，量子计算机用来存储数据的对象是量子比特，它使用量子算法来进行数据操作。2011 年 5 月，加拿大的 D-Wave 系统公司发布了一款号称“全球第一款商用型量子计算机”的计算设备“D-Wave One”，该设备是否真的实现了量子计算目前还没有得到学术界广泛认同。2013 年 5 月，Google 和 NASA 在加利福尼亚的量子人工智能实验室发布了 D-Wave Two。

1.2 计算机科学

随着计算机的诞生，越来越多与计算机相关的研究在不断进行与深入，这些研究逐渐向不同的方向发展，形成了多方向、多层次的计算机科学知识体系。

1.2.1 计算机科学概念

计算机科学（Computer Science，CS）是系统性研究信息处理与计算的理论基础以及它们在计算机系统中的实现与应用方法的学科，它通常被形容为对创造、描述以及转换信息的算法的系统研究。由计算机科学的定义可以发现，这门学科所研究的并不仅仅是使用计算机的方法，而是更注重与计算机应用相关的理论知识以及如何对计算机已有的功能进行改进和完善，甚至开发出新的功能。

在计算机诞生之初，当时的计算机主要被用来进行科学数值计算，科学家利用计算机完成的工作仅仅是将设计好的程序交给计算机执行并计算、记录结果而已，并不需要在计算机方面做深刻的科学思考，因此那时并不是所有的人都认为计算机科学能够成为独立的一门学科，而是认为操纵计算机更像是一种职业。然而随着计算机以惊人的速度不断发展，它在各个领域的应用越来越深入，其重要性逐渐被学术界认可，于是在 20 世纪 50 年代到 60 年代，计算机科学开始被确立为不同种类的学科。世界上第一个计算机科学学位是由美国的普渡大学于 1962 年设立的，随后斯坦福大学也开设了同样的学位课程。

计算机科学是一门具有很强的实用性、面向范围很广的学科，并且在设立之后取得了迅速的发展，它建立在数学、电子、磁学、光学、精密机械等多个学科的基础之上，但是计算机科学并不是简单地将这些学科知识进行合并，而是将它们经过高度综合之后形成的一套有关信息表示、变换、存储、处理、控制和利用的理论、方法、技术。随着计算机的发展及其在各个领域的应用加深，计算机科学也产生了许多分支学科，它们各自有单独的研究重点，相互之间又存在着知识重叠，共同形成了一个庞大而完整的知识体系。

1.2.2 计算机科学知识体系

作为一个学科，计算机科学涵盖了从算法的理论研究到计算的极限、从硬件的升级到如何设计软件实现计算系统等多个分支领域：有些领域强调特定结果的计算，比如计算机图形学；而有些是探讨计算问题的性质，如计算复杂性理论；还有一些领域专注于怎样实现计算，比如编程语言理论和程序设计等。由计算机协会（Association for Computing Machinery，ACM）和电气电子工程师学会计算机分会（Institute of Electrical and Electronics Engineers Computer Society，

IEEE-CS）代表组成的计算机科学认证委员会（Computing Sciences Accreditation Board，CSAB）确立了计算机科学学科的 4 个主要领域：计算理论、算法与数据结构、编程方法与编程语言，以及计算机元素与架构。CSAB 还确立了其他一些重要领域，详细的计算机科学知识体系见表 1-1，下面对每个知识领域进行简要介绍。

表 1-1　　计算机科学知识体系

DS. 离散结构	PF. 程序设计基础
AL. 算法与复杂性	AR. 计算机组织与体系结构
OS. 操作系统	NC. 网络与通信
PL. 程序设计语言	HC. 人机交互
GV. 图形学和可视化计算	IS. 智能系统
IM. 信息管理	SP. 社会和职业问题
SE. 软件工程	CN. 数值计算科学

1. 离散结构

离散结构包括集合论、逻辑学、图论和组合数学等内容，是计算机科学的基础内容，计算机科学许多领域都用到了离散结构中的概念，例如数据结构和算法分析与设计中含有大量离散结构的内容。

2. 程序设计基础

程序设计基础包括基本的程序设计概念和程序的设计、运行、调试技巧等内容，这一领域也包括了算法与数据结构、程序设计语言等领域的基础知识。通过对这一领域的学习，计算机初学者能够掌握利用程序解决问题的基本方法，对计算机学科的专业知识也有很好的把握。

3. 算法与复杂性

算法与复杂性包括算法设计原则、对实际问题的分析方法、算法设计方法、算法时间和空间复杂度分析方法等内容，是程序设计和软件工程等领域的基础，设计良好的算法能使计算机程序的性能大幅度提升。

4. 计算机组织与体系结构

计算机组织与体系结构包括计算机硬件组成、数字逻辑、数据的机器级表示、存储系统、计算机功能组织等内容，主要是在靠近底层数据的角度理解计算机的运行原理、在硬件角度理解计算机的构成。

5. 操作系统

操作系统包括操作系统原理、并发性、调度与分派、内存管理、设备管理、安全与保护、文件系统等内容。操作系统是硬件的抽象，用户通过操作系统来控制计算机硬件和计算机资源的分配。操作系统中的许多思想可以应用到计算机科学的其他领域，如并发的程序设计、算法设计等。

6. 网络与通信

网络与通信包括计算机网络发展、网络层次模型、网络通信、网络安全等内容，计算机和远程通信网络尤其是 TCP/IP 网络的发展，使得网络技术变得十分重要。计算机逐步向网络化发展，计算机网络的应用也越来越深入人们的生活之中，对这个领域的学习是十分重要与必要的。

7. 程序设计语言

程序设计语言是设计计算机程序的工具，是程序员与计算机之间对话的“媒介”。这一部分的学习主要是掌握通过一种程序设计语言编写程序的方法和技巧，进而在此基础上了解其他的程序设计语言的使用方法。

8. 人机交互

人机交互是一门研究系统与用户之间的交互关系的计算机科学分支学科。系统可以是各种各样的机器，也可以是计算机化的系统和软件。人机交互界面通常是指用户可见的部分。用户通过人机交互界面与系统交流，并进行操作，友好的界面可以增强用户的使用体验。

9. 图形学和可视化计算

图形学和可视化计算可以划分为计算机图形学、可视化技术、虚拟现实技术及计算机视觉这4个相互关联的领域。这一领域研究的是计算机通过图形和用户的视觉感官进行信息传递的学科。

10. 智能系统

智能系统包括人工智能、自然语言处理技术、机器学习、神经网络等内容，智能系统不仅可自组织与自适应地在传统的冯·诺依曼结构计算机上运行，而且也可自组织与自适应地在新一代的非冯·诺依曼结构的计算机上运行。

11. 信息管理

信息管理包括数据库系统、数据库查询语言、关系数据库、数据仓库和数据挖掘等内容。这一领域研究的重点是信息的获取、数字化、表示、组织等内容，也包括数据模型化、数据抽象、物理文件存储技术，以及信息完整性、安全性和共享环境下的信息保护等重要内容。

12. 社会和职业问题

社会和职业问题包括计算机科学与社会的相互影响、计算机系统的风险和责任、知识产权保护、隐私问题、职业责任和道德、计算机犯罪等社会性问题。由于计算机对人类社会的影响是如此之巨大，计算机科学的发展所带来的社会问题也是严峻的，每一个计算机科学专业的相关人员都应明确自己的责任和义务。

13. 软件工程

软件工程包括软件需求分析、软件设计、软件项目管理、软件开发方法等内容。随着软件规模的不断增大，开发软件变得越来越困难，需要用工程学的角度对软件开发的各个阶段进行控制，以确保软件产品的质量。这一领域也包括对软件开发、测试、控制相关的工具的了解和学习。

14. 数值计算科学

数值计算科学包括数值分析、运筹学、建模与模拟、高性能计算等内容。数值方法和科学计算是早期计算机科学的一个重要部分，随着计算机解决问题能力的增强，这一领域变得更为重要。

扩展阅读：计算机协会 ACM

计算机协会 ACM 是一个世界性的计算机从业员专业组织，创立于 1947 年，是世界上第一个科学性及教育性计算机学会。ACM 每年都出版大量计算机科学的专门期刊，并就每项专业设有兴趣小组。兴趣小组每年亦会在全世界（主要在美国）举办世界性讲座及会谈，以供各会员分享他们的研究成果。近年 ACM 积极开拓网上学习的渠道，以供会员在工作之余或家中提升自己的专业技能。截至 20 世纪末，ACM 在全球拥有 75 000 个以上的成员，包括遍及学术界、工业、研究和政府领域的学生和计算机专业人员。成员的最高荣誉是会士（Fellow）。

ACM 通过它的 35 个特别兴趣组（Special Interest Group，SIG）提供特殊的技术信息和服务。这些特别兴趣组集中于计算机学科的多种专业，如计算机系统结构专业组（computer architecture，SIGARCH）和计算机图形与互动技术专业组（computer graphics and interactive techniques，SIGGRAPH）。这些特别兴趣组中有不少是跨学科的，适合计算机行业以外的人员。例如有不少艺术家参与到图形互动小组中。

ACM 通过支持全球 700 个以上的专业和学生组织，为当地和地区团体提供服务。其中约有 20%不在美国境内。这些组织为专业人士提供服务，搜集信息，准备讲座，组织研讨会和竞赛。ACM 主要成员刊物是 *Communications of the ACM*，会对每月不同的热点问题展开讨论。ACM 也出版了不少获得业内认可的期刊，这些期刊覆盖了计算机领域相当广泛的领域。ACM 主办了 8 个主要奖项，来表彰计算机领域的技术和专业成就。最高奖项为图灵奖（Turing Award），常被形容为计算机领域的诺贝尔奖。

1.3　计算机科学应用概述

这一节将分别从传统领域视角和行业领域视角阐述计算机科学的应用，并且介绍计算机与其他学科交叉应用的一些内容。

1.3.1　计算机科学的应用领域

虽然现在计算机已经普及到了千家万户，但是在计算机刚开始诞生的时候，却只能在一些重要的领域内使用。从计算机诞生的几十年来，计算机应用领域逐渐从重要的领域扩展到普通领域的方方面面，一般来说，计算机的应用领域分为如下 5 个方面。

1. 科学计算

科学计算也称为数值计算，是指用于完成科学研究和工程技术中提出的数学问题的计算。它是电子计算机的重要应用领域之一，世界上第一台计算机的研制就是为科学计算而设计的。随着科学技术的发展，各种领域中的计算模型日趋复杂，人工计算已无法解决这些复杂的计算问题。例如，在天文学、量子化学、空气动力学、核物理学和天气预报等领域中，都需要依靠计算机进行复杂的运算。科学计算的特点是计算量大和数制变化范围大。而计算机的运行速度、精度和并行能力是人工计算所望尘莫及的，并且计算机善于解决一些单调重复的计算，如矩阵变换、解线性方程组等，所以在具有复杂问题模型的领域内，计算机发挥了不可替代的作用。图 1-16 所示是利用超级计算机预测的天气云图。

图 1-16　利用超级计算机预测的天气云图

扩展阅读："银河"系列巨型计算机

"银河"系列巨型计算机指由中国国防科技大学研制的一系列巨型计算机。1983 年 12 月 22 日，中国第一台每秒运算达 1 亿次以上的计算机——"银河"在长沙研制成功。

“银河”巨型计算机是我国目前运算速度最快、存储容量最大、功能最强的电子计算机。它是石油、地质勘探、中长期数值预报、卫星图像处理、计算大型科研题目和国防建设的重要手段，对加快我国现代化建设有很重要的作用。目前，只有少数几个国家能够研制巨型电子计算机。“银河”巨型计算机的研制成功，提前两年实现了全国科学大会提出的到 1985 年“我国超高速巨型计算机将投入使用”的目标，使我国跨进了世界研制巨型机国家的行列，标志着我国计算机技术发展到了一个新阶段。

银河系列巨型计算机如下。

银河-Ⅰ 1983 年 运算速度每秒 1 亿次。

银河-Ⅱ 1994 年 运算速度每秒 10 亿次。

银河-Ⅲ 1997 年 运算速度每秒 130 亿次。

银河-Ⅳ 2000 年 运算速度每秒 1 万 亿次。

2. 数据处理

数据处理也称为非数值计算，指对大量的数据进行加工处理的过程，如分析、合并、分类、统计等，形成有用的信息。与科学计算不同的是，数据处理涉及的数据量大，但计算方法较简单。在计算机未诞生之前，人类只能用自身的感官去收集信息，用大脑存储和加工信息，用语言交流信息。在计算机诞生之后，计算机非常善于处理这些事情，因此得到了广泛的应用，数据处理广泛应用于办公自动化、企业管理、事务处理、情报检索和金融市场等，已成为计算机应用的一个重要方面。图 1-17 所示为股票分析系统。

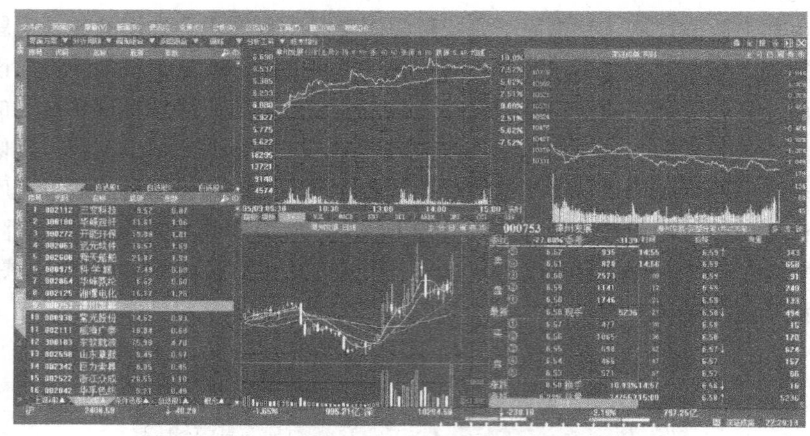

图 1-17 股票分析系统

3. 实时控制

实时控制又称过程控制，指用计算机及时采集数据，将数据处理后，按最佳值迅速地对控制对象进行控制。现代工业由于生产规模不断扩大，技术、工艺日趋复杂，从而对实现生产过程自动化控制系统的要求也日益增高。利用计算机进行过程控制，不仅可以大大提高控制的自动化水平，而且可以提高控制的及时性和准确性，从而改善劳动条件、提高质量、节约能源、降低成本。计算机过程控制已在军事、冶金、石油、机械、航天等部门得到广泛的应用，而且取得了不错的效果，如飞机的自动驾驶系统可靠性非常高，如图 1-18 所示。

4. 计算机辅助系统

计算机辅助系统包括 CAD（计算机辅助设计，Computer－Aided Design）、CAM（计算机辅助制造，Computer – Aided Manufacturing）、CBE（计算机辅助教育，Computer-Based Education）等。CAD 是用计算机帮助各类设计人员进行设计。由于计算机有快速的数值计算、较强的数据处理以及模拟的能力，CAD 技术得到广泛应用，如飞机设计、船舶设计、建筑设计、机械设计、大规模集成电路设计等。采用计算机辅助设计后，不但降低了设计人员的工作量，提高了设计的速度，更重要的是提高了设计的质量。CAM 是指用计算机进行生产设备的管理、控制和操作的技术。例如，在产品的制造过程中，用计算机控制机器的运行，处理生产过程中所需的数据，控制和处理材料的流动以及对产品进行检验等。使用 CAM 技术可以提高产品的质量，降低成本，缩短生产周期，降低劳动强度。CBE 包括计算机辅助教学 （CAI，Computer – Assisted Instruction）、计算机辅助测试（CAT，Computer – Aided Test）和计算机管理教学（CMI，Computer – Management Instruction）。近年来由于计算机科学的广泛发展和计算机的普及，学校的教学系统已经逐步步入了信息化，推动了 CBE 的发展，使得教学的途径更多，教学效果更为理想。

图 1-18　利用自动控制技术制造的自动驾驶仪

5. 人工智能

人工智能（AI，Artificial Intelligence）一般是指模拟人脑进行演绎推理和采取决策的思维过程。在计算机中存储一些定理和推理准则，然后设计程序让计算机自动探索解题的方法，极大地节省人力和物力，人工智能是计算机应用研究的前沿学科。目前已有采用人工智能技术实现的专家系统来解答人类的问题。

1.3.2　计算机科学在各行业内的应用

1.3.1 小节的内容主要是从计算机发挥作用的角度总结了计算机科学的应用，本小节将从传统行业的角度来分析计算科学在各领域内的应用。

1. 计算机在科学研究领域内的应用

科学研究是计算机的传统应用领域，主要用来进行科技文献的存储和查询、仿真计算、虚拟现实、实验现象的分析和跟踪等。

科技文献检索在科学研究中起到非常重要的作用，目前世界上每年发表文献 500 万篇，每天网络上流通的信息量是百亿级别的，如此庞大的信息量，只有依靠计算机来检索和存储才能进行有效的交流。

虚拟现实是一种高度逼真的模拟人在自然环境中视、听、动等行为的技术，目前有沉浸型虚拟现实系统、简易型虚拟系统和共享型现实系统等。在教育与培训和游戏当中使用的范围比较广泛，不过目前效果并不是非常理想，而且价格也比较高。

仿真计算是应用计算机对复杂现实系统经过抽象和简化形成系统模型，然后在此基础上运行模型，模拟真实的情形。目前在军事领域、航空航天领域、新型武器系统领域内都有广泛的使用，可以有效地缩短培训的时间，节省资金。

2. 计算机在教育、教学中的应用

计算机在传统的教育行业也发挥了不小的作用，给教学和管理带来了很大的益处。

校园网是校内的局域网，往往集成了信息中心、多媒体教室、计算机网络教室、虚拟图书馆和校园卡系统等，是校内的信息通路。

远程教育是教育发展的一个新趋势，为教育的大众化、终身化开辟了广阔的前景。利用远程教育网可以实现远程授课、虚拟教室教学和远程考试等。目前的在线教育系统如 Coursera、MOOC 学院等就是在线远程教育的典范。

计算机辅助教育是通过多媒体改变传统的教育方式，在课堂上加入图文声等元素，使课堂的趣味性更高。比如当前教学中广泛使用的 PPT 和视频教学等，都是这方面的例子。

另外在教育中还有各种各样的管理系统来辅助教学，使教学更加方便。

3. 计算机在制造业的应用

计算机在制造业中的应用主要是 CAD、CAM、CIMS 等。

CAD 是计算机辅助设计，广泛应用于汽车、飞机和大规模集成电路等领域。主要是利用计算机在图形处理和计算能力方面的特点，设计出更加精细、质量更高的产品。

CAM 是计算机辅助制造，从设计文档、工艺流程、生产设备等的管理，到对加工和生产制造的控制和操作，都可以在计算机的辅助下完成。

CIMS 是计算机集成制造系统，主要是从设计、制造、管理和存储运输等模块方面都由计算机辅助完成，极大地提高了制造的效率，并且在传统的领域内也取得了成功。

扩展阅读：CAD 制图软件

CAD（Computer Aided Drafting）诞生于 20 世纪 60 年代，是美国麻省理工大学提出的交互式图形学的研究计划，由于当时硬件设施昂贵，只有美国通用汽车公司和美国波音航空公司使用自行开发的交互式绘图系统。利用 CAD 制图软件制作的工件图如图 1-19 所示。

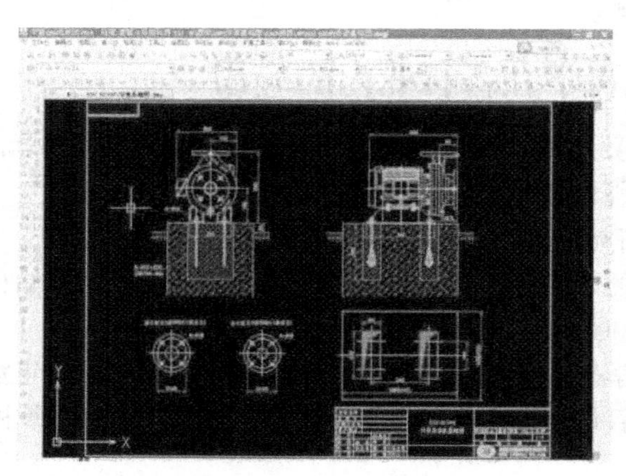

图 1-19　利用 CAD 制图软件制作的工件图

CAD 制图软件是计算机辅助设计（Computer Aided Design，CAD）领域最流行的 CAD 软件

包，此软件功能强大、使用方便、价格合理，在国内外广泛应用于机械、建筑、家居、纺织等诸多行业，拥有广大的用户群。

4．计算机在商业、银行、证券业的应用

商业、银行和证券业是当前市场不可或缺的内容，计算机在其中同样发挥了不可忽略的作用。

计算机在传统零售业中的应用改变了购物的环境和方式，利用条形码来读取商品的信息，收银机与中央数据库相连接，实时更新库存和价格等。电子商务是计算机对于商业做出的更大的贡献，国内的淘宝、京东等以及国外的 ebay、amazon 网站都是电子商务的典型。

计算机对银行业的贡献在于将支付电子化。与现实中相对应的电子货币虚拟化了真实的货币，如电子支票、银行卡和电子现金等。网上银行与移动支付也是银行业的大变革，这些技术往往与电子商务结合在一起，使支付的效率更高。

证券市场主要使用计算机系统来预测和统计股票信息，并且形成了证券交易系统来提供信息和交易类的服务。

5．计算机在交通运输业中的应用

计算机在交通运输业方面的应用更是广泛，如 GPS 全球定位系统、售票系统、地理信息系统和监控系统等。

飞机的监控系统能及时发现飞机的异常情况，也能及时对周围的异常物或恶劣天气发出警报。铁路的监控系统能够及时监控铁路上的情况，在岔道和进出站时都能对列车的安全进行一定的保证。公路的监控系统能及时了解路况并且还原一些事故现场。

售票系统极大地改变了购票的方式，如国内 12306 铁路购票系统和分布广泛的汽车或机票销售系统，给人们的出行带来了极大的便捷。

GPS 全球定位系统给车辆、船舶和飞机等的运行提供了极大的方便，这些交通工具通过 GPS 定位设备（见图 1-20）能随时知道自己所处的位置以及离目标地的距离，而且还能随时导航。个人手机和计算机上的导航系统更加方便了个人的出行。

6．计算机在医学中的应用

计算机在医学领域中也是不可缺少的工具，可以用于进行患者病情的诊断和治疗，控制各种数字化的医疗仪器以及对病员进行健康护理。

图 1-20　GPS 导航设备

医学专家系统是把医学专家和医生的经验存储在数据库中，通过人工智能和推理的方式，根据输入的信息和知识库中的知识进行推理，从而得到结论。远程医疗系统是将计算机技术和计算机网络技术结合起来实现远程诊断的一种方式。

数字化医疗仪器是利用计算机的高性能来对病情进行诊断的一种方式，如核磁共振仪器（见图 1-21）和超声波仪器以及心电图仪器等。使用计算机还可以对病员进行监控和健康护理，使病员得到更好的护理。

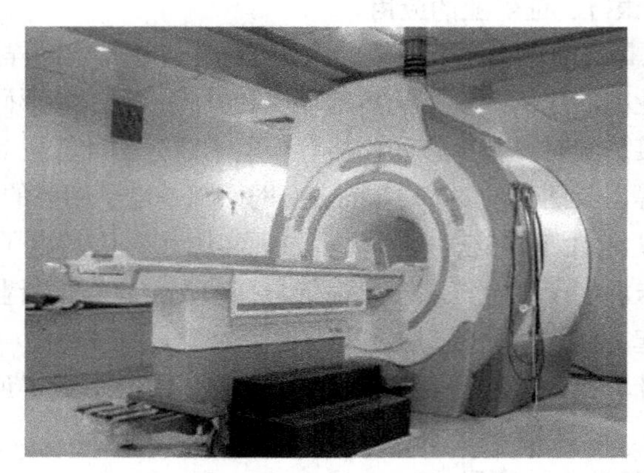

图 1-21　核磁共振仪器

除了上述几个行业之外，计算机科学还在其他更多的行业内起到非常重要的作用，如艺术与娱乐、军事领域和生活中方方面面。每天打开计算机所做的每件事情其实都是计算机的应用，在这里就不一一介绍了。

1.3.3　计算机科学与其他领域学科的交叉

随着当代科学技术的发展，不同学科之间的相互渗透、交叉和综合已成为了当今科技发展中的一个趋势。计算机科学也一样，计算机科学在各个领域之内的应用绝非是计算机单独发挥作用，更多的是计算机和数学、商务等其他学科进行交叉融合的结果。

计算机诞生之后，在 20 世纪最后的 30 年间取得了大量里程碑式的科学业绩，得到了惊人的发展，从被认为仅是一门编程的单一课程，扩展到包含系统结构、软件理论、应用技术、信息安全等的一门独立学科，并与电子工程、物理、数学、生物、经济、语言等其他学科交叉产生了许多新的学科，诸如人工智能、电子商务、计算机图形学、量子通信、生物信息学等。

2001 年 12 月，由 IEEE-CS 和 ACM 共同完成的关于计算学科教学计划（Computing Curricula 2001）将计算机学科分支领域划分为 14 个主领域，这其中几乎所有的领域都涉及多门学科的交叉和联系。

正是计算机学科与其他学科的交叉和融合促进了计算机学科在各个领域内的广泛使用。随着学科融合度的不断提高，计算机学科将会与其他学科结合得更为紧密，在行业内各个领域的应用会越来越广泛。

本章小结

广义上说，任何能帮助人类执行计算的机器和设备都可以称为计算机，但现在人们谈到计算机时，一般代指电子计算机。

早期的计算工具有古代中国的算筹与算盘、纳皮尔的骨头、计算尺等。机械时代计算装置的主要特点是利用了齿轮、杠杆等各种机械传动装置达到计算的自动化，包括进位的自动传送等，而机械装置的主要动力来自计算人员的人力。机械式计算机有帕斯卡加法器、莱布尼茨乘法器、差分机和分析机等。电动机械时代的计算机器的特点是使用电力作为驱动计算机的动力，但机器结构本身还是机械式结构。机电计算机有制表机、Z 系列计算机、自动序列控制演算器等。

按照电子计算机使用元件的不同，可将电子计算机分为电子管计算机、晶体管计算机、集成电路计算机、大规模集成电路计算机这四代。电子管计算机有 ENIAC 和 ABC 计算机，这一阶段的一个重要计算机先驱是约翰·冯·诺依曼。晶体管计算机有 IBM 公司 RCA 501 型计算机、IBM 公司 7030 型计算机、CDC 6600 大型计算机等。集成电路计算机有 IBM 公司的 IBM 360 机型，计算机程序设计语言在这一阶段也取得了巨大的发展，高级程序设计语言的种类进一步增加，语言在语法上也更加接近人们使用的自然语言。大规模集成电路计算机有 IBM PC、Apple 公司 Macintosh 等，便携式计算机和超级计算机也相继出现。

计算机发展趋势包括智能计算机、神经计算机、生物计算机、物理计算机等。

计算机科学是系统性研究信息处理与计算的理论基础以及它们在计算机系统中的实现与应用方法的学科，它通常被形容为对创造、描述以及转换信息的算法的系统研究。由计算机协会和电气电子工程师学会计算机分会代表组成的计算机科学认证委员会确立了计算机科学学科的 4 个主要领域：计算理论、算法与数据结构、编程方法与编程语言，以及计算机元素与架构。

随着计算机和互联网技术的发展，计算机在社会和生活的各个领域中都发挥了非常重要的作用。在传统的科学计算、数据处理、实时控制、计算机辅助系统和人工智能领域都发挥了重要的作用。从行业领域的角度来看，计算机在科学研究、教育和教学、制造业、商业和银行业、交通运输业以及医学中的应用十分广泛。计算机科学发展的一个趋势就是与其他学科进行交叉应用，这将会使其发展更为迅速。

习　　题

（一）填空题

1. 算筹最早出现于古代中国的________朝。
2. 计算尺由________和________组成。
3. 第一台真正的机械计算器是________。
4. 莱布尼茨实现乘法的装置称为________。
5. Z 系列计算机的设计者为________。
6. 按照电子计算机使用元件的不同，可将电子计算机分为________、________、________和________四代。
7. 冯·诺依曼明确了计算机的 5 个组成部分为________、________、________、________和________。
8. 计算机协会的英文简称是________。
9. 计算机科学的应用领域包括________、数据处理、实时控制、________和人工智能方面。
10. 计算机在制造业中的应用主要包含________、________和________。

（二）选择题

1. 早期计算工具不包括______。

A. 算筹　　B. 算盘　　C. 计算尺　　D. 加法器

2. 莱布尼茨乘法器不能执行哪种运算______。

A. 加法　　B. 减法　　C. 乘法　　D. 开平方

3. 巴贝奇设计的机器包括______。

A. 差分机　　B. 分析机　　C. 加法器　　D. A 和 B

4. 德国科学家楚泽研制的计算机包括______。

A. Z1　　B. Z2　　C. Z3　　D. 以上都是

5. ENIAC 公布于哪一年______。

A. 1943　　B. 1944　　C. 1945　　D. 1946

6. ABC 计算机采用哪一种进制______。

A. 二进制　　B. 十进制　　C. 八进制　　D. 十六进制

7. 标志着冯·诺依曼计算机体系结构形成的报告是______。

A.《电子计算机逻辑设计初探》　　B.《差分机设计原理》

C.《大规模集成电路的探索》　　D.《超越冯·诺依曼体系结构》

8. 晶体管的发明者不包括______。

A. 巴丁　　B. 布莱顿　　C. 贝尔　　D. 肖克莱

9. IBM 公司的第一台全部使用晶体管的计算机为______。

A. IBM 7030　　B. RCA 501　　C. IBM 360　　D. IBM PC

10. IBM 公司成立 50 周年之际公布的第三代计算机是______。

A. IBM 7030　　B. RCA 501　　C. IBM 360　　D. IBM PC

11. BASIC 语言的发明者不包括______。

A. 楚泽　　B. 凯默尼　　C. 库尔泽　　D. B 和 C

12. 个人计算机之父是______。

A. 楚泽　　B. 乔布斯　　C. 比尔·盖茨　　D. 唐·埃斯特奇

13. 计算机的发展趋势不包括______。

A. 智能计算机　　B. 神经计算机　　C. 晶体管计算机　　D. 生物计算机

14. 生物计算机包括______。

A. 蛋白质计算机　　B. DNA 计算机　　C. 细胞计算机　　D. 以上三项

15. 股票分析系统属于计算机科学在哪个方面的应用______。

A. 科学计算　　B. 数据处理　　C. 实时控制　　D. 计算机辅助系统

16. 下列哪一个不属于交叉学科______。

A. 电子商务　　B. 计算机图形学　　C. 生物学　　D. 生物信息学

（三）简答题

1. 试阐述机电计算机的特点，并列举代表机型。
2. 简述第四代计算机的特点。
3. 什么是超级计算机？
4. 简述神经计算机的特点。
5. 什么是计算机科学，它与计算机有什么关系？
6. 请概括一下计算机在哪些领域的应用比较广泛。
7. 请叙述计算机科学在医学领域的具体应用。

第2章 计算思维

自计算机诞生以来，作为一种计算工具的计算机和作为一门学科的计算机科学以惊人的速度不断发展、进化，计算机及其相关技术已经完全深入人们的生活之中，改变了我们的生活和工作方式。利用计算机，我们可以通过办公软件处理文字、表格材料；通过网络进行在线学习，获取各种资料；通过各种社交平台与朋友、家人进行实时的沟通、交流；通过游戏软件和音频、视频播放器进行各种娱乐活动等。总的来说，我们在利用计算机解决各种实际问题。这一过程不禁给人们带来思考，究竟人类的思维和计算机的思维有何不同？哪些问题是计算机可以解决的，哪些问题又是计算机不能解决的？在使用计算机的过程中，计算机的思维模式又能给我们分析、处理、解决日常生活中的问题带来怎样的启示？这些都涉及近几年新诞生的一个概念——计算思维。本章中，我们将从计算的基本概念和计算机科学的角度了解计算思维是什么，并了解计算机求解问题的过程和计算的发展趋势。

2.1 计算思维概念

计算思维本质还是一种思维，即认知事物、分析解决问题的能力和过程，与直观行为思维、具体形象思维、抽象逻辑思维等思维模式具有同等的地位，它不一定由机器执行，但却是与机器紧密相关的。计算方法和模型给了我们勇气去处理那些原本无法由任何个人独自完成的问题求解和系统设计。计算思维直面机器智能的不解之谜：在哪些方面人类能比计算机做得更好？在哪些方面计算机能比人类做得更好？最基本的是它涉及这样的问题：什么是可计算的？要理解计算思维的概念，首先要从计算与函数的概念说起。

2.1.1 计算与函数

计算思维和计算机都离不开“计算”的概念。广义的**计算**（Calculation）是指一种将“单一或多个输入值”转换为“单一或多个的结果”的一种思维过程，这与计算机中一个重要的概念——**函数**（Function）的定义是一致的。函数从数学意义上讲，指的是一组可能的输入值和一组可能的输出值之间的映射关系，它使每个可能的输入对应单一的输出。例如，单位的换算机制可以看作一个函数，我们提供一种单位下的数值，根据两种单位之间的数值对应关系唯一地计算出另一单位下的对应数值。又如我们熟悉的四则运算也都可以看作函数，对于加法，我们的输入是两个加数的数值，根据加法的规则运算之后，输出则是两个数的和。对于函数来说，由给定的输入确定输出的过程，称为**函数的计算**。

计算机正是通过函数进行计算达到解决问题的目的，它读取用户的输入，根据预先建立好的映射规则计算输出结果，并将结果返回给用户。例如，为了解决加法问题，就必须读取用户的输入并计算加法函数。当然现实生活中的问题不都是数学计算，人类也正是通过将现实问题抽象成一个个函数的求解过程才能使计算机完成各种各样的功能，例如我们使用计算机上网观看一段视频，这一过程看似与“计算”无关，但实际上从我们用鼠标点击视频播放按钮到视频开始播放，这中间计算机执行的正是将一系列的输入转换到输出的操作，因此广义上讲也属于计算。

那么人类要利用计算机高速的计算能力解决实际问题时，就必须思考以下 3 个问题。

1. 哪些问题能够被计算

并不是全部的问题都能被有效地计算。问题可以具有很高的复杂性，但有些问题不管多么复杂，仍然可以找到一种方法，只要按照方法一步步执行，就能根据输入值确定输出值，这样的问题称为**可计算**（Computable）的问题；相反的，有些问题不存在一步步执行就能解决的方法，则称这类问题为**不可计算**（Uncomputable）的问题。

2. 如何利用计算机系统实现计算

现实中的问题多种多样，各行各业都有不同的问题领域。即使是可计算的问题，也不一定都能顺利地利用计算机系统实现。要想利用计算机解决实际问题，还要思考如何合理地对问题进行抽象，如何设计计算机系统以使其能方便地解决问题。

3. 如何高效地实现计算

假设问题能够通过计算机自动进行计算，还要考虑计算的代价问题。如果解决问题花费的时间太久（想象利用计算机中的计算器软件执行一次加法运算要等上一分钟），或者需要的资源过多（想象计算机还具有埃尼亚克那样的体积和耗电量），都不会使计算机成为理想的解决问题的工具，这同样也涉及计算机系统的构建以及问题优化、数据处理、软件构建等问题。

扩展阅读：图灵机与丘奇-图灵论题

关于哪些问题是可以计算的，哪些问题是不能被计算的，即计算的局限性早在 20 世纪 30 年代就开始被科学家们进行研究，其中最重要的里程碑是图灵机的提出。1936 年，在技术能够提供我们现在所知道的机器之前，阿兰·图灵就提出了图灵机的概念，用来代替纸、笔计算来研究计算的局限性。在此前不久，1931 年，哥德尔发表了著名的揭示计算系统局限性的论文，并且其研究的主要精力集中在理解这些局限性上。在图灵提出图灵机概念的同一年，埃米尔·波斯特提出了另外一种模型，这种模型与图形的模型具有相同的能力。作为这些早期研究人员洞察力的见证，他们的计算系统模型在计算机科学研究领域至今仍然可以作为有价值的工具来使用。

能够通过图灵机计算的函数称为图灵可计算函数。图灵猜想指出：图灵可计算函数与可计算函数是一样的，即图灵机的计算能力囊括了任何算法系统的能力。这个猜想通常被称为丘奇-图灵论题，自从图灵的最初工作以来，已经收集了许多支持这个论题的例证。现在，丘奇-图灵论题已经被广泛地接受了，也就是说，可计算函数与图灵可计算函数被认为是一回事。这个猜想的意义在于它领悟到了计算机器的能力和局限性。

2.1.2 计算机、计算机科学与计算思维

计算思维（Computational Thinking）的概念最早是由美国卡内基·梅隆大学计算机科学系主任周以真（Jeannette M. Wing）教授（见图 2-1）显性地提出并定义的。2006 年 3 月，周以真教授

在美国计算机权威期刊*Communications of the ACM*杂志上给出并定义了计算思维。周教授认为：计算思维是运用计算机科学的基础概念进行问题求解、系统设计，以及人类行为理解等涵盖计算机科学之广度的一系列思维活动。

以上是关于计算思维的一个总定义。周教授为了让人们更易于理解，又将它更进一步地定义为：通过约简、嵌入、转化和仿真等方法，把一个看来困难的问题重新阐释成一个我们知道问题怎样解决的方法；是一种递归思维，是一种并行处理，是一种把代码译成数据又能把数据译成代码的过程，是一种多维分析推广的类型检查方法；是一种采用抽象和分解来控制庞杂的任务或进行巨大复杂系统设计的方法；是基于关注分离的方法；是一种选择合适的方式去陈述一个问题，或对一个问题的相关方面建模使其易于处理的思维方法；是按照预防、保护及通过冗余、容错、纠错的方式，并从最坏情况进行系统恢复的一种思维方法；是利用启发式推理寻求解答，即在不确定情况下的规划、学习和调度的思维方法；是利用海量数据来加快计算，在时间和空间之间、在处理能力和存储容量之间进行折衷的思维方法。

图 2-1　周以真教授

通过周以真教授对计算思维的定义，我们可以理解为计算、计算机、计算机科学以及计算思维几个概念之间具有如下关系：计算不再仅仅指数学计算，而是一种广义的计算，如规划一个从家步行到校园的路线，或者在几件同类商品中挑选一个最好的商品，我们正是通过“计算”解决生活中的一切实际问题。而计算机（即日常所说的“电脑”）是可以帮助人们执行计算的硬件工具，在一般情况下它具有比人脑更高的计算速度。计算机科学则是研究计算机与其相关领域的现象与规律的科学，抽象一点来说，是研究计算机如何“计算”的科学。在计算机与计算机科学不断发展的过程之中，它们与人类生活的联系越来越紧密，很多应用在计算机科学研究或实践中的思想对人们解决实际生活中的问题具有越来越深刻和普适的指导意义，这些思想总结起来就是计算思维。

计算思维吸取了计算机科学中解决问题所采用的一般数学思维方法，现实世界中巨大复杂系统的设计与评估的一般工程思维方法，以及复杂性、智能、心理、人类行为的理解等一般科学思维方法。计算思维中的“计算”不再单指传统的数学和物理的计算，与数学和物理科学相比，计算思维中的抽象显得更为丰富，也更为复杂。应用计算思维的根本目的是更好地解决实际问题，计算思维建立在计算过程的能力和限制之上，既能由人来完成，更可以由计算能力更强的机器来完成，使原本无法由个人独立完成的问题求解和系统设计成为可能，使我们解决问题的方法和可解决问题的领域大大拓宽。

2.1.3 计算思维的主要思想及特点

如同计算思维定义中所描述的那样，计算思维包含了多种思想，但是有些思想在计算思维中占据着比较基础和重要的地位。下面对计算思维中几种主要的思想进行介绍。

1. 符号化思想

目前的计算机中普遍采用二进制数 0 和 1 这两个符号表示计算机用到的一切信息。0 和 1 是计算机实现的基础，现实世界的任何数值性和非数值性的信息都可以被转换成二进制数 0 和 1 进行表示、处理和变换。相反的，计算机中 0 和 1 表示的信息也能被转换为人类能够认知的文字、图片、视频等信息。计算机之所以能够解决复杂的问题，从最根本上讲就是因为二进制数 0 和 1 能够将各种运算转换成逻辑运算来实现，计算机处理器的基础也正是各种对用 0 和 1 表示的逻辑进行运算逻辑门电路，在逻辑门电路的基础之上才能构造更加复杂的电路，计算机才能处理各种问题。虽然未来的计算机系统不一定采用二进制，但这种用二进制数 0 和 1 对信息进行表示、处理和转换的思想正是符号化处理问题的体现，即问题的表示方式是无穷无尽的，用统一的符号化语言进行表示是解决问题的基础。

2. 程序化思想

不管一个问题多么复杂，只要它是可计算的，那么只要将问题的解决过程设计成一系列基础的步骤，之后只需按顺序一步步执行这些基础步骤，就能使问题在整体上得到解决，这种解决问题的思想体现在计算机系统中就是程序化思想。其中基础步骤是简单而容易实现的，复杂、多变的问题也都可通过对一套固定的基础步骤进行不同方式的组合得到解决。因此对于计算机系统来说，只要能够完成每个基础步骤，以及实现一个控制基础步骤组合和执行次序的功能，就能解决非常复杂的问题。可以将每一个基础步骤理解为一条计算机指令，将计算机程序理解为按照规定的次序组合完成的指令集合，计算机只要按照程序执行不同的指令，就能完成程序预期的功能。关于计算机指令和程序的概念，会在之后的章节进行更加详细的介绍。

3. 递归思想

递归思想指应用一种计算模式进行计算的过程中调用这种计算模式本身，它通过把一个大型复杂的问题层层转化为一个与原问题相似的规模较小的问题来求解。例如，大部分国家的政治机构的结构应用了递归的思想：少数的最高领导人直接治理一个国家是非常困难的，因此中央政府机构设立了下属的省或州，省或州之下又设立了市、县。每个层次以相同的管理方式只管理直接下属层次，而不必考虑其他层次，直到最低层次的政府机构可以直接管理相对小规模的人民。通过这种分层次的递归思想实现了对整个国家的管理。递归思想最为重要的能力在于能够用有限的步骤来定义无限的功能。计算机科学中的许多重要思想，如分治思想、回溯思想、迭代思想、动态规划思想都与递归思想紧密相关。

4. 抽象和分解思想

计算机系统通过抽象和分解思想来解决庞杂的任务或者设计巨大复杂的系统，它是选择合适的方式去陈述一个问题，或者是选择合适的方式对一个问题的相关方面建模使其易于处理；它是利用不变量简明扼要且表述性地对要处理的问题进行刻画。通过抽象和分解思想我们可以将一个大型问题拆分成若干子问题，也可以从整体上对众多烦琐的子问题进行抽象和概括以便于理解，使我们能在不必理解每一个细节的情况下就能够安全地使用、调整和影响一个大型复杂系统的信息。抽象和分解思想在计算机数据处理和软件等许多领域都有重要应用。

根据周以真教授的描述，计算思维具有以下 5 种特性。

1. 概念化，不是编程

计算机思维使我们能像计算机科学家那样去思考，但计算机科学不是计算机编程，像计算机科学家那样去思维意味着远不止能为计算机编程，还要求我们能够在抽象的多个层次上进行思维。

2. 根本的，不是刻板的技能

根本的技能指的是每一个人为了在现代社会中发挥职能所必须掌握的技能，而刻板技能意味着机械地重复。计算思维应当成为人们应该掌握的一种思维方式，它的存在能为我们解决问题带来指导意义。但掌握计算思维并不意味着按照既定的模式机械地解决问题，而是应当掌握利用这种思维思考、分析以及解决问题的方法。

3. 是人的，不是计算机的思维方式

计算思维是人类求解问题的一条途径，但绝非要使人类像计算机那样地思考。计算机枯燥且沉闷，人类聪颖且富有想象力，是人类赋予计算机激情。配置了计算设备，我们就能用自己的智慧去解决那些在计算机时代之前不敢尝试的问题，达到“只有想不到，没有做不到”的境界。

4. 是数学和工程思维的互补与融合

计算机科学在本质上源自数学思维，因为像所有的科学一样，其形式化基础建立于数学之上；计算机科学也从本质上源自工程思维，因为我们建造的是能够与实际世界互动的系统，基本计算设备的限制迫使计算机学家必须计算性地思考，不能只是数学性地思考。计算思维赋予我们的构建虚拟世界的自由使我们能够设计超越物理世界的各种系统。

5. 是思想，不是人造物

不只是我们生产的软件、硬件等人造物将以物理形式到处呈现并时时刻刻触及我们的生活，更重要的是接近和求解问题、管理日常生活、与他人交流和互动的计算概念（尤其是计算思维的思想）也会极大影响世界上的每个人、每个角落。当计算思维真正融入人类活动的整体以至于不再表现为一种显式的哲学的时候，它就将成为一种现实。

2.2 利用计算思维求解问题

计算思维的应用是非常广泛的，它几乎可以对我们生活中遇到的任何问题给予指导作用。

例如，我们每天去学校学习、去公司工作需要携带课本、作业和文件等物品，这些物品既不能带得太少，否则难以满足一天的学习、工作需要；但是又不能带得太多，否则就会带来携带上的不便，那么究竟带多少物品、带哪些物品是最适合的呢?

又例如，主妇们在家里做家务，包括洗衣、擦地、烧水、做饭等，其中有些事情是可以同时完成的，如可在自动洗衣机洗衣的时间擦地，在等待水烧开的时间把洗好的衣服晾干，但是这些事情有的又有先后顺序，主妇们不可能在洗衣服之前就把衣服晾晒好，那么主妇们要如何安排做事的顺序，才能在最短的时间内完成家务，为自己争取一点自由时间呢?

再比如，我们去超市购物之后发现每个收银窗口都排了很长的队伍，有些队伍很长，但是队伍中顾客购买的东西相对少一些；有些队伍稍短，但队伍中每个顾客都是购物狂，购买了大量物品，则收银员为每个人收费的时间又会长一些，这种情况下选择哪个队伍才能最快地为购买的东西付款呢？

以上列举的3个问题都是我们经常会遇到的实际问题，虽然它们看起来与计算机无关，甚至你以前从来没有对这些问题进行注意，但是这些问题都可以转化为计算问题、都可以通过计算思维进行求解，可见理解和使用计算思维可以极大地提高我们生活的效率和质量。

本节中我们不针对某一个具体问题的解决方案，而是从方法论的宏观角度讨论利用计算思维解决问题的一般过程，包括抽象、理论和设计3个方面。

2.2.1 抽象

“计算作为一门学科”报告认为：抽象、理论和设计是个体从事本领域工作的3种主要形态（Paradigm）或称文化方式，它提供了我们定义学科的条件。第一个学科形态就是抽象，抽象源于实验科学。在科学技术方法论中，科学抽象是指在思维中对同类事物去除其现象的次要方面，抽取其共同的、主要的方面，从而做到从个别中把握一般，从现象中把握本质的认知过程和思维方法。科学抽象研究方面包括两个：其一是对现实世界的问题建立抽象化概念模型的方法，其二是用统一的符号化、图形化语言对问题进行描述的方法。科学抽象的成果有：科学概念、科学符号、思想模型等内容。按客观现象的研究过程，抽象形态包括以下4个步骤的内容：形成假设；构造模型并做出预测；设计实验并收集数据；对结果进行分析。

抽象的根本目的在于发现并抓住问题的本质，达到简化问题解决过程的目的。现实世界问题包含的信息在广度上和深度上都是海量的，然而在不同的问题解决领域，这些信息并不都是相关的，如果在解决问题的过程中将与问题本身不相关的信息加以考虑，则必定会增加问题求解的难度。而抽象的过程就是：理解问题的领域，分析哪些信息是与问题领域相关的，哪些是无关的，进而将无关信息剥离出去，只留下与问题本身相关的有用信息，并用一种统一的文字、符号或图形化语言将结果表述出来，在抽象程度逐渐加深的过程中，问题的本质也会越来越清晰。

图2-2展示了对一辆汽车进行抽象的过程。左上的图片中是现实世界中的汽车，它包含了非常多的细节、海量的信息，从车身、底盘、悬架，到传动系统、电路、发动机每个部分都经过复杂的设计和组装才能使汽车从零散的零件变成人类最密切的交通工具。但我们在对汽车进行研究时，并不是全部的细节都需要考虑，例如我们只想研究汽车的外形结构，那内饰如何设计显然是与问题无关的，类似的无关信息都可以通过抽象一层层忽略掉，最终只留下右下图显示的那样，用几个简单的线条将汽车的车身勾勒出来，便达到了研究的目的。然而同样是汽车，如果要研究的是它的传动系统是如何工作的，则图2-2所示的抽象过程就不再适合了，因为它没有抓住问题的本质。

抽象既与现实相关，也与人的经验相关，是对现实原型的理想化建模。尽管理想化后问题模型与现实事物有了质的区别，但问题模型总是现实事物的概念化表示，具有现实背景，从严格意义上来说还是粗糙的、近似的，因此要实现对事物本质的认识，还必须通过经验与理性相结合。另外，根据解决问题层面的不同，抽象也分成不同层次，例如要理解问题，需要在逻辑层面上进行抽象，然而要在计算机中将问题表示出来，则还需要在机器层面进行抽象，往往在实际解决问题的过程当中，都要进行多层抽象。

图 2-2　抽象化

总结来说，抽象是简化复杂的现实问题的途径，它可以为具体问题找到最恰当的类定义，并且可以在最恰当的继承级别解释问题，它可以忽略一个主题中与当前目标无关的方面，以便更充分地注意与当前目标有关的方面。抽象并不打算了解全部问题，而只是选择其中与解决问题相关的一部分，而忽略暂时不用部分的细节。抽象包括两个方面：一是过程抽象，二是数据抽象。抽象作为识别基本行为和消除不相关的和烦琐的细节的过程，允许相关人员专注于解决一个问题考虑有关细节而不考虑不相关的较低级别的细节。

2.2.2　理论

科学认识由感性阶段上升为理性阶段，就形成了科学理论，科学理论是经过实践检验的系统化了的科学知识体系，它是由科学概念、科学原理以及对这些概念、原理的理论论证所组成的体系。

在计算学科中，第二种学科形态是理论。理论源于数学，比抽象更高一层次。理论已经完全脱离现实事物，不受现实事物的限制，具有简洁、准确、可证明等特性，是对事物本质更进一步的提炼。按统一的合理的理论发展过程，理论形态包含以下 4 个步骤的内容：表述研究对象的特征（定义和公理）；假设对象之间的基本性质和对象之间可能存在的关系（定理）；确定这些关系是否为真（证明）；形成最终的结论和解释。

理论的作用就是对问题求解过程的合理性予以支撑，求解问题的结果并不只有“对”或“错”两种，正确性固然是求解过程的特性，但我们在求解问题的过程中有时还要考虑其他特性。例如，当问题不存在唯一正确的解时，哪些结果是合理且可以接受的；解决问题花费的时间、金钱等代价是否合理；解决问题考虑的角度是否完全等，这些正确性、完备性、时效性等要求在求解问题之前要得到论证，才能使问题的求解过程称为一个合理的过程。

理论研究的基础是逻辑学和数学，研究的前提是抽象，研究的过程是用形式化、数学化的概念对事物进行严密的定义及论证。理论通常由定义、公理、定理以及证明过程构成。

- **定义**（Definition）是透过列出一个事件或者一个物件的基本属性来描述或规范一个词或一个概念的意义，被定义的事务或者物件叫作被定义项，其定义叫作定义项。定义具有简练、精确等特性。

- **公理**（Axiom）是指依据人类理性的不证自明的基本事实，经过人类长期反复实践的考验，不需要再加证明的基本命题，公理在没有冗余的情况下不能被其他公理推导出来。
- **定理**（Theorem）是经过受逻辑限制的证明为真的陈述，其中证明的依据是定义、公理或其他已被证明的定理。定理通常包含条件和结论两部分，即在条件成立的情况下有结论为真的事实。
- **证明**（Proof）是根据一定的规则或标准，由公理和定理推导出某些命题真假的过程。证明有很多种特殊方法，如穷举法、反证法、归纳法、构造法等，每种方法适合特定的条件。

2.2.3 设计

设计指利用抽象和理论的成果构建解决问题的系统的过程。在计算学科中，第3个形态是设计，设计源于工程。按为解决某个问题而实现系统或装置的过程来看，设计形态包含以下4个步骤的内容：需求分析；建立规格说明；设计并实现该系统；对系统进行测试与分析。

设计时构建计算系统的过程是技术、原理在计算系统中实现的过程。设计的形式包括很多种，如系统模型的刻画与各种说明性文档、算法与过程的构造、程序代码与软件硬件实现等都是设计形态的内容。按照设计内容和工作的不同，可将设计再分为形式、构造和自动化。

- 形式指利用统一的、严格定义的符号化语言对问题对象的形式进行表述的过程。只有按照严格语法表达的形式才能被计算机所识别与执行，才能对形式多样的问题进行统一处理。
- 构造指建造起研究对象各要素之间的组合关系与框架。计算机科学领域的构造包括算法的构造、过程的构造等。
- 自动化指程序、软件、硬件、网络等自动化系统的设计与实现。

设计、抽象和理论3个形态针对具体的研究领域均起作用。在具体研究中，就是要在理论的指导下，运用其抽象工具进行各种设计工作，最终的成果将是计算机的软硬件系统及其相关资料（如需求说明、规格说明和设计与实现方法说明等）。面对实际问题时，对问题进行抽象的目的是理解问题，抓住问题本质，是遇到问题首先要进行的工作，抽象是求解问题的前提；设计的目的是设计和实现计算系统，设计是求解问题的方法；理论可对设计的正确性、完备性、时效性等特性进行保障或验证，理论对合理地求解问题过程提供支持。

设计形态（技术方法）和抽象、理论两个形态（科学方法）具有许多共同的方面，这是因为设计作为变革、控制和利用自然界的手段，必须以对自然规律的科学形态认识或经验形态认识为前提；设计要达到变革、控制和利用自然界的目的，必须创造出相应的人工系统和人工条件，还必须认识自然规律在这些人工系统中和人工条件下的具体表现形式，所以抽象、理论两个形态作为科学认识方法对具有设计形态的技术研究和技术开发是有作用的。但是设计形态毕竟还有其不同于抽象形态和理论形态的特点，其中最主要的是设计形态有更强的实践性；其次，设计形态具有更强的社会性；第三，设计形态具有更强的综合性。

2.3 计算的发展趋势

随着信息爆炸式的增长以及计算机技术的发展，计算的方式也在不断变革之中。计算方式的发展与计算机的发展是紧密相关的，我们在第1章中介绍了几种未来计算机，下面介绍一些计算的发展趋势。

2.3.1　高性能计算

高性能计算（High Performance Computing，HPC）通常指在单一机器中使用很多处理器或者利用多台计算机进行计算的系统和环境。高性能计算包含多种类型，可以基于标准计算机构成的大型集群，也可以基于高度专用的超级计算机。

1. 基于计算机集群的高性能计算

大多数基于集群的高性能计算机系统使用高性能网络互连，我们将集群中的每个计算机称为一个计算节点，将连接各个节点的网络结构称为网络拓扑。基于计算机集群的高性能计算系统的网络拓扑一般都经过精心设计，以保证网络总体性能和数据传输速率。集群中还存在一个计算机作为控制节点，用来控制各个计算节点进行计算并管理各个节点的工作分配。

图 2-3 显示了一个基于计算机集群的高性能计算系统，该结构支持通过缩短网络节点之间的物理和逻辑距离来加快节点间的通信和计算效率。尽管网络拓扑和硬件性能在集群式高性能计算系统中很重要，但是系统的核心功能是由操作系统和应用软件提供的。

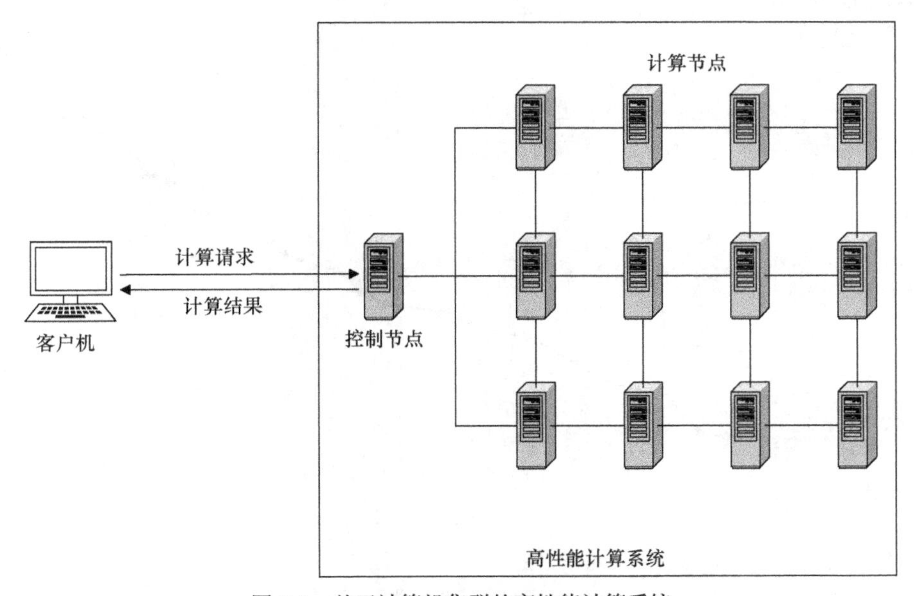

图 2-3　基于计算机集群的高性能计算系统

高性能计算系统使用的是专门的操作系统，尽管计算机集群中包含了很多个计算节点，但专门设计的操作系统能使整个计算机集群像是单个的计算资源，其中控制节点扮演了高性能计算系统和客户机之间的接口，它接受客户机的计算请求，分析要执行的计算并将计算任务分配给各个计算节点，当全部节点的计算任务执行完毕，再将最终的计算结果返回给客户机。

典型高性能计算环境中的任务执行过程有两种模式：单指令/多数据模式和多指令/多数据模式。单指令/多数据模式在每个计算节点上同时执行相同的计算指令和操作，采用这种模式的高性能计算系统同一时刻只能执行一种计算；多指令/多数据模式允许高性能计算系统同时执行许多计算。

2. 基于超级计算机的高性能计算

超级计算机指具有较大规模、数据处理速度和计算性能远远高于标准计算机的大型专用计算机。超级计算机是计算机中功能最强、运算速度最快、存储容量最大的一类计算机，多用于国家高科技领域和尖端技术研究，是一个国家科研实力的体现，它对国家安全、经济和社会发展具有举足轻重的意义。

超级计算机的基本组成组件与标准计算机的无太大差异，但每个组件的规格与性能要比标准计算机强大许多。超级计算机的处理器采用矢量处理技术，更适合于高性能计算。一般的超级计算机都使用 UNIX 操作系统，但在讲求绝对高性能的操作环境时，超级计算机开发人员会使用特别的轻量级核心，减少中断请求、进程间通信等技术，以提高计算性能。超级计算机包含经过优化的数学库函数，拥有大量矢量及矩阵浮点计算的程序，在软件层次同样提高了计算能力。

超级计算机速度以每秒浮点运算次数（FLOPS，Floating-Point Operations Per Second）作为量度单位，图 2-4 展示了超级计算机计算速度随年代的增长曲线，可见随着计算机科学和硬件技术的发展，超级计算机的计算速度也在不断增长。目前世界上计算速度最快的超级计算机是我国的天河二号，它在 2014 年 11 月 17 日公布的全球超级计算机 500 强榜单中以峰值计算速度每秒 5.49 亿亿次、持续计算速度每秒 3.39 亿亿次双精度浮点运算的优异性能位居榜首。

图 2-4　超级计算机计算速度随年代的增长曲线

扩展阅读：网格计算

网格计算是高性能计算系统中相对较新的新增内容，它有自己的历史，并在不同的环境中有它自己的应用。网格计算通过利用大量异构计算机（通常为台式机）的未用资源（CPU 周期和磁盘存储），将其作为嵌入分布式电信基础设施中的一个虚拟的计算机集群，为解决大规模的计算问题提供一个模型。网格计算的焦点在支持跨管理域计算的能力，这使它与传统的计算机集群或传统的分布式计算相区别。

网格计算的设计目标是：解决对于任何单一的超级计算机来说仍然大得难以解决的问题，并同时保持解决多个较小的问题的灵活性。这样，网格计算就提供了一个多用户环境。它的第二个目标就是：更好地利用可用计算力，迎合大型的计算练习的断断续续的需求。这隐含着使用安全的授权技术，以允许远程用户控制计算资源。网格计算包括共享异构资源（基于不同的平台、硬件/软件体系结构，以及计算机语言），这些资源位于不同的地理位置，属于一个使用公开标准的网络上的不同的管理域。简而言之，它包括虚拟化计算资源。

网格计算经常和集群计算相混淆。二者主要的不同就是：集群计算是同构的，而网格计算是异构的；网格计算扩展包括用户桌面机，而集群计算一般局限于数据中心。

2.3.2 普适计算

普适计算（Pervasive Computing 或 Ubiquitous Computing，又称普存计算、普及计算）这一概念强调和环境融为一体的计算。在普适计算的模式下，人们能够在任何时间、任何地点、以任何方式进行信息的获取与处理，即计算机无时不在、无处不在，以至于就像没有计算机一样。

普适计算最早起源于 1988 年美国施乐公司 PARC 实验室的一系列研究计划。在该计划中，PARC 研究中心的马克・维瑟（Mark Weiser，1952—1999 年）在 1991 年发表的 *The Computer for the 21st Century* 文章中首先提出了普适计算的概念，马克・维瑟也被公认为是普适计算之父。1999 年，IBM 也提出普适计算的概念，即为无所不在的、随时随地可以进行计算的一种方式。与马克・维瑟一样，IBM 也特别强调计算资源普存于环境当中，人们可以随时随地获得需要的信息和服务。1999 年，欧洲研究团体 ISTAG 提出了环境智能（Ambient Intelligence）的概念，其实与普适计算本质上是相同的，实验方向也是一致的。

普适计算的目的是建立一个充满计算和通信能力的环境，同时使这个环境与人们逐渐地融合在一起。在这个融合空间中，网络占据着重要的位置，数不清的计算机和通信设备依靠网络连接在一起并提供各种各样的服务，人们可以随时随地、透明地获得这些数字化服务。例如，在图 2-5 所示的普适计算世界中，我们可以使用电话和笔记本电脑访问网络；我们的自行车具备运动传感器，可以告诉我们骑车之后消耗掉多少卡路里；我们养的盆栽和宠物也都具备微型计算机，我们可以随时查看它们的状态等；生活将变得更加轻松、更加高效。

图 2-5 普适计算的世界

随着科技的发展，普适计算正在逐渐成为现实，目前我们的生活已经具备普适计算的雏形。例如，家庭中的家具正逐渐向电子化迈进：具有一定智能化的电视、洗衣机、冰箱都可以根据用户设定的模式进行工作，我们在回家的路上就可以利用远程控制打开空调，放好热腾腾的洗澡水；人们在公共场合可以利用智能电话随时随地阅读电子书，欣赏电影和音乐，利用视讯软件和亲人、朋友通话；覆盖越来越广泛的无线网络和电话网络使我们基本上在任何地方都能接入互联网，利用网络进行各种各样的活动。但是这与科学家们的设想还有一定差距，普适计算在发展过程中主要有以下 3 个方面挑战。

1. 移动性问题

普适计算环境下，大量的嵌入式和移动信息工具将广泛连接到网络中，越来越多的通信设备需要在移动条件下接入网络，并且在普适计算环境下需要按地理位置动态改变移动设备名，由于目前网络协议中域名地址的唯一性，使设备的移动性问题解决起来十分困难，为适应普适计算的需要，必须对网络协议进行修改或增强。目前下一代网络协议 IPv6 正在逐渐普遍化，4G 蜂窝移动网络和物联网也都是解决这一问题的有效方式。

2. 融合性问题

普适计算环境下，世界将是一个无线、有线与互联网三者合一的网络世界，有线网络和无线网络间的透明连接是一个需要解决的问题。无线通信技术发展日新月异，如 3G/4G、GSM、GPRS 等无线网络技术层出不穷，加上移动通信设备的进一步完善，使得无线的接入方式将占据越来越重要的位置，因此有线与无线通信技术的融合就变得必不可少。

3. 安全性问题

普适计算环境下，物理空间与信息空间的高度融合、移动设备和基础设施之间自发的互操作会对个人隐私造成潜在的威胁。同时，移动计算多数情况下是在无线环境下进行的，移动节点需要不断地更新通信地址，这也会导致许多安全问题。这些安全问题的防范和解决对普适计算的发展提出了新的要求。

2.3.3 计算智能与智能计算

使计算机具有类似人的智能，一直是计算机科学家不断追求的目标。智能指的就是使个体具有有目的的行为、合理的思维以及有效地适应环境的综合智慧和能力。让计算机具有人的智能，就是使计算机能够像人一样思考和判断，这一领域称为人工智能（Artificial Intelligence，AI），是计算机科学的一个重要分支。人工智能领域也涉及两个重要的计算概念：智能计算（Intelligent Computing，IC）和计算智能（Computational Intelligence，CI）。

1. 计算智能

计算智能是借鉴仿生学的观点认识和模拟智能。按照计算智能的观点，智能是在生物的遗传、变异、生长以及外部环境的自然选择中产生的。在用进废退、优胜劣汰的过程中，适应度高的结构被保存下来，智能水平也随之提高。因此说计算智能就是基于结构演化的智能，是运用数学语言抽象描述的计算方法，用以模仿生物体系进化和人类的智能机制。

计算智能具有以下一些特征：

- 是软计算而不是硬计算。硬计算指精确、严格的计算，要求计算系统有精确的模型参数和严格的系统边界，例如根据物理公式和给定数值计算结果就是硬计算。而计算智能使用的是非精确算法，即在对象模型和边界条件不够精确和完整的情况下也能得出合理的解，因此是软计算；
- 具有适应性运算能力；
- 具有计算的容错能力；
- 具有人脑的计算速度；

- 具有决策与思维能力。

计算智能的典型代表有遗传算法、免疫算法、模拟退火算法、蚁群算法、微粒群算法等，它们都基于“从大自然中获取智慧”的理念，通过人们对自然界独特规律的认知，提取出适合获取知识的一套计算工具。总的来说，通过自适应学习的特性，这些算法达到了全局优化的目的。计算智能的这些方法具有自学习、自组织、自适应的特征和简单、通用、鲁棒性强、适于并行处理的优点，在并行搜索、联想记忆、模式识别、知识自动获取等方面得到了广泛的应用。

2. 智能计算

智能计算只是一种经验化的计算机思考性程序，是人工智能化体系的一个分支，是辅助人类去处理各式问题的具有自适应性的计算方法，它能将不完全、不可靠、不精确、不一致和不确定的知识和信息逐步改变为完全、可靠、精确、一致和确定的知识和信息。智能计算方法具有对不精确性、不确定性的容忍度，并能利用它来实现问题的可处理性和鲁棒性。

智能计算具有以下4个特点：

- 能够处理一些真实世界的现实信息。这些信息可能是定性、定量描述，也可能具有不完整、不精确或不确定性的数据；
- 以对观察和测量所得数据进行分类的能力为基础，依赖于强化数值计算，从中发现、推理知识或分解、预测系统的某些特点、过程或结果对象等；
- 受感于生物的计算推理，通过学习、自组织等方式对信息进行综合、归纳或推理，从而建立符号主义（Symbolism）、连接主义（Connectionism）、行为主义（Behaviourism）的数学模型。以上3种主义是人工智能领域的三大学派；
- 建立的数学模型具有对信息进行综合或并行处理能力，具有适应外部变化情况的自主控制能力，具有自扩展性和系统的稳健性。

智能计算涉及的应用领域有：现代信号处理、人工神经网络、模糊神经系统、进化计算以及人工智能领域的综合应用。

3. 人工智能、计算智能与智能计算的关系

人工智能是计算机科学的一个分支领域，它通过对人类智力活动奥秘的探索与记忆思维机理的研究，以实现开发人类智力活动的潜能，使人类的智能得以物化与延伸两方面目的，概括来说，是一种用计算机模型模拟思维功能的科学。

计算智能是比人工智能低一层次的智能，它与人工智能的地位一样：是一个研究领域和学科范畴，而智能计算是研究计算智能的一种计算方法。

智能分为3个层次，从低到高分别为：

- 计算智能（Computational Intelligence，CI），是由计算机通过数学计算来实现的智能，它的来源是数值计算以及传感器所得到的数据，其基础是计算；
- 人工智能（Artificial Intelligence，AI），是非生物的、人造的智能，其基础是符号系统及其处理，并且来源于人的知识和有关数据；
- 生物智能（Biological Intelligence，BI），是由大脑中的物理化学过程所反映出来的智能，其基础是真实存在的大脑。

之所以计算智能比人工智能低一层次，是因为计算智能主要依赖数字材料，而不是依赖知识；计算智能主要借助数字计算方法，本身具有明显的数值计算信息处理特性，强调用计算的方法来研究和处理智能问题。而人工智能是应用计算智能并依赖于知识的。

关于这3种智能的关系在学术界存在分歧，以贝兹德克为代表的学者认为这3种智能是互相包含的关系，即人工智能包含了计算智能，而生物智能又包含了人工智能，所以计算智能是人工智能的一个子集；第二种观点是大多数学者所持有的观点，其代表人物是埃卜哈特（R. C. Eberhart），他们认为：虽然人工智能与计算智能之间有重合，但计算智能是一个全新的科学领域，无论是生物智能还是机器智能，计算智能都是最核心的部分，而人工智能则是计算智能的外层。事实上，计算智能和人工智能是智能的两个不同层次，各自都有自身的优势和局限性，相互之间只应该互补，而不能取代。大量实践证明，只有把人工智能和计算智能很好地结合起来，才能更好地模拟人类智能，才是智能科学技术发展的正确方向。

2.3.4 生物计算

生物计算指的是利用生物科学技术、生命体的特性以及仿生学技术研究与计算机相关问题的技术的统称，其目的是改进计算机结构和计算方法，提升计算性能。生物计算技术提出的背景源于取得巨大发展的生物科学领域：生物科学领域成为数据量最大的一门科学，经常需要对海量数据进行计算、分析，然而目前计算机处理器所用的大规模和超大规模集成电路中的晶体管密度已经接近当前所用技术的极限，很难在当前计算机硬件结构的基础之上取得计算性能的大幅度提升，因此为了满足生物科学领域的计算能力要求，就需要寻找新的计算机结构和新的处理器元件，科学家们发现一些生物结构如DNA、蛋白质具有非常高的信息携带量，生物科学领域的一些思想也能作为算法提升计算机的计算能力，于是生物计算的概念就此诞生，生物计算技术的成果也主要被应用在生物科学领域。

生物计算对计算机科学的启示主要体现在硬件和算法两方面。

1. 硬件方面

生物计算在硬件方面的应用主要指利用生物物质的特性对计算机的硬件进行改造，使计算机具有生物物质的特性以及更高的计算能力和信息存储能力，用生物计算技术研制的计算机称为生物计算机，是计算机未来的主要发展趋势之一。关于生物计算机我们在第1章中做过简介，主要包括DNA计算机、蛋白质计算机和细胞计算机等。

DNA计算机是一种利用DNA建立的完整的信息技术形式，以编码的DNA序列为运算对象，通过分子生物学的运算操作以解决复杂的数学难题。DNA即脱氧核糖核酸，是细胞核中携带生物生长指令的遗传物质。DNA拥有不可思议的资料存储功能和运算功能，比传统的硅晶片更强。一般而言，1毫克DNA的存储功能大约相当于1万片的光碟片，同时还具有在同一时间处理数兆个运算指令的能力。

与传统的电子计算机相比，DNA计算机有着很多优点，例如：

- 体积小。其体积之小，可同时容纳1万亿个此类计算机于一支试管中；
- 存储量大。1立方米的DNA溶液，可以存储1万亿亿的二进制数据。1立方厘米空间的DNA可储存的资料量超过1兆片CD容量；
- 运算快。其运算速度可以达到每秒10亿次，十几个小时的DNA计算，相当于所有计算机问世以来的总运算量；
- 耗能低。DNA计算机的能耗非常低，仅相当于普通计算机的10亿分之一。如果放置在活体细胞内，能耗还会更低；
- 并行性。普通计算机采用的都是以顺序执行指令的方式运算，由于DNA独特的数据结构，数以亿计的DNA计算机可以同时从不同角度处理一个问题，工作一次可以进行10亿次运算，即并行的方式工作，大大提高了效率。

细胞计算机是指使用细胞内自然生成的红霉素、抗生素和根皮素分子来对信息进行编码的微型计算机。细胞计算机比电子计算机更加灵活，因为负责信息传输的生物分子可以被其他生物分子所取代，而传统的计算机只能局限于单一的电子信号。由于二者具有同样的逻辑，细胞计算机甚至可与电子计算机直接进行交流。图 2-6 展示了假想的细胞计算机形式，它具有细胞级别的体积，可像细胞一样被植入人体内，将有利于对生物各种生理机制的深入研究，也有利于开发治疗疾病的新方法。

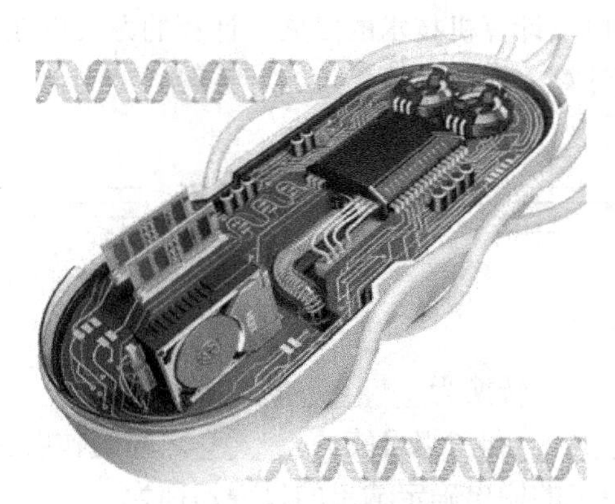

图 2-6　细胞计算机假想图

2. **算法方面**

生物计算在算法方面的应用主要指通过模仿、改进生物科学领域的物质、现象作为计算机计算方法的指导，以使算法与生物计算机结构更为适应，从整体上提升计算能力。一些典型的生物计算算法包括：自动机模型、仿生算法和生物化学反应算法等。

- 自动机模型：以自动理论为基础，致力于寻找新的计算机模式，特别是特殊用途的非数值计算机模式。目前研究的热点集中在基本生物现象的类比，如神经网络、免疫网络、细胞自动机等，在非数值计算、模拟、识别方面有极大的潜力。
- 仿生算法：以生物智能为基础，用仿生的观念致力于寻找新的算法模式，虽然类似于自动机思想，但立足点在算法上，不追求硬件上的变化。
- 生物化学反应算法：立足于可控的生物化学反应或反应系统，利用小容积内同类分子高复制数的优势，追求运算的高度并行化，从而提供运算的效率。DNA 计算机属于此类。

本章小结

计算思维和计算机都离不开“计算”的概念。广义的计算是指一种将“单一或多个的输入值”转换为“单一或多个的结果”的一种思维过程，这与计算机中一个重要的概念——函数的定义是比较一致的。对于函数来说，由给定的输入确定输出的过程称为函数的计算。

人类要利用计算机高速的计算能力解决实际问题时，就必须思考以下 3 个问题：哪些问题能够被计算，如何利用计算机系统实现计算，如何高效地实现计算。

计算思维的概念最早是由美国卡内基·梅隆大学计算机科学系主任周以真教授显性地提出并定义的。2006 年 3 月，周以真教授在美国计算机权威期刊 *Communications of the ACM* 杂志上给出并定义了计算思维，周教授认为：计算思维是运用计算机科学的基础概念进行问题求解、系统设计，以及人类行为理解等涵盖计算机科学之广度的一系列思维活动。

计算思维的主要思想包括：符号化思想、程序化思想、递归思想、抽象和分解思想。

计算思维5种特性为：概念化，不是编程；根本的，不是刻板的技能；是人的，不是计算机的思维方式；是数学和工程思维的互补与融合；是思想，不是人造物。

计算思维的应用是非常广泛的，它几乎可以对我们生活中遇到的任何问题给予指导作用。从方法论的宏观角度讨论利用计算思维解决问题的一般过程，包括抽象、理论和设计3个方面。

随着信息爆炸式的增长以及计算机技术的发展，计算的方式也在不断变革之中。计算的发展趋势包括高性能计算、普适计算、智能计算、生物计算等。

习　题

（一）填空题

1. 广义的计算指将________转换为________的思维过程。
2. 函数指一组可能的_______和一组可能的_______之间的映射关系。
3. 对于函数来说，由给定的输出确定输出的过程，称为_________。
4. 计算思维的概念最早是由_________显性地提出的。
5. 计算思维的5种特性为_____________、_____________、_____________、____________和___________。
6. 从方法论的宏观角度讨论利用计算思维解决问题的一般过程包括_____、_____和_____3个方面。
7. 抽象的根本目的在于_____________。
8. 设计源于_____________。
9. 集群式高性能计算系统中，控制计算节点工作分配的计算机称为_____________。
10. 普适计算之父是____________。

（二）选择题

1. 要利用计算机解决问题，必须思考的问题包括______。
   A. 哪些问题能够被计算　　B. 如何利用计算机系统实现计算
   C. 如何高效地实现计算　　D. 以上三项
2. 利用计算思维解决问题______。
   A. 只能由人来完成　　B. 只能由机器完成
   C. 人和机器都能完成　　D. 人和机器都不能完成
3. 计算思维的主要思想包括______。
   A. 符号化思想　B. 程序化思想　C. 递归思想　D. 以上三项都是
4. 抽象源于______。
   A. 实验科学　B. 数学　C. 工程　D. 以上都不是
5. 理论源于______。
   A. 实验科学　B. 数学　C. 工程　D. 以上都不是
6. 理论不包括______。
   A. 定义和公理　B. 定理　C. 证明　D. 实验

7. 求解问题的前提是______。

A. 抽象 B. 理论 C. 设计 D. 以上都不是

8. 设计与理论、抽象的不同点为______。

A. 更强的实践性 B. 更强的社会性

C. 更强的综合性 D. 以上三项

9. 高性能计算的英文简称为______。

A. HTC B. HP C. HPC D. IC

10. 目前最快的超级计算机是______。

A. 深蓝 B. 走鹏 C. 天河二号 D. IBM 360

11. 普适计算发展过程中的挑战不包括______。

A. 移动性问题 B. 成本问题 C. 融合性问题 D. 安全性问题

12. 计算智能代表算法不包括______。

A. 遗传算法 B. 免疫算法 C. 快排算法 D. 蚁群算法

13. 智能的3个层次中最高的为______。

A. 计算智能 B. 人工智能 C. 生物智能 D. 以上都不是

14. 生物计算机包括______。

A. 蛋白质计算机 B. DNA 计算机 C. 细胞计算机 D. 以上三项

15. 典型的生物计算算法有______。

A. 自动机模型 B. 仿生算法 C. 生化反应算法 D. 以上都是

（三）简答题

1. 阐述计算思维的概念。
2. 解释计算机、计算机科学和计算思维的关系。
3. 计算思维5种特性的含义是什么？
4. 按设计内容和工作的不同，设计分为哪几种，其含义分别是什么？
5. 解释人工智能、计算智能和智能计算的关系。
6. DNA 计算机有哪些优点？

第3章 计算机数据表示

计算机是对数据进行处理的机器，在更深入地探讨计算机科学之前，让我们先来了解一下数据在计算机中的表示，以便为后面章节的学习打下良好的基础。

在本章中，我们首先对信息和数据这两个容易混淆的概念进行区分和理解；其次对进制进行介绍，包括我们熟悉的十进制和二进制以及它们的转换方法；然后进一步探讨数字是如何储存在计算机内，计算机又怎样对它们进行运算；最后部分将会简要介绍文本、图像、音频这些不同类型文件在计算机中的存储方法。

3.1 信息与数据

信息与数据是我们经常听到的两个词汇，但却常常难以将它们加以区别，什么是信息，什么是数据呢？

广义来讲，**数据**（Data）是指存储在某种介质上并且能够被识别的物理符号，用来表示通过科学实验、检验、统计等方式获得的和用于研究、设计、决策、验证等目的的数值，可分为模拟数据和数字数据两大类。数据是计算机加工的“原料”，如图形、声音、文字、符号等。

信息（Information），又称资讯，是一个高度抽象的概念，由于其具体表现形式的多样性及复杂性，很难用统一的语言对其进行定义。可以认为信息泛指人类社会传播的全部内容：人类认识自然界和社会的不同事物，从中获得信息，并得以改造世界。信息具有客观性、适用性、传输性等特性。

信息和数据是紧密相关的，但是考虑到它们之间的联系时，又各自扮演了不同的角色。数据通常是客观存在的事实，当单独存在时它并没有意义，只有经过解释才能成为有效的信息。数据是信息的一种表现形式，也是构成信息的原始材料。而信息是反映事件的内容，包括事件判断、事件动作以及对事件运动的描述，即信息包含了人们对事物的认识。信息由数据分析得到，并通过不同的形式进行表现。

通过表3-1可以对信息和数据进一步理解。

表3-1 信息与数据的比较

	数据	信息
比较	数据是原始的、无组织的、未经处理的事实。数据在形式上简单、随机。单独存在的数据是没有用处的，除非对其进行组织、处理	数据经过处理之后，能以一个有组织的、结构化的形式对事物进行有效描述时，便可以称作信息

续表

	数据	信息
举例	以班级的考试成绩为例，每一个学生的成绩可视为一组数据	通过每个学生的成绩可计算出班级平均成绩或每个学生的排名，这些即为通过数据提取出的信息

3.2　进制与进制的转换

通常我们在生活、学习中接触的数字是由 0～9 这 10 个阿拉伯数字组成的，在进行计算时采用“逢十进一”的规则，这种计数方式称为十进制。除此之外，在特殊的领域还存在许多其他类型的进制（如时间的计数采用六十进制），在本节中我们会为大家介绍进制的思想与不同进制的转换。

3.2.1　基数与进制

为了用有限的符号表示出无限的数字，人类通过不断的实践、摸索总结出两类表示系统：**位置化数字系统**和**非位置化数字系统**。

非位置化数字系统中，每个数字符号有固定的数值，在计算数字大小时只要将其中每个数字符号表示的数值相加即可。罗马数字系统是常见的非位置化数字系统。

位置化数字系统中，每个数字表示的值除了与数字符号本身的值有关，还与该符号在数字中所处的位置有关。用我们熟悉的十进制举例，在数字 135 中，5 在个位，表示的数值是 5×1；3 在十位，表示的数值是 3×10；1 在百位，表示的数值是 1×100。将每个位置上的数字表示的数值相加，有：

$$1\times100+3\times10+5\times1=135$$

概括来说，在位置化数字系统中，每个数字采用如下的表示方法：

$$\pm(S_{k-1}\ \cdots\ S_2S_1S_0\cdot S_{-1}S_{-2}\ \cdots\ S_{-1})_b$$

它表示的值为：

$$n=\pm(S_{k-1}\times b^{k-1}+\ \cdots\ +S_1\times b^1+S_0\times b^0+S_{-1}\times b^{-1}+\ \cdots\ +S_{-1}\times b^{-1})$$

其中，S 表示该数字系统的符号集，S_k 指该符号的位置是 k，±符号表示该数字可正可负。b 即为该位置化数字系统中的**基数**（或底），它在数值上等于符号集中的符号总数。b^k 称为第 k 位的**权值**，b 的非负数幂表示该数字的整数部分，负数幂表示小数部分，这两部分均可向两端扩展。

与位置化数字系统相关的另一个重要概念即为**进制**。位置化数字系统中的数字每个位置能表示的数值是有限的，当两个数字进行运算时（如加法），有可能出现对应位置数值之和超过最大值，此时需要向高位进位。进制，也称进位制，即为人们规定的一种进位方法：对于一个基数为 x 的位置化数字系统，即可称它为 x 进制，在运算时即采用“逢 x 进一”的规则，如十进制是逢十进一，十六进制是逢十六进一，二进制是逢二进一。

进制的数值也等于该数字系统中的符号数，如二进制只有 0、1 两个数字，八进制有 0～7 八个数字，十进制有 0～9 十个数字等。对于十六进制，除了 0～9 十个数字之外，还有 6 个英文字母 A～F，这 16 个符号构成了十六进制的符号集。

为了区分不同进制表示的数字，可以采用如下两种书写方法。

（1）将代表进制的英文字母标识写在数字后面。

B（Binary）表示二进制，二进制数 1101 可写成 1101B。

O（Octonary）表示八进制，八进制数的 175 可写成 175O 或 175Q（由于 O 容易与 0 混淆，常用 Q 代替 O）。

D（Decimal）表示十进制，十进制数 359 可写成 359D。

H（Hexadecimal）表示十六进制，十六进制数 2AF5 可写成 2AF5H。

（2）用括号括住数字并添加代表进制的下标。

$(1101)_2$ 表示二进制数 1101。

$(175)_8$ 表示八进制数 175。

$(359)_{10}$ 表示十进制数 359。

$(2AF5)_{16}$ 表示十六进制数 2AF5。

由于十进制的应用最为广泛，不加说明的数字一般可认为是十进制。

扩展阅读：罗马数字系统

罗马数字系统是最典型的非位置化数字系统，它是在阿拉伯数字传入欧洲之前在古代罗马使用的一种数码，至今仍在钟表、日历、体育赛事等方面被广泛使用。

罗马数字系统的符号集为 S={I，V，X，L，C，D，M}，其中每个符号与十进制数值的对应关系如下：

罗马数字符号	I	V	X	L	C	D	M
十进制数值	1	5	10	50	100	500	1000

非位置化数字系统基本的数值计算方式是将数字中每个符号代表的数值相加，对于罗马数字系统，具体的记数规则如下：

（1）相同的数字连写，所表示的数等于这些数字相加得到的数，如：Ⅲ ＝3。

（2）小的数字在大的数字的右边，所表示的数等于这些数字相加得到的数，如：VIII ＝ 8；XII = 12。

（3）小的数字（限于 I 、X 和 C）在大的数字的左边，所表示的数等于大数减小数得到的数，如：IV ＝4；IX = 9。

（4）正常使用时，连写的数字重复不得超过三次。

（5）在一个数的上面画一条横线，表示这个数扩大 1000 倍。

下面显示了一些罗马数字和它们的值：

VIII → 5 + 1 + 1 + 1 = 8

XVII → 10 + 5 + 1 + 1 = 17

XIX → 10 +（10 − 1） = 19

MMVI → 1000 + 1000 + 5 + 1 = 2007

MDC → 1000 + 500 + 100 = 1600

$\overline{\text{X}}$I → 10×1000 + 1 = 10001

3.2.2 二进制

如同十进制一样，其他进制规则下也有加、减、乘、除四则运算以及它们对应的方法，此处将以二进制为例对其进行介绍。

二进制的基数为 2，其字符集只有 0 和 1 这两个数字，因其简单和在计算机领域的广泛应用，而在数制系统中占据着十分重要的地位。

二进制的加法和乘法运算规则如下：

（1）加法运算规则

$$0+0=0 \qquad 0+1=1$$

$$1+0=1 \qquad 1+1=10$$

（2）乘法运算规则

$$0\times0=0 \qquad 0\times1=0$$

$$1\times0=0 \qquad 1\times1=1$$

当相加或相乘的数字位数多于 1 位，可同样采用我们在十进制中常用的竖式加法与竖式乘法进行运算。

竖式加法中，先将两个加数的右侧对齐上下方向书写，然后按位从右向左依次将两个加数各个对应位上的数字相加，如果单个位置数字相加之和多于一位，则向左产生一位进位，并在计算左侧位置数字之和时加上该进位。依此类推，直到所有对应位置的数字均相加完毕。

【例 3-1】用竖式加法计算二进制数 110 与 11 的和。

解：

```
  11
   110
+   11
  1001
```

在上面的竖式加法中，先对最右侧的 0 和 1 相加，结果为 1 不产生进位，将 1 记录在竖式对应位置的底部。再对下一列的 1 和 1 相加，结果为 10，产生进位，将 0 记录在竖式底部，并在左一列上方记录 1 代表进位。下一列 1 与刚才进位的 1 相加，结果 10，同样产生进位，将 0 记录在竖式底部，并在左一列上方记录 1 代表进位。最左侧只有进位的 1，将其记录在竖式下方，至此两个加数的所有对应位相加完毕，在竖式下方得到最终结果 1001。

竖式乘法中，将两个乘数右侧对齐上下方向书写，从右向左依次用下面乘数的每一位乘以上方乘数，将得到的结果记录到竖式最下方，结果的右侧与下方乘数对应位对齐，下方乘数的每一位均与上方乘数相乘后，按竖式加法的运算方法将所有结果相加，即得到两数相乘的结果。

【例 3-2】用竖式乘法计算二进制数 110 与 101 的积。

解：

```
    110
×   101
    110
   000
  110
  11110
```

在上面的竖式乘法中，先用下方乘数 101 最右一位的 1 乘以 110，得到结果 110，记录到竖式下方。再用乘数 101 左一位的 0 乘以 110，得到结果 000，记录到竖式下方，结果的右侧与 101 中的 0 对齐。最后用 101 最左侧的 1 乘以 110 得到结果 110，记录到竖式下方，结果的右侧与 101 中的 1 对齐。至此下方乘数 101 的每一位均与 110 相乘，将竖式下方 3 个结果按照竖式加法法则相加，得到 110 与 101 的乘积 11110。

3.2.3 进制之间的相互转换

在日常生活中我们使用的是十进制，在计算机和逻辑运算中二进制是最主要的，在程序员进行程序设计时，也会用到八进制和十六进制，所以很有必要了解如何对用不同进制表示的数字进行进制之间的转换。

1. 其他进制转换为十进制

在前面的小节中我们介绍了数字的位置化表示方法：位置化数字系统中数字的数值可由该数字各个位置的权值与该位数字之积的加和表示，即对于一个基数为 b 的数字（为 b 进制）$(S_{k-1} \cdots S_2S_1S_0 \cdot S_{-1}S_{-2} \cdots S_{-l})_b$ 有：

$$n = (S_{k-1}\times b^{k-1} + \cdots + S_1\times b^1 + S_0\times b^0 + S_{-1}\times b^{-1} + \cdots S_{-l}\times b^{-l})$$

根据这个公式计算出的 n 值，即为该 b 进制数字转换为十进制的数值。

【例 3-3】将三进制数 102 转换为十进制数。

解：

三进制的基数为 3，应用公式：

三进制：	1		0		2		
权值：	3^2		3^1		3^0		
结果：	1×3^2	+	0×3^1	+	2×3^0	=	11

所以 $(102)_3 = (11)_{10}$

2. 十进制转换为其他进制

将十进制数字转换为其他进制数字分为两个过程：用连除法对整数部分进行转换，用连乘法对小数部分进行转换。

（1）整数部分转换

使用连除法的步骤是：将待转换的十进制数除以目标进制的基数，记录余数并用除得的结果继续除以基数，重复这一过程直到得到的商为零，将得到的余数按从后向前的顺序依次从左向右书写，即得到转换结果。

【例 3-4】用连除法将十进制数 13 转换为二进制数。

解：

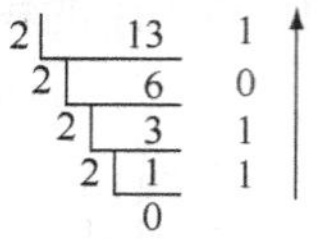

```
2|13   1 ↑
 2|6   0 |
  2|3  1 |
   2|1 1 |
     0
```

图 3-1 用连除法将十进制数 13 转换为二进制数

图 3-1 展示了连除法的过程，二进制的基数是 2，用 13 除以 2，商 6 余 1，将余数写在除式右边，商写在除式下边。用上一步的结果 6 除以 2，商 3 余 0，同样将余数写在右边，结果写在下边。连续用上一步的结果除以 2，直到商为 0，得到右侧的一系列余数。将右侧余数按从下到上的顺序从左向右书写，即得到十进制数 13 转换为二进制数的结果：1101。对于其他进制，只需将图中的除数 2 换成对应进制的基数即可，其他操作相同。

（2）小数部分转换

使用连乘法的步骤是：将待转换的十进制小数乘以目标进制的基数，记录结果的整数部分，将结果的小数部分作为新源继续乘以基数，重复这一步骤直到小数部分为 0 或者达到足够的精度时结束（注意不是全部的进制都能准确地对小数部分进行转换），将得到的整数部分按顺序从左向右书写，即得到转换结果。

【例 3-5】用连乘法将十进制数 0.625 转换为二进制数。

解：

```
  0.625
×     2
-------
   0.25  1
×     2
-------
    0.5  0
×     2
-------
      0  1
```

图 3-2　用连乘法将十进制数 0.625 转换为二进制数

图 3-2 展示了连乘法的过程，二进制的基数是 2，用 0.625 乘以 2，结果为 1.25，将整数部分的 1 写在乘式右边，将小数部分 0.25 写在乘式下边。连续用上一步结果的小数部分乘以 2，直到小数部分为 0 结束（在其他转换中可能达到足够的精度时结束）。将右侧的整数部分按从上到下的顺序从左向右书写，即得到十进制数 0.625 转换为二进制数的结果：0.101。对于其他进制，只需将图中的乘数 2 换成对应进制的基数即可，其他操作相同。

对于一个既有整数部分又有小数部分的十进制数，只要按上述方法分别对整数和小数部分进行转换，再将两部分转换后的结果合并即可。

【例 3-6】将十进制数 13.625 转换为二进制数。

解：

由例 3-4，有 $(13)_{10}=(1101)_2$

由例 3-5，有 $(0.625)_{10}=(0.101)_2$

所以有 $(13.625)_{10}=(1101.101)_2$

3. 其他进制相互转换

前面已经介绍了其他进制转换为十进制和十进制转换为其他进制的方法，对于非十进制的其他进制的两两转换，可根据这两种方法，以十进制数作为桥梁进行转换，即先将待转换数字转换为十进制数，再将十进制数转换为目标进制数。

【例 3-7】将三进制数 102 转换为二进制数。

解：

由于 $(102)_3=(11)_{10}$ 及 $(11)_{10}=(1011)_2$

所以有 $(102)_3=(1011)_2$

4. 二进制与八进制、十六进制相互转换

二进制与八进制、十六进制的转换在程序设计当中比较常见，虽然可用前面介绍的先转换为十进制再转换为目标进制的方法，但由于二进制中的 3 位恰好是八进制中的一位，二进制中的 4 位恰好是十六进制中的一位，它们之间的转换还有更简便的方法。

【例 3-8】将八进制数 127 转换为二进制。

解：

由于八进制的 1 位对应二进制的 3 位，只要将八进制数的每位转换为 3 位二进制数再将其合并即可。

八进制	1	2	7
二进制	001	010	111

合并之后去掉左侧多余的 0，有$(127)_8=(1010111)_2$

【例 3-9】将二进制数 10110011011 转换为十六进制。

解：

由于二进制的 4 位对应十六进制的 1 位，只要将二进制数 4 位一组转换为十六进制的 1 位再将其合并即可。若二进制数的位数不是 4 的整数倍，在其左侧补 0。

二进制	0101	1001	1011
十六进制	5	9	B

有$(10110011011)_2=(59B)_{16}$

将二进制转换为八进制或将十六进制转换为二进制的方法与上面两个例子是类似的，请读者自行尝试。利用这个方法，不仅可以准确、快速地完成二进制、八进制、十六进制之间的转换，此外当我们想要将一个较长的二进制数转换为十进制数时，也可以利用该方法先将二进制数转换为较短的十六进制或八进制，再将其转换为十进制，要比直接转换方便许多。

扩展阅读：进制的由来

最早的进制很可能与原始人类用来计数的工具有关。如十进制记数法被认为是由于人类习惯使用 10 根手指计数而起源的。二十进制是玛雅文明发明的数字系统，称为玛雅数字系统。采用 20 为基数可能是因为他们使用手指和脚趾一同计数。而曾经很流行的十二进制可能源于一只手除去拇指之外的四根手指一共有十二个指节。

巴比伦文明发展了首个位置化数字系统，称为巴比伦数字系统，它继承了闪米特族人和阿卡德人的数字系统，并将其发展为位置化的六十进制。六十进制系统被认为是十进制和十二进制合并过程中产生的，与巴比伦文明的天文历法计时有关。六十进制现在还应用于时间和角度的计数。

二进制是由天才的德国数学家、哲学家、逻辑学家莱布尼茨发明的，并将二进制与上帝创造万物从无到有联系起来，将它赋予了更深刻的宗教内涵。很多人相信莱布尼茨是受到中国古书《易经》的启发才发明了二进制，这实际上是错误的。莱布尼茨在接触《易经》之前就已经发明了二进制，看到八卦图中“阴”“阳”符号感到中国文化与二进制非常相符，因此才断言：二进制乃是具有世界普遍性的、最完美的逻辑语言。

3.3 计算机内部的数据

前面的小节中介绍了现实世界中存在的不同进制，然而在计算机内部，采用的是哪种进制，又有哪些运算呢？本节将会介绍这一部分的内容。

3.3.1 计算机采用的进制

由于人的双手有 10 根手指，所以人类在利用手指计数的过程中很自然地发明了十进制，然而十进制和电子计算机却没有必然的联系。计算机内部采用的是二进制，这种方式有显著的好处。

1. 与物理状态相符

计算机需要通电运行，对于一个电路节点，如早期计算机中的晶体管，电流通过的状态只有两个——通电和断电；计算机信息存储常用磁盘和早期使用的软盘，磁盘上的一个记录点也只有两个状态——磁化和未磁化；近年来使用光盘记录信息的方式越来越普遍，对于光盘上的一个信息点，其物理状态也只有两个——凹和凸，分别起聚光和散光的作用。这与只有 0、1 这两个数字的二进制是相对应的：用 0 表示一种状态，用 1 表示另一种状态。如果采用其他进制，势必会造成信息处理的不便和资源的浪费。

2. 便于进行逻辑判断

计算机执行运算的基础是其内部通过微电子电路实现的门和触发器，它执行的是逻辑运算。逻辑代数是逻辑运算的理论依据，而二进制的 0、1 正好与逻辑代数中的“真”和“假”相吻合。

3. 便于进行数值运算和编码

由于电路中很容易区分高、低两种电压状态，电子计算机能以极高的速度对二进制数进行相加、相乘或其他组合运算，如果采用更高的进制则会影响计算速度，也会导致计算机内部的电路更加复杂。各种类型的数据要想存储在计算机内部需要进行编码，采用二进制使数据的表示更加容易，同时它与物理存储介质的状态相符合，能提高介质的信息存储能力。

4. 抗干扰能力强，可靠性高

电流在元件中会产生一定的波动，采用二进制只需区分高、低两种状态，当受到一定程度的干扰时，仍能准确地分辨出是哪种状态而不会产生错误。经过理论论证，在一定的计数范围内使用二进制可使元件所需的状态数最少，元件的设计更加简单，进而提高了可靠性。

3.3.2 位与布尔运算

在计算机中，表示 0 或 1 的最基本的单位是**位**（或比特，bit），它们表示的仅仅是一些符号，只有与正在处理的应用相联系时才有具体的意义，如数值、字符、声音或图像。8 个二进制位构成一个**字节**（Byte），一个字节可简写为 1B，它是计算机中数据存储的单位。其他的数据存储单位还有 KB（Kilobyte，千字节）、MB（Megabyte，兆字节，又称“兆”）、GB（Gigabyte，吉字节，又称“吉”）、TB（Trillionbyte，万亿字节，又称“太”）、PB（Petabyte，千万亿字节，又称“帕”）等，它们之间在数量上有如下对应关系：

1 KB = 1024 B

1 MB = 1024 KB = 1048576 B

1 GB = 1024 MB = 1048576 KB = 1073741824 B

1 TB = 1024 GB = 1048576 MB = 1073741824 KB = 1099511627776 B

除此之外，在计算机领域还有一些其他的概念也涉及“位”。在计算机中，一串二进制码是作为一个整体来处理和运算的，它称为一个**字**（Word），表示计算机的自然数据单位。在运算器和控制器中，通常都是以字为单位进行传送的。字出现在不同的位置其含义也有不同。例如，送往控制器去的字是指令，而送往运算器去的字就是一个数。每个字所包含的位数称为**字长**（Word Length），字长越大，处理器一次可处理的二进制位数越大，相应的处理数据的速率也就越高。根据处理器的不同，字长分固定字长和可变字长两种。固定字长，即字长无论什么情况下都是固定不变的；可变字长，则在一定范围内其长度会发生变化。目前主流的处理器都是 32 位或 64 位，对应字长分别为 32 和 64。更长的字长不但代表处理器能处理更长的指令，更大的地址空间也使计算机能使用更大的内存，这就是为什么 32 位的处理器只能在理论上访问到 4GB 内存，而 64

位的处理器可利用的内存要大得多。除了 CPU，有些操作系统（如我们熟悉的 Windows）也分 32 位和 64 位，这是为了给安装在计算机上的应用程序提供底层的支持。一个 64 位的处理器支持 64 位和 32 位的操作系统，而 32 位的处理器只支持 32 位的操作系统。位、字、字节、处理器与操作系统的字长等是很容易混淆的概念，请读者区分清楚。

计算机中对每一位的运算实质上就是对 0、1 的运算，如果将 0 看作“假”值，1 看作“真”值，那么我们可以将这种位与位之间运算理解为**逻辑运算**（Logical Operation），或**布尔运算**（Boolean Operation），这种命名方式是为了纪念逻辑数学领域的杰出先驱——数学家**乔治·布尔**（George Boole，1815—1864 年）。

单独的位之间的布尔运算类似于一位的二进制的运算，它们都能根据两个运算输入（0 或 1）得到一个运算输出。不同的是，对于二进制运算，这些 1 和 0 代表的是数值；而对于布尔运算，它们对应的是真、假值。

布尔运算有 4 种基本的运算方式：与运算（AND）、或运算（OR）、异或运算（XOR）、非运算（NOT）。其中“非”运算区别于前三者，因而它只有一个输入对应一个输出。

它们的真值表见表 3-2。

表 3-2　布尔运算真值表

与（AND）			或（OR）			异或（XOR）			非（NOT）	
输入		输出	输入		输出	输入		输出	输入	输出
0	0	0	0	0	0	0	0	0	0	1
0	1	0	0	1	1	0	1	1		
1	0	0	1	0	1	1	0	1	1	0
1	1	1	1	1	1	1	1	0		

布尔运算的输入也可以是能判断真假的语句，输出则是由布尔算符连接的复合语句的真值。如用 AND 符号连接的两个语句可表示成：

“明天是周五”　AND　“小明是学生”

用字母 P 和 Q 代表两个语句，则复合语句的一般形式为：P AND Q。

根据真值表我们可总结出如下规律：对于“与”运算，只有当 P、Q 两个分句都为真时，复合语句 P AND Q 才为真；对于“或”运算，只要 P、Q 中有一个为真，则复合语句 P OR Q 即为真；对于“异或”运算，当 P、Q 的真值不同时，复合语句 P XOR Q 为真；而“非”运算的结果与输入恰好相反。

除了对单独的位进行操作，这些运算可扩展为将两个二进制位串作为输入，并同样产生一个二进制位串输出，只需对两个输入串的每个对应位执行布尔运算，再将结果组合即可。

【例 3-10】将位模式串 10011010 与 11001001 进行与运算。

解：

$$\begin{array}{r} 10011010 \\ \text{AND}\ \ 11001001 \\ \hline 10001000 \end{array}$$

在上例中，只要将上方两个模式串的对应位单独取出，对其进行“与”运算，再将结果对应写在下方即得到：10011010 AND 11001001 的结果为 10001000。

同理，有：

```
       10011010
OR     11001001
       --------
       11011011

       10011010
XOR    11001001
       --------
       01010011
```

扩展阅读：布尔运算与掩码

请分析如下的布尔运算：

```
       10101010
AND    00001111
       --------
       00001010
```

在这个布尔运算中，一个操作数的前四位都为 0，后四位都为 1，而在结果位模式串中，前四位都为 0，后四位与另一个操作数相同。这是因为任何数与 0 进行与运算的结果都为 0，任何数与 1 进行与运算的结果都与原数相同。

扩展来看，如果我们确定了一个操作数 A，即使不知道另一个操作数 B 的内容，仍能确定：结果中与 A 中 0 对应的位都为 0，与 A 中 1 对应的位都与操作数 B 对应的位相同。这个过程称为**屏蔽**过程，操作数 A 能决定操作数 B 的哪些部分会影响结果，此操作数 A 称为**掩码**（Mask）。在上面的与运算示例中，掩码“00001111”决定了结果的前四位都为不复制的部分，在结果中显示为 0，而结果的后四位为复制部分，取值与另一个操作数相同。

同理，也可以利用或运算和掩码对操作数进行复制。由于任何数与 0 进行或运算的结果都与原数相同，任何数与 1 进行或运算的结果都为 1，进行或运算时掩码中为 1 的部分为不进行复制的部分，在结果中显示为 1；掩码中为 0 的部分为复制部分，在结果中的取值与另一个操作数相同。

异或运算的作用是对一个位模式串按位取反。将任意位模式串与全部为 1 的掩码进行异或运算可将该位模式串中的 0、1 倒置。具体示例如下：

```
       11111111
XOR    10101010
       --------
       01010101
```

3.4　数字的存储与运算

我们已经了解了计算机内部采用二进制的数制方式，并且可以对二进制的位模式串进行一系列操作。然而在现实中使用的数据里，我们采用的是十进制数，这些数字可能是整数，可能是小数，可能是正数又可能是负数，它们又是如何在计算机中进行表示与运算的呢？

在主流的操作系统（如 Windows）中，一个整数用 4 字节来表示。4 字节包含 4×8=32 个二进制位，每一位有 0、1 两种状态，如果用一个状态表示一个数字，那么计算机可处理的数字个数为 2^{32} 个。出于教学的方便，我们以一个字节储存一个数字为例进行讲解。

3.4.1　整数的存储

整数是指没有小数部分的数字，或者可以认为它的小数点被固定在了数字最右方而不用表示。为了更高效地利用计算机内存，无符号整数和有符号整数的表示方法是不同的。

1. 无符号整数

无符号整数只是不区分正负号的整数，对于我们采用的 1 字节表示法中，它的 8 位全部用来表示数字，这时该字节所表示的二进制数值与十进制是对应的：当这一字节的 8 位全为 0 时，对应十进制的 0；当 8 位全为 1 时，对应十进制的数值为 255。所以对于一个字节，它能表示的无符号整数为 0～255 共 256 个数字。无符号整数在计算机中有很广泛的应用，由于它与自然数是一致的，在计算机中常常用来计数任务执行次数或表示不同的内存单元地址。

2. 原码

在实际的数据处理中存在大量负数，计算机处理的方法是将原本存储数字的第一位用来专门存储符号，将正数的符号用 0 表示，负数的符号用 1 表示，用剩下的位置存储数字，即原码数字部分的二进制数值等于要表示的十进制数的绝对值。这种方法称为符号位表示法，也就是原码。

例如，用一个字节表示“+5”的原码为“00000101”，“−5”的原码为“10000101”。

由于利用一位存储符号，一个字节能表示的数字范围也发生了改变。对于符号位为 0 的正数，如果余下存储数字的 7 位全为 0，表示“+0”；如果 7 位全为 1，则表示“+127”。同理，对于符号位为 1 的负数，可表示的数字范围是“−127”至“−0”。注意到虽然符号位为正的“0”和符号位为负的“0”在计算机中的表示是不同的（我们用“+0”和“−0”分别表示），但在人们的计数概念中并不区分这两个“0”，这导致的结果是：虽然一个字节仍能表示 2^8 个不同状态，但能表示的数字却只有 255 个（−127～0，0～127）。

3. 反码

计算机要利用原码表示的数字进行运算，如果采用和人类纸、笔运算相似的方法，其逻辑会异常复杂。让我们考虑将两个带符号的数字相加的运算步骤：如果两个数字的符号相同，那么将它们的数值部分进行相加作为结果的数值部分，结果的符号与这两个数字的符号相同；如果两个数字的符号不同，则需要先判断哪个数字的数值更大，结果的符号与数值较大的数字的符号一致，而结果的数值部分则是两个数字数值部分的差值。对于一个简单的相加运算，如此复杂的判断过程是不能接受的，计算机识别符号位也会使电路的复杂性大大增加。

为了解决这一问题，计算机科学家们应用了一个简单的运算法则：减去一个数正数等于加上这个数的负数。例如，$1 - 1 = 1 + (-1) = 0$。这样机器就可以只有加法而没有减法，符号位也可以参与运算。但是考虑利用原码进行如下运算：

$$1-1 = 1+(-1) = [00000001]_{原} + [10000001]_{原} = [10000010]_{原} = -2$$

用原码进行运算时，如果让符号位也参与运算，对于减法来说是不正确的，反码正是为了应对这种情况而产生，它的原理与我们设置时钟时间的操作相似。考虑以下情况，现在的时钟指向 6 点，我们想将它设置为 4 点，可有两种操作：将指针逆时针向回转两个小时；或者将指针顺时针向前转 10 个小时。这两种操作都能将时针正确地设置为 4 点，但是逆时针拨动指针的过程对应的是减法：$6 - 2 = 4$；顺时针拨动指针对应的是加法：$(6 + 10) \bmod 12 = 4$。

用反码表示数字，第一位仍是符号位，其余位为数值部分，符号位为 0 表示正数，为 1 表示负数。如果原始数字是正数，则数值部分等于要表示的数字的二进制数值；如果原数是负数，则将它绝对值的二进制数值按位取反，即用 0 替换 1，用 1 替换 0。

例如，用一个字节表示“+5”的反码为“00000101”，“−5”的反码为“11111010”。

对于一个 8 位的数字，用反码表示的数值范围与原码是相同的，即−127～127，但是负数部分的数值对应关系发生变化："11111111"对应十进制"−0"，而"10000000"对应十进制"−127"。

利用反码进行运算时，只要将进行运算的十进制数用反码表示（如果是减法，转换成加上一个负数的形式），按二进制加法法则将它们相加，得到结果的反码表示，将其逆向转换为十进制数即为最终结果。

【例 3-11】利用反码计算$(1)_{10}-(2)_{10}$。

解：

$$(1)_{10}-(2)_{10}=(1)_{10}+(-2)_{10}=[00000001]_{反}+[11111101]_{反}=[11111110]_{反}=-1$$

【例 3-12】利用反码计算$(1)_{10}+(2)_{10}$。

解：

$$(1)_{10}+(2)_{10}=[00000001]_{反}+[00000010]_{反}=[00000011]_{反}=3$$

4．补码

利用反码看似能够很好地解决符号位参与运算的问题，即使进行减法运算也不会发生错误，但考虑利用反码进行如下运算：

$$(1)_{10}-(1)_{10}=(1)_{10}+(-1)_{10}=[00000001]_{反}+[11111110]_{反}=[11111111]_{反}=-0$$

这正是上文我们已经提到过的"+0"和"−0"的问题，由于在我们的数制系统中"0"是不分正负的，虽然对于计算机来说表示"+0"和"−0"的二进制串不同，但却浪费了一个宝贵的空间。除此之外，不同编码制会影响不同的加法器的逻辑复杂度，原码和反码表示法都会导致硬件逻辑设计上复杂度的提升。引入补码概念后，这些问题得到了较好的解决，事实上补码是目前几乎所有的计算机都在采用的编码方式。

用补码表示数字，如果原始数字是正数，则表示方式与原码、反码相同，即第一位符号位为 0，数值部分等于要表示的数字的二进制数值；如果原始数字是负数，则先将其用反码形式表示，再在末位加 1。

【例 3-13】求 105 和−105 的二进制原码、反码、补码。

解：

对于正数：$[105]_{原}=[105]_{反}=[105]_{补}=01101001$

对于负数：

−105 的原码只要将 105 的原码的符号位改成 1 即可：$[-105]_{原}=11101001$

−105 的反码只要对 105 的原码按位取反即可：$[-105]_{反}=10010110$

−105 的补码只要对反码加 1：$[-105]_{补}=10010110+1=10010111$

将一个用补码表示的二进制串还原为十进制数，对符号位为 0 的补码，直接转换即可；对符号位为 1 的补码，将数值部分取反加 1，转换成十进制后添加负号即可。

【例 3-14】将用补码表示的 8 位二进制串 10010111 还原为十进制数。

解：

最左侧符号位为 1，说明原数是负数。取出数值部分"0010111"，按位取反再加 1 得到"1101001"，将其转换为十进制数为 105，添加负号得到最终结果：−105。

利用二进制补码进行加法运算的方法和反码是完全一样的，只要将参与运算的数字用补码表示，按照二进制加法对其进行相加，得到结果的补码表示后再逆向转换为十进制数。如果原始的运算为减法，同样需要转换成与一个负数相加的形式。由于参与运算的补码和结果的补码都应是相同长度的位模式串，这就意味着如果在相加两个补码时应舍弃左边可能产生的附加进位。

【例 3-15】利用补码计算$(3)_{10}+(4)_{10}$。

解：

$$(3)_{10} + (4)_{10} = [00000011]_{补} + [00000100]_{补} = [00000111]_{补} = 7$$

【例 3-16】利用补码计算$(7)_{10} - (4)_{10}$。

解：

$$(7)_{10} - (4)_{10} = (7)_{10} + (-4)_{10} = [00000111]_{补} + [11111100]_{补} = [00000011]_{补} = 3$$

注意在计算时左侧的进位被舍弃了（100000011 被截取为 00000011）。

至此我们了解了使用补码的优点：它能使符号位参与运算，把减法转变为对负数的加法，这都能使逻辑电路大大简化，提高了计算机的运算速率与可靠性。除此之外，由于在补码系统中，“0”不再有正负之分，8 位的补码能表示的数字个数又恢复为 256 个：正数部分从“00000000”～“01111111”对应十进制数“0”～“127”；负数部分从“11111111”～“10000000”对应十进制数“-1”～“-128”。

5. 余码

余码记数法是表示整数的另一种方法，它与二进制补码相似，也是用一个固定长度的二进制位模式表示一个数字，第一位为符号位，其余位数表示数值部分。但与补码不同的是，当表示相同数值的时候，余码的符号位与补码是恰好相反的。表 3-3 与表 3-4 以三位位模式为例表示了补码与余码的对应关系。

表 3-3　三位余码转换表

位模式	表示的数值
111	3
110	2
101	1
100	0
011	−1
010	−2
001	−3
000	−4

表 3-4　三位补码转换表

位模式	表示的数值
011	3
010	2
001	1
000	0
111	−1
110	−2
101	−3
100	−4

在表 3-3 中，余码的二进制位模式对应的数值从下到上正好是按照从 0 至 7 的递增顺序排列的，而对应表示的数值从下到上同样也是按照从-4 至 3 的递增顺序。余码采用这种计数方法的意义在于：为要表示的数字增加了一个偏移量，使它们全部变成非负数，这样计算机在对实际数字进行处理时就变成了对非负数的处理，也就免除了符号位参与计算带来的麻烦。对于三位余码来说，我们可以发现二进制位模式表示的数字比实际表示的数值大 4，也就是偏移量为 4，所以三位余码系统应称为余 4 记数法。同理，读者可以证明四位余码称为余 8 记数法，五位余码称为余 16 记数法。更一般的，m 位余码的偏移量为 2^{m-1}。

3.4.2　溢出问题

无论用何种方式存储数值，只要用来存储数字的位数是固定的，那么其所能表示的数值的大小总是有限制的。当计算机进行运算时，如果其结果超过了这一限制，可能会导致意想不到的错误。请利用前一小节介绍过的 8 位二进制补码计算$(63)_{10} + (127)_{10}$：

$$(63)_{10} + (127)_{10} = [00111111]_{补} + [01111111]_{补} = [10111110]_{补} = -66$$

-66 显然是不正确的结果，这是由于 63+127 的正确结果 190 超过了 8 位补码能表示的最大数值 127，所以出现了错误。事实上对任意两个数值进行运算，只要运算的结果超过了可表示的数值范围，都会导致实际结果产生错误，这种现象称为**溢出**（overflow）。使用二进制补码表示数值时，将两个正数或两个负数相加都有可能导致溢出，检查溢出的方法是查看符号位：如果两个正数相加得到的位模式符号位为表示负数的 1，或两个负数相加得到的位模式符号位为表示正数的 0，都意味着发生了溢出的问题。

实际上目前的大多数计算机中采用的位模式都比我们例子中的位模式长许多，对于一般的数值计算不会发生溢出。例如，一个 4 字节 32 位的二进制补码能表示的最大正数为 2 147 483 647，这远远超过了我们一般运算的需要。如果真的需要对更大的数值进行存储或运算，计算机程序中可以采用更长的位模式存储数字，或者应用各种方法减小数值，如转换单位等。

扩展阅读：千年虫问题

在 21 世纪开始的时候（2000 年），一个称为千年虫（Y2K）的计算机病毒在全世界范围内带来严重的影响，涉及国家包括了美国、中国、冈比亚、埃及等，波及领域包含金融行业、保险行业、电信行业、电力系统、税务系统、医药行业、交通系统等，造成了巨大的经济损失。

引发千年虫问题的原因是，在 20 世纪 60 年代，由于计算机存储器的成本很高，计算机程序编写人员为了节省存储空间，使用两位数字表示年份，即只存储年份的后两位。随着硬件制造水平的发展，存储器的成本降低了许多，但使用两位数字表示年份的做法却在一些较旧的软硬件中得到保留，于是从 1999 年进入 2000 年的时候，这些计算机中的年份表示从“99”变成了“00”，导致对 2000 年及以后的年份无法正确识别，从而对那些与时间紧密相关的行业带来了巨大的影响。

从根源上来说，千年虫问题是由于时间的数值超过了计算机能表示的范围，也是一种溢出问题。千年虫问题不仅限于 2000 年，如 Linux 系统将会在 2038 年面临同样的问题：Linux 系统中用 32 位模式串表示时间，方式是记录当前时间与 1970 年 1 月 1 日零点相差的秒数。该 32 位模式串中第一位为符号位，余下 31 位能表示的最大秒数是 2 147 483 647，当 2038 到来时，与 1970 年 1 月 1 日零点的秒数差将会大于这一数值并发生溢出，使计算机中记录的秒数差变为 −2 147 483 647，这个错误的秒数差表示的时间是 1901 年 12 月 13 日，将会导致许多程序的崩溃甚至系统的瘫痪。

3.4.3 实数的存储

实数是指既包含整数部分又包含小数部分的数字，它无论在日常生活中还是计算机领域都有很广泛的应用。在存储整数时，我们默认小数点在数字的最右侧，而对于实数，小数点在数字中的位置是不固定的，为了有效地对实数进行存储，同时又能保证有一个较大的数值表示范围，在计算机中采用浮点记数法对实数进行存储。

1. 浮点记数法

二进制数的浮点记数法类似十进制中的科学记数法。科学记数法为表示一个较小或较大的十进制数提供了标准：任意的十进制数都可以表示成一个 1～10 的实数与 10 的幂的乘积的形式：$m = a\times10^n$，其中 m 是任意十进制数，$1 \leqslant |a| < 10$，n 为整数。例如，十进制实数 58.431、−3521.577、0.00021 用科学记数法分别表示为：

$$58.431 = 5.8431\times10^1$$

$$-3521.577=-3.521577\times10^3$$

$$0.00021=2.1\times10^{-4}$$

相似的，在二进制浮点记数法中，任意二进制数表示的形式为：$a\times2^n$，其中 a 为二进制数，称为尾数；n 为十进制整数，称为指数。例如，十进制数 5、−0.25 转换成二进制并用浮点记数法表示分别为：

$$(5)_{10}=(101)_2\times2^0=(10.1)_2\times2^1=(1.01)_2\times2^2=(0.101)_2\times2^3$$
$$(-0.25)_{10}=(-0.01)_2=(-0.1)_2\times2^{-1}$$

2. 浮点数的存储

我们仍以 8 位的位模式为读者进行介绍，实际计算机在存储浮点数时使用更长的模式。浮点数的存储方式如图 3-3 所示，最左一位仍然为符号位，0 代表非负数，1 代表负数；余下的 7 位分为两部分，靠左的三位为**指数域**，用来存储指数，靠右的四位为**尾数域**，用来存储尾数。注意指数域用余码表示，对于三位余码，使用余 4 记数法；尾数域存储时，忽略尾数的整数部分和小数点，从小数点的右一位开始依次自左向右存储。

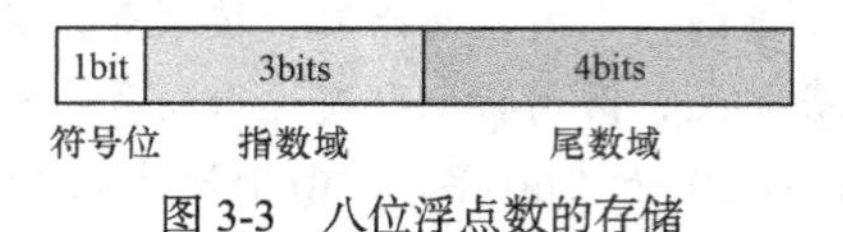

图 3-3　八位浮点数的存储

【例 3-17】用 8 位二进制浮点数存储十进制数 5。

解：

前面我们展示了 5 用浮点数表示法有多种表示：

$$(5)_{10}=(101)_2\times2^0=(10.1)_2\times2^1=(1.01)_2\times2^2=(0.101)_2\times2^3$$

这里我们使用$(5)_{10}=(0.101)_2\times2^3$，原数为正数，所以符号位为“0”；指数为 3，用三位余码表示为“111”；尾数为 0.101，从小数点右一位开始依次填入尾数域，位数不够在结尾补 0，得到尾数域为“1010”。将各部分组合后，得到十进制数 5 用浮点记数法表示为“01111010”。

将二进制浮点记数法表示的数字转换为十进制数，只要逆向执行上述过程即可。

【例 3-18】将二进制浮点数“10111000”转换为十进制数。

解：

尾数域为 1000，对应原始尾数为“0.1”；指数域 011，根据三位余码转换为十进制“−1”；符号位为 1 说明原始数字为负数。因此有：$[10111000]=(-0.1)_2\times2^{-1}=-0.25$

3. 规范化

对于上述浮点表示还有一个严重的问题，那就是一个相同的数字可能有多种表示方法。在例 3-18 中二进制浮点数“10111000”转换为十进制数后为−0.25，考虑以下另外几个二进制浮点数：

$$[10111000]=(-0.1)_2\times2^{-1}=-0.25$$
$$[11000100]=(-0.01)_2\times2^{0}=-0.25$$
$$[11010010]=(-0.001)_2\times2^{1}=-0.25$$
$$[11100001]=(-0.0001)_2\times2^{2}=-0.25$$

这 4 个二进制浮点数的位模式不同，但是它们却都表示十进制数字−0.25。如果采用更长的位模式，每个数字的表示将存在更大的冗余。为了消除这种冗余，我们规定二进制浮点数的尾数域的最左一位必须是“1”，这叫作**规范化**（Normalization）。

这要求我们在用浮点记数法 $a\times2^n$ 表示数值时，尾数 a 应遵循的形式为：$0.1xx\ldots x$，其中 x 为二进制数。例如，$(-0.1)_2\times2^{-1}$ 为−0.25 的规范化表示；$(0.101)_2\times2^3$ 为 5 的规范化表示。

4. 截断误差

截断误差指的是由于尾数域位数不够大，在存储浮点数时丢失部分数值，导致要表示的数与实际存储的数出现偏差的情况。

考虑用 8 位二进制浮点记数法表示十进制数 2.625：$(2.625)_{10}=(0.10101)_2\times2^2$。正数符号位取“0”，指数为 2 对应三位余码为“110”，这都与先前的例子一致。但是由于 8 为浮点数的尾数域只有四位，而要存储的位数为 10101 五位，按照规则从左向右存储尾数，原始数字尾数中最右侧的 1 被截断了，于是我们得到最终的转换结果“01101010”。但是这个浮点数实际表示的数为：$(0.1010)_2\times2^2=(2.5)_{10}$，不是我们期望要表示的 2.625，这就是截断误差的实际例子。

目前大多数的计算机采用 32 位存储浮点数，比我们示例中所采用的 8 位长得多，这表示实际存储浮点数时有更长的指数域和尾数域，能减少截断误差的发生，但是不能完全避免。此外截断误差与运算顺序也有一定关系。

考虑将 3 个十进制数：2.5、0.125、0.125 进行相加：

如果先将 2.5 与 0.125 相加，结果为 2.625，用浮点记数法将其存储，根据上面的例子这里会发生截断误差，导致实际存储的结果为 2.5。将这个结果再加上另一个 0.125，结果还是 2.625，用浮点计数法存储再次发生截断误差，最终得到的加法结果为 2.5，可见两次截断误差造成了结果的错误。

如果以另一个顺序相加：先将 0.125 与 0.125 相加，得到结果为 0.25，用浮点记数法将其存储为“00111000”，这是正确的。再将 0.25 与 2.5 相加，得到 2.75，用浮点计数法将其存储为“01101011”，也是正确的。

由此可见，不同的操作顺序可以消除截断误差，我们能总结的规律是：当一个较小的数字与一个较大的数字相加时，很可能产生截断误差；而先将较小的数字相加，累积成一个大数字后再加到更大的数字上，则有可能避免截断误差。虽然目前计算机的精度足够我们进行一般的运算，但是截断误差可能产生累积，这在对计算精度要求较高的领域（如金融行业、运输行业等）内可能会导致严重的后果。

3.5 其他数据类型的存储

随着计算机成本的降低，越来越多的人能够使用计算机解决日常问题，这也意味着计算机不再仅仅被科学家用于科学计算，而是更多地服务于人们的生活、娱乐。我们在计算机中编辑文档、观看影片、欣赏音乐，这些都不是数值类型的数据，它们采用编码的方式存储在计算机中。

在 3.3 节中我们介绍过，计算机底层能处理的数据只是二进制的位模式串，编码的功能则是将人们日常使用的文件表示方式与计算机能处理的数据表示方式进行转换，使计算机也能达到处理文本、图片、音频等数据的目的。3.4 节中整数与实数在计算机中的存储实际上就是利用了编码，通过编码计算机仅仅使用 0、1 两个数字就表示了范围更广的数值概念。

对目前的计算机来说，表示、存储和处理人类使用的信息如文本、图片、音频等是基本的功能，利用更复杂的编码，计算机还能同时处理多种信息的混合，如视频包括了图像和音频。除此之外，通过程序设计和计算机软件，计算机还能处理更多特殊的编码方式。

3.5.1 文本

我们使用 Microsoft Word、记事本等软件编辑和处理的数据类型都是文本，它包含的汉字、英文字母、标点符号等都称为字符，对文本数据的编码，就是要将这些字符串转换为用 0、1 表示的位模式串。一个最普遍的编码方式就是将每个字符与其唯一的位模式串对应，这样一个由字符串构成的文本经过编码之后就成为其字符的位模式串的组合。

1. ASCII 码

在 20 世纪 40 年代至 50 年代，早期的计算机科学家设计了许多字符编码，它们被应用在不同的领域中和不同的设备上。但是由于编码方式的不同，导致通信出现严重的问题，为了解决这种情况，**美国国家标准化学会**（American National Standards Institute，ANSI）发布了一个统一标准的编码方式，称为**美国信息交换标准码**（American Standard Code for Information Interchange），更通用的名字是它的简称——ASCII 码。

标准的 ASCII 码中，用 7 位长度的位模式串表示英文文档中的字符，包括大小写英文字母、标点符号、数字以及一些格式控制字符如换行、回车、制表符等。随着编码制的发展，ASCII 码经常拓展为 8 位模式，方法就是在原来 7 位模式串的最高端添加一个 0，这不仅使得一个字符的编码正好与 1 字节的存储单元相匹配，也能表示更多的原来 ASCII 码所不包括的符号。

书后附录为 8 位模式 ASCII 码表，利用这个表格我们可完成对英文文本“I am 10 years old.”的编码，如表 3-5 所示。

表 3-5　　ASCII 码编码文本示例

I	空格	a	m	空格	1
01001001	00100000	01100001	01101101	00100000	00110001
0	空格	y	e	a	r
00110000	00100000	01111001	01100101	01100001	01110010
s	空格	o	l	d	.
01110011	00100000	01101111	01101100	01100100	00101110

注意该文本中的“10”与数字 10 是不同的：对于文本来说，“10”中的 1 和 0 都被看作单独的字符，和字母 a、b、c 没有区别，它们被分别编码后再组合起来，按一个字符占 1 字节计算，编码后的文本“10”一共占 2 字节；而数字 10 按照 3.4 节中的介绍的补码方式进行编码，主流计算机存储一个整数用 4 字节的空间。请读者注意这两者的不同。

2. Unicode 码

虽然 ASCII 码在英文的表示中占据主要地位，但是随着世界各地计算机使用的普及，越来越多的语言需要被编码和表示，以中文为例：汉字的数量远远超过 26 个英文字母，这时 ASCII 码便无能为力了。

另一种广泛使用的文本编码方式为 Unicode，中文称作统一码或万国码，它是由多家软硬件主导厂商共同研制开发的，它采用比 ASCII 码多一倍的 16 位模式串用来唯一表示一个字符，这使 Unicode 有 65 536 个不同的位模式，足以表示用中文、日文、希伯来文等语言书写的文档资料。

Unicode 的编码方式与 ISO 10646 的通用字元集概念相对应，使用 16 位编码方式意味着一个字符占用 2 字节的存储空间，这 16 位 Unicode 字符构成基本多文种平面（Basic Multilingual Plane，BMP），可以表示多种语言。对于中文而言，Unicode 16 编码已经包含了我国颁布的《信息交换用汉字编码字符集基本集的扩充》中的全部 27 484 个汉字。此外 Unicode 码还可扩展到 32 位，几乎能够表示世界上所有书写语言中可能用于计算机通信的字元、象形文字和其他符号。

扩展阅读：国际标准化组织与美国国家标准化学会

国际标准化组织（通常称为 ISO）建立于 1947 年，是世界范围标准化实体联盟，这些实体分别来自各个国家和地区。它的总部设在瑞士日内瓦，目前有 100 多个实体会员和许多观察会员（观察会员通常是来自没有国家认可标准化实体的国家的标准化实体。这些会员不能直接参与标准化开发，但可以了解 ISO 活动）。

美国国家标准化学会（ANSI）成立于 1918 年，是由工程师协会和政府代表共同组成的小型团体，作为非营利性组织来规范私人企业自发标准的开发。今天，ANSI 有 1300 多个成员，其总部设在纽约，代表美国作为 ISO 成员。

其他国家类似的组织包括：澳大利亚标准组织、加拿大标准委员会、中国国家质量技术监督局、德国标准学会、日本工业标准委员会、墨西哥标准指导委员会、俄罗斯联邦国家标准和度量委员会、瑞士标准化协会和英国标准学会。

3.5.2　图像

图像也是计算机使用者频繁接触的一种数据类型，使用电子照相机拍出的照片、用绘图工具绘制的图形、上网浏览的图片都是图像信息。

1．位图

我们以**位图**（Bit map）为例介绍图像在计算机中的存储方式。在位图中，图像是由一个个点组合而成的，一个点称为一个**像素**（Picture element，pixel）。由于位图格式的图像更加便于显示，Windows 自带的“画图”软件、打印机和显示器等设备都是在像素的概念上进行操作的。位图文件后缀为“.bmp”，是其英文的缩写。图 3-4 展示了一个笑脸图像放大后的效果，网格中的每个小正方形代表了一个像素点。

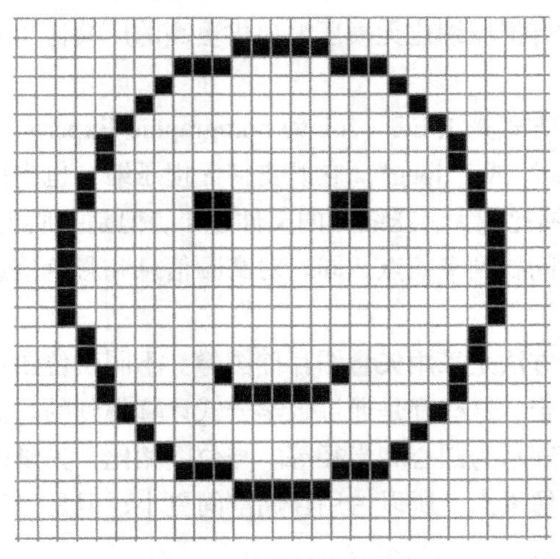

图 3-4　笑脸的像素图像

对位图的编码即是对像素的编码，它根据图像的类型差异而不同。

对于仅由黑和白两种颜色组成的图像（如网格图片或棋盘），每个像素仅用一位表示，每一位取 1 或 0 取决于相对应的像素是黑还是白。这样纯黑白图像经过编码之后就成为一个表示图像各行像素的很长的位模式串。

对于更加精致的由黑色、白色组成的图片（如黑白照片），每个像素具有不同的灰度，这时就需要用更加长的位模式串表示一个像素点以区分不同的灰度。例如，一个 2 位模式表示的灰度可区分四重灰度，黑色像素被表示成 00，深灰色像素被表示成 01，浅灰色像素被表示成 10，白色像素被表示成 11。位模式的长度越大，能区分的灰度层次也就越多，显示的图像也就越细致。一般的黑白图像中，用 1 字节也就是 8 位存储一个像素。

对于彩色图像，对每个像素的编码方式更加复杂了一些。我们知道通过对光线的三原色——红色、绿色、蓝色的组合可以表示出全部颜色，彩色像素的表示也应用了这一原理。存储一个彩色像素要用 3 字节，其中每一字节分别对应表示红、绿、蓝一种颜色成分的亮度。这种编码方式称为 RGB（Red Green Blue）编码。另一种对彩色像素的编码方式为采用一个字节表示像素亮度（实际上代表像素中白光的数量），另外两个字节表示两个颜色成分（称为红色度和蓝色度），这在本质上与 RGB 编码是一样的。

2. 其他图像文件类型

在使用计算机浏览图片的的过程中，你也许会发现除了 bmp 格式的图像文件，还会有其他不同的文件类型也用来存储图片，如 jpg 文件和 png 文件。它们的出现是因为位图有如下缺陷：

（1）由于位图需要对图像的每个像素都占用 1～3 字节进行存储，而往往图像所包含的像素点又是极多的，这导致位图通常占据了大量的存储空间；

（2）位图不能随意调整大小。要想增大或缩小位图只能通过增加或减少像素点来实现，而记录原始图像的像素点数又是固定的，这导致在增大或缩小位图时都会出现图像失真，尤其是在增大过程中还会使图像出现颗粒状。

为了解决第一个问题，需要进行**数据压缩**，它是指在保留文件原有内容的条件下缩小文件的体积，使得原本占据较大存储空间的文件能在一个缩小的存储空间内存储。数据压缩不只应用于图像文件，在各种文件的存储和数据传输过程中都有广泛应用，它分为两类：在压缩过程中原始信息毫无损失的无损压缩，如文本数据的压缩；在压缩过程中发生有限的数据丢失的有损压缩，如图像和音频的压缩。通常有损压缩比无损压缩提供更高的压缩比（未压缩文件大小与压缩后文件大小的比值）。

当前最主流的图像压缩方式是 JPEG（Joint Photographic Experts Group，联合图像专家组），对应图像文件的格式为“.jpg”或“.jpeg”。它既支持无损压缩，也支持大压缩比的有损压缩，压缩比通常在 10:1～40:1，压缩比越大，压缩后的文件越小，但是品质也越低。JPEG 格式在压缩时能在图像质量与文件大小之间找到平衡点，同时对高频信息和彩色信息保留较好，因此在互联网图像传输中被广泛应用。

解决第二个问题的一个方法是采用**矢量图**存储图像。不同于位图存储像素点，矢量图将图像分解成为一些特定形状的组合，这些都是通过数学公式计算得到的。例如，一条线段可以被记录为两个端点的坐标，圆可被表示为圆心和半径等。与位图相比，矢量图与分辨率无关，可以无级缩放；矢量图不必记录每个像素点，所以占用存储空间更小；但是矢量图难以像位图那样表现出色彩层次丰富的逼真图像效果。

3.5.3 音频

音频信息包括我们听的音乐、与朋友进行语音聊天时的对话、电影和游戏中的声音等，它是一个对声音的模拟量，要想利用计算机离散的数值来存储连续的音频信息，需要先进行**采样**。

采样是指将连续的音频信息转化为一个个离散的数字的过程，具体方法是每经过一个固定的时间间隔就测量声音信号量的值，并对其进行量化。这个固定的时间间隔称为**采样频率**。如图 3-5 所示，图中较粗的曲线是实际的音频曲线，它是连续的。横坐标表示时间，它被划分成许多相同的时间段，每经过这样的一个时间段，就对音频进行一次采样并进行量化（如图中灰色部分），纵坐标表示了量化的对应数值。经过采样，原本连续的音频就变为了一个个单独的量化数据。

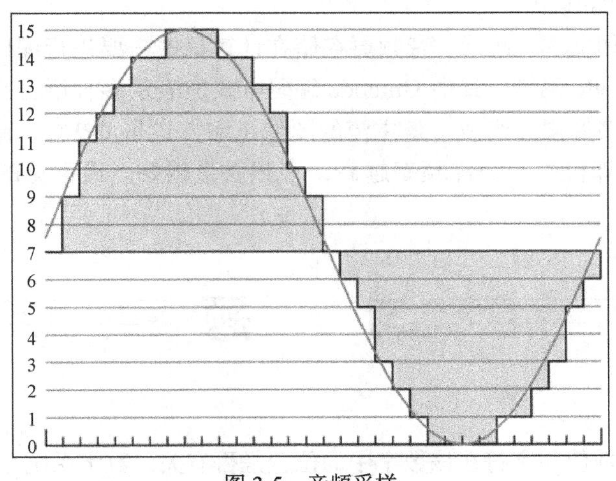

图 3-5　音频采样

采样频率决定了音频文件的品质。可以很容易地推断出：采样频率越高，离散的数据对原始音频曲线的拟合度越高，音频的质量就越好；相反，采样频率越低，拟合度越差，音频质量越差。目前实际应用的采样频率一般为 11 025Hz（11kHz）、22 050Hz（22kHz）以及提供更高品质音效的 44 100Hz（44kHz）。

每次采样的数据需要 16 位进行存储（或者用于立体声录制的 32 位），较高的采样频率常常导致音频文件的容量很大，因此音频文件也需要压缩。目前最为常用的音频压缩编码格式是 MP3（MPEG Audio Layer-3），它能在保证一定音频质量的条件下提供 12:1 的压缩比。

本章小结

数据可分为模拟数据和数字数据两大类，是计算机加工的“原料”，人类认识自然界和社会的不同事物，从中获得信息，并得以改造世界。数据是信息的一种表现形式，也是构成信息的原始材料。而信息是反映事件的内容，包括事件判断、事件动作以及对事件运动的描述，即信息包含了人们对事物的认识。

位置化数字系统中数字的数值可表示为每位数字与其对应权值（基数的幂）之积的和的形式。一个位置化数字系统中的基数、进制数与其字符集中的符号数是相同的。二进制的基数为 2，由 0、1 这两个数字组成其字符集。

不同进制表示的数字可以互相进行转换：其他进制转换为十进制用该数字各个位置的权值与该位数字之积相加得到；十进制转换为其他进制，整数部分用连除法，小数部分用连乘法；二进制转换为八进制时，以 3 位一段，分别转换为八进制，转换为十六进制以 4 位一段。

计算机内部采用二进制的优点：与物理状态相符，便于进行逻辑判断，便于进行数值运算和编码，抗干扰能力强，可靠性高。表示 0 或 1 的基本单位是位，对位的运算可理解为是布尔运算。主要的布尔运算有：与（AND）、或（OR）、异或（XOR）、非（NOT）四种。

整数在计算机中的存储有原码、反码、补码、余码等编码方式，其中补码是目前计算机普遍使用的。计算结果超出计算机表示范围时会引起溢出问题，可能会带来严重后果。实数在计算机中的表示利用了浮点记数法。避免一个实数存在多种表示方式的办法是对浮点表示进行规范化。浮点记数法可能带来截断误差。

其他类型的文件如文本、图像、音频要存储在计算机中需要进行编码。文本文件的编码方式有 ASCII 码和 Unicode 码等。其中 Unicode 编码方式能表示多种语言文字。图像文件的基本类型是位图，它由许多像素点组成。最主流的图像压缩方式是 JPEG。音频文件需要进行采样和量化才能存储在计算机中，采样频率越高，音频质量越好。最常见的音频文件压缩格式为 MP3。

习　　题

（一）填空题

1. 按数字表示的数值与字符在该数字中的位置是否有关，数字系统分为__________和__________。

2. 二进制数字系统的基数是________，十进制数字个位的权值是________。

3. 完成如下进制转换：$(212)_3=(\quad)_{10}$，$(12.75)_{10}=(\quad)_2$，
$(101001)_2=(\quad)_8$,$(12BC)_{16}=(\quad)_2$

4. 计算机中表示 0 或 1 的最基本的单位是________，存储单位 3MB=________KB。

5. 对位模式串“10100101”和“10011001”进行与运算的结果是________，异或运算的结果是________，或运算的结果是________。

6. 十进制数 19 的 8 位反码是________，补码“10011110”表示的十进制数是________。

7. 四位余码系统中，十进制数-3 表示为________，“1000”表示十进制数________。

8. 浮点数的存储分为________、________和________三部分。使每个实数只有一个浮点数表示与其对应的操作称为________。

9. 用 3 位存储一个像素点的位图可表示________重灰度。

10. 采样频率越低，音频文件质量越________。最常见的音频压缩编码格式是________。

（二）选择题

1. 下列数字系统中，属于非位置化数字系统的是______。

A. 二进制　　B. 十进制　　C. 十六进制　　D. 罗马数字

2. 位置化数字系统中的数字可表示为 ±（$S_{i-1}\times b^{i-1}+\cdots+S_1\times b^1+S_0\times b^0+S_{-1}\times b^{-1}+\cdots+S_{-1}\times b^{-1}$ 的形式，其中表示该数字系统基数的字母是______。

A. S　　B. b　　C. k　　D. l

3. 下列数字中表示十六进制数字的是______。

A. 1101B　　B. 1101Q　　C. 1101D　　D. 1101H

4. 二进制数字 1101 与 1001 的和是______。

A. 1110　　B. 11001　　C. 10110　　D. 10100

5. 十进制数 8.5 转换成二进制数为______。

A. 1000.1　　B. 1000.101　　C. 1101　　D. 1101.1

6. 计算机内部的数据表示采用______。

A. 二进制　　B. 十进制　　C. 八进制　　D. 十六进制

7. 1KB 存储容量包含______位。

A. 1　　B. 8　　C. 1 024　　D. 1 024×8

8. 八位二进制原码能表示的十进制数字范围是______。

A. 0～8　　B. 0～255　　C. −127～127　　D. −128～127

9. 采用补码存储整数的优点有______。

A. 使符号位能参与运算，简化运算规则

B. 使减法转换为加法，简化运算器的线路设计

C. 增加相同位数的原码、反码所能表示的数值范围

D. 以上三个选项

10. 三位余码又称为______。

A. 余 3 记数法　　B. 余 4 记数法　　C. 余 8 记数法　　D. 余 16 记数法

11. 采用一位符号位、三位指数域、四位尾数域表示的浮点数中经过规范化的是______。

A. 1 0 1 1 1 0 0 0　　B. 1 1 0 0 0 1 0 0

C. 1 1 0 1 0 0 1 0　　D. 1 1 1 0 0 0 0 1

12. 下列十进制数用八位浮点记数法存储会产生截断误差的是______。

A. 2.5　　B. 3.25　　C. 4.25　　D. 4.5

13. 下列字符中，ASCII 码最小的是______。

A. a　　B. K　　C. H　　D. h

14. 一幅真彩色图像（每个像素 24 位）能占满分辨率为 1 024×768 的屏幕（有 1 024×768 个像素），则该图像文件的大小为______KB。

A. 768×3　　B. 1 024×768×24

C. 1 024×768×3　　D. 1 024×768

15. 最主流的图像压缩格式为______。

A. bmp　　B. jpg　　C. gjf　　D. avi

16. 实际应用的音频采样频率有______。

A. 11kHz　　B. 22kHz　　C. 44kHz　　D. 以上三个选项

17. MP3（MPEG Audio Layer-3）是对______文件进行压缩的编码格式。

A. 文本　　B. 图像　　C. 音频　　D. 视频

（三）简答题

1. 试阐述信息与数据的概念，并举例说明二者的联系与区别。

2. 计算机内部采用二进制的优点有哪些？

3. 反码解决了原码的哪些缺陷？补码解决了反码的哪些缺陷？

4. 下列十进制数字的八位二进制原码、反码、补码分别如何表示？

（1）56　　（2）−78　　（3）1　　（4）−1

5. 利用八位二进制补码计算如下十进制数运算：

（1）5−7　　（2）10+8　　（3）6−3

6. 试解释溢出问题是如何产生的。
7. 利用八位二进制浮点记数法表示如下十进制实数：
（1）-3.5　　（2）0.75
8. 举例说明截断误差的累积效应。
9. 使用八位 ASCII 码对如下文本进行编码：
"Hello World !"
10. 解释位图文件和矢量图文件在存储方式上的不同。

第4章 计算机硬件结构

计算机硬件是指计算机系统中由电子、机械和光电元件等组成的各种物理装置的总称，这些物理装置按系统结构的要求构成一个有机整体，为计算机软件运行提供物质基础。本章将主要介绍计算机硬件的组成结构和主要硬件部分及其特点。

4.1 计算机组成

4.1.1 概述

计算机组成主要回答了一个问题：计算机是怎么工作的？这个问题应该从硬件和软件两个方面来做出回答，在本章中，我们主要关注的是计算机硬件结构。现代计算机的硬件组成和设计方式基本固定下来，计算机设计方式大多数采用的冯·诺依曼模型，硬件主要是以CPU、存储器和I/O 设备为主的核心设备以及其他设备组成的。所以在这一章中，我们首先简要地介绍计算机组成与系统结构的一些知识，然后再着重介绍计算机硬件系统的组成部分及其特点，从而将计算机硬件系统的知识阐述清楚。

4.1.2 计算机硬件主要组成部分

发展到现代，计算机硬件系统的主要组成部分已经基本固定下来。现代计算机主要由以下几个部分组成。

1. 中央处理单元

中央处理单元是一台计算机的运算核心和控制核心，其本身为一块超大规模的集成电路，核心功能是执行运算和控制机器的时钟频率等。

2. 存储器

存储器是计算机内部数据和程序放置的主要位置，包括在线储存器（内存）和离线储存器（磁盘）等。

3. 输入输出设备

输入输出设备是计算机系统与外界交互的设备，输入设备从外界获取输入信息，输出设备向外界输出信息或者呈现结果。

4. 系统总线

系统总线是系统内部各个设备之间数据和指令传输的通道，如CPU与内存之间的指令控制和数据交换等。

4.1.3 计算机分层组织结构

从上面的内容我们可以得出，计算机系统是由硬件和软件组成的，而计算机软件根据其在计算机系统中所起的作用又可进一步分为系统软件和应用软件。系统软件是指能够对计算机硬件资源进行管理、对用户方便使用计算机硬件资源提供服务的软件，其核心就是操作系统。应用软件则是人们使用各种计算机语言为解决各种应用问题而编制的程序。因此，从这一层面上看，计算机系统自下而上可以看成是由 3 个层次构成的，即计算机硬件、系统软件和应用软件，下层为上层功能的实现提供支持。

而从计算机设计者的角度看，我们可以通过抽象原理将计算机设想成是按照不同的层次结构来建造的。这里的每一个层次都实现某项特定功能，并有一个特定的假想机器与之对应。对应计算机的每一个层次的这种假想机器称为虚拟机。每一层的虚拟机都执行自己特有的指令集，必要时还可以调用较低层次的虚拟机来完成各种任务。图 4-1 所示是一个代表不同抽象的虚拟机器的计算机组织结构层次图。

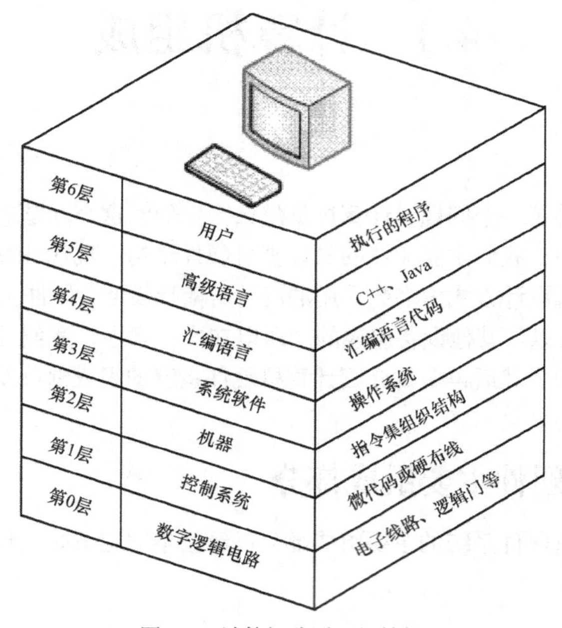

图 4-1　计算机分层组织结构

第 6 层是用户层，也是用户在使用计算机时所能看到的一层，而其余各比较低层次的内容都是不可见的，用户也无需了解。在这一层次上，用户可以运行各种应用程序，如文字处理程序、制表程序、财务处理程序、游戏程序等。

第 5 层是高级语言层，它由各种高级语言组成，如 C、C++、Java、Web 编程语言等。我们必须使用编译器或者解释器将这些高级语言翻译解释成机器可以理解的语言。虽然使用这些高级语言编写程序代码的程序员需要了解所使用语言的语法、语义及各种语句等，但这些语法、语义的实现及语句的执行过程对用户来讲是透明的，也基本看不到较低的层次。

第 4 层是汇编语言层，它包括各种类型的汇编语言。每一个机器都有自己的汇编语言，上层的高级语言首先被翻译成汇编语言，再进一步翻译成机器直接识别的机器语言，这个过程是“一对一”的过程。机器通过执行机器语言程序来最终完成用户所要求的功能。

第 3 层是系统软件层，其核心就是操作系统。操作系统对用户程序使用机器的各种资源（CPU、存储器、输入输出设备等）进行管理和分配，同时负责计算机的多用户管理、任务运行、存储器保护以及过程同步等功能。

第 2 层是机器层，这是面向计算机体系结构设计者的层次。计算机系统设计者首先要确定机器的体系结构，如机器的硬件包含哪些部件，采用什么样的连接结构和实现技术等。在这一层次上使用的是机器语言也是机器唯一能直接识别的语言，其他各种语言的程序最终都必须翻译成机器语言程序，由机器通过其硬件实现相应的功能。

第 1 层是控制层，这一层的核心是计算机硬件控制单元。控制单元会逐条接收来自上层的机器指令，然后分析译码，产生一系列的操作控制信号，并由这些控制信号控制下层的逻辑部件按照一定的时间顺序有序地工作。

第 0 层是数字逻辑层，这一层是计算机系统的物理构成：各种逻辑电路和连接线路，它们是组成计算机硬件的基础。

计算机系统的各个层次并不是孤立的，而是互相关联、互相协作。一般来讲，下层为上层提供服务或执行上层所要求的功能，而上层通过使用下层提供的服务完成一定的功能。计算机这种层次划分的好处是：某一个层次的设计者可以专注于该层功能的实现，通过采用各种技术，提高各层次的性能，从而提高计算机系统整体性能。

4.1.4　冯・诺依曼模型与非冯・诺依曼模型

在早期的电子计算机器中，使用了大量的晶体管，编程通过拔插各种导线完成，类似于早期的电话交换机。早期的电子计算机也没有分层结构，很不利于计算机的发展。

在 1946 年，冯・诺依曼等人提出了一种现代计算机的雏形结构，称作冯・诺依曼模型，而这个模型已经是现代大部分计算机遵从的模型，可以说，冯・诺依曼模型的提出为现代计算机的发展规划了良好的思路。

冯・诺依曼模型的计算机体系结构由运算器、控制器、存储器、输入设备和输出设备组成，如图 4-2 所示。

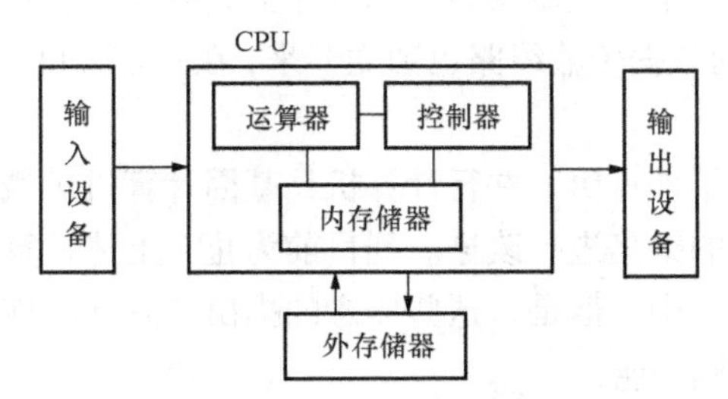

图 4-2　冯・诺依曼模型体系结构

总结来说，冯・诺依曼模型的计算机体系结构有如下特点：

- 计算机系统由运算器、控制器、存储器、输入设备和输出设备 5 部分组成；
- 数据和程序以二进制代码的方式不分区别地存放在存储器中，存放的位置由地址确定；
- 具备顺序执行的能力；
- 在主存储器系统和 CPU 控制单元之间，包含有物理上或者逻辑上的唯一通道，可以强制改变指令和执行的周期。

在现代的计算机硬件系统中，运算器和控制器都集成到中央处理单元中，因此中央处理单元、存储器和输入输出设备是冯·诺依曼模型的核心部件。

在冯·诺依曼模型中，程序执行的过程包括3个步骤——取指，译码，执行，执行过程如下：

- 控制单元从存储器中提取下一条需要执行的指令；
- 对提取的指令进行译码，变成运算器能理解的语言；
- 运算器执行指令，并且将结果存储在CPU的寄存器或者存储器中。

相比于之前的计算机，冯·诺依曼提出的计算机体系结构增加了存储器的概念，所以依照冯·诺依曼模型制造的计算机也称为**存储程序型**计算机。可以看出，冯·诺依曼计算机最基本的特征就是“共享数据和串行执行”，这是与下面要介绍的其他类型计算机结构的一点重要区别。

冯·诺依曼模型一经提出，就受到广泛的欢迎和使用，因此几乎所有的通用计算机都是按照冯·诺依曼体系结构设计的。但是，冯·诺依曼体系结构中在存储器和中央处理单元之间的唯一总线日益成为制约计算机速度的瓶颈，因此人们分别又提出了其他的计算机体系结构。其中最为著名的为哈佛结构。

哈佛结构是不同于冯·诺依曼体系的并行结构，其主要的特点为将程序和数据存储在不同的存储器中，即程序存储器和数据存储器是两个独立的存储器。这样一来，在计算机执行程序的时候，程序指令和程序数据分别从两个存储器中读取和写入，实现了程序和数据的并行读取，极大地提升了计算机的速度。典型的哈佛结构如图4-3所示。

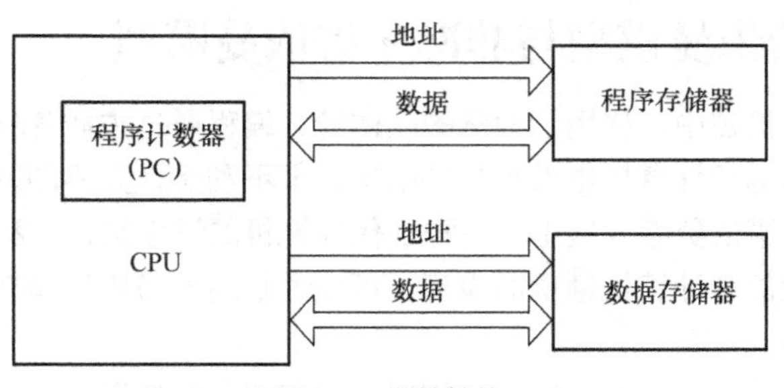

图4-3 哈佛结构

与冯·诺依曼模型相比，哈佛模型将数据和程序分离开来，在执行计算的时候分别处理，而且这两个存储器与CPU之间数据传输线路也独立开来，在一定程度上解决了冯·诺依曼模型计算机的瓶颈。

除了哈佛结构模型，量子计算机、并行计算机、基因计算机等概念的提出，则是从另外的角度对冯·诺依曼计算机存在的缺陷进行改进。到目前为止，上述计算机类型还处于研究和发展阶段，并未过多地投入到使用当中。但是，这些概念的提出，是新时期计算机发展的新的方向，需要一代又一代的计算机人不断完善。

4.2 中央处理单元

4.2.1 CPU的基本知识和组成原理

中央处理单元（Central Processing Unit，CPU），简称为CPU或处理器，是执行计算任务和控制程序执行的一块超大规模集成电路，是计算机的核心。还有另外一种说法，相对于拥有成千上万个处理器的服务器或服务器集群，个人或者小型工作站使用的计算机称为微型计算机，因此中央处理器单元也称为微处理器。不过一般来说，除了在特定场合有区分之外，这些概念都是通用的。

中央处理器单元一般由下面几个部分组成。

1. 控制单元

控制单元是计算机内部的“交通协管员”，协调和控制中央处理单元中所有的操作。控制单元对指令进行译码操作，并且发出指令执行和数据传输所需要的信号。

2. 算术逻辑单元

算术逻辑单元是计算机的“计算器”，主要负责完成算术运算和逻辑运算。

算术运算包括定点数和浮点数的加、减、乘、除等基本运算，完成这些运算往往需要几个称作加法器的硬件电路来实现。逻辑运算是两个数据之间的大小关系比较，判断是否为大于、等于或小于关系。

3. 寄存器

寄存器是 CPU 内部的存储单元，用来临时存储数据和指令，寄存器一般集成在控制器中，并且由控制器进行控制。现代 CPU 内部的寄存器一般都包括通用寄存器和专用寄存器，通用寄存器是专门为某一类数据设计的寄存器，如指令寄存器 IR、地址寄存器 AR 等，而通用寄存器则是临时的数据储存地址。

4.2.2　处理器的性能与指标

处理器作为计算机的核心，对计算机的性能和价格有着重要的影响。处理器作为一个超大规模的集成电路板，有着众多的性能指标，我们只介绍几个与计算机性能息息相关的关键指标。

1. 主频

主频也称为时钟频率，单位是兆赫（MHz）或吉赫（GHz），用来表示 CPU 运算、处理数据的速度，表示在 1 秒时间内 CPU 的频率。一般来说，CPU 的主频越高，速度越快。

早期的 CPU 的主频都比较低，如 80486 主频为 30～50MHz，但是现代 CPU 的主频至少在 1.5GHz 以上，而 2012 年 AMD 公司生产的 AMD FX 4170 CPU 主频已经达到了 4.2GHz，堪称史上最高主频。不过，随着 CPU 集成度提高的限制，主频的提高也遇到了一些瓶颈。

2. 地址总线宽度

地址总线宽度决定了 CPU 能够访问到的内存空间的大小，通常 CPU 的地址总线宽度为 32 位或者 64 位，也就是我们所说的 CPU 的位数。32 位的 CPU 能访问到的地址空间大小为 2^{32} 字节，也就是 4 096MB，即 4GB 的地址空间。64 位的 CPU 能够访问到的地址空间就更大了，远远超出日常的计算需要。

3. 总线频率

冯·诺依曼模型计算机中，数据和程序存储在内存当中，在需要的时候从内存中读取到 CPU 内进行处理，读取数据和程序的通道就是总线。总线的频率直接影响着总线传输数据的速度，有如下的换算公式：

$$\text{总线速度}=\frac{(\text{总线频率}\times\text{数据位宽})}{8}$$

而总线速度一定程度上影响着内存和 CPU 之间交换数据的速度，所以总线频率是很重要的参数。

4. 工作电压

工作电压是 CPU 正常工作时所需要的电压值，对于计算机的耗电程度有很大的影响。早期的 CPU 由于工艺落后，工作电压一般都在 5V 左右，随着制作工艺的提高，现在 CPU 的工作电压一般都是 2V 左右。Intel 的最新的 Coppermine 工作电压已经降到了 1.6V，对于笔记本或平板电脑的续航能力有很大的提升。

5. 缓存大小

内存的访问速度已经成为现代计算机速度的瓶颈所在，所以为了加快内存和 CPU 之间的数据交换速度，CPU 设置了缓存机制。缓存用来将内存的数据以块的形式读入，以便下次访问时能直接从缓存中读取，以加快访问速度。现在的 CPU 一般都设置了三级缓存：L1 Cache（一级缓存）、L2 Cache（二级缓存）、L3 Cache（三级缓存）。这三级缓存都集成在 CPU 上，其大小很大程度上影响着内存的访问速度，是 CPU 的重要参数。

除了上面列举的 5 个重要参数之外，CPU 还有其他很多参数，如核心的数量、支持的指令集的类型、线程数量等，它们分别代表了 CPU 性能的不同方面。在选购 CPU 或者学习 CPU 的知识时，这些参数是很有必要了解的。图 4-4 是使用 CPU-Z 软件对某款 CPU 的检测结果，详细列举了 CPU 的参数。

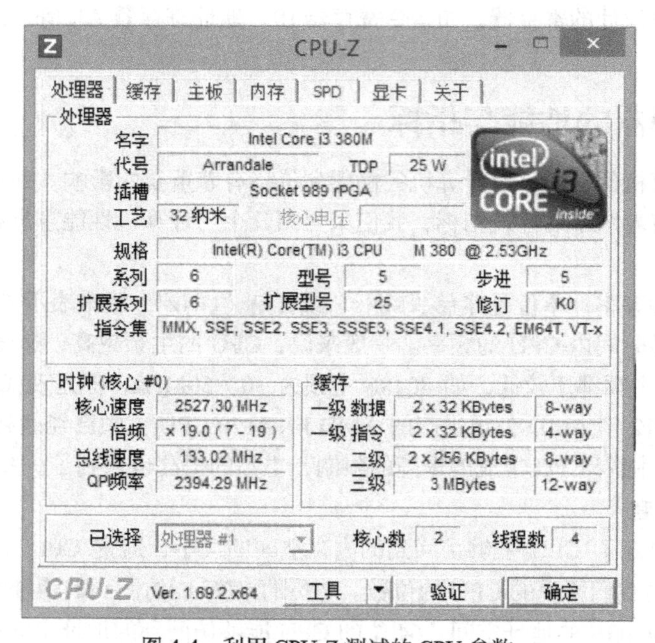

图 4-4 利用 CPU-Z 测试的 CPU 参数

4.2.3 指令执行过程与指令流水线

在前面的小节里，我们谈到 CPU 是计算机的核心，承担着执行程序的任务，那么现代计算机的指令执行过程是怎样进行的呢？

现代计算机系统的指令执行过程一般都遵循一个基本的循环过程：取指、译码、执行。在这个周期中，CPU 首先将指令从主存储器转移到指令寄存器，这是取指过程；接着对指令进行译码，即将指令转化为 CPU 所能理解的机器码形式，同时提取该条指令所需要的数据，这是译码过程；然后执行这条指令，即执行这条指令所规定的各种操作，这是执行过程。一个典型的取指-译码-

执行周期如图 4-5 所示。

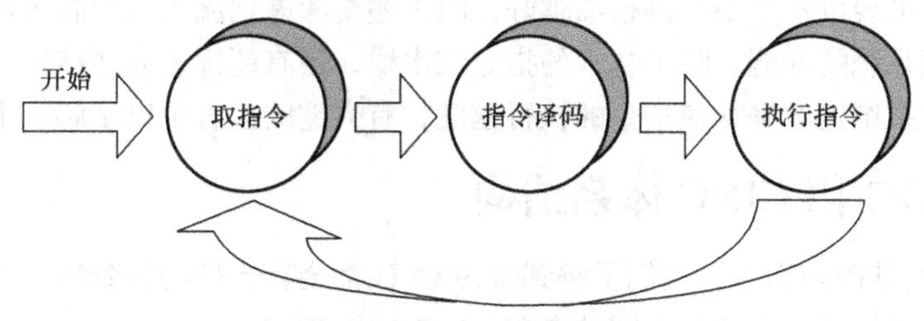

图 4-5　指令执行周期

早期的 CPU 执行程序就是严格按照上面的步骤来执行的，只有等上一个周期的步骤执行完毕，才能开始下一个周期的执行。可以想象在上述的循环中，当进行译码和执行指令的时候，取指的命令一直处于等待当中，同理，译码命令和执行命令都会有相应的等待时期，这样无形中就浪费了一个周期的 2/3 的时间。因此，为了节约这部分时间，必须改变单循环的指令执行方式。指令流水线概念的提出就是为了解决这样一个问题。

指令流水线与现实中汽车生产的流水线非常相似，汽车生产流水线在生产汽车的时候，各个部件的生产线并行操作，汽车从生产线的一端进入，从另一端退出就完成了整个汽车的组装，而不用等到生产完一辆汽车才能生产另一辆汽车。指令流水线是指令从流水线的一端进入，经过取指、译码、执行的“生产线”，从另一端流出，就完成了指令的执行过程，如图 4-6 所示。

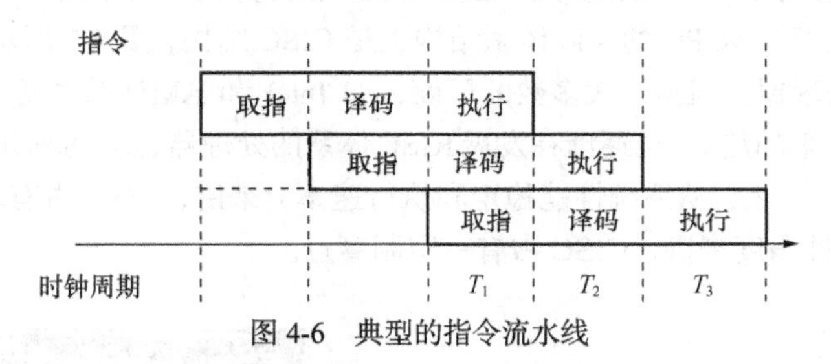

图 4-6　典型的指令流水线

如果执行 n 条指令，不使用指令流水线需要花费的时间为：

$$T_0=n\times(T_1+T_2+T_3)=3\times n\times T_1$$

使用图 4-6 所示的指令流水线，需要花费的时间为：

$$T_0=(T_1+T_2+T_3)+(n-1)\times T_1=(n+2)\times T_1$$

显然，使用指令流水线的 CPU 在执行同样指令数量时，比不使用指令流水线的效率高了很多，而且可以看出如果将取指-译码-执行周期划分得更细，那么效率将会更高。

既然指令流水线能够大大增强指令执行过程的效率，是不是所有的指令都能进入流水线执行呢？答案是否定的，存在着下面几种条件会导致“流水线冲突”，这些条件包括：

- 资源冲突；
- 数据关联；
- 条件分支语句。

如果相邻的两条指令中一条是从某寄存器读取数值，另一条则是要向某寄存器写入数值，就会造成相邻指令之间的资源冲突。如果相邻的两条指令中，后者需要前者的计算结果，那么在前一条指令还没计算完成的时候，就在译码阶段读取数值，会造成数据的不同步问题。条件分支语句则是在指令执行的过程中，根据条件的数值决定下一条执行的指令是什么，因此就无法利用指令流水线来执行。

另外，指令流水线也不是划分得越细越好，因为还要考虑到流水线控制逻辑的数量和大小问题，这也会影响到系统的性能。除了基本的指令流水线，还有超标量体系结构、超流水线体系结构和超长指令字体系结构等来加快指令的执行速度，有兴趣的读者可以了解一下。

4.2.4 RISC 和 CISC 体系结构

在介绍 CPU 的基础知识时，我们了解到每种 CPU 都会有支持的指令集。在计算机的发展史上，对于指令集的设计目标有两个不同的方向：RISC 和 CISC。

RISC 的英文全称是 Reduced Instruction Set Computer，中文是精简指令集计算机。特点是所有指令的格式都是一致的，所有指令的指令周期也是相同的，并且采用流水线技术。RISC 设计的基本理念是只关注那些经常用到的指令，尽量使指令简单高效，而复杂的操作则通过简单指令的组合来实现。同时，RISC 指令的指令周期都相同，便于使用指令流水线进行操作。

CISC 的英文全称是 Complex Instruction Set Computer，中文是复杂指令集计算机。特点是指令的格式并不一致，指令的周期也长短不一，指令设计比较复杂，但是涵盖了尽可能多的指令。CISC 的设计理念是使操作尽可能在一个周期内结束，指令尽可能全面，复杂的操作往往都能在一个周期内执行完毕，相比几条简单指令组合的 RISC 指令更为省时间。

在计算机的发展过程中，关于 RISC 和 CISC 指令集体系结构的争论持续了很长时间，现在也没有结论，因为两者各有各的优点和缺陷。总的来说，在计算机发展早期，大多数的 CPU 都使用的是 CISC 指令集，包括今天 PC 的 x86 体系结构也是 CISC 结构，图 4-7 所示是 Intel 早期生产的 CISC 架构的 8086 处理器。但是，大多数的厂商，如 Intel 和 AMD 公司等，也都意识到了未来 RISC 指令集可能是未来的趋势，也逐渐在发展 RISC 体系的处理器，图 4-8 所示是科胜讯公司 RISC 架构的 ARM 处理器。总之，从系统性能稳定和执行速率上来讲，RISC 占有较大的优势；而从指令集的完备性和历史性角度来讲，CISC 占有一定制高点。

图 4-7 采用 CISC 架构的 Intel 8086 处理器

图 4-8 科胜讯公司采用 RISC 架构的基于 ARM 的处理器

4.2.5 中央处理器的发展历史

中央处理器作为计算机的核心，它的发展体现了计算机的发展历史。每当有一款新的处理器出现时，就会带动计算机其他硬件的快速发展，为了更好地利用新的处理器性能，软件公司也会提出新的操作系统或者在原有系统上做升级，可见中央处理器的发展对于计算机产业的发展有多么重要的影响。

扩展阅读：安迪-比尔定律

在计算机产业里有很多定律，如二八定律、摩尔定律等，其中一个著名的定律就是安迪-比尔定律。安迪是指英特尔的总裁安迪·格罗夫，比尔是指原微软 CEO 比尔·盖茨，这个定律描述的是：一旦以英特尔公司为代表的计算机公司对硬件进行升级时，那么以微软公司为代表的软件公司就会进行升级，从而将硬件升级的部分“吃掉”，也就是比尔将安迪所给的全部拿走。这也是虽然计算机的硬件在升级发展，但是我们并没有显著感觉到计算机的性能得到显著增加的原因。

更详细的解释可以阅读吴军博士所著的《浪潮之巅》。

总的来说，中央处理器（微处理器）的发展经历了以下 6 个阶段。

第一阶段

第一阶段的处理器是 4 位或 8 位的低档微处理器，算作成型的第 1 代微处理器。其特点为使用晶体管，集成度低（4 000 晶体管/片），系统结构和指令系统比较简单。代表性的产品为 Intel 公司于 1971 年推出的 4004 微处理器（见图 4-9）和 1972 年推出的 8008 微处理器。其中 4004 微处理器的推出开启了 PC 时代，因为它是第一款个人有能力购买的处理器。

第二阶段

第二阶段的处理器是 8 位的中档处理器，通常称为第 2 代微处理器。相比于第 1 代微处理器，集成度提高了约 4 倍，运算速度提高了 10～15 倍，指令系统逐渐完善。除了汇编语言之外，还出现了 FORTRAN 等高级语言，后来 DOS 的出现也为操作系统拉开了帷幕。这一阶段的代表性产品为 Intel 公司的 8080 处理器、Zilog 公司的 Z80 等。

图 4-9　Intel 4004 微处理器

第三阶段

第三阶段微处理器潮流仍然由 Intel 公司引领，16 位处理器正式诞生，称为第 3 代微处理器。这一时期的微处理器集成度已经达到 50 000 个晶体管/片，主频达到了 8MHz，指令系统已经十分完善。这其中以 Intel 的 i8086 为代表，x86 处理器系列就是从这时候开始的。还有 IBM 公司推出的 8088 处理器、Motorola 公司的 M68000 系列等。Intel 公司稍后推出的 80286 处理器（见图 4-10）具备向下兼容的特性，同时 IBM 的个人计算机技术对外开放，从此迎来 PC 的风靡全球。

图 4-10　Intel 80286 处理器

第四阶段

第四阶段的处理器以 Intel 公司推出的 80386 和 80486 处理器为代表，这两款处理器都是 32 位，集成度已经达到了 100 万个晶体管/片，每秒钟完成的指令数达到了 600 万条。其中，80486 的推出有划时代的意义，因为 80486 正式突破了 100 万个晶体管/片的界限。其他的代表还有 Motorola 公司的 M69030/68040 等。

第五阶段

第五阶段微处理器以 Intel 公司的奔腾系列处理器为代表，因此第 5 代微处理器时代也称为“奔腾”时代。在这一时期，Intel 公司相继推出了 Pentium、Pentium II、Pentium III、Pentium IV（见图 4-11）系列处理器，基本垄断了这一时期的处理器市场，再加上当时的微软基本垄断操作系统，因此这一时代正是 Wintel 时代的真实体现。奔腾处理器因此风靡全球，至今在第六代微处理器占据市场主要份额的时候，奔腾系列依然在推出新品。这一时期还有 AMD 的 K6 和 K7 系列产品。

第六阶段

如果说第 5 代处理器是“奔腾”时代，第 6 代处理器就是“酷睿”时代，这一时期正是以 Intel 公司推出的酷睿系列处理器为代表。酷睿时代的处理器已经不仅仅体现在集成度和运算速度的进一步提高，而且还进入了多核时代。从 Core i3 的双核到 Core i5 的四核（见图 4-12），再到 Core i7 的 8 核处理器，微处理器核心数量已经逐步增加。2012 年，Intel 公司宣布推出的 IVB 处理器，核心已经达到 24 个，可以说微处理器的第六阶段就是多核时代。

图 4-11　Intel 奔腾 4 处理器

图 4-12　Intel Core i5 处理器

随着计算机在人们生活中扮演着越来越重要的角色，微处理器一定会有第 7 代、第 8 代……处理器的发展将会极大地改变我们的生活，加速社会迈步进入信息时代的步伐。

4.3 存储设备

当今世界上大多数的计算机都是采用的冯·诺依曼模型，存储器成为了计算机系统中的核心部件之一，并与中央处理器、输入输出设备一起称为计算机的三大核心部件。计算机将需要执行的程序和数据放置在存储器中，需要执行时加载入处理器进行执行处理，然后再将结果写入存储器中，在这一节我们就来讨论存储设备的相关知识。

4.3.1 存储器的类型

对计算机了解较多的读者可能会存在疑问，为什么会有这么多类型的计算机存储器存在？实际上为了满足计算机不同部件和不同设备的需求，需要不同价格层次和容量以及访问速度的存储器设备与之配套，这也就是4.3.2小节需要讨论的存储器层次结构问题。但是不管有多少类型的存储器，从访问方式来划分，存储器基本分为如下几种类型。

1. 随机存储器

随机存储器（Random Access Memory，RAM）是指存储单元的内容可按需随意取出或存入，且存取的速度与存储单元的位置无关的存储器。这种存储器在断电时将丢失其存储内容，故主要用于存储短时间使用的程序。随机存储器一般都有随机存取、掉电清除、对静电敏感、访问速度快以及需要刷新再生的特点。

根据存储单元的工作原理的不同，随机存储器又分为**静态随机存储器（SRAM）**和**动态随机存储器（DRAM）**两种。静态随机存储器是在静态触发器的基础上加上附加门控管电路组成的，在不掉电的时候可以无限期保持自己的形态，除非电源发生改变，这也是称为“静态”的原因。但是静态存储器的成本较高，进行大规模存储时，成本是不能回避的问题。动态随机存储器是由单一的CMOS晶体管组成的，通过存储电容器来驱动。由于电容有“漏电”的特性，因此为了保持数据的正确性，动态随机存储器需要不断地刷新。现在一般的PC内存都是动态随机存储器，成本较低，刷新频率大约为66MHz。

2. 只读存储器

除了随机存储器之外，大部分的计算机系统都会有一定数目的**只读存储器（Read-Only Memory，ROM）**来存放与系统运行相关的关键信息，如启动计算机系统所需要的BIOS程序的存储器。只读存储器一旦在初始阶段写入数据，以后的运行过程中就只能读出，改写很困难。ROM存储的数据稳定性很好，断电之后数据也不会消失，因此常用来存储固定程序和数据。

为了适合不同场合的不同需要，又进一步发展了可编程只读存储器（PROM）、可擦可编程序只读存储器（EPROM）和电可擦可编程只读存储器（EEPROM）等。

（1）PROM。PROM初始时是空白芯片，一旦通过特殊方式将数据写入存储器之后，PROM将会永久存储这些数据，而无法更改或删除，一般用于游戏机或者电子词典等产品中。

（2）EPROM。EPROM类似于PROM，EPROM也可以通过编程设备写入程序等信息，但是可以通过紫外线照射删除数据，并再次通过可编程设备进行写入。在闪存出现之前，EPROM使用在一些单片机中，一些老式计算机的BIOS芯片也使用EPROM。

（3）EEPROM。EEPROM与EPROM类似，只不过EEPROM是通过电脉冲对数据进行删除，然后通过键盘操作等将信息写入，而不需要特殊的可编程设备。EEPROM一般都是即插即用，常用在接口卡中用来存放硬件数据，也有用在防止软件非法复制的“硬件锁”上的等。值得一提的是，**闪存（Flash Memory）**其实也是EEPROM的一种特殊变体，不过闪存的读取和写入都是以区块为单位的，有关闪存的概念将在下一小节中详细讨论。

4.3.2 存储器的层次结构

在上一小节中谈到，为了满足不同设备和不同的需求，存储器往往根据容量和访问速度等划分为好些种类。各种存储器的性能有很大的区别，虽然有些存储器的存储效率比较低，但是价格却非常便宜，能够达到性价比要求。当今计算机系统为了达到最佳性价比，往往采用不同类型存储器的组合配置，这样就形成了存储器分层结构。典型的存储器分层结构如图4-13的金字塔所示。

从图4-13中可以看出，从金字塔的顶端向下，存储器离中央处理器“越来越远”，当然，这里的远指的是数据交换的频率。在顶层的寄存器、高速缓存和主存储器都是安装或者集成在主板上面的，所以也称为板上存储器；中层的磁盘、CD、DVD等是在主板之外的，在需要的时候才安装使用，所以称为额外存储体；而像磁带等的备份存储设备，一般很少使用，所以也称为离线存储体，而板上存储器和额外存储体都是在线存储器。

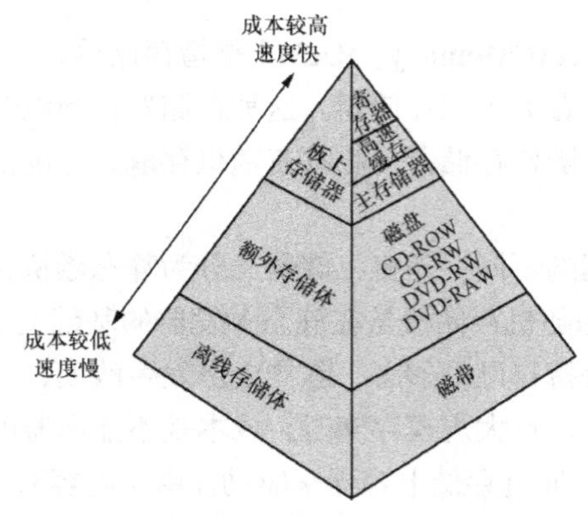

图 4-13　存储器分层结构

在存储器分层结构的图中，有如下的规律：

（1）从金字塔顶端到底端，存储器的访问速度越来越慢，比如寄存器的访问时间在 1ns～2ns，而主存储器的访问时间在 30ns～90ns，磁带的访问时间就在 10s 以上，甚至能达到几分钟的时间；

（2）金字塔的结构表示不同存储器容量的大小，从金字塔的顶端到底端，存储器的存储容量越来越大。典型的寄存器，大小有 8 位或 16 位最多到 64 位，而缓存的大小一般为几十 KB，主存储器的大小为几百 MB 到几 GB，硬盘的大小为几百 GB 到几十 TB 左右；

（3）从金字塔的顶端到底端，每单位存储的价格越来越低。在一台 PC 上，CPU 的价格占据了整台计算机的 1/4 左右。

存储器不同层次之间的性价比不同，因此为了满足计算机达到最高的性价比，计算机的存储系统采用的不同层次的存储器。在 CPU 中数据交换速度要求比较快，但是数据量不要求很大，因此采用的是寄存器；CPU 和内存之间的数据交换为了满足速度的要求，适当添加三级缓存来加快访问速度；内存要求的容量比较大，所以采用的是主存储器；大量的文件和数据需要大量的空间，只有在需要访问的时候才读入内存，因此存储在磁盘之上；备份数据往往很少用到，就会采用更廉价的磁带来备份存储。

4.3.3　存储器的度量

存储器的主要性能指标包括三项——容量、价格和速度，除此之外，还有稳定性、可靠性等其他指标。

1. 容量

计算机是以二进制存储数据的，CPU 的控制单元也是按照地址总线的宽度来寻址的，所以如果存储器的容量为 2 的幂，就会给计算机访问数据带来极大的方便。在计算机中存储数据最小的单位是**位**（**bit**），一个位只能存储 0 或者 1，实际上有意义的最小单位为**字节**（**Byte**），一个字节是 8 位，更大的单位有 KB、MB、GB、TB、PB 等，存储容量的单位以及换算见表 4-1。

表 4-1　　存储容量

单位	中文名	大小
bit	比特，位	—

续表

单位	中文名	大小
B（Byte）	字节	$1B = 2^3$ bit = 8 bit
KB（Kilobyte）	千字节	$1KB = 2^{10} B$
MB （Megabyte）	兆字节/兆	$1MB = 2^{10}KB = 2^{20} B$
GB（Gigabyte）	吉字节/吉	$1GB = 2^{10} MB = 2^{30} B$
TB（Terabyte）	太字节/太	$1TB = 2^{10} GB = 2^{40} B$
PB（Petabyte）	拍字节/拍	$1PB = 2^{10} TB = 2^{50} B$

上面表格中展示的都是常用的容量单位。随着存储技术的发展，存储器的容量越来越大，更大的存储单位有 EB、ZB、YB、NB、DB 等。

2. 速度

访问速度也是存储器的一个重要指标。访问速度越高的存储设备，价格一般也越高，一些典型的存储设备的访问时间见表 4-2。

表 4-2　存储器访问时间

设备	访问时间	设备级别
寄存器	1ns～2ns	系统存储器
1 级缓存	3ns～10ns	
2 级缓存	25ns～50ns	
主存储器	30ns～90ns	
硬盘	5ms～20ms	在线存储器
优化硬盘	100ms～5s	近线存储器
磁带	10s～3min	离线存储器

3. 价格

不同存储器类型的存储器容量不同，所以在评价存储器价格的时候，一般都是按照每单位容量价格来衡量的。

4.3.4　主存储器

主存储器也就是我们常说的内存，里面包含大量的电路，每个电路单元能够存储单独的一位。

计算机的主存储器是以**存储单元（cell）**为管理单位组织起来的，一个典型的存储单元的容量是 8 位，也就是一个字节。像家用微波炉这样的小型电器，主存储器的大小可能只有几百个存储单元，但是 PC 主存储器的存储单元能达到几亿个。

为了区分计算机的存储单元，每一个存储单元都被赋予一个唯一的值，称为地址。这类似于给城市里的每个房屋进行编号。我们将存储器单元看作是一排的，然后从 0 开始编号，每一个编号就是这个存储单元的地址。存储器中按照地址排列的存储单元就类似于图 4-14 所示。

图 4-14 所示的只是主存储器的存储单元，为了制作成计算机使用的主存储器，实际存放二进制位的电路还组合有其他的电路模块，使得其他电路能对存储单元里的数据进行读出或者写入。其他电路请求从指定地址得到存储单元内容的操作称为读操作，请求将某个位模式写入某个存储单元的操作称为写操作。另外，前面也提到主存储器一般都是 DRAM 类型的，因此也有用来刷

新的电路和控制电路。

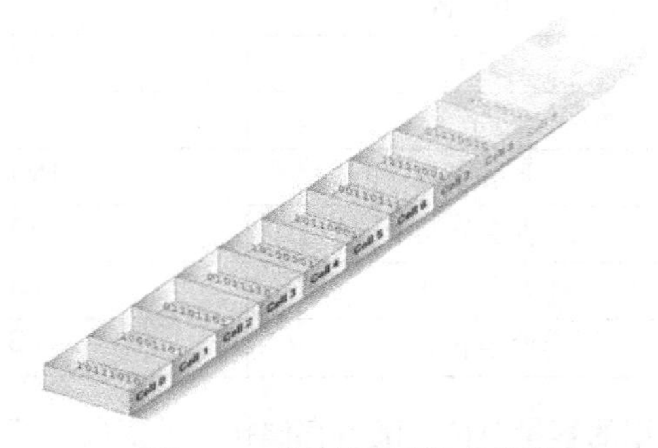

图 4-14　按地址排列的存储单元

现在市场上的 PC 主存储器的容量一般都是 512MB、1GB、2GB、4GB，再大的内存容量一般都是将上面提到的内存容量进行组合。根据美国 JEDEC（电子设备工程联合委员会）的不同市场标准，主存储器一般符合有 DDR、DDR2、DDR3 等标准，移动设备还有 LPDRR 系列等。著名的内存生产厂商，国外有现代（Hy）、金士顿（Kingston）、三星（Samsung）等公司，国内的有金邦（Geil）、宇瞻（Apacer）、胜创（Kingmax）等公司。图 4-15 和图 4-16 所示的分别是金士顿公司和三星公司生产的 DDR3 内存芯片。

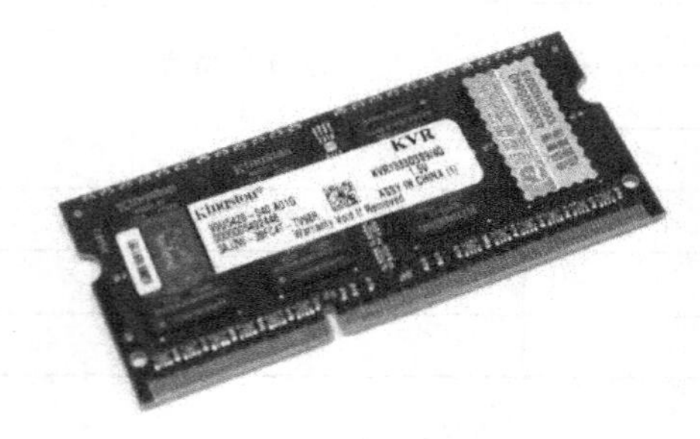

图 4-15　金士顿 4GB DDR3

图 4-16　三星 4GB DDR3

4.3.5　外部存储器

由于计算机主存储器不稳定性和容量的限制，以及考虑到价格的因素，大多数的计算机都会用外部存储器来存储信息。存储在外部存储器上的数据或程序，在需要使用的时候从外部存储器读入主存储器中，使用完毕后再将数据写回外部存储器，实现了数据的长期保存。外部存储器具有断电数据不丢失、稳定性更好、容量大、价格低的特点，并且可以根据实际需要将存储器从计算机上取下或者安装。外部存储器一般包括磁盘、固态硬盘、CD 盘、DVD 盘、磁带、闪存等设备。

外部存储器的主要不足之处是，它们读取数据一般都需要机械运动，而主存储器是完全电子控制的，这也导致从外部存储器读取数据所要花费的时间比主存储器要多很多。不过，从折衷的角度来说，外部存储器还是很重要的存储介质。

1. 磁学系统

在计算机发展的很多年以来，外部存储器使用的技术主要是磁技术，利用磁学系统来存储数据，最常见的例子就是磁盘。磁盘的结构如图 4-17 所示。

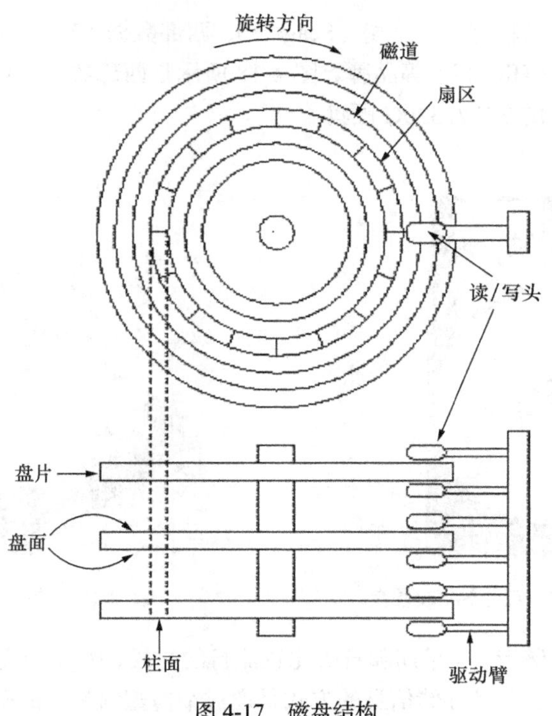

图 4-17 磁盘结构

磁盘最基本的组成部分是由涂以磁性介质的坚硬金属材料制成的盘片，不同容量硬盘的盘片数不等。每个盘片有两个盘面，每个盘面都可记录信息。盘面以盘片中心为圆心，不同半径的同心圆称为磁道。每个磁道被分成许多扇形的区域，每个区域称为一个扇区，每个扇区可存储 128×2^N（N=0，1，2，3）字节信息。在 DOS 中每扇区是 128×2^2=512 字节。硬盘中，不同盘片相同半径的磁道所组成的圆柱称为柱面。磁道与柱面都是表示不同半径的圆，在许多场合，磁道和柱面可以互换使用。

在硬盘中，通过驱动马达使盘片高速旋转，而驱动臂沿着半径方向移动，这样位于驱动臂上的磁头就可以对每个扇区进行读写。每个盘片有两个面，每个面都有一个磁头，习惯用磁头号来区分。扇区、磁道（或柱面）和磁头数构成了硬盘结构的基本参数，用这些参数可以得到硬盘的容量，计算公式为：

存储容量=磁头数×磁道（柱面）数×每道扇区数×每扇区字节数

一个磁盘系统除了存储容量之外，性能也是非常重要的考量因素，磁盘的性能一般都包括如下几个方面。

（1）**寻道时间**：是指读/写磁头从一个磁道移动到另一个磁道花费的时间。

（2）**旋转延迟**：也称为等待时间，是指盘片旋转一周所需时间的一半，其本意是指当磁头到达指定的磁道后，等待盘片旋转到指定扇区所花费的平均时间。

（3）**存取时间**：忽略访问数据的时间，存取时间就是寻道时间和等待时间之和。

（4）**传输速率**：是指在磁盘读出或者写入数据的速率，由于靠近盘片边缘的外磁道旋转一周通过的数据量要大于内侧磁道的数据量，因此传输速率与所使用盘片的位置有关。

限制磁盘访问速率的因素主要是磁盘的旋转速率，为了支持高速旋转，磁头是悬浮在盘片上方的，与盘片之间有微小的距离，因此磁盘受到震荡和灰尘侵袭很容易损坏。不过现在的磁盘一般都是密封安装，并且针对震荡做了足够的吸收，对磁盘有了一定的保护。计算机产业界生产磁盘的厂商比较多，著名的品牌有希捷公司（Seagate）、西部数据（Western Digital Corp）、东芝硬盘（Toshiba）、日立硬盘（Hitachi）等品牌。图 4-18 所示是西部数据公司生产的 SATA 硬盘，图 4-19 所示是希捷公司生产的 SATA 320G 硬盘。

图 4-18　西部数据 2.5 英寸 SATA 硬盘

图 4-19　希捷 SATA320G 硬盘

使用磁学系统的还有磁带，在早期随身听比较流行的时候，Beyond 等香港乐队的歌曲就是随着磁带流传到世界各地的。磁带存储信息的方式是通过细薄塑料带上的磁性介质，而塑料带缠绕在磁带卷轴上，需要读取数据的时候，将磁带放置在磁带驱动器中，通过驱动器的磁头读取数据，图 4-20 所示是一盘常见的歌曲磁带。磁带驱动器小至随声听，大到传统的流式磁带机，都具备读取磁带的功能，图 4-21 所示是索尼公司生产的随身听，曾经风靡一时。磁带的存储量可以大到几 GB，在计算机发展早期已经具有相当大的容量，所以经常被用来当作数据备份工具。不过磁带的读取数据速度太慢，而且只能线性读取，随着磁盘稳定性的提高、闪存等技术的发展以及冗余阵列的兴起，磁带正逐渐退出历史舞台。

图 4-20　歌曲磁带

图 4-21　索尼 WALKMAN 随身听歌曲磁带

2. 光学系统

大容量外部存储使用的另外一种技术就是光学技术，CD（Compact Disk，光盘）是光学系统存储技术的一种应用。CD 是利用聚碳酸酯材料制成的，直径在 5 英寸左右，在光盘的表面有覆盖铝反射膜。在铝反射膜的表层有丙烯酸材料制成的保护膜，防止光盘被划伤或磨损。

光盘的盘片结构类似于磁盘，光盘的磁道是一条由中心到外部边缘扩展的螺旋状轨道，也称为光轨，光盘光轨的示意图如图 4-22 所示。光轨上再划分出扇区，光盘扇区的大小一般为 2KB，比磁盘的扇区要小了不少。光盘是通过激光在铝反射层上反射出的激光脉冲的明暗程度来存储数据的，光盘驱动器的激光发射器发出激光打在铝反射层上，由于底部的聚碳酸酯材料凹凸不平，所以反射回来的激光因干涉效应出现光脉冲的明和暗，被驱动器鉴别为二进制数字，光轨放大之后的表面如图 4-23 所示。

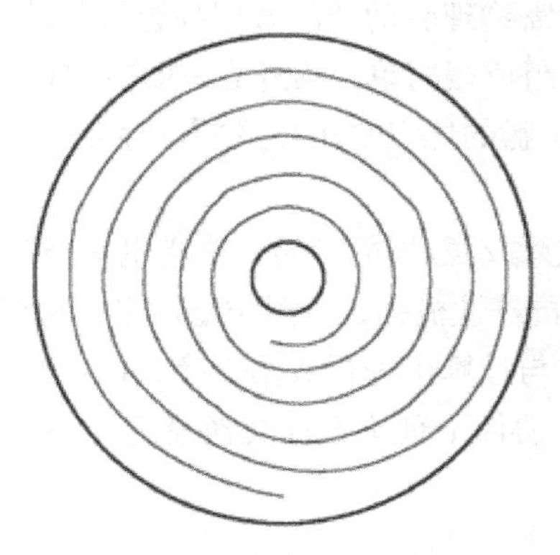

图 4-22 光盘光轨示意图

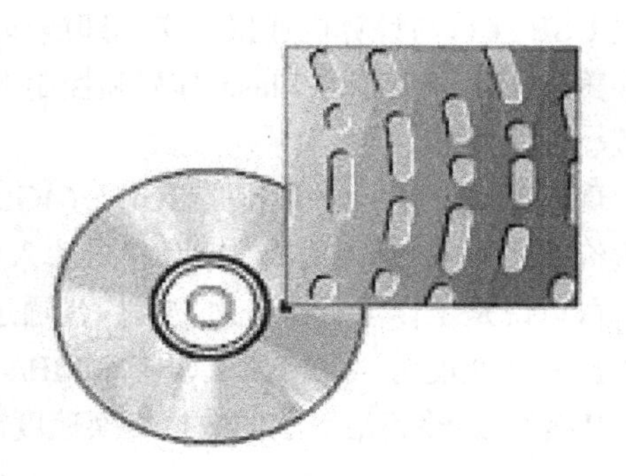

图 4-23 光盘光轨放大图

在 CD 上，信息只能存储在一个层面上，而 **DVD**（**Digital Versatile Disk**）则由多个半透明层组成，精确聚焦的激光能够识别出不同的层面，从而大大地增加存储容量。DVD 的存储容量一般在 5G 左右。另外，CD 只能在单面存储数据，但是 DVD 则能够在单面或者双面存储数据。尽管 CD 是当前光盘的标准，但是 DVD 的发展已经让更多的人看到了将来取代 CD 的趋势。

蓝光技术的发展进一步增大了光盘的存储容量，相比于 CD 和 DVD 使用的红色激光，BD（Blue-ray Disk，蓝光光碟）使用的是蓝色激光，波长更短，聚焦更为精确，存储容量更大，是 DVD 的 5 倍多。蓝光光碟一般用来存储高清甚至超高清视频。

一些典型的光盘类型见表 4-3。

表 4-3 光盘的类型

格式	类型	容量	描述
CD	CD-ROM	650MB	存放数据库、图书、软件等不变内容
	CD-R	650MB	仅能写一次，用于存放大量数据
	CD-RW	650MB	可重复使用，用于创建和编辑大的多媒体图像
DVD	DVD-ROM	4.7GB	存放音频和视频等不变内容
	DVD-R	4.7GB	仅能写一次，用于存放大量数据
	DVD-R（DVD-RAW）	2.6～5.2GB	可重复使用，用于创建和编辑大的多媒体图像
BD	BD-ROM	25/27GB	仅能写一次，用于存放高清视频

3. 闪存芯片系统

基于磁学和光学技术的外部存储系统的普遍特征是，通过物理运动来存储和读取信息，如旋转磁盘、移动读/写头和扫描激光束等，所以访问数据的速度比电子电路的速度要慢很多。**闪存**（**Flash Memory**）技术就克服了这个缺点，在闪存系统中，用电子信号直接将二进制位送到存储介质中去，电子信号使该介质中的二氧化硅的微小晶格截获电子，从而转化成为微电子电路。因为这些微小晶格能够保持截获电子很多年，所以闪存技术适合离线存储数据。

闪存具有可扩展和即插即用的优点，主要有两部分组成：Flash Memory 作为数据存储单元，控制芯片完成通信和 Flash 的读写操作和其他辅助功能。控制芯片可以决定 Flash 是否写保护、密码保护、数据恢复和 BIOS 启动等。

现在应用闪存技术的设备一般有 U 盘、SD 卡、固态硬盘等。

（1）U 盘

U 盘（USB Flash Disk）是一种使用 USB 接口的无需物理驱动器的微型高容量移动存储产品，通过 USB 接口与计算机连接，实现即插即用。U 盘的组成很简单，由外壳+机芯组成，外壳起保护和美观作用，机芯由 Flash 阵列和控制电路组成。U 盘的优点是小巧灵便、存储容量大、价格便宜、性能可靠。

现在 U 盘的大小一般都是 2GB～64GB 之间，足够移动数据的存储，价格也很便宜，8GB 的 U 盘价格 20～40 元人民币。U 盘很难渗入水或灰尘，抗震性极强，防潮防磁性好，耐高温低温性好，可以说是工作学习必备之物。U 盘通过 USB 接口与计算机进行数据交换，USB2.0 协议下理论数据交换速度为 480Mbit/s（即 60MB/s），USB3.0 协议下理论数据交换速度为 5.0Gbit/s（即 640MB/s），能够满足一般的数据交换速度需求。

扩展阅读：USB2.0 与 USB3.0

在日常生活中，我们经常提到 USB2.0 接口或 USB3.0 接口，其实这都是指遵循不同 USB 协议的接口。到目前为止，USB 的接口协议见表 4-4。

表 4-4　USB 协议

协议	最高传输速率	发布时间
USB1.0	1.5Mbps	1996.01
USB1.1	12Mbps	1998.09
USB2.0	480Mbps	2000.04
USB3.0	5Gbps	2008.11
USB3.1	10Gbps	2013.07

到目前为止，见到的大多数 USB 接口使用的协议都是 USB2.0 或者 USB3.0，较低版本协议的 USB 接口已经很少见到了。不过有趣的是，采用 USB2.0 的接口一般都是黑色或者白色的（见图 4-24），而 USB3.0 的接口都是蓝色的（见图 4-25），所以很容易通过颜色来判断 USB 接口的协议。

图 4-24　USB2.0 接口

图 4-25　USB3.0 接口

U 盘主要用于存储数据，经过爱好者们以及商家的努力，U 的用途越来越广泛。现在 U 盘除了存储数据之外，还制作成加密 U 盘、启动 U 盘、杀毒 U 盘、测温 U 盘以及音乐 U 盘等种类，如图 4-26 所示是常见的一种音乐 U 盘。

（2）SD 卡

SD 卡（Secure Digital Memory Card）是利用 Flash 技术制成的小型存储卡，其特点为体积小、容量大，常应用在数码相机、手机、音乐播放器、车载音乐系统等设备上，图 4-27 所示是

16GB 的 SD 卡。

图 4-26　交泰 4GB 音乐 U 盘

图 4-27　16GB 的 SD 卡

（3）固态硬盘

从严格意义上讲，**固态硬盘（Solid State Disk，SSD）**存储介质采用的技术分为两类：一类是采用 Flash 芯片的，另一类是采用 DRAM 作为存储介质的。磁盘是采用磁介质存储数据的，抗震性差，读取和写入数据速度慢，而固态硬盘采用的是 Flash 芯片或 DRAM 芯片存储数据，解决了上述的问题，固态硬盘的内部结构如图 4-28 所示。除此之外，固态硬盘还有低功耗、无噪音、工作温度范围大、轻便等优点。不过固态硬盘的缺点也是显而易见的，如容量不大（目前固态硬盘的最大容量为 4TB）、寿命不长、价格太高等，一般在个人计算机上，固态硬盘仅仅作为系统盘，其余的数据还是以磁盘的方式存储。图 4-29 所示是三星公司生产的固态硬盘。

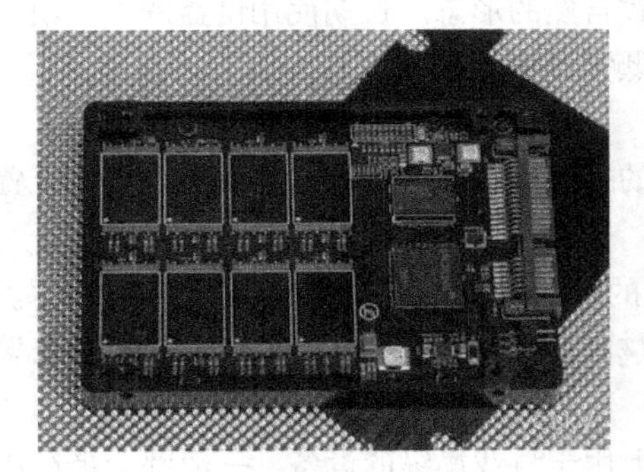
图 4-28　固态硬盘内部结构

图 4-29　Samsung 固态硬盘

4.4　输入输出设备

输入输出设备和中央处理器单元、主存储器构成了计算的三大核心部件。中央处理器单元和主存储器一般都是集成在主板上构成计算机的主体，主体之外的设备统称为外设。在外设主要包括输入输出设备和存储系统，在 4.3 节中我们已经讲解了存储系统，这一节主要介绍输入输出设备。

4.4.1　常用输入设备

总体来讲，输入设备将用户输入的程序和数据转化为计算机可以了解执行的机器代码，也就是将用户的想法体现在计算机里面。根据接收数据的方式不同，输入设备一般分为字符输入设备、定点输入设备、扫描输入设备、音频输入设备和图像输入设备等。

1. 字符输入设备

键盘是最常用也是最主要的字符输入设备，通过键盘可以将英文字母、数字、标点符号等输入计算机中，从而向计算机发出命令、输入数据等。

在 PC XT/AT 时代的键盘都是以 83 键为主，后来随着计算机的发展，逐渐出现 101 键、102 键、104 键的键盘；不过经过长时间的发展，笔记本键盘（不带数字小键盘）键数为 82～84 键，台式机的键盘多为 104 键。

键盘按照工作原理划分有如下四种。

（1）机械键盘（Mechanical)：采用类似金属接触式开关，工作原理是使触点导通或断开，具有工艺简单、噪音大、易维护，打字时节奏感强，长期使用手感不会改变等特点。

（2）塑料薄膜式键盘(Membrane)：键盘内部共分四层，实现了无机械磨损。其特点是低价格、低噪音和低成本，但是长期使用后由于材质问题手感会发生变化，已占领市场绝大部分份额。

（3）导电橡胶式键盘（Conductive Rubber）：触点的结构是通过导电橡胶相连。键盘内部有一层凸起带电的导电橡胶，每个按键都对应一个凸起，按下时把下面的触点接通。这种类型键盘是市场由机械键盘向薄膜键盘的过渡产品。

（4）无接点静电电容键盘（Capacities）：使用类似电容式开关的原理，通过按键时改变电极间的距离引起电容容量改变从而驱动编码器。特点是无磨损且密封性较好。

随着第二次世界大战以来人体工程学学科的兴起，键盘也逐渐发展出来人体工程学键盘。人体工程学键盘的主要特点为将指法规定的左手键区和右手键区这两大板块左右分开，并形成一定角度，使操作者不必有意识地夹紧双臂，保持一种比较自然的形态。长期使用键盘的人，使用人体工程学键盘能减少疲劳，并且加快输入的速度，降低错误率。

2. 定点输入设备

定点输入设备主要用于对计算机显示画面上显示的指针或图标等进行操作，实现光标位置的控制。目前主要有如下几种输入设备。

（1）鼠标：鼠标是计算机显示系统纵横坐标定位的指示器，因形似老鼠而得名“鼠标”。现在鼠标的分类有最原始的机械鼠标、改进版的光机鼠标以及现在使用较多的光电鼠标和光学鼠标等。

（2）游戏杆：游戏杆一般是游戏机或个人计算机上用于游戏操纵的设备，一般都会带给用户压力、速度以及方向的感觉。

（3）触控板：常见的触控板有笔记本的触摸板等。

（4）触摸屏：随着智能手机和超级本的问世，触摸屏基本随处可见，如自动柜员机、新闻阅读器等都是用触摸屏。

（5）光笔：光笔是专门用来绘制图形或选择菜单等的专门输入设备。

（6）感应笔。随着电子科技的迅猛发展，很多电子设备都逐渐采用触摸屏。感应笔是比较方便的配件。

3. 扫描输入设备

扫描输入设备主要是以图像或条形码以及读取芯片预存信息为输入方式的输入设备，通过图像还原、条形码读取等将数据以计算机的格式呈现在计算机中。

（1）图像扫描仪：图像扫描仪也称扫描仪，不仅广泛用于广告、印刷等领域，还用于医疗、影楼、办公等领域。一般有平台扫描仪和手持扫描仪等，近几年随着 CCD 技术的发展，扫描的清晰度越来越高，用途也越来越广。

（2）**传真机**：在电话尚未普及的时候，传真机在交流中发挥重要角色。图像从一台传真机扫入，经过线路传播从另一台传真机传出。

（3）**条形码阅读器**：条形码是将商品信息以条形或图形的形式存储下来，用光电扫描仪将信息读出。具体的应用有二维码和超市商品的条形码等。

（4）**字符和标记识别设备**：这类设备主要有 OCR 文字识别系统、OMR 光电识别系统等。值得一提的是，在各种考试中机读卡信息识别就采用的是 OMR 光电识别。

4. 音频输入设备

音频输入系统主要是将声音输入计算机，转化为计算机可以识别的信号，一般都是通过话筒或专业的录音器等输入计算机，进行语音识别或语音放大的进一步处理。

5. 图像输入设备

图像输入系统主要将信息以图像的形式输入计算机，进行进一步识别等处理。一般有数码照相机和数字摄像机等，这些设备能将镜头捕捉到的图像及时以数字的形式输入计算机进行存储等后续处理。

4.4.2　常用输出设备

计算机对输入的信息进行处理之后，必须转换为用户可以理解的形式呈现出来。主要的输出设备有显示器、打印机和音响等。

1. 显示器

计算机中最常用的输出设备是显示器，显示器的主要特征为尺寸和清晰度。就尺寸来讲，平时使用的显示器一般都是 21 英寸、19 英寸、17 英寸、15 英寸等。清晰度是指显示器的分辨率，也就是屏幕上像素点的个数。一般来说，显示器有标准的平面等离子显示器和高清晰度电视机等，液晶显示器价格比较低，市场份额大，但是高清晰度的显示器是未来的发展方向。

2. 打印机

打印机是将信息从数字格式转化为文本格式的设备，打印机在生活中使用频率很高，目前使用的打印机有喷墨打印机、激光打印机和热学打印机等。喷墨打印机是将墨汁以很高的速度喷到纸质上，打印效果较好，而且颜色稳定，常用于广告和宣传等。激光打印机是以激光束产生高质量的打印效果，常为办公室或家庭使用。热学打印机是利用热元素在热敏感纸上打印出图像，使用较少。

扩展阅读：3D 打印技术

3D 打印技术是 2012 年以来逐渐兴起的以一种数字模型文件为基础直接制造几乎任意形状三维实体的技术。以往的打印机都只能打印二维的平面实体，但是在 3D 打印技术中，可以利用数字模型打印任意的三维实体。最早在 20 世纪 90 年代就有 3D 打印技术的专利，但是并没有得到广泛的使用和关注。直到 2010 年以后，采用 3D 打印技术制造的产品逐渐多了起来，在珠宝、鞋类、工业设计、建筑、工程和施工、汽车、航空航天、牙科和医疗产业、教育、地理信息系统、土木工程、枪支以及其他领域都有所应用。图 4-30 所示为 2012 年 Defense Distributed 创始人科迪·威尔森利用 3D 打印技术制造的左轮手枪。

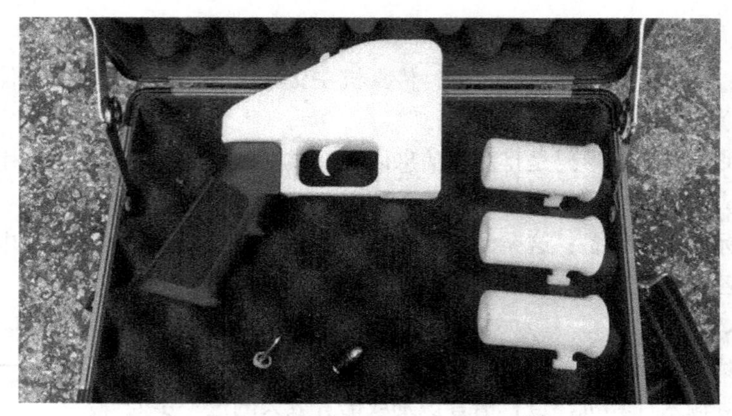

图 4-30 利用 3D 打印技术制造的手枪

3. 绘图仪

绘图仪是专门产生立方图、三维图纸以及机械图纸的专用设备，也可以打印出打印机无法处理的大型文档。一般分为笔式绘图仪、喷墨绘图仪和静电绘图仪等。

4. 音频输出

声音系统的输出大多是通过音响或者耳机等设备。这些设备通过扩展槽上的声卡连接到计算机，声卡通过软件读取预先录制的数字化声音，然后转化为模拟信号输出。

4.4.3 I/O 控制方式

在前面的小节里谈到了典型的输入和输出设备，CPU 通过 I/O 控制对这些设备进行控制和数据传输。在计算机里，典型的 I/O 控制方式有如下几种。

1. 程序控制 I/O

采用程序控制 I/O 的计算机系统通过 CPU 不断的扫描专门分配给硬件的寄存器实现，因此这种控制方式也称为“轮询”方式。一旦 CPU 检测到寄存器处于准备就绪的状态，就会对该设备进行操作。程序控制类型的 I/O 的控制方式一般是早期结构比较简单的计算机使用的，现代计算机很少使用。

2. 中断控制 I/O

中断控制 I/O 与程序控制 I/O 的方式相反，CPU 不会主动去询问硬件寄存器的状态，当外部硬件设备准备就绪的时候，就会给 CPU 发出一个中断通知，此时 CPU 停下当前的工作去处理外部设备的状况。在处理完外部设备的数据之后，CPU 返回继续之前的工作。中断控制是现代计算机采用的方式。

3. 直接存储器控制

不管是程序控制 I/O 还是中断控制 I/O，外部设备与 CPU 之间数据的传输总是通过 CPU 控制的。而直接存储器控制的思想是通过专门的 **DMA**（**Direct Memory Access**）模块与外部设备进行数据传输，只需 DMA 在开始传输数据和传输数据结束时通知 CPU 即可。这种 I/O 控制也是现代计算机采用的方式之一。

4. 通道控制 I/O

通道控制 I/O 的思想是通过多个 I/O 控制器控制多条 I/O 路径来进行数据传输，加快了传输速率，降低了管理成本，一般在大型机上使用得较多。

4.5　计算机的其他组成部分

在 4.2 节、4.3 节、4.4 节中分别讲述的中央处理单元、存储设备和输入输出设备是计算机的核心部件，但是一台完整计算机的组成不仅仅包括这些组件，还有例如主板、端口等其他设备，这一节主要讨论的就是这些设备。

4.5.1　主板

主板是计算机最基本也是最重要的部件之一，一般安装在机箱内或在笔记本或平板电脑的键盘下方。主板一般都是一块矩形电路板，上面安装了计算机系统的主要电路部分，包括 BIOS 芯片部分、I/O 控制部分、CPU、扩展卡槽、外围接口、适配器等。主板采用的是开放性结构，在主板上有 10～15 个扩展卡槽，通过更换卡槽上的插卡，可以对计算机进行硬件升级。总的来说，主板是集成计算机主要电路的重要硬件，在计算机中扮演着举足轻重的作用，也是影响计算机性能的重要因素之一。

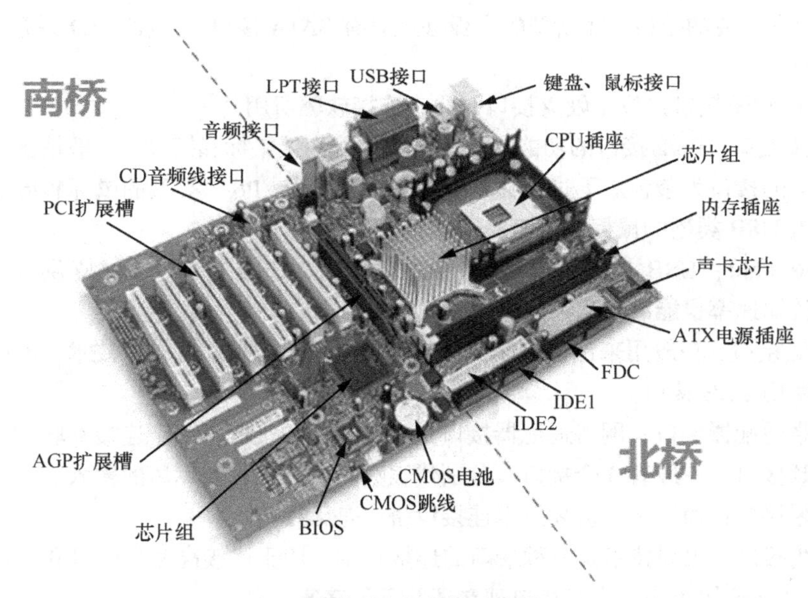

图 4-31　典型主板结构示意图

一个典型的主板结构如图 4-31 所示，主板上的部件分为如下几个部分。

1. 芯片组

芯片组是主板的核心部分，几乎决定了主板的功能，根据芯片在主板位置上的不同，通常将芯片组分为南桥芯片和北桥芯片两部分。北桥芯片部分主要是 CPU 芯片、主存储器、硬盘接口等，南桥芯片主要是键盘控制器、时钟控制器、USB 接口、电源管理模块的芯片部分。由于北桥部分的芯片是计算机的核心芯片部分，因此北桥也称为主桥。

2. 扩展槽

扩展槽是主板上通过扩展卡连接到总线的插槽，可以通过在扩展槽上增加或者减少扩展卡来进行硬件设备升级。一般都会有 PCI "万用" 扩展槽、内存扩展槽、AGP 显卡扩展槽、声卡扩展槽等。

图 4-32　SATA 接口

3. 接口

接口是计算机和外界进行信息交换的通道，是主板上不可或缺的一部分。常见的接口有如下几种。

（1）**硬盘接口**：连接主板和硬盘驱动器的接口，分为 SATA 接口和 IDE 接口，在较老的主板上，IDE 接口是主要的接口，而新型的主板甚至只有 SATA 接口，而没有 IDE 接口。图 4-32 所示为 SATA 接口。

（2）**FDC 软驱接口**：位于硬盘接口旁边，连接软驱所用。

（3）**PS/2 接口**：PS/2 接口的功能比较单一，只能连接鼠标和键盘，一般情况下，鼠标的接口为绿色，键盘的接口为紫色。不过现在随着 USB 的普及，PS/2 类型的鼠标和键盘也越来越少，将来可能会被 USB 类型的鼠标和键盘完全取代。

（4）**USB 接口**：USB 接口是当今最为火热的接口，USB 接口支持独立供电，并具备即插即用的优点，传输速率也能满足当前的需求。

（5）**LPT 接口**：一般用来连接打印机或扫描仪，采用的是并行接口技术，不过现在的打印机和扫描仪多使用 USB 接口。

（6）**网络适配器接口**：网络适配器接口是连接网线的接口，用于连接互联网或内部网。

（7）**音频接口**：一般有 3 个接口，分别代表喇叭、耳机和麦克风的输入。

（8）**蓝牙接口**：通过无线蓝牙技术连接设备，是无线模块。

（9）**火线接口**：火线技术是一种最新的连接技术，用于连接高速打印机和数字相机到系统单元，速度比 USB 要快很多。火线接口现在还并不很普遍。

扩展阅读：硬盘的接口标准——SATA 和 IDE

IDE 的英文全称为“Integrated Drive Electronics”，即“电子集成驱动器”，它的本意是指把“硬盘控制器”与“盘体”集成在一起的硬盘驱动器。把盘体与控制器集成在一起的做法减少了硬盘接口的电缆数目与长度，数据传输的可靠性得到了增强，硬盘制造起来变得更容易，因为硬盘生产厂商不需要再担心自己的硬盘是否与其他厂商生产的控制器兼容。对用户而言，硬盘安装起来也更为方便。IDE 这一接口技术从诞生至今就一直在不断发展，性能也不断提高，其拥有的价格低廉、兼容性强的特点，为其造就了其他类型硬盘无法替代的地位。

SATA 的全称是 Serial Advanced Technology Attachment（串行高级技术附件，一种基于行业标准的串行硬件驱动器接口），是由 Intel、IBM、Dell、APT、Maxtor 和 Seagate 公司共同提出的硬

盘接口规范，在 IDF Fall 2001 大会上，Seagate 宣布了 Serial ATA 1.0 标准，正式宣告了 SATA 规范的确立。SATA 规范将硬盘的外部传输速率理论值提高到了 150MB/s，比 PATA 标准 ATA/100 高出 50%，比 ATA/133 也要高出约 13%，而随着未来后续版本的发展，SATA 接口的速率还可扩展到 2X 和 4X（300MB/s 和 600MB/s），图 4-33 所示是主板上的 SATA 接口。从其发展计划来看，未来的 SATA 也将通过提升时钟频率来提高接口传输速率，让硬盘也能够超频。

4. 主板面

主板的平面是一块 PCB（印刷电路板），一般采用四层板或六层板。相对而言，为节省成本，低档主板多为四层板：主信号层、接地层、电源层、次信号层，而六层板则增加了辅助电源层和中信号层，因此，六层 PCB 的主板抗电磁干扰能力更强，主板也更加稳定。图 4-33 所示为主板上的时钟发生器。

图 4-33　主板上的时钟发生器

4.5.2 总线

总线（Bus）是连接 CPU 和外围设备之间的一组信号线，也是 CPU 与外部硬件接口的核心。总线的分布因不同的设备和功能而不同，总线可分为 CPU 内部总线、主板上 CPU 与核心部件的总线、主板上适配卡与接口的总线以及外部 PC 与 PC 之间的总线。

评价总线的指标一般有如下 3 个方面。

（1）**总线时钟频率**：也就是总线的工作频率，单位是 MHz，是影响总线数据传输速率的主要因素之一。

（2）**总线宽度**：也就是总线总的位数，表示总线一次能够传输的数据位数。

（3）**总线传输速率**：即在总线上每秒钟传输的最大字节数，其计算方式为：

$$总线传输速率=总线时钟频率\times总线宽度/8$$

总线按照功能划分，一般分为数据总线、地址总线和控制总线三种。

1. 数据总线

数据总线是专门传输数据的总线，一般用于将 CPU 的数据传输到存储器和外部设备，也可以将其他部件的数据传输到 CPU。数据总线的宽度决定了 CPU 和外部设备之间一次能够传输数据的容量。

2. 地址总线

地址总线是 CPU 或 DMA 向存储器传输想要读取或者写入数据的实体地址，与数据总线不同的是，地址总线的宽度决定了 CPU 的寻址能力。

3. 控制总线

控制总线主要用来传送控制信号和时序信号。控制信号中，有的是微处理器送往存储器和输入输出设备接口电路的，如读/写信号、片选信号、中断响应信号等；也有其他部件反馈给 CPU 的，如中断申请信号、复位信号、总线请求信号、设备就绪信号等。

本章小结

计算机硬件结构是计算机组成的重要部分。在计算机的分层结构中，计算机硬件位于最下面的一层，承担了计算机的实际工作任务。现代计算机的硬件结构基本是由中央处理单元、存储器、输入输出设备和系统总线以及主板等组成。从计算机设计的角度来说，计算机的设计方式主要分为冯·诺依曼模型和非冯·诺依曼模型，随着现代计算机设计理念的提出，新的计算机结构也越来越多。

在计算机的硬件结构中，中央处理单元是计算机的核心。中央处理单元主要是由控制单元和算术逻辑单元以及寄存器组成的。衡量一个中央处理单元的标准一般有主频、地址总线宽度、总线频率、工作电压、缓存大小等指标，了解这些参数对进一步理解 CPU 有着重要的意义。CPU 承担着控制计算机内时钟频率和执行指令的重任，现代计算机的指令执行过程一般由取指、译码、执行的循环周期组成，为了加快指令执行的过程，指令流水线的概念被提出。由于不同类型的 CPU 对应的指令集不同，所以按照指令集的划分，RISC 体系和 CISC 体系的区别比较明显。中央处理器的发展基本代表了计算机硬件的发展过程，到目前为止，CPU 的发展已经经历了 6 个阶段，并不断向前继续发展。

存储设备也是计算机中重要的组成部分。存储器按照访问方式划分为随机存储器和只读存储器。在计算机体系中，根据不同的需求，在不同的设备上使用了不同访问速度和容量的存储设备，因而形成了存储器的层次结构。度量存储器的指标一般有容量、访问速度和单位价格等。主存储器作为计算机运行的核心，有着特定的设计方式。而外存储器设备一般有磁盘、磁带、CD、DVD、BD 以及闪存等。

输入输出设备是计算机的外围设备，是用户与计算机交互的媒介。常用的输入设备有字符输入设备、定点输入设备、扫描输入设备、音频和视频输入设备等。常用的输出设备有显示器、打印机、绘图仪、音频输出等。不同类型的设备采取了不同的 I/O 控制方式。

除了中央处理单元、存储器和输入输出设备，主板和总线也是计算机硬件的重要部分。主板上主要集成了芯片组、扩展槽、接口部分等。总线是计算机内数据传输的通道，按照类型总线一般分为数据总线、地址总线和控制总线。

习　题

（一）填空题

1. 计算机硬件主要由__________、__________、__________和__________组成。
2. 计算机硬件的分层结构硬件层主要包括第 0 层__________、第 1 层__________和第 2

层__________。

3. 冯·诺依曼模型中程序执行的 3 个步骤是__________、__________和__________。

4. 中央处理单元主要由__________、__________和__________3 个部分组成。

5. 按照访问方式区分，存储器的类型分为随机存储器和__________两种。

6. 存储器度量的标准包括__________、__________和__________等。

7. 常用的输入设备有__________、__________、__________、__________和图像输入设备等。

8. 常用的输出设备有__________、__________、绘图仪和音频输出等。

9. 按照功能划分，总线分为__________、__________和__________等。

（二）选择题

1. ALU 主要完成的任务是算术操作和______。

A. 存储数据　　B. 奇偶校验　　C. 逻辑操作　　D. 二进制计算

2. 在计算机分层组织结构中，具有一对一特性的分层为______。

A. 用户层　　B. 机器层　　C. 汇编层　　D. 数字逻辑层

3. 下面______存储器只能写入一次而不能进行更改。

A. SDRAM　　B. PROM　　C. EPROM　　D. EEPROM

4. 下面的存储单位中，最大的是______。

A. MB　　B. GB　　C. TB　　D. PB

5. 下列______存储器采用的是顺序存储。

A. 软盘　　B. 硬盘　　C. 光盘　　D. 磁带

6. 下面______不是评价总线的特征参数。

A. 总线宽度　　B. 总线频率　　C. 总线传输速率　　D. 总线容量

7. 下面______不是输入设备。

A. 键盘　　B. 触摸屏　　C. 鼠标　　D. 绘图仪

（三）简答题

1. 计算机硬件的主要组成部分是什么？
2. 传统的计算机分层组织分为哪几层？每层的特点是什么？
3. 简述冯·诺依曼模型的主要特点。
4. 中央处理单元的主要组成部分有哪些？
5. 简述指令周期的过程。
6. 简述 RISC 和 CISC 体系的特点。
7. 简要概述中央处理器发展的 5 个阶段。
8. 存储器的种类分为哪几种？每一种存储器又是怎样分类的？
9. 度量存储器的指标一般都有哪些？
10. 请列举出几个生产磁盘的公司。
11. 请简述 CD、DVD 和 BD 的区别。
12. 请列举出几个定点输入设备。
13. I/O 控制方式有哪几种？

第5章 操作系统

计算机的软件系统划分为系统软件和应用软件，而操作系统是核心级别的软件。在第4章的计算机分层组织结构图中，我们可以很清楚地看出操作系统在计算机体系中的重要地位。正因为如此，大多数的计算机系统都具备各种各样类型的操作系统来管理计算机资源，在购买了一台没有任何软件的计算机之后，首先需要安装的就是操作系统。现代操作系统越来越便于交互，使得人们更方便地使用操作系统，也使得操作系统的复杂性更高。在本章中，我们主要介绍的是操作系统的历史以及操作系统在计算机系统中扮演的重要角色，以及操作系统所能完成的功能，最后我们就几种主流的操作系统做一些介绍。

5.1 操作系统的定义与发展

5.1.1 操作系统的定义与重要性

在计算机的分层组织结构图中，操作系统是位于机器硬件和汇编语言之间的第3层系统软件层次。可以看出，操作系统是“高层次”用户与“低层次”硬件之间不可缺少的接口。操作系统为用户和计算之间的沟通建立了一条桥梁。操作系统也为其他高层程序提供了一个协调、高效的工作环境，是系统软件的核心。

对于操作系统，需要从不同的角度来理解：

（1）从用户的角度来理解，操作系统是计算机硬件和用户之间的中介程序，为用户执行程序提供了方便而且有效的环境；

（2）从系统的角度来理解，操作系统是管理计算机硬件和软件资源，组织计算机系统有效工作，并且解决资源冲突的控制程序；

因此，操作系统的定义可以理解为：操作系统是位于硬件层之上、其他软件层之下的系统软件，操作系统负责管理系统和资源。

操作系统是计算机中最重要的系统软件，之所以说操作系统是重要的，是因为操作系统能实现以下几个重要的功能：

（1）操作系统是用户与计算机硬件之间的接口，用户通过操作系统来使用计算机系统。操作系统为用户提供了方便、可靠、安全、高效地操作计算机硬件和运行自己程序的环境，使用户在不需要过多了解硬件的情况下就能方便地使用操作系统控制这些资源，并且能够根据用户的需求对硬件进行改造和扩充。

（2）操作系统为用户提供了虚拟计算机。在很多年前，人们就意识到必须找到某种方法把硬件的复杂性和用户隔离开来。经过长时间的探索和研究，目前采用的方法是在硬件上一层一层地使用软件来对计算机系统进行组装。而操作系统就是这些软件中最重要的一层，它为用户提供了一个独立于硬件的基于软件系统的计算机，使用户在不需要了解硬件很多的情况下，仅仅了解操作系统就能实现对操作系统的使用。而这台计算机是一台功能强大、安全可靠、效率极高的计算机。

（3）操作系统是计算机系统的资源管理者。在计算机系统中，资源分为硬件资源和信息资源，硬件资源分为 CPU、存储器、I/O 等，信息资源分为程序和数据等。操作系统的重要任务之一就是对资源进行抽象研究，监视资源的状态，协调资源之间的冲突，为用户提供简单、有效的资源使用手段，从而提高计算机系统的效率。

5.1.2　操作系统的功能与特征

操作系统作为核心的系统软件，肩负着管理计算机资源和合理组织计算机运行的任务，其重要的功能有如下几个部分。

1. 进程管理

当计算机程序被执行时，加载进内存当中就称为进程。现代计算机的 CPU 的数量是固定的，因而 CPU 在同一时间只能执行固定的程序。而现在的操作系统可以同时执行多个任务，如何管理和协调各个进程使用 CPU 和内存就是进程管理。进程管理保证了资源能够得到较大程度的利用，并且能够按照用户的意愿优先执行程序。在进程管理的同时，操作系统又引入了线程的概念，进一步加强了进程内部的并行管理。

2. 存储管理

内存是计算机运行的宝贵资源，当程序需要被运行的时候，就会被加载进内存当中。当多道程序被加进内存当中，操作系统会为每个程序分配内存空间，使它们彼此隔离、互不干扰。当内存资源不足的时候，操作系统还会按照一定的策略将程序的数据和内存及时移除，保证新加入的程序的正常运行。这部分的功能就是存储管理。

3. 文件系统

文件系统是管理文件资源的系统，程序和数据按照一定的格式和组织形式放置在磁盘上，但需要的时候才加载进内存中执行。文件系统的任务就是有效地组织、存储、管理和保护这些数据，以便在需要的时候能够及时取出。文件系统主要包括的内容是文件存储空间管理、文件目录管理、文件权限设置等。

4. 设备管理

设备管理是操作系统为除 CPU、内存之外的设备提供的管理方式。设备管理需要为硬件提供驱动程序或控制程序，保证操作系统在需要的时候能够使用硬件的资源。操作系统还需要利用中断机制及时获取硬件设备的状态，从而与硬件进行交互。现在的设备管理还能尽量使 CPU 与硬件尽可能同时工作，提高并行性。

5. 网络与安全

操作系统所要具备的另外功能就是通过计算机网络和外界进行联系。网络功能使计算机能够加入网络世界，发送消息到其他的网络或者处理网络上的信息。现代计算机操作系统具备网上资源管理、数据通信管理和网络故障管理等功能。安全性是操作系统保证计算机不受来自网络上的攻击，保证计算机的数据在没有权限允许的情况下无法被别人使用。现在计算机的安全性已经成为操作系统功能的一个重要方面。

6. 用户界面与接口

为了使用户和操作系统进行友好的交互，用户界面是必不可少的部分。用户界面提供图形化的界面或命令行的界面方式使用户与计算机交互，图形化的界面系统使用通过点击图标就完成对操作系统的命令，而命令行模式通过手动输入命令控制操作系统。接口是相对于编程而言的，用户在计算机上通过程序中调用接口实现调取操作系统功能。

现代操作系统基本都是通用操作系统，其具备如下几个特征。

1. 并发性

并发性是对现代操作系统的最基本要求。并发性是指在同一个时间段之内，操作系统能够运行两个到多个任务。这里的同一个时间段是从宏观意义上讲的，在下面的操作系统的发展历史中我们将了解到，分时系统的操作系统是将 CPU 的时间分片之后分给不同的进程使用的。所以从微观上讲，在一个时刻之内只能有一个程序在运行，但是在一个时间段内却可以有多个程序运行。

2. 共享性

共享性是指并行执行的多个进程可以共同使用系统的资源。使用系统资源的方式一般分互斥访问方式和同时访问形式两种。互斥访问方式是指一个进程在访问资源的时候，其他进程不能再使用；同时访问形式是指所有或部分进程能同时访问该资源。

共享性和并发性是操作系统的最基本特征，共享性依赖于并发性而存在，而共享性的有效性影响程序并发执行的效率。

3. 虚拟性

操作系统中的所谓“虚拟”，是指通过某种技术把一个物理实体变为若干个逻辑上的对应物。物理实体（前者）是实的，即实际存在的，而后者是虚的，是对于用户感觉而言的。相应地，用于实现虚拟的技术称为虚拟技术。在操作系统中利用了多种虚拟技术，分别用来实现虚拟处理机、虚拟内存、虚拟外部设备和虚拟信道等功能。

4. 不确定性

在多道程序设计中，各个程序之间存在着直接或间接的联系，程序的推进速度受它的运行环境的影响。这时同一程序和数据的多次运行可能得到不同的结果；程序的运行时间、运行顺序也具有不确定性；外部输入的请求、运行故障发生的时间难以预测。这些都是不确定性的表现。

5.1.3 操作系统结构

操作系统是由各个功能模块集成的一个整体，操作系统的理论工作者将操作系统划分为 4 个部分。

（1）**驱动程序**：最底层的、直接控制和监视各类硬件的部分，它们的职责是隐藏硬件的具体细节，并向其他部分提供一个抽象的、通用的接口。

（2）**内核**：操作系统内核部分，通常运行在最高特权级，负责提供基础性、结构性的功能。

（3）**接口库**：是一系列特殊的程序库，它们的职责在于把系统所提供的基本服务包装成应用程序所能够使用的编程接口（API），是最靠近应用程序的部分。例如，GNU C 运行期库就属于此类，它把各种操作系统的内部编程接口包装成 ANSI C 和 POSIX 编程接口的形式。

（4）**外围**：是指操作系统中除以上三类以外的所有其他部分，通常是用于提供特定高级服务的部件。例如，在微内核结构中，大部分系统服务，以及 UNIX/Linux 中各种守护进程都通常被划归此列。

操作系统按照这 4 个部分的布局不同，形成了几种整体结构。常见的结构包括：简单结构、层结构、微内核结构、垂直结构和虚拟机结构。

1. **整体结构**

整个系统按功能进行设计和模块划分，如图 5-1 所示。系统是一个单一的、庞大的软件系统，由众多服务模块组成，可以随意调用其他模块中的服务过程。这类结构的特点是具有一定的灵活性，使运行保持较高的效率，而且结构紧密，接口简单直接。其缺点是功能划分和模块接口难保正确和合理，模块之间的依赖关系复杂。

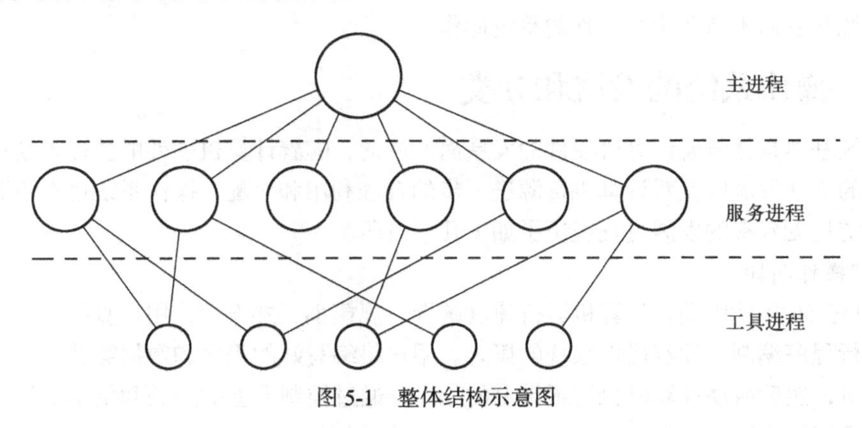

图 5-1　整体结构示意图

2. **分层结构**

分层结构是从资源管理观点出发，将操作系统划分为若干层次，如图 5-2 所示。在某一层次上，服务只能调用低层次上的服务，使模块间的调用具有有序性，有利于系统的维护性和可靠性。分层的原则一般是活跃的功能、资源管理的公共模块以及硬件抽象放置在底层，资源分配策略放在最外层。如文件系统的调用过程为：文件系统管理—设备管理—设备驱动程序。其优点是功能比较明确，调用的关系比较清晰，扩展性比较好；但是缺点是层与层之间调用的开销比较高。

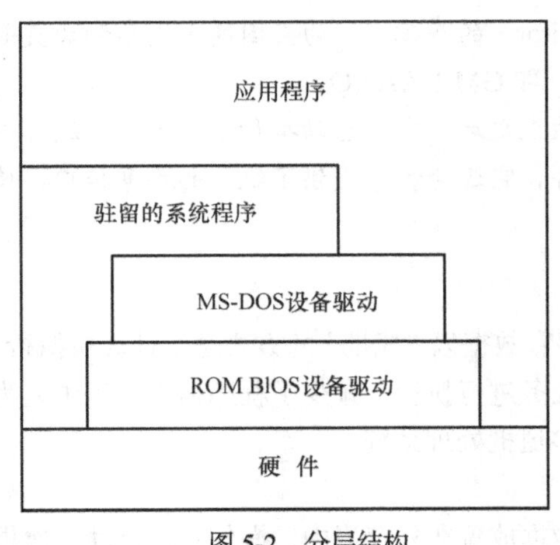

图 5-2　分层结构

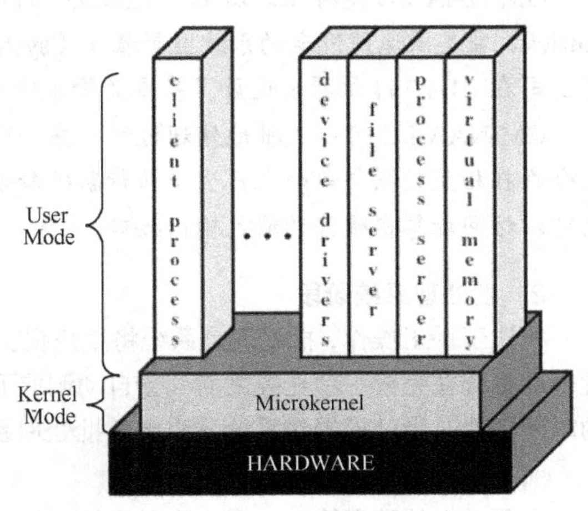

图 5-3　微内核结构

3. **微内核结构**

微内核结构是指从操作系统中去掉尽可能多的东西，只留下最需要的核心，并且分配一些最基本的功能，使其只能运行在内核模式，如内存、进程间通信、基本调度等。其他的操作系统服务都是由运行在用户模式下的进程完成的，可作为独立的应用进程，称为服务进程。微内核结构的操作系统具有良好的扩展性和可靠性，将最基本的功能和外围功能进行剥离也有利于分布式部署，其缺点也是调用的效率会比较低。其示意图如图 5-3 所示。

4．虚拟机结构

虚拟机结构是指通过某种技术，使物理计算机作为共享资源从而创建虚拟机。一般利用 CPU 调度、虚拟内存技术，使得操作系统能创建一种幻觉，从而使进程认为有自己的处理器和自己的内存。虚拟机结构有很多的好处，如通过虚拟机来形成一个安全层来保护系统资源，或者在虚拟机上进行系统开发而不需要中断正常的系统操作。

5.1.4 操作系统的发展和分类

操作系统基本是伴随着计算机硬件的发展而发展的，随着计算机硬件的快速更新换代、计算机体系结构的不断发展以及对计算机资源进一步的合理利用和分配，操作系统也在不断地向前发展。操作系统从无到有的发展过程经历了如下几个阶段。

1．手工操作阶段

在 20 世纪 50 年代中期，计算机运行速度缓慢、规模小、外设少，用户直接使用机器语言或汇编语言进行程序编制，没有操作系统的概念。用户将编写好的程序和数据穿孔在纸带上，将纸带输入计算机，然后启动计算机执行纸带上的程序，通过控制台上的开关和指示灯控制程序的执行，最后执行完毕将结果取走。

手工操作阶段的计算机在同一时刻只能有一个人使用，并且在加载纸带和控制执行的时候，CPU 处于空闲状态，严重降低了 CPU 的使用率。计算机的运行速度与人工操作的速度之间形成了越来越大的矛盾，所以这一时期的计算机使用是极为低效的。

扩展阅读：最早的操作系统

GM-NAA I/O 是有记录以来历史上最早的计算机操作系统。1956 年，鲍勃·帕特里克（Bob Patrick）在美国通用汽车的系统监督程序（system monitor）的基础上，为美国通用汽车和北美航空公司在 IBM 704 机器上设计了基本的输入输出系统，即 GM-NAA I/O。

GM-NAA I/O 可以成批地处理进程，在一项进程结束之后，它会自动执行新的进程，还可以集合存在相关数据与命令来产生并执行新的命令与任务，它还为程序提供了统一的共享接口，使之可以访问计算机硬件的输入输出接口。

2．批处理系统阶段

相比于手工操作，批处理是系统将用户提交的程序和数据以“成批”的方式送给计算机执行。批处理系统在完成一项任务之后，会自动调取下一项任务进行执行，减少了程序切换过程中人为的时间浪费。批处理操作系统分为单道批处理系统和多道批处理系统。

（1）单道批处理系统

在单道批处理系统中，系统将需要处理的程序和数据放置在外存当中，操作系统自动一次提取一个任务来执行。当程序需要输入或输出时，CPU 就必须等待输入输出系统的完成，这也意味 CPU 在执行程序的过程中依然有不少的时间浪费。虽然减少了等待人工操作的时间，但是仍然需要等待输入或输出的时间。

单道批处理操作系统的典型代表有 IBM 公司为 IBM 7094 计算机配置的 IBM SYS 操作系统。

（2）多道批处理系统

多道批处理系统改进了单道批处理系统的不足，当某一个程序需要执行输入输出时，CPU 为该程序启动输入输出操作后就转而执行下一道程序。这样，第一道程序的输入输出就和第二个程序的执行并行工作，从而进一步减少 CPU 的等待时间。

典型的多道批处理操作系统有 IBM 的 DOS/VS 和 DOS/VES 系统。

批处理系统虽然很好地解决了用户等待时间过多的问题，并且提高了 CPU 的使用率，但是用户无法干涉批处理系统的执行，即使出现错误也无法及时改正，也就是没有人机交互。

3. 分时系统阶段

虽然批处理系统解决了 CPU 利用率不高的问题，但是没有解决与用户交互的问题。分时操作系统同时解决了这两个问题。所谓的分时，是指将计算机的系统资源也就是 CPU 的时间进行分片，每个用户依次使用一个时间片，从而使多个用户共享一台计算机。虽然 CPU 还是通过程序之间的切换来执行多个任务，但是切换的速度相当快，用户可以在每个程序期间与之进行交互。

分时系统起源于 20 世纪 70 年代，第一个分时操作系统是由美国麻省理工学院开发的 CTSS，到今天几乎所有的通用操作系统都具备分时系统的特点。

4. 实时系统阶段

虽然多道批处理系统和分时系统能够较大程度地利用 CPU 资源和获得比较合理的系统响应时间，但是无法保证能在规定的时间内完成任务。实时系统是一种能及时响应随机发生的外部事件，并能在严格的时间内进行处理的系统。

实时系统一般分为实时控制系统和实时信息处理系统。实时控制系统用于飞机、导弹等的自动控制，以及化工等高危行业的自动操作和控制。实时信息处理系统用于预定飞机票、天气预报等，要求系统能在终端设备发来请求时及时予以反应。

实时系统也分为硬实时系统和软实时系统。硬实时系统规定所有的任务都必须在规定的时间内完成，而软实时系统中系统的关键任务优先级远高于普通任务的优先级。

5. 通用操作系统阶段

在通用操作系统出现之前，操作系统的基本类型分为多道批处理系统、分时系统、实时系统等，通用操作系统是具有多种类型操作特征的操作系统，可以兼有上面的几种功能。如实时批处理系统、分时批处理系统等。现代操作系统基本上都是属于通用操作系统，如 Windows 和 Linux 等。

在 20 世纪 60 年代中期，国际上开始研制大型通用操作系统，但是最后由于系统过于庞大和复杂，基本都失败了。UNIX 系统是比较成功的一款小型通用多用户分时交互操作系统，它的性能可以与很多的大型操作系统媲美。

6. 操作系统的进一步发展

随着计算机硬件的进一步集成和计算任务的进一步加重，操作系统进一步向分布式操作系统、网络操作系统等方向发展。网络操作系统是在原来计算机操作系统的体系上，按照网络体系结构的各个协议标准管理通信和资源共享的模块，分布式系统类似于网络操作系统，但是分布式系统更注重分布式的计算和处理。

5.2　操作系统的功能

操作系统是由各个功能模块集成的一个整体，操作系统的理论研究者将操作系统划分为驱动程序、内核、接口库和外围四大部分。本节将会对操作系统的结构和功能进行介绍。

5.2.1 进程管理与 CPU 调度

进程是操作系统标准的执行单位，可执行程序在需要被调用时，作为一个标准的进程单位被操作系统加载在内存中由处理器执行。更进一步来讲，进程是正在运行的程序实体，并且包括这个运行的程序中占据的所有系统资源，比如 CPU（寄存器）、IO、内存、网络等。由于同一个时刻处理器只能执行一个进程，所以处理器需要在多个进程之间进行切换，一个程序的执行可能是断断续续地经历多次执行、等待交替才能完成整个程序的执行。因此，进程在多个状态之间进行切换时需要保存断点信息，在进程继续执行的时候需要恢复之前的信息。这些就是操作系统的进程管理任务。

CPU 调度的主要任务是对处理器进行分配，把不同的时间片分配给不同的进程使用，以提高处理器的利用率，减少其空闲时间。由于操作系统是以进程为执行单位的，所以 CPU 的调度可以归结为对进程的调度和管理。

1. 进程控制

在多任务运行的环境下，处理器在多个进程之间进行切换，因此进程也会在多个状态之间进行切换。进程的状态有新建、运行、等待、就绪和终止 5 个状态，它们之间的状态切换如图 5-4 所示。

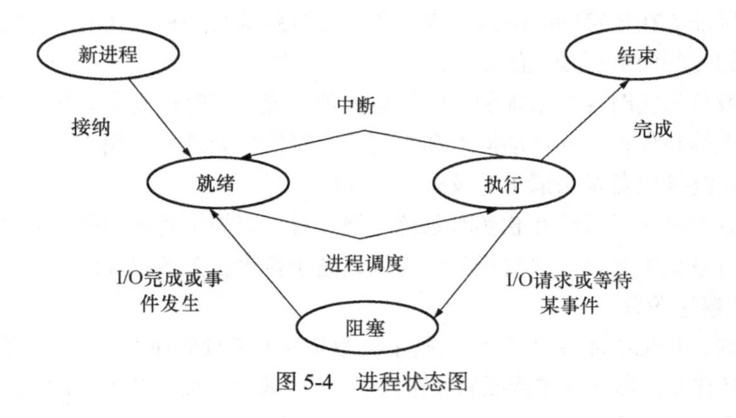

图 5-4 进程状态图

其中最重要的是以下 3 个状态。

- 就绪：具备运行条件，只要分配给处理器就能运行；
- 运行：正在运行的状态；
- 阻塞：不具备运行条件，正在等待其他事件完成的状态。

进程控制的过程就是为程序创建进程，撤销已经结束的进程，以及控制进程在各个状态之间的切换。创建进程是为新的程序分配进程号，分配资源的过程，当进程运行结束时，需要立即撤销该进程，以便及时回收该进程所占用的资源。当进程由运行状态变成阻塞时，需要保存断点的信息，然后等待其他时间的完成，进入就绪状态；当进入执行状态时，需要根据之前保存的断点信息，从断点处继续执行。

2. 进程通信

操作系统内并发执行的进程可以是独立进程或协作进程。如果一个进程不影响其他进程或不被其他进程影响，那么这个进程就是独立的。如果进程之间相互影响（如相互合作完成一项任务），那这些进程就是协作进程。相互协作的进程需要进行进程之间的通信，来允许进程交换数据和信息。进程之间的通信有两种模型：共享内存和消息传递。

采用共享内存的进程间通信需要在通信进程之间建立共享的内存区域，进程通过向此共享区域读出或写入数据来交换信息。共享内存是最快、最方便的通信方式，在计算机中能够达到内存存取的速度；但是共享内存的缺点是占用空间和需要处理读写冲突。

消息传递机制是相互协作的进程之间通过发送或接收消息来进行通信，这样的通信系统称为电子邮件系统。消息传递的进程通信方式比较慢，另外还需要处理同步与异步的关系。一般是不同计算机系统之间常用的进程通信机制。

3. 进程同步

多进程的系统中多个协作的进程是以异步方式运行的，协作的进程之间会存在一定的制约关系。为了保证这些有相互制约关系的进程能够正确地运行，操作系统设置了进程的同步和互斥机制。

进程同步是进程之间直接的相互作用，多个进程协作完成同一项任务，进程之间在执行次序上有制约关系。我们把异步环境下的一组并发进程因直接制约而互相发送消息、进行互相合作、互相等待，使得各进程按一定的速度执行的过程称为进程间的同步。

进程互斥是进程之间发生的一种间接性作用，这是一般程序不希望发生的。通常的情况是两个或两个以上的进程需要同时访问某个共享变量。我们一般将能够访问共享变量的程序段称为临界区。两个进程不能同时进入临界区，否则就会导致数据的不一致，产生与时间有关的错误。

解决互斥问题应该满足互斥和公平两个原则，即任意时刻只能允许一个进程处于同一共享变量的临界区，而且不能让任一进程无限期地等待。互斥问题可以用硬件方法解决，也可以用软件方法。解决进程同步问题，通常采用信号量 P&V 操作或管程来实现。信号量的值与当前相应资源的使用情况有关，利用 P&V 操作可以实现进程的同步和互斥。管程是将信号量和操作封装在一起的一种机制，避免了操作分散和难以控制。

4. CPU 调度

CPU 调度是多道操作系统的基础，主要是为并发执行的多个进程分配处理器资源。当 CPU 空闲的时候，操作系统必须从就绪队列中选择一个进程来执行，选择的策略就是 CPU 调度算法。调度算法分为抢占式的和非抢占式的。抢占式的策略是可以中断正常运行的进程来调用优先级更高的进程，而非抢占式的策略则只能等待该进程结束或因为资源等待切换到就绪状态。CPU 调度的策略一般有如下的策略。

（1）先到先服务调度：先请求 CPU 服务的算法先分配到 CPU；

（2）最短作业优先调度：分配给具有最短 CPU 区间的进程；

（3）优先级调度：给每个进程分配一个优先级，按照优先级分配 CPU；

（4）轮转调度：在每个进程之间轮转分配 CPU 资源；

（5）多级队列调度：根据进程的类型分成多个优先级不同的进程组，每个进程组分别分配进程。

5.2.2　存储管理

1. 内存分配

内存分配的主要任务是为需要执行的进程分配适当的内存空间，及时回收执行完的进程所释放的内存空间，尽量减少不可用的内存空间，提高内存空间的利用率。内存分配方式一般有如下几种。

（1）单一连续分配：将内存分为系统区和用户区两部分。系统区仅仅供操作系统使用，用户区用来运行用户的程序，是用于单用户、单任务的系统。

（2）固定分区分配：将内存的用户空间划分为若干固定大小的区域，每一个分区只装入一个进程，这种方式容易产生分区碎片。

（3）动态分区分配：根据进程的实际需要，动态地分配内存空间。分区分配算法有首次适配算法、循环适配算法、最佳适配算法等。

（4）分段存储管理：将用户程序地址空间分成若干个大小不等的段，每段可以定义一组相对完整的逻辑信息。存储分配时，以段为单位，段与段在内存中可以不相邻接，也实现了离散分配。

（5）分页存储管理：用户程序的地址空间被划分成若干固定大小的区域，称为“页”，相应地，内存空间分成若干个物理块，页和块的大小相等。可将用户程序的任一页放在内存的任一块中，实现了离散分配。

2. 内存保护

内存保护是操作系统对计算机内存进行访问权限管理的一种机制，主要目的是防止某个进程去访问不是操作系统配置给它的寻址空间。这个机制可以防止某个进程因为某些程序错误或出问题，而有意或无意地影响到其他进程或是操作系统本身的运行状态和数据。尤其是普通用户进程不能随意访问操作系统所在的内存区域。

为了确保每个进程都只能访问自己内存区域内的数据，操作系统需要有内存保护机制。目前常用的一种方法是利用界限地址寄存器和重定位寄存器来实现这种保护策略。在重定位寄存器中存储的是物理地址的最小值，而界限寄存器存储的是逻辑地址的范围值，从而确保进程不会访问到自己内存区域之外的地址。

3. 地址映射

为了保证 CPU 执行指令时可正确访问存储单元,需将用户程序中的逻辑地址转换为运行时由机器直接寻址的物理地址，这一过程称为地址映射。高级语言程序经过编译和链接之后可以形成二进制程序，此时程序中的地址是从 0 开始的，后面的指令依次编址。但是这些地址并不是操作系统内存的真实地址，而且每一个程序的地址都是从 0 开始编址的，这些地址形成的地址空间就称为逻辑地址。内存中真实的存储单元形成的地址空间称为内存空间，其中的地址称为物理地址。

在程序中，逻辑地址和物理地址是不一致的。将逻辑地址转换为物理地址的过程是地址映射，即实现逻辑地址到物理地址的转换，才能保证每个进程分配到合适的内存空间并且正确执行。地址映射的做法是为每一个程序设置一个基地址寄存器，存储最小的物理地址，在转换时将逻辑地址和基地址相加就是真实的物理地址。进行地址映射的单元一般包含在内存管理单元中。

4. 虚拟内存

虚拟内存是计算机系统内存管理的一种技术，它使得应用程序认为它拥有连续的可用的内存（一个连续完整的地址空间），而实际上，它通常是被分隔成多个物理内存碎片，还有部分暂时存储在外部磁盘存储器上，在需要时进行数据交换，如图 5-5 所示。虚拟内存技术主要的目的还是让操作系统能够同时并行运行更多的程序，提高系统并发的性能。一般的程序中有部分的功能是很少使用到的，只需要在需要的时候调入即可。

虚拟内存实际上改变了初始的进程执行模式，也就是要执行的进程以及相应的数据需要全部调入内存中才能执行。现在的模式是先调入部分的指令和数据就能启动进程，在执行的过程中，根据需要逐步将后续指令和数据调入内存，同时暂时将不需要的已经执行过的指令和数据交换出内存。这样就能在不增加物理内存容量的前提下，执行更大的进程或使更多的进程并发执行。

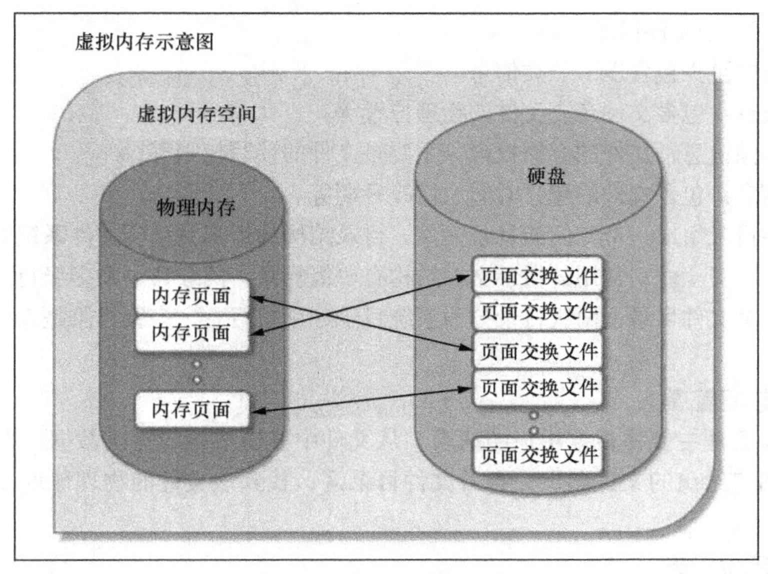

图 5-5　虚拟内存示意图

5.2.3　文件管理

文件管理是操作系统五大职能之一，主要涉及文件的逻辑组织和物理组织、目录的结构和管理。文件管理是对文件存储器的存储空间进行组织、分配和回收，负责文件的存储、检索、共享和保护。操作系统需要具备文件管理功能，对存放在外存上的大量文件进行有效的管理，以方便用户操作使用这些文件，并保证文件的内容安全。文件管理涉及的内容主要是文件存储空间管理、目录管理、文件的读写管理和文件的安全保护等。

1. 文件存储空间管理

操作系统承担着文件存储空间管理的任务，在需要建立新的文件时，系统需要为其分配新的文件地址空间；当删除一个文件时，系统需要回收其占用的空间。为了实现存储空间的分配和回收，系统应为存储空间设置相应的结构以记录存储空间的使用情况，并配以相应算法，方便对存储空间进行分配和回收。文件存储空间的分配一般有连续分配、链表分配和索引分配方式。

（1）连续分配：将连续的空间分配给文件来存储，查找速度快，但是不适合文件的动态变化。

（2）索引分配：对每一个文件存储空间分配一个索引块，存储文件存储块索引表，索引表中可以使存储块标号，或者是存储块起始标号和长度。适合于文件的动态变化，但是缺点是索引块会浪费很多存储空间。

（3）链表分配：解决了上述两种方法的缺点，文件配置表中记录了文件存储块的起始位置和长度，而实际中每一个存储块之间用指针链接。该方法最大的优点就是有利于消除碎片，利用零散的存储空间；但是缺点是查找搜索时间将会较长，而且在存储块中指针要占用一定的空间。

常见的文件存储空间分配方法有空闲表法、位视图法和空闲块链接法等。

2. 目录管理

在外存上存储有成千上万的文件，为了有效地管理文件并且方便用户进行文件查找，文件存储分为数据区和目录区。目录区用于存放的是文件的目录项，数据区存储的是文件的实际数据。系统为每个文件设置用于描述和控制文件的数据结构，它至少要包括文件名和存放文件的盘物理地址，这个数据结构称为文件控制块（FCB），文件控制块的有序集合称为文件目录，即一个文件控制块 FCB 就是一个文件目录项。

文件控制块中至少包含以下三类信息。

（1）基本信息：包含文件名、文件的物理位置等；

（2）文件存储信息：文件的存储权限，主要是文件的读写权限等；

（3）使用信息：包含文件的建立时间、修改日期等。

若干个文件目录组成一个专门的目录文件，目录结构的组织关系到文件系统的存取速度，关系到文件共享性和安全性，常用的目录文件结构有单级目录、两级目录和多级目录。文件的单级目录是指只有一个文件目录，两级目录分为系统目录和用户目录，多级目录是以树形的结构形成的目录树。

3. 文件的读写管理

文件的读写管理主要是根据用户的请求，从文件中读出数据或写入数据。在进行读写的时候，首先根据用户给出的文件名，去查看文件目录区，找到该文件的物理地址，然后再进行文件的读写。

4. 文件的安全保护

由于人为因素、系统因素和自然因素等，文件可能会被破坏、非法读取和恶意篡改。为了确保文件系统的安全性，系统需要有有效的安全保护机制。文件系统对文件的保护常采用存取控制方式进行。所谓存取控制，就是不同的用户对文件的访问规定不同的权限，以防止文件被未经文件主同意的用户访问。常见的存取控制方式如下。

（1）存取控制矩阵：存取控制矩阵是一个二维矩阵，一维列出计算机的全部用户（进程），另一维列出系统中的全部文件，矩阵中每个元素 A_{ij} 是表示第 i 个用户对第 j 个文件的存取权限。通常存取权限有可读、可写、可执行以及它们的组合。存取矩阵的文件表会比较大，而且也会费时，所以实用性不强，图 5-6 所示是一个典型的存取控制矩阵。

文件 / 用户	ALPHA	BETA	REPORT	SQRT	…	
张军	RWX	…	R-X	…		
李晓钢	R-X	…	RWX	R-X	…	
王伟	…	RWX	R-X	R-X		
赵凌	…	…	…	RWX		
⋮	…					

图 5-6　存取控制矩阵

（2）存取控制表：存取控制矩阵由于太大而往往无法实现，一个改进的办法是按用户对文件的访问权力的差别对用户进行分类。如 UNIX 系统就是使用这种存取控制表方法，它把用户分成三类：文件属主、同组用户和其他用户，每类用户的存取权限为可读、可写、可执行以及它们的组合。

（3）用户权限表：改进存取控制矩阵的另一种方法是以用户或用户组为单位将用户可存取的文件集中起来存入一表，这称为用户权限表，表中每个条目表示该用户对应文件的存取权限。

（4）保护域：将访问控制权限一样的文件和对象组织成一个域，每个域的控制独立于其他域，每个用户必须在一定的域中才能访问文件或对象，否则不能访问对象或文件。

此外，文件系统的文件安全保护一般都有系统级别、用户级别和文件级别的保护。

扩展阅读：Linux 用户组管理

Linux 是一个真实的、完整的多用户多任务操作系统，多用户多任务是可以在系统上建立多个用户，而多个用户可以在同一时间内登录同一个系统执行各自不同的任务，而互不影响。用户组管理是 Linux 权限管理非常重要的一部分内容。

在 Linux 下用户是根据角色定义的，具体分为以下 3 种角色。

- 超级用户：拥有对系统的最高管理权限，默认是 root 用户。
- 普通用户：只能对自己目录下的文件进行访问和修改，具有登录系统的权限，例如 www 用户、ftp 用户等。
- 虚拟用户：也叫“伪”用户，这类用户最大的特点是不能登录系统，它们的存在主要是方便系统管理，满足相应的系统进程对文件属主的要求。例如系统默认的 bin、adm、nobody 用户等，一般运行的 Web 服务，默认就是使用的 nobody 用户，但是 nobody 用户是不能登录系统的。

5.2.4　设备管理

设备管理是操作系统对计算机外部设备的管理，如对鼠标、键盘、显示器和打印机等的管理。设备管理的目标是对响应用户提出的输入和输出请求，为其分配相应的资源；提高处理器或输入输出设备的使用效率，提高输入输出速度；方便用户使用输入输出设备。设备管理主要有设备分配、I/O 控制和设备映射、缓冲管理和设备驱动等。

1．设备分配

用户进程不能直接使用设备，必须通过操作系统的分配和调度完成对设备的操作。操作系统对提出申请使用设备的进程使用分配算法，按照一定的策略为用户分配设备，并且记录设备的使用情况。

系统在进行设备分配时，应考虑的因素有设备的固有属性、设备的分配算法、设备分配的安全性等。

（1）根据设备的固有属性而采取的策略

在分配设备时，首先应考虑设备的属性。根据设备的固有属性，一般采取独享方式、共享方式和虚拟方式。独享方式是一个设备分配给一个进程之后，一直由该设备进行独占，直到进程结束。共享方式是指将共享设备同时分配给多个进程使用，但是这些进程对设备的访问需进行合理的调度。虚拟方式是指通过高速的共享设备，把一台慢速的以独占方式工作的物理设备改造成若干台虚拟的同类逻辑设备。

（2）设备分配算法

设备分配算法和进程调度算法类似，通常采用先到先服务算法和优先级算法。

（3）设备分配的安全性

安全性主要考虑的是分配资源能否造成死锁，一般分为安全的分配方式和不安全的分配方式。安全的分配方式是在进程发出一个 I/O 请求后，便进入阻塞状态，直到其 I/O 操作完成时才被唤醒，这种方式不会造成死锁。不安全分配方式是在进程发出 I/O 请求时，仍然处于运行状态，有可能造成死锁，所以需要有死锁检测算法。

扩展阅读：死锁

所谓死锁，是指两个或两个以上的进程在执行过程中，由于竞争资源或者由于彼此通信而造成的一种阻塞的现象，若无外力作用，它们都将无法推进下去。此时称系统处于死锁状态或系统产生了死锁，这些永远在互相等待的进程称为死锁进程。一个交通死锁的图示如图 5-7 所示。

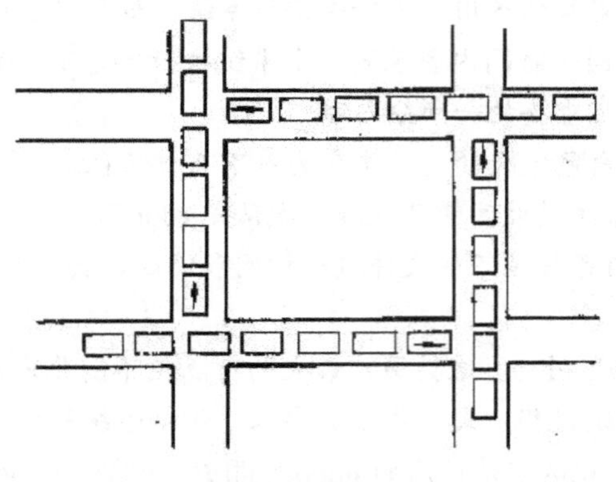

图 5-7 交通死锁图

不形成死锁需要具备以下 4 个条件，缺一不可。

（1）互斥使用（资源独占）：一个资源每次只能给一个进程使用；

（2）不可强占（不可剥夺）：资源申请者不能强行从资源占有者手中夺取资源，资源只能由占有者自愿释放；

（3）请求和保持（部分分配，占有申请）：一个进程在申请新的资源的同时保持对原有资源的占有（只有这样才是动态申请，动态分配）；

（4）循环等待：存在一个进程等待队列，里面的进程形成一个进程等待序列。

2. I/O 控制

现代计算机的结构大部分都是以存储器为核心，CPU 和各种通道都与存储器相连，CPU 执行的程序和数据都存放在存储器中并从存储器中取来执行。CPU 需要与输入输出设备交换数据时，不能直接从输入输出设备中取（或存）数据，它必须命令通道来负责进行管理和控制数据输入输出，把数据输入存储器或从存储器输出。I/O 控制器的功能就是控制数据的输入和输出。

现代计算机 I/O 控制的方式有程序 I/O 控制、中断控制和 DMA 控制这 3 种方式。

（1）程序控制

程序控制是处理器对 I/O 设备直接进行控制，称为忙—等待方式。CPU 首先向设备控制器发出启动数据传输的指令，硬件同时将状态寄存器置为忙碌，此后 CPU 不断从设备中读取数据直到结束，最后再将状态寄存器置为空闲。

（2）中断控制

目前的计算机系统广泛采用中断控制的方式对设备进行控制。当某进程要启动某个 I/O 设备时，便由 CPU 向相应的设备发出 I/O 命令，然后立即返回继续执行原来的任务。设备控制器便按照该命令的要求去控制 I/O 设备，每次读取一个字节的数据后，再以中断的方式来通知 CPU 数据已经传输完毕，如此往复直到数据传输完毕。

（3）DMA 控制

中断驱动 I/O 方式虽然大大提高了主机的利用率，但是它以字（节）为单位进行数据传送。DMA 方式是一种完全由硬件执行 I/O 数据交换的工作方式，CPU 只需发送一次 I/O 命令，此后便由 DMA 控制数据的读取和存储在内存中，全部完成后再以中断的方式通知 CPU。

3. 设备映射

为了提高应用软件对运行平台的适应能力，方便实现应用软件 I/O 重定向，大多数的现代操作系统均支持软件多设备的无关性，也就是设备的独立性。设备的无关性是指应用软件所引用的、用于实现 I/O 操作的设备与物理 I/O 系统中实际安装的设备没有固定的联系。

为了实现设备独立性而引入了逻辑设备和物理设备这两个概念。在应用程序中，使用逻辑设备名称来请求使用某类设备，而系统在实际执行时，还必须使用物理设备名称。因此，系统须具有将逻辑设备名称转换为某物理设备名称的功能，这种转换功能就是设备映射。目前实现的技术主要是在驱动程序之上设置一层软件，称为设备独立性软件，以执行所有设备的公有操作、完成逻辑设备名到物理设备名的转换（为此应设置一张逻辑设备表）并向用户层（或文件层）软件提供统一接口，从而实现设备的独立性。

4. 缓冲管理

缓冲是设置在内存当中或 I/O 设备内部的一块内存区域，用于改善 CPU 与 I/O 设备间速度不匹配的矛盾，减少对 CPU 的中断频率，放宽对中断响应时间的限制，提高 CPU 和 I/O 设备之间的并行性。缓冲管理技术就是管理好这些设备和缓冲区，加快数据传输的速度。按照缓冲实现的方式，分为单缓冲、双缓冲和多缓冲以及缓冲池。单缓冲是指每当一个用户进程发出一个 I/O 请求，就在系统区中为之分配一个缓冲池。双缓冲工作方式（也称为缓冲对换方式）基本方法是在设备输入时，先将数据输入缓冲区 A，装满后便转向缓冲区 B。循环缓冲的方式是将多个缓冲区组织成循环队列的方式，其中一些用来输入，一些用来输出。缓冲池是内存中开辟多个缓冲区，池中的缓冲区可以供应多个设备使用。

5.2.5 网络与安全管理

现代的操作系统都具备操作主流网络通信协议 TCP/IP 的能力，也就是说这样的操作系统可以接入网络，并且与其他系统分享诸如文件、打印机与扫描仪等资源。此外还有很多为了特殊功能而研发的通信协议，比如可以在网络上提供文件访问功能的 NFS 系统，现今大量用于影音流及游戏消息发送的 UDP 协议等。

网络管理就是保证网络安全、高效运行，并对出现的网络故障有合适的技术应对，包括故障管理、安全管理、性能管理、日志管理和配置管理等。故障管理主要是处理网络故障采用的技术，安全管理是网络安全的保证措施，性能管理是考虑网络传输速率和并发率等性能因素，日志管理是记录网络运行状况的日志，配置管理是管理网络的配置参数信息。

操作系统的安全机制是保证系统安全性的必要机制，大多数操作系统都含有某种程度的信息安全机制。信息安全机制主要分为内部安全机制和外部安全机制两种。

1. 内部安全机制

内部安全机制是防止正在运行的程序任意访问系统资源的手段。操作系统实现这种机制是在硬件层级上实现了一定程度的特殊指令保护概念。通常特权层级较低的程序想要运行某些特殊指令时会被阻断，例如直接访问硬盘等外部设备。因此，程序必须询问操作系统，由操作系统运行特殊指令来访问磁盘。因此操作系统就有机会检查此程序的识别身份，并依此接受或拒绝它的请求。在不支持特殊指令架构的硬件上，操作系统并不直接利用 CPU 运行用户的程序，而是借由模拟一个 CPU 或提供伪代码运行机，像 Java 语言一样让程序在虚拟机上运行。

内部安全机制在保证计算机文件安全和防止病毒攻击方面有很重要的作用。

2. 外部安全机制

外部安全机制主要是防止在网络上访问该主机的其他设备对计算机系统造成破坏。网络主机访问该机的服务通常由端口或操作系统网络地址后的数字接入点提供，包括提供文件共享、打印共享、电子邮件、网页服务与文件传输协议等。外部信息安全的最前线，是诸如防火墙等的硬件设备。操作系统内部也常设置许多种类的软件防火墙。软件防火墙可设置接受或拒绝在操作系统上运行的服务与外界的连接。因此避免任何人都可以安装并运行某些不安全的网络服务，例如 Telnet 或 FTP，并且设置除了某些自用通道之外阻挡其他所有连接，以达成防堵不良连接的机制。

5.2.6 用户接口管理

用户接口是为了方便用户使用计算机而提供的一个友好的人与机器之间的联系。用户接口一般都是软件接口，也就是通过命令或系统调用的方式供用户来使用。用户接口一般都包括建立和清除连接，发送和接收数据，发送中断信息，控制出错，生成状态报告表等。

用户接口分为以下 3 种。

1. 命令接口

为了便于用户直接或间接控制自己的作业，操作系统向用户提供了命令接口。命令接口是用户利用操作系统命令组织和控制作业的执行或管理计算机系统。命令是在命令输入界面上输入，由系统在后台执行，并将结果反映到前台界面或者特定的文件内。命令接口可以进一步分为联机用户接口和脱机用户接口。图 5-8 所示为 Linux 下的命令行接口。

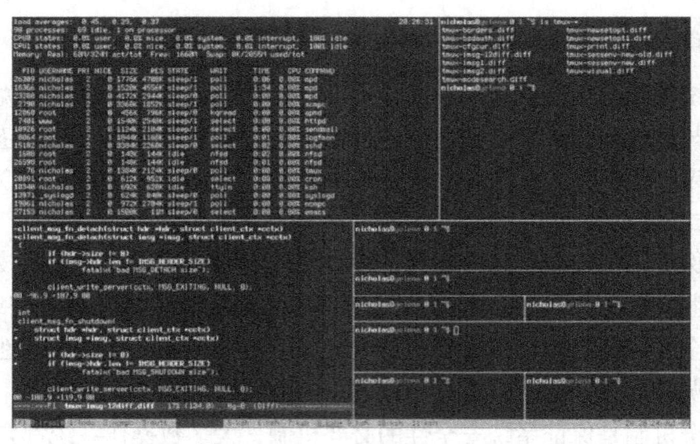

图 5-8 Linux 下的命令行接口

2. 程序接口

程序接口由一组系统调用命令组成，这是操作系统提供给编程人员的接口。用户通过在程序中使用系统调用命令来请求操作系统提供服务。每一个系统调用都是一个能完成特定功能的子程序，如早期的 UNIX 系统版本和 MS-DOS 版本。

3. 图形接口

图形用户接口采用了图形化的操作界面，用非常容易识别的各种图标来将系统各项功能、各种应用程序和文件直观、逼真地表示出来。用户可通过鼠标、菜单和对话框来完成对应程序和文件的操作。图形用户接口元素包括窗口、图标、菜单和对话框；图形用户接口元素的基本操作包括菜单操作、窗口操作和对话框操作等。图 5-9 所示为 Windows 8 的界面接口。

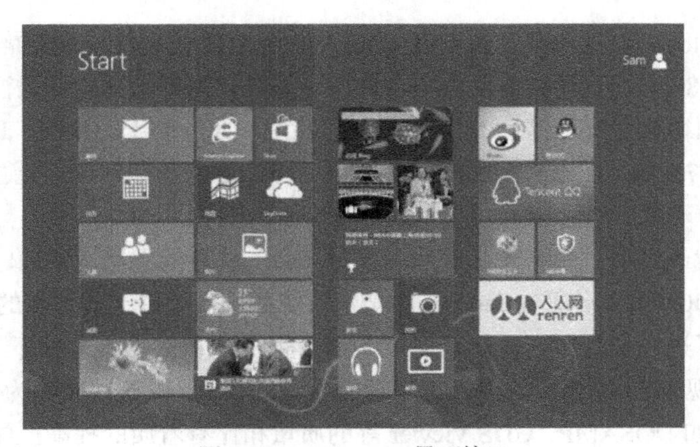

图 5-9 Windows 8 界面接口

5.3 主流操作系统简介

操作系统并不是与计算机硬件一起诞生的，它是在人们使用计算机的过程中，为了满足两大需求：提高资源利用率、增强计算机系统性能，伴随着计算机技术本身及其应用的日益发展，而逐步地形成和完善起来的。经过 60 多年的发展，操作系统有了很大的发展，也出现了众多的类型，本节就介绍几类操作系统。

5.3.1 DOS 系统

DOS 系统是英文 Disk Operating System 的缩写，意思是“磁盘操作系统”，如图 5-10 所示。DOS 是 1979 年由微软公司为 IBM 个人计算机开发的 MS-DOS，它是一个单用户单任务的操作系统。在 1981 年到 1995 年的 15 年间，DOS 系统在兼容机市场占有举足轻重的地位。

```
Welcome to FreeDOS


CuteMouse v1.9.1 alpha 1 [FreeDOS]
Installed at PS/2 port
C:\>ver

FreeCom version 0.82 pl 3 XMS_Swap [Dec 10 2003 06:49:21]

C:\>dir
 Volume in drive C is FREEDOS_C95
 Volume Serial Number is 0E4F-19EB
 Directory of C:\

FDOS                 <DIR>  08-26-04   6:23p
AUTOEXEC BAT           435  08-26-04   6:24p
BOOTSECT BIN           512  08-26-04   6:23p
COMMAND  COM        93,963  08-26-04   6:24p
CONFIG   SYS           801  08-26-04   6:24p
FDOSBOOT BIN           512  08-26-04   6:24p
KERNEL   SYS        45,815  04-17-04   9:19p
         6 file(s)        142,038 bytes
         1 dir(s)   1,064,517,632 bytes free

C:\>_
```

图 5-10 DOS 系统界面

MS-DOS 的前身 86-DOS 是受到 Digital Research 公司的 CP/M 启发而完成的。CP/M 是当时

使用 Intel 8080 及 Zilog Z80 这两颗 8 位 CPU 的微计算机上最受欢迎的磁盘操作系统。在 1980 年，IBM 使用了 Intel 8080 微处理器制造了第一台个人计算机，需要一套能够运行在这台计算机上的操作系统，购买了由微软开发的这套 MS-DOS 操作系统。此后的十几年间，DOS 操作系统从 1.0 版发展到 1995 年的 7.0 版，在微软的 Windows 操作系统 3.0 之前一直处于霸主的地位。随着微软 Windows 95 的推出，DOS 才逐步退出了操作系统市场。

随着“开放源代码运动”的兴起，设计和开发 DOS 软件的人迅速增加，并纷纷组成了开发团体，以开发新的 DOS 和其他非 Windows 的操作系统的软件。由于开发者的增多，原先的 DOS 软件开发器也开始了进一步的更新，而且支持 FAT32 和长文件名。此外由于 Allegro 等编程库的出现，在 DOS 下实现 MP3 等音乐的播放也是轻而易举的事情。以这些软件为代表的 DOS 软件和原来的 DOS 软件，如 DOSAMP，GDS Viewer 等的质量相比有着质的提高。总之，这些新的 DOS 软件的整体水平的提高是很显著的；还有的程序组织开发了类似 Windows 界面的增强程序，如 Qube、WinDOS 等；还有人开发出了内核为 32 位的 DOS 操作系统，如 FreeDOS 32。这些软件都在不断地开发中，所取得的成绩是有目共睹的，而且它们最显著的特点就是自由开放的发展，所以说至今 DOS 系统依然是活跃在开源社区的一个重要的操作系统。

完整的 DOS 系统由引导程序、基本输入输出程序、文件管理和系统功能调用程序以及命令处理程序组成。所有 DOS 类的操作系统都是在使用 Intel x86 或其兼容 CPU 的机器上运行的。DOS 是单一用户、单任务的操作系统，只能支持一个用户并且同时只能运行一个程序。DOS 采用的是字符操作，也就是指令操作，速度比图形界面要快很多倍。但是 DOS 系统对多媒体和网络的处理没有很好的解决方案，这也是 DOS 系统被 Windows 系统逐步淘汰的原因之一。

DOS 系统的文件处理能力比较强，这也是字符型操作系统的共性。此外，对外设支持良好、小巧灵活和应用程序众多也是 DOS 系统的优点。

5.3.2 UNIX 系统

UNIX 操作系统，是具有多任务、多用户特征的一种计算机操作系统，于 1969 年在美国 AT&T 公司的贝尔实验室开发出来，参与开发的人有肯·汤普逊、丹尼斯·里奇等。UNIX 操作系统能够在微型机工作站和小型机上工作。

UNIX 操作系统起源于美国电话电报公司的贝尔实验室。1969 年，贝尔实验室开发出一套操作系统，最早的工作主要集中在文件管理和进程控制上。1970 年，UNIX 系统移植到小型机上，并且吸收了分时操作系统 MULTICS 的精华，功能更为强大。1973 年，用 C 语言编写的第三版 UNIX 系统具有良好的可读性和可移植性，为其推广奠定了良好的基础。20 世纪 70 年代中后期，更多的人参与了 UNIX 的改进、完善和普及工作，并且衍生出众多的版本，如加州大学伯克利分校的 BSD 版本。从 1997 年开始，各个公司逐步推出 UNIX 的商业化版本，如 Sun 公司的 Solaris、HP 公司的 HP/UX，AT&T 公司的 UNIX SystemIII、SGI 公司的 IRIX 等。

UNIX 系统是一个多用户、多任务的分时操作系统，可以同时执行多个进程。其系统结构可以分为操作系统内核和 Shell 两个部分，Shell 是解释用户命令的程序，内核是操作系统的核心。UNIX 的系统调用比较丰富，整个系统的实现十分紧凑、简洁，包括外层的 Shell。UNIX 系统采用了树状目录结构，安全性更高，保密性更好，可维护性也得到了很大的提高。UNIX 系统采用进程对换（Swapping）的内存管理机制和请求调页的存储方式，实现了虚拟内存管理，大大提高了内存的使用效率。同时 UNIX 系统也提供了多种通信机制，如管道通信、软中断通信、消息通信、共享存储器通信、信号灯通信等，使得应用程序能够灵活采用具体的通信策略。

UNIX 因为其安全可靠、高效强大的特点，在服务器领域取得了广泛的应用，直到 GNU/Linux 流行开始之前，UNIX 一直是科学计算、大型机、超级计算机等所用操作系统的主流，目前仍然应用在一些对稳定性要求极高的数据中心上。

5.3.3　Windows 操作系统

Microsoft Windows 是微软公司研发的一套桌面操作系统，它问世于 1985 年，起初仅仅是 Microsoft-DOS 模拟环境，后续的系统版本由于微软不断更新升级，慢慢地成为计算机用户们最喜爱的操作系统。

Windows 1.0 是微软第一次对个人计算机操作平台进行用户图形界面的尝试，Windows 1.0 基于 MS-DOS 操作系统，如图 5-11 所示。Microsoft Windows 1.0 是 Windows 系列的第一个产品，于 1985 年开始发行。此后在 1987 年，Windows 2.0 发布，同样是基于 MS-DOS 系统。1990 年 5 月 22 日，Windows 3.0 正式发布，由于在界面/人性化/内存管理多方面的巨大改进，终于获得用户的认同。此后发布的 Windows 3.1 和 Windows 3.2 增加了声音的输入和输出，并且对多媒体进行了支持，受到了广泛的欢迎。

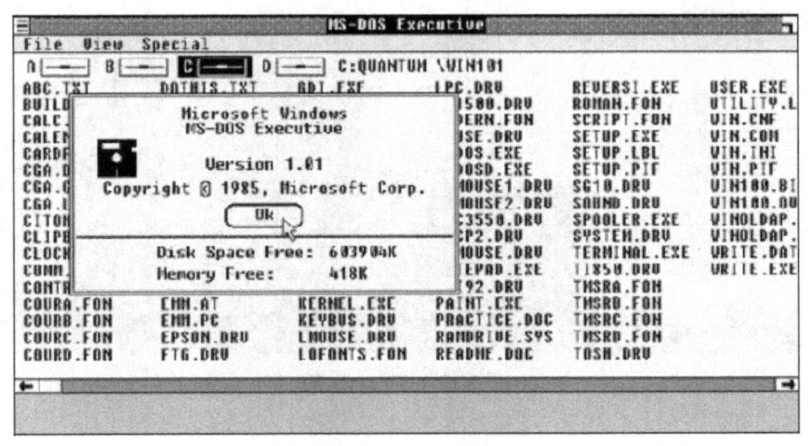

图 5-11　Windows 1.0

Windows 95 使得 PC 和 Windows 真正实现了平民化，由于捆绑了 IE，Windows 95 成为用户访问互联网的“门户”。Windows 95 还首次引进了“开始”按钮和任务栏，目前这两种功能已经成为 Windows 的标准配置，不过 Windows 95 也开始显现出来困扰微软的向后兼容问题，并且开始出现设计缺陷，微软开始不断地发布补丁软件，解决存在的问题。Windows 98 提高了 Windows 95 的稳定性，并非一款新版操作系统。它支持多台显示器和互联网电视，新的 FAT32 文件系统可以支持更大容量的硬盘分区。2000 年 2 月发布的 Windows 2000 是 Windows NT 的升级产品，也是首款引入自动升级功能的 Windows 操作系统。Windows ME 遭遇了包括稳定性在内的很多问题，但是图形界面有很好的改观。

2001 年发布的 Windows XP 集 NT 架构与 Windows 95/98/ME 对消费者友好的界面于一体。尽管安全性遭到批评，但 Windows XP 在许多方面都取得了重大进展，例如文件管理、速度和稳定性。Windows XP 图形用户界面得到了升级（见图 5-12），普通用户也能够轻松愉快地使用 Windows PC 了。到目前为止，Windows XP 依然是 Windows 系列最受欢迎的产品。Windows Vista 在 2007 年 1 月高调发布，采用了全新的图形用户界面，但是在软、硬件方面都具有诸多的问题，成为了 Windows 系列失败的产品之一。此后在 2009 年，Windows 7 正式面世，其设计主要围绕 5 个重点——针对笔记本电脑的特有设计、基于应用服务的设计、用户的个性化、视听娱乐的优化、用户易用性的新引擎，市场反响不错。2012 年，Windows 8 在美国正式推出。Windows 8 支持来自 Intel、AMD 和 ARM 的芯片架构，被应用于个人计算机和平板电脑上，尤其是移动触控电子设备，如触屏手机、平板电脑等。该系统具有良好的续航能力，且启动速度更快，占用内存更少，并兼容 Windows 7 所支持的软件和硬件。另外，在界面设计上，采用平面化设计，可以说是 Windows 系列的一个划时代的产品。

到目前为止，Windows 操作系统仍然是世界上使用人数最多的桌面操作系统。在桌面操作系统上，Windows 系列的市场占有率超过 90%。

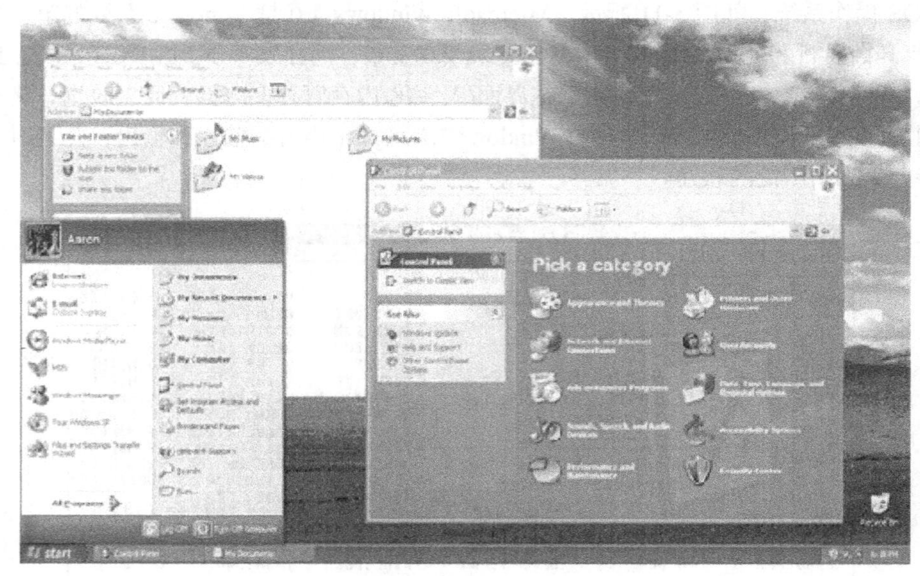

图 5-12　Windows XP

5.3.4　Linux 操作系统

Linux 是一套免费使用和自由传播的类 UNIX 操作系统，是一个基于 POSIX 和 UNIX 的多用户、多任务、支持多线程和多 CPU 的操作系统。它能运行主要的 UNIX 工具软件、应用程序和网络协议。它支持 32 位和 64 位硬件。Linux 继承了 UNIX 以网络为核心的设计思想，是一个性能稳定的多用户网络操作系统，目前的 Linux 系统主要应用在服务器领域、嵌入式设备和移动设备领域。

1991 年，在赫尔辛基，芬兰大学的 Linus Torvalds 开始称为 Linux 内核的项目。最初，它只有一个 Torvalds 用来访问大学里的大型的 UNIX 服务器的虚拟终端，他专门写了一个用于他当时正在用的硬件的、与操作系统无关的程序。这个程序就是 Linux 内核。在完成这个内核之后，Torvalds 将系统的内核放置在网络上，供人们自由下载，此后无数的程序员对这个系统进行了改进、扩充和完善，他们上载的代码对 Linux 的发展做出了巨大的贡献。1993 年，大约有 100 余名程序员参与了 Linux 内核代码编写/修改工作，其中核心组由 5 人组成，此时 Linux 0.99 的代码大约有十万行，用户有 10 万左右。1994 年 3 月，Linux 1.0 发布，代码量 17 万行，当时按照完全自由免费的协议发布，随后正式采用 GPL 协议。

在 1995 年 1 月，Bob Young 创办了 RedHat（小红帽），以 GNU/Linux 为核心，集成了 400 多个源代码开放的程序模块，开发出了一个冠以品牌的 Linux 操作系统，即 RedHat Linux，称为 Linux“发行版”，并在市场上出售，这在经营模式上是 Linux 发展历史上的一个重要创举。此后，Linux 进入了使用阶段，全球大约有 350 万人在使用。到 2001 年 1 月，Linux 2.4 发布，它进一步提升了 SMP 系统的扩展性，同时也集成了很多用于支持桌面系统的特性：USB、PC 卡（PCMCIA）的支持，内置的即插即用等功能。2003 年 12 月，Linux 2.6 版内核发布。相对于 2.4 版内核，2.6 在对系统的支持都有很大的变化。现在 Linux 操作系统已经成了一种广泛应用的多任务的操作系统，也由此衍生出众多的发行版本，如 Ubuntu、FreeBSD、RedHat 等。目前 Linux 已经和 Windows、Mac OS 一起成为了操作系统的主流产品。

Linux 功能强大而全面，与其他操作系统相比，具有一系列显著特点。

1. 完全免费

Linux 是一款免费的操作系统，用户可以通过网络或其他途径免费获得，并可以任意修改其源代码。这是其他的操作系统所做不到的。正是由于这一点，来自全世界的无数程序员参与了 Linux 的修改、编写工作，程序员可以根据自己的兴趣和灵感对其进行改变，这让 Linux 吸收了无数程序员的精华，不断壮大。

2. 完全兼容 POSIX1.0 标准

这使得用户可以在 Linux 下通过相应的模拟器运行常见的 DOS、Windows 的程序。这为用户从 Windows 转到 Linux 奠定了基础。许多用户在考虑使用 Linux 时，会担心以前在 Windows 下常见的程序无法在 Linux 下正常运行，而 Linux 对 POSIX1.0 标准的兼容消除了他们的疑虑。

3. 多用户、多任务

Linux 支持多用户，各个用户对于自己的文件设备有自己特殊的权限，从而保证了各用户之间互不影响。多任务则是现在计算机最主要的一个特点，Linux 可以使多个程序同时并独立地运行。

4. 支持多种平台

Linux 可以运行在多种硬件平台上，如具有 x86、680x0、SPARC、Alpha 等处理器的平台均支持 Linux。此外，Linux 还是一种嵌入式操作系统，可以运行在掌上电脑、机顶盒或游戏机上。目前 Linux 内核已经能够完全支持 Intel 64 位芯片架构，同时 Linux 也支持多处理器技术，多个处理器同时工作，使系统性能大大提高。

5. 性能高且安全性强

在相同的硬件环境下，Linux 可以像其他操作系统平台那样运行，提供各种高性能的服务，可以作为中小型 ISP 或 Web 服务器工作平台。

Linux 上包含大量网络管理、网络服务等方面的工具，用户可以利用它建立高效稳定的防火墙、路由器、工作站、Intranet 服务器和 WWW 服务器。它还包括大量系统管理软件、网络分析软件、网络安全软件等。

Linux 源码是公开的，可以消除系统中是否有“后门”的疑惑。这对于关键部门、关键应用来说，是至关重要的。

6. 便于定制和再开发

在遵从 GPL 版权协议的条件下，各部门、企业、单位或个人可以根据自己的实际需要和使用环境，对 Linux 系统进行裁剪、扩充、修改或者再开发。目前已经商业化的免费发行版本有 Ubuntu、FreeBSD、RedHat（见图 5-13）等。

图 5-13 Linux 发行版本 RedHat

5.3.5 Mac OS 操作系统

Mac OS 是一套运行于苹果 Macintosh 系列计算机上的操作系统，一直以来都被业界用来和微软的 Windows 进行相互比较。Mac OS 是首个在商用领域成功的图形用户界面，当年 Mac OS 推出图形界面的时候，微软还停留在 DOS 年代。Mac 系统是基于 UNIX 内核的图形化操作系统，由苹果公司自行开发，只能运行在苹果公司生产的 Macintosh 系列计算机上。

Mac OS 的发展可以分为两个阶段：经典版的 Mac OS（称为 System 系列）和新的 Mac OS。其中经典版的 Mac OS 包括从 System 1.0 到 Mac OS 9 系列的操作系统。System 1.0 是苹果最早的操作系统，发布于 1984 年 1 月，一经出世就已经具备了图形操作界面，含有桌面、窗口、图标、光标、菜单和卷动栏等项目。此后在其基础上相继发布了 System 2.0、System 3.0 到 System 6.0（见图 5-14）系列。其中从 System 3.0 开始，Mac 系统采用了 HFS 分层文件系统，将文件存储在分层目录中，是真正的文件系统。System 7.0 是 Mac OS 的一个里程碑式的系列，是第一个支持彩色显示的苹果系统，同时采用了硬盘驱动的方式，也支持虚拟内存的管理方式。此后，Mac OS 8.0 和 Mac OS 9.0 相继发布，这两款系统正式采用 Mac OS 命名，采用了三维 Platinum 界面以及多进程 Finder。

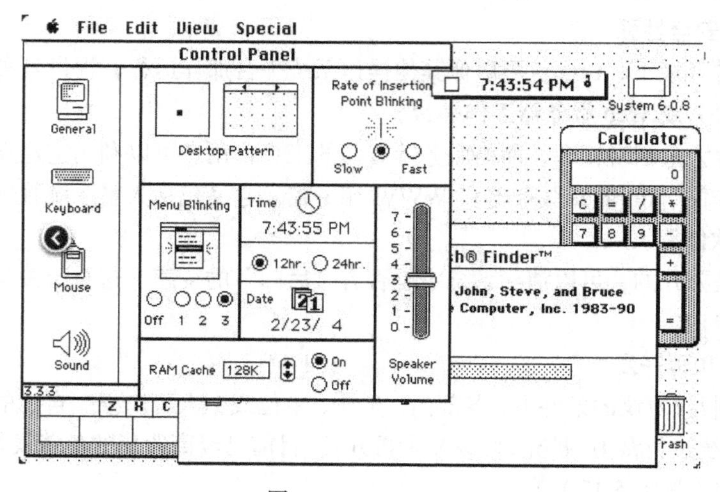

图 5-14 System 6.0

2000 年，Mac OS X 发布，代号为 Cheetah，此后的系统都是以 Mac OS X 命名，可以说 Mac OS X 开启了苹果操作系统的一个新时代。在 Mac OS 10.9 之前每次都以一个大型猫科动物作为代号，Mac OS 10.9 以后采用的是加州的著名景点命名。在 OS X 之后，苹果相继发布了 Mac OS X 10.2、10.4、10.5、10.7 和 10.8 系列，其效果和性能一代比一代突出。Mac OS X 操作系统的发布时间和代号见表 5-1，目前最新的版本是 Mac OS X 10.10（见图 5-15）。

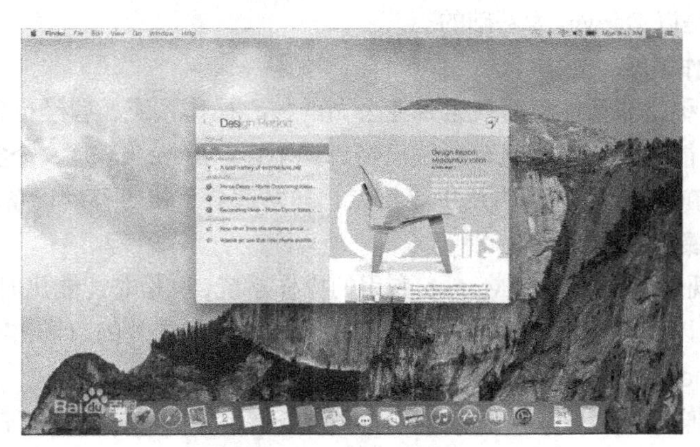

图 5-15　Mac OS X 10.10

表 5-1　Mac OS X 版本系列

系统	代号	发布时间
Mac OS X v10.0	Cheetah（猎豹）	2001 年 3 月 24 日
Mac OS X v10.1	Puma（美洲狮）	2001 年 9 月 25 日
Mac OS X v10.2	Jaguar（美洲虎）	2002 年 8 月 23 日
Mac OS X v10.3	Panther（黑豹）	2003 年 10 月 24 日
Mac OS X v10.4	Tiger（老虎）	2005 年 4 月 29 日
Mac OS X v10.5	Leopard（豹）	2007 年 10 月 26 日
Mac OS X v10.6	Snow Leopard（雪豹）	2009 年 8 月 28 日
Mac OS X v10.7	Lion（狮子）	2011 年 7 月 20 日
Mac OS X v10.8	Mountion Lion（山狮）	2012 年 7 月 25 日
Mac OS X v10.9	Mavericks（巨浪）	2013 年 10 月 22 日
Mac OS X v10.10	Yosemite（优胜美地）	2014 年 10 月 17 日

5.4　其他类型的操作系统

5.4.1　移动终端操作系统

除了 PC，以手机为代表的移动端操作系统也是操作系统中重要的一个部分。移动端系统主要是手机和平板电脑，其主流的操作系统如下。

1．Android 操作系统

Android 操作系统是 Google 开发的基于 Linux 平台的开源手机操作系统。Android 操作系统最初由 Andy Rubin 开发，最初主要支持手机；2005 年由 Google 收购注资，并组建开放手机联盟开发改良，逐渐扩展到平板电脑及其他领域上。目前，Android 操作系统的市场份额为全球第一。

2. iOS 操作系统

iOS 是由苹果公司为 iPhone 开发的移动操作系统，它主要供 iPhone、iPod touch 以及 iPad 使用。iOS 的系统架构分为 4 个层次：核心操作系统层、核心服务层、媒体层、轻触层。与苹果的 Mac OS 类似，它也是以 Darwin 为基础的。

3. Symbian 操作系统

Symbian 操作系统是非智能机时代诺基亚公司的核心操作系统，曾经也创造了全球第一的市场份额。不过随着智能机的普及，塞班系统已经辉煌不再。Symbian 是一个实时性、多任务的纯 32 位操作系统，具有功耗低、内存占用少等特点，非常适合手机等移动设备使用。

4. BlackBerry 操作系统

BlackBerry OS 既是 Research In Motion 专用的操作系统，也是非智能机时代操作系统的代表。其主要的优点是安全以及对电子邮件的良好支持，不过在美国之外的市场占有率都不是很高。

5. Windows Phone 操作系统

Windows Phone 操作系统是微软公司针对移动设备推出的一款操作系统，其易用性和对 Office 软件系列的支持是相比于其他操作系统的优点。

此外，移动操作端的操作系统还有 Brew、Linux、Ubuntu 等。

扩展阅读：Android 系统起源

图 5-16　Andy Rubin

Android 系统最初由安迪·鲁宾（Andy Rubin）（见图 5-16）等人开发制作，最初开发这个系统的目的是创建一个数码相机的先进操作系统；但是后来发现市场需求不够大，加上智能手机市场快速成长，于是 Android 被改造为一款面向智能手机的操作系统。

2005 年 8 月，美国科技企业 Google 收购 Android。2007 年 11 月，Google 与 84 家硬件制造商、软件开发商及电信营运商成立开放手持设备联盟来共同研发改良 Android 系统；随后，Google 以 Apache 免费开放源代码许可证的授权方式，发布了 Android 的源代码，让生产商推出搭载 Android 的智能手机，Android 操作系统后来更逐渐拓展到平板电脑及其他领域上。

5.4.2　嵌入式系统

嵌入式操作系统是指用于嵌入式系统的操作系统。嵌入式操作系统通常被设计得非常紧凑有效，抛弃了运行在它们之上的特定的应用程序所不需要的各种功能，而且大多数都属于实时操作系统。嵌入式操作系统的用途非常广泛，一般的组成模块包括与硬件相关的底层驱动软件、系统内核、设备驱动接口、通信协议、图形界面、标准化浏览器等。嵌入式操作系统负责嵌入式系统的全部软、硬件资源的分配、任务调度，控制、协调并发活动。其特点一般如下。

1. 系统内核小

由于嵌入式系统一般是应用于小型电子装置的，系统资源相对有限，所以内核较之传统的操作系统要小得多，一般嵌入式操作系统的内核大小从几 K 到几百兆。

2. 专用性强

嵌入式系统的个性化很强，其中的软件系统和硬件的结合非常紧密，一般要针对硬件进行系统的移植，需要根据系统硬件的变化和增减不断进行修改。同时针对不同的任务，往往需要对系统进行较大更改，程序的编译下载要和系统相结合，过程比较复杂。

3. 系统精简

嵌入式系统一般没有系统软件和应用软件的明显区分，不要求其功能设计及实现上过于复杂。这样一方面利于控制系统成本，同时也利于实现系统安全。

4. 高实时性

高实时性是嵌入式软件的基本要求，一般嵌入式操作系统都有很强的高实时性。嵌入式操作系统一般采用固态存储软件，以提高速度，软件代码要求高质量和高可靠性。

5. 多任务操作系统

嵌入式软件开发标准化要求使用多任务的操作系统，采用多任务的实时系统才能保证程序执行的实时性、可靠性，并且能够减少开发时间，保障软件的质量。

嵌入式系统的组成层次结构一般都包含如下的三层，其中嵌入式操作系统位于系统软件层。

1. 硬件层

硬件层是嵌入式系统的底层，硬件层中包含嵌入式微处理器、存储器、通用设备接口和 I/O 接口等。在一片嵌入式处理器基础上添加电源电路、时钟电路和存储器电路，就构成了一个嵌入式核心控制模块。其中操作系统和应用程序都可以固化在 ROM 中。

2. 中间层

硬件层与软件层之间为中间层，也称为硬件抽象层或板级支持包，它将系统上层软件与底层硬件分离开来，使系统的底层驱动程序与硬件无关，上层软件开发人员无需关心底层硬件的具体情况，根据 BSP 层提供的接口即可进行开发。该层一般包含相关底层硬件的初始化、数据的输入/输出操作和硬件设备的配置功能。

3. 系统软件层

系统软件层由实时多任务操作系统、文件系统、图形用户接口、网络系统及通用组件模块组成，是嵌入式应用软件的基础和开发平台，其中嵌入式操作系统就位于该层。

目前在嵌入式领域广泛使用的操作系统有：VxWorks（见图 5-17）、嵌入式实时操作系统 μC/OS-II（见图 5-18）、嵌入式 Linux、Windows Embedded 等。在智能手机和平板上的操作系统 Android、iOS 等也属于嵌入式操作系统。

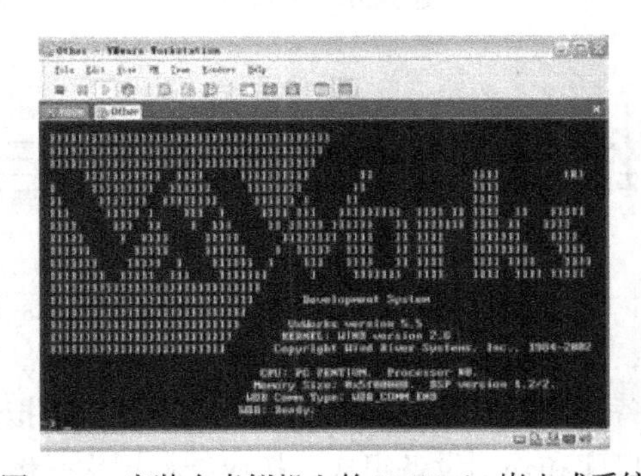

图 5-17　安装在虚拟机上的 VxWorks 嵌入式系统

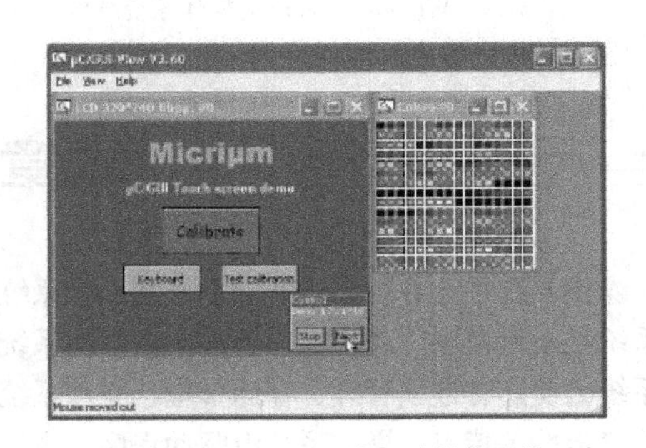

图 5-18　μC/OS-II 嵌入式操作系统

5.4.3 云操作系统

云操作系统，又称为云计算操作系统、云计算中心操作系统，是以云计算、云存储技术作为支撑的操作系统，是云计算后台数据中心的整体管理运营系统。它是指架构于服务器、存储、网络等基础硬件资源和单机操作系统、中间件、数据库等基础软件之上的，管理海量的基础硬件、软件资源的云平台综合管理系统。

云操作系统通常包含大规模基础软硬件管理、虚拟计算管理、分布式文件系统、资源调度管理、安全管理控制等几个模块。对应于云操作系统的模块，云操作系统的作用主要体现在如下 3 个方面。

1. 整合资源

云操作系统是将海量的服务器、存储等基础硬件通过逻辑映射整合成一台具有超强功能的服务器，用来执行计算任务。

2. 提供统一的接口

云操作系统为部署在云上的应用程序提供了统一、标准的接口，使得应用程序能够通过这些接口调用云上的资源并且获取返回的结果。

3. 管理海量的计算以及资源分配

云操作系统担任的任务还包括管理海量用户请求的计算任务，并且将任务分配到具体的服务器去执行，同时也负责服务器之间的资源调配。

目前应用比较广泛的云操作系统主要包含 Windows Azure（见图 5-19）、VMware、Chrome OS（见图 5-20）等。

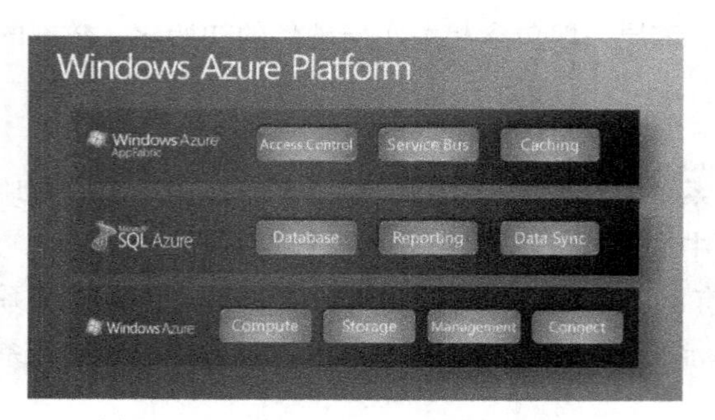

图 5-19 Windows Azure 云操作系统结构

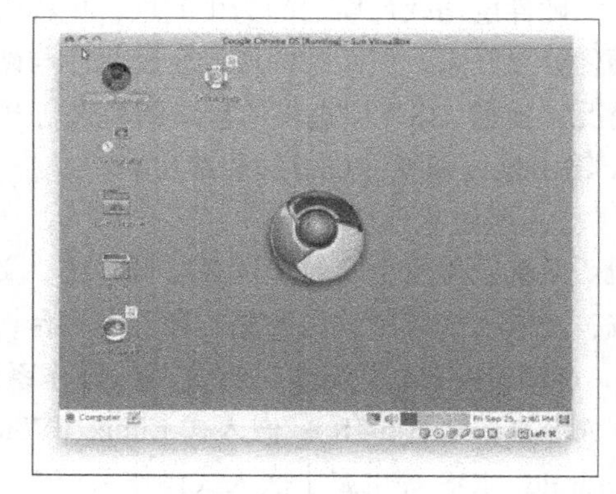

图 5-20 Chrome OS

本章小结

操作系统是计算机当中非常重要的一个系统软件，也是用户和硬件之间不可缺少的桥梁。操作系统是运行在硬件层之上、软件层之下的系统软件，负责管理系统的资源，提供各种服务。操作系统的功能有进程管理、存储管理、文件系统、设备管理等，具备有并发性、共享性、虚拟性和不确定性等特点。操作系统由驱动程序、内核、接口库和外围设备组成，按照结构层次一般分为整体结构、分层结构、微内核结构和虚拟结构等。操作系统的发展阶段经历了手工处理阶段、批处理阶段、分时系统阶段和实时系统阶段，最终到达现在的通用操作系统阶段。

操作系统功能强大，主要是管理系统资源和为软件提供计算服务。进程管理是对进程的不同状态进行切换，并且负责进程与进程之间的通信任务和进程数据同步与互斥的问题。CPU 调度是在 CPU 空闲时选择合适的进程来提供计算资源和服务的策略。存储管理主要是对系统的内存资源进行分配和管理，此外还有对特定进程的特定内存区块进行保护。为了充分利用系统的资源，虚拟内存的技术扩大了内存的可使用范围。文件管理是操作系统对存储在外存上的持久信息进行管理，包括存储空间管理、目录管理、文件读写管理和安全保护等。设备管理是操作对外围的设备资源进行分配的过程，分配设备需要考虑到系统的安全性以防止死锁的发生，设备映射是将设备空间映射成为操作系统可访问空间的过程。网络和安全机制是操作系统的基本功能之一，采用的内部和外部安全策略可以比较好地保护系统的文件和信息安全。用户接口是用户与系统交互的方式，一般有命令接口、程序接口和图形接口三种。

比较成型的操作系统是从 DOS 开始的，DOS 是微软为 IBM 开发的磁盘操作系统，在此后 30 多年间不断完善和发展成熟。Windows 系统是在 DOS 系统上扩展而来的，其典型的版本有 Windows 95、Windows XP、Windows 7 等。UNIX 系统是贝尔实验室开发出来的多任务、多用户操作系统，其运算能力和安全性都很高。Linux 系统是在 UNIX 系统的基础上衍生出来的，开源的思路使得 Linux 经久不衰，目前在服务器领域依然是非常可靠的产品。Mac OS 是苹果公司使用 Linux 内核开发的操作系统，经过 System 系列和 Mac OS X 系列的发展，已经成为了最受欢迎的操作系统之一。

除了计算机的操作系统，移动终端的操作系统也备受欢迎；随着移动端硬件技术的发展，Android、IOS 和 WP 等操作系统的功能也越来越完善。嵌入式操作系统是用在小型设备上的独特操作系统，一般有内核小、专用性强和系统精简等特点，目前有 μC/OS-II、嵌入式 Linux、Windows Embedded、VxWorks 等比较成功的产品。云操作系统是整合计算资源、管理服务器集群的操作系统，一般都是管理海量计算的资源分配。

习　题

（一）填空题

1. 操作系统是________用户与________硬件之间不可缺少的设备。

2. 操作系统为用户提供了________、________、________、________地操作计算机硬件和运行自己程序的环境。

3. 操作系统的功能包括________、________、________、________、________和________。

4. 操作系统的特征包括________、________、________和________4 个方面。

5. 常见的操作系统结构有________、________、________和________等结构。

6. 操作系统的发展经历了________、________、________、________、________和________ 6 个阶段。

7. 操作系统的进程管理包括________、________和________等。

8. 操作系统内存管理的任务包括________、________、________和虚拟内存等。

9. 文件存储空间的分配方式有连续分配、________和链表分配等。

10. 操作系统的用户接口分为命令接口、__________、__________等。

（二）选择题

1. 操作系统的作用不包括_____。

A. 操作系统是用户与计算机硬件之间的接口

B. 操作系统为用户提供了虚拟计算机

C. 操作系统是仅包含硬件抽象层的系统软件

D. 操作系统是计算机系统的资源管理者

2. 下列_____是操作系统的特点。

A. 并发性　　B. 共享性　　C. 虚拟性　　D. 以上都是

3. "功能划分和模块接口难保正确和合理，模块之间的依赖关系复杂"这句话描述的是操作系统的_____。

A. 整体结构　　B. 分层结构　　C. 微内核结构　　D. 虚拟机结构

4. 按照时间片对多道任务进行切换是_____的操作系统。

A. 批处理系统阶段　　B. 分时系统阶段

C. 实时系统阶段　　D. 通用操作系统阶段

5. 下列不属于操作系统进程状态的是_____。

A. 停止　　B. 阻塞　　C. 新建　　D. 就绪

6. 在每个进程之间轮回分配的 CPU 调度算法是_____。

A. 先到先服务　　B. 轮转调度　　C. 优先级调度　　D. 多级队列调度

7. 不属于动态分配内存的策略是_____。

A. 单一连续分配　　B. 分页存储管理

C. 分段存储管理　　D. 分页和分段存储管理

8. 目录管理中文件控制块不包含_____。

A. 基本信息　　B. 文件存储信息　　C. 文件使用信息　　D. 文件控制信息

9. 文件安全保护策略不包括_____。

A. 存取控制矩阵　　B. 用户权限表　　C. 保护域　　D. 使用信息

10. Application Interface 是_____接口。

A. 程序　　B. 用户　　C. 图形　　D. 文本

（三）简答题

1. 请概括操作系统的定义以及其作用。
2. 请简述操作系统的发展历史。
3. 操作系统常用的结构有哪些，它们之间的区别是什么？
4. 请简要说明进程通信有哪些方式。
5. 进程解决同步和互斥的方式有哪些？
6. 存储管理的主要任务都是什么？
7. 文件管理的主要目标是什么？
8. 常见的 I/O 控制有哪些？
9. 操作系统安全机制的实现方式有哪些？
10. 请简要概述 Linux 系统的发展和优点。

第 6 章 算法和数据结构

计算机科学研究的核心就是对算法的研究。计算机在执行一个程序的时候，必须给出一个精确的算法来告诉计算机应该做什么。因此，算法是计算机科学研究的基石。在实际情况中，程序处理的对象是计算机中的数据。虽然数据是一个个独立存储在内存中的，但是通过合理的程序定义，我们可以将这些独立的数据进行组织，使其形成方便程序操作的结构，这门科学便是数据结构。在本章中，我们将对算法与数据结构的基本概念与应用进行介绍。

6.1 算法的概念

在这一节中，主要讨论算法的基本概念。

6.1.1 什么是算法

在前面的章节中，我们介绍了很多的算法，如在计算机硬件结构一章中，描述 CPU 遵循的指令执行周期为取指、译码、执行 3 个阶段，并且这 3 个阶段是依次进行的。CPU 执令周期就是一个算法，简单来讲，算法就是事物的一系列执行步骤。

6.1.2 算法的特征

从严格的科学定义上来讲，算法是对特定问题求解步骤的一种描述，它是指令的有限序列，其中每一条指令表示计算机的一个或多个操作。从问题的定义中可以看出，算法具有以下 5 个特性。

1. 有穷性

一个算法必须总是（对任何合法的输入值）在执行有穷多步之后结束，且每一步都可在有穷时间内完成。也就是说，一个算法对于任意一组合法输入值，在执行有穷步骤之后一定能结束。

2. 确定性

每种情况下所应执行的操作，在算法中都有确切的规定，算法的执行者或阅读者都能明确其含义即如何执行，并且在任何条件下，算法都只有一条执行路径。

3. 可行性

算法中所有操作都必须足够基本，都可以通过已经实现的基本操作执行有限次实现。

4. 有输入

作为算法加工对象的量值，通常体现为算法中的一组变量。有些输入量需要在算法执行的过程中输入，而有的算法表面上没有输入，实际上已被嵌入算法之中。

5. 有输出

它是一组与“输入”有确定对应关系的量值，是算法进行信息加工后得到的结果，这种确定关系即为算法的功能。

6.1.3 算法性能的表示

算法设计应满足如下几个目标：

- 正确性。要求算法能够正确地执行预先规定的功能和性能要求，这是最重要的也是最基本的要求。
- 可使用性。要求算法能够方便地使用，也称为用户友好性。
- 可读性。算法应该易于人的理解，也就是可读性比较好。为了达到这个要求，算法的逻辑必须是清晰的、简单的和结构化的。
- 健壮性。要求算法具有很好的容错性，即提供异常处理，能够对不合理的数据进行检查。不经常出现异常中断或死机现象。
- 高效率与低存储量需求。通常算法的性能或者效率就是指算法的执行时间和所需要的存储空间。对于同一个问题，如果有多种算法可以求解，执行时间短的、使用存储空间比较少的执行效率高。

算法性能的表示通常用算法的时间复杂度和空间复杂度。

1. 时间复杂度

时间复杂度是衡量算法在特定数据量情况下执行时间长短的标准。一个算法用高级程序语言编程实现后，在计算机上运行时所消耗的时间与很多因素有关，如计算机的运行速度、编程使用的语言、问题的规模等。抛开与计算机硬件本身相关的因素，仅考虑问题规模的话，那算法的运行时间与问题的规模紧密相关，因此将算法的运行时间定义为问题规模的函数。考虑对 100 个数进行排序和对 10 000 个数进行排序，那算法运行的时间将会是显著不同的。

算法的结构是由选择、顺序、循环 3 种控制结构以及对数据的元操作组成的，对于一种操作，其所花费的时间可以视为一个常量。因此，算法的执行时间就取决于基本操作的执行次数。更进一步讲，算法执行时间取决于循环或递归，因为算法中其他部分的操作是有限的，也是恒定的，只有问题规模会决定循环或递归的执行次数。所以，简要来讲，算法的时间复杂度取决于循环或递归的次数。

算法时间复杂度可以用下面的函数进行表示：

$$T(N) = O(f(N))$$

其中，$T(N)$就是算法的时间复杂度，N是问题的规模，$f(N)$是时间复杂度与问题规模之间的函数，O表示随着问题规模的增大，算法的执行时间的增长率与$f(N)$的增长率相同。O符号表示的是在N确定的情况下，$f(N)$是$T(N)$的上界，也就是在最坏的情况下，$T(N)$都不会超过$f(N)$。

一个没有循环或递归的算法的基本运算次数与问题的规模无关，是一个常量，因此将其记作$O(1)$。只有一重循环的算法的时间复杂度为 $O(N)$，其余还有 $O(N^2)$、$O(N^3)$、$O(N\log_2 N)$等，其不同数量值的大小关系如下：

$$O(1) < O(\log_2 N) < O(N) < O(N\log_2 N) < O(N^2) < O(N^3) < O(2^N) < O(N!)$$

2. 空间复杂度

空间复杂度与时间复杂度类似，表示的是在算法运行的过程中，其所需要占用的空间。算法运行时所需要的存储量包括输入数据占用的空间、程序本身占用的空间和辅助变量占用的空间。同样的，算法运行时占用的空间也与问题的规模紧密相关，是问题规模的一个函数。所以空间复杂度是对一个算法在运行过程中临时占用存储空间大小的度量，一般也是作为问题规模 N 的函数：

$$S(N)=O(g(N))$$

6.1.4　算法结构与表示

1. 算法的控制结构

经过对程序设计的研究，发现在算法中所有的逻辑都能使用顺序、循环和判断 3 种基本的控制结构来实现。因此，算法的控制结构就分为顺序结构、条件分支和循环结构 3 种。

（1）顺序结构

顺序结构是最简单的算法结构，语句和语句之间、块与块之间是按照从上到下的顺序进行的。它是由若干个依次执行的处理步骤组成的，也是任何一个算法都离不开的结构。如图 6-1 所示，图中的两个框是依次执行的，只有在执行完框 A 所指定的全部操作之后，才能执行框 B 所指定的操作。

（2）条件分支结构

条件分支结构是先根据条件做出判断，再决定执行哪一种操作的结构。如图 6-2 所示，在该结构中存在一个判断框，根据给定的 P 条件是否成立而选择执行 A 框或者 B 框。不过无论 P 条件能否成立，只能执行 A 框或 B 框之一，不能同时执行，也不能都不执行。

（3）循环结构

需要重复执行的同一操作的结构称为循环结构，即从某处开始，按照一定的条件反复执行某一处理步骤，反复执行的步骤称为循环体。在循环结构中，通常都有一个起计数作用的变量，这个变量的取值一般都包含在开始循环和结束循环的条件中。循环结构有 for 型循环和 while 型循环两种。

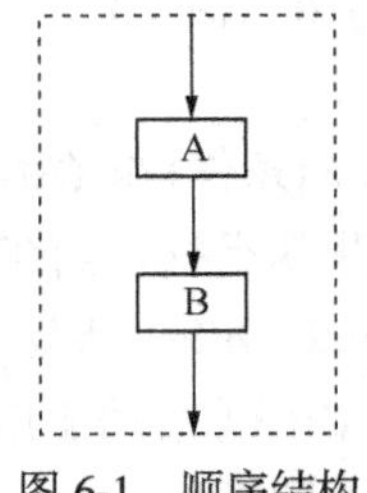

图 6-1　顺序结构

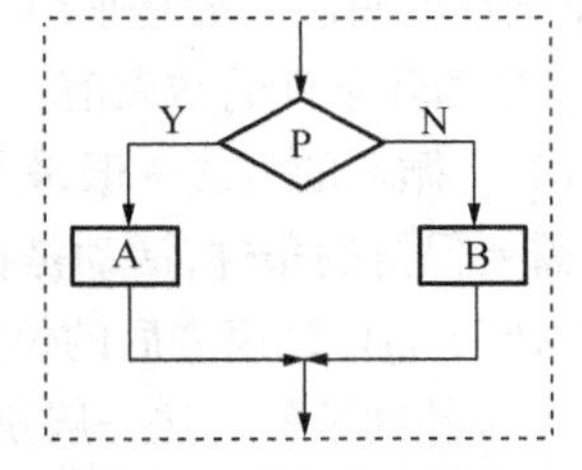

图 6-2　条件分支结构

3 种基本结构具有的共同点是：

- 每个循环结构都只有一个入口和一个出口，也就意味着必有输入和输出，而且对于同一输入，执行多次必然会得到同样的输出；
- 结构内的每一部分都会有机会被执行到，即对于每一个框来说，都应当有一个入口和一个出口；
- 结构内不存在死循环，即没有无终止的循环，在流程图和算法中是不允许死循环出现的。

2. 自然语言表示

自然语言是表示算法的最简单的方法。例如，在求一元二次方程的根时，就可以使用这种表示方式：“一元二次方程的根的计算公式是，在 a 不等于 0 的情况下，分子是负 b 加减 b 的平方

减去 $4ac$ 的平方根，分母是 $2a$。”

例如，在使用自然语言来处理描述从 1 开始的连续的 n 个自然数的求和的算法可以描述如下：

① 确定一个 n 的值；

② 假设等号右边的算式项中的初始值 i 为 1；

③ 假设 *sum* 的初始值为 0；

④ 如果 $i \leq n$ 时，执行⑤，否则转出执行⑧；

⑤ 计算 *sum* 加上 i 的值后，重新赋值给 *sum*；

⑥ 计算 i+1，然后将值重新赋值给 i；

⑦ 转去执行④；

⑧ 输出 *sum* 的值，算法结束。

使用自然语言来描述算法虽然简单，但是存在很大的缺陷。例如，当算法中存在比较多的分支或循环的时候，就很难用自然语言来描述清楚。另外，自然语言书写起来会给算法的设计者带来很多的麻烦，同时由于自然语言会有不同程度的歧义存在，所以很容易造成读者理解错算法设计者的意图。

3. 伪代码表示

伪代码是一种算法描述语言，使用伪代码的目的是使算法能够通俗地被表示，而不仅限于某一种编程语言，并且能够容易地使算法被任何一种具体的编程语言实现，如 Java、C++等。因此，对于伪代码的要求就是结构清晰、代码简单、可读性好并且类似于自然语言，介于自然语言和编程语言之间。伪代码一般是用来表达程序员在编码之前的想法或向他人展示算法。

伪代码用来表示算法具有一定的规则，常用的规则是类似 Pascal 的语法规则，常见的规则定义如下：

- **赋值语句**。赋值语句一般采用“**名字←表达式**”的形式来表达，其含义为将表达式的值赋给该名字。

- **for 循环**。for 循环的写法一般是采用“**for i←x to y do (活动)**”，其中 i 是循环因子，x 是循环条件的起始值，y 是循环条件的结束值。

- **while 循环**。while 循环的写法一般采用的是“**While (条件) do (活动)**”的形式，条件代表循环继续进行下去所需要保持的条件，活动是在 while 循环里执行操作。有时候为了明确界定 while 循环结束的条件，在 while 循环结束之后的位置会添加“**end while**”界定符表示循环的结束。

- **if 条件判断**。if 条件判断的写法一般是“**if（条件）then（活动 1）else（活动 2）**”的形式，如果条件成立，那么执行活动 1 的操作；否则，执行活动 2 的操作。

- **Procedure 名称**。一个程序单元，可能有很多种说法，如子程序、子过程、模块等。在伪代码中，统一使用 Procedure 名称来命名。一个 Procedure 代表一个伪代码单元。其表示方法一般是“**Procedure 名称（参数）**”或“**名称（参数）**”，其中名称是 Procedure 的名称，参数是表示该 Procedure 的参数列表。

上面列举的是伪代码表示当中常见的几个控制结构的表示，在实际的伪代码中，还有存储空间的表示、变量名的表示等。另外，为了使伪代码的逻辑更为清晰，还增加了缩进。图 6-3 所示的是一个伪代码表示算法的例子。

4. 流程图表示

流程图是用特定的图形加上说明来描述算法的一种图。用流程图来表示算法，其显著的优点是比较直观，能够比较清晰地看出算法的执行过程。流程图的缺点是在使用标准中没有明确规定流程线的使用方法，流程线能够转移，指出流程控制的方向，决定程序执行的步骤。随意的流程转化会给后期的代码实现带来很多的逻辑方面的问题，为了解决这一问题，还诞生了一门新的计算机科学的分支学科——程序设计方法。

流程图的基本组成元件包括矩形框、菱形框和箭头线等。其中，各个基本元件的含义如下。

（1）**矩形框**：表示要执行的指令，在框内可以标记指令的内容；

（2）**菱形框**：表示判断的环节，判断框内的值为真或假；

（3）**箭头线**：来标示指令的流程方向，可以改变和转移指令的执行过程；

（4）**圆角矩形**：表示流程图的开始和结束；

（5）**平行四边形**：代表程序的输入和输出；

流程图和伪代码一样，也是表示当前算法的一个思路，并不能真正被程序执行，需要程序员在理解流程的基础上，转化为具体的编程语言。一个流程图的例子如图 6-4 所示。

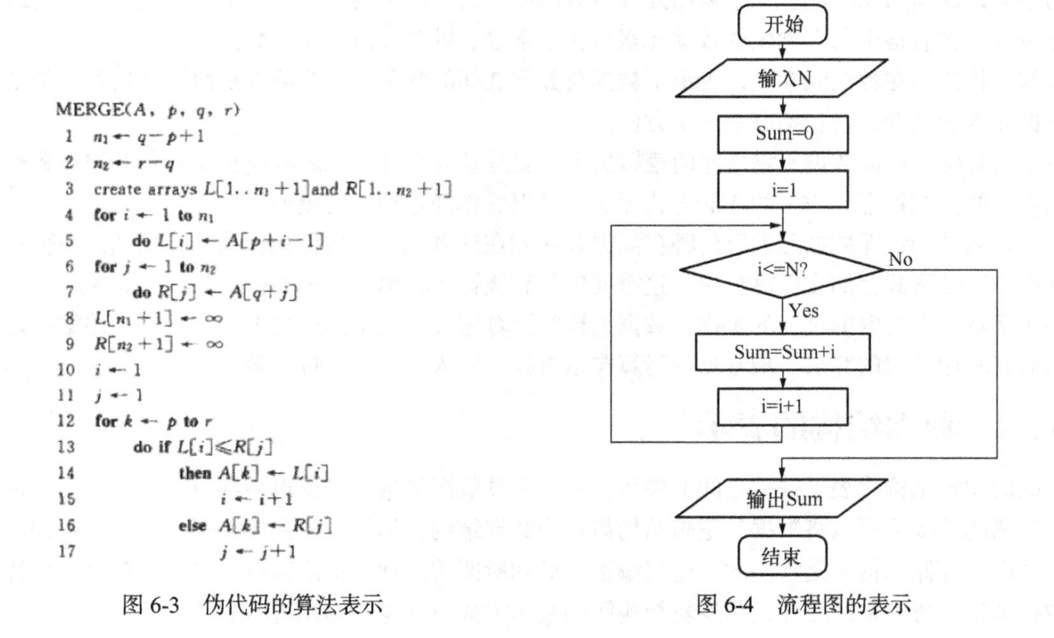

```
MERGE(A, p, q, r)
 1  n1 ← q-p+1
 2  n2 ← r-q
 3  create arrays L[1..n1+1] and R[1..n2+1]
 4  for i ← 1 to n1
 5       do L[i] ← A[p+i-1]
 6  for j ← 1 to n2
 7       do R[j] ← A[q+j]
 8  L[n1+1] ← ∞
 9  R[n2+1] ← ∞
10  i ← 1
11  j ← 1
12  for k ← p to r
13       do if L[i] ≤ R[j]
14             then A[k] ← L[i]
15                  i ← i+1
16             else A[k] ← R[j]
17                  j ← j+1
```


图 6-3　伪代码的算法表示　　　　图 6-4　流程图的表示

6.2　数据结构的概念

随着计算机的应用越来越趋于拟真化，简单的数据类型如整数、浮点数等已经不能满足非数值计算的需要，现在的计算问题更加注重数据的组织和联系，合理设计的数据结构不但能帮助我们更好地理解、解决实际问题，还能很大地提升计算机程序的效率。

6.2.1　数据结构定义

回想我们在第 3 章中介绍的“数据”概念：数据是指存储在某种介质上并且能够被识别的物理符号，它是人们对现实世界的事物和活动所做的抽象描述，如物理实验中记录的一组数字，或者火车到站的时间等。对于计算机来说，所有能存储到内存中并能够被处理的符号都是数据，是计算机操作的对象。

表 6-1 是一个由许多数据组成的学生成绩表，包括了学生的学号、姓名和成绩信息。

表 6-1　　学生成绩表

学号	姓名	成绩
1001	赵明	95
1003	李强	92
1002	刘欣	90
1004	王伟	85

表格中的每一行称为一个**数据元素**（或记录），它是作为整体被处理的数据的基本单位，在表 6-1 中，每个数据元素表示了某一个学生的信息（如第一个数据项表示了学号为 1001 的学生，姓名为赵明，成绩为 95 分）。一个数据元素由**数据项**（或字段）构成，它表示具有独立含义的最小数据单位，在表格中每个学生的数据元素包含了学号、姓名和成绩 3 个数据项。

数据结构作用在数据元素上，表示了数据与数据之间的联系，因此可以把数据结构看作带结构的数据元素的集合，它包括以下 3 个方面。

（1）逻辑结构：即数据元素之间的逻辑关系。它是独立于计算机之外仅从逻辑角度描述数据的，因而与数据在物理介质上的存储方式无关，可以看作经过抽象的模型。

（2）存储结构：即数据元素以何种存储方式存储在计算机中，也称物理结构。数据的逻辑结构需要以一定的形式存储在计算机中，这需要依赖高级计算机语言（如 C++、Java）实现。

（3）运算：即对数据进行的操作。数据结构的运算定义于逻辑结构之上，实现于存储结构之上，这需要利用特定的算法。最常见的运算包括查找、插入、删除、排序等。

6.2.2　数据结构的表示

数据的逻辑结构代表了数据之间的关系，对于一种数据结构，其逻辑结构只有一种，因此在不产生混淆的前提下可以将数据的逻辑结构简称为数据结构，但是由于具体实现的不同，每种逻辑结构对应的存储结构不是唯一的，这与编程人员和所使用的计算机语言有关系。要表示某种特定的数据结构，可以采用二元组和逻辑结构图的表示方式对其逻辑结构进行表示。

1. 二元组

在二元组表示方法中，一种数据结构通常表示为：

$$B=(D, R)$$

表示数据结构 B 由数据元素的集合 D 和 D 上的二元关系集合 R 组成，即：

$$D=\{d_i|1\leqslant i\leqslant n,\ n\geqslant 0\}$$

$$R=\{r_j|\ 1\leqslant j\leqslant m,\ m\geqslant 0\}$$

其中 d_i 表示集合 D 中的第 i 个节点的数据元素，n 为 D 中的节点个数。特别的，若 $n=0$，则表示集合 D 是一个空集，即这个数据结构中没有数据元素，也没有结构可言。r_j 表示集合 R 中的第 j 个关系，m 为 R 中的关系个数。特别的，若 $m=0$，则表示集合 R 是一个空集，即这个数据结构中的数据元素之间不存在关系，彼此是独立的，这时数据结构 B 成为一个集合。

二元关系集合 R 中的元素 是一个形如 $<x, y>$（$x, y\in R$）的有序偶，我们称 x 为有序偶的第一节点，称 y 为有序偶的第二节点。第一节点为第二节点的直接前驱，第二节点为第一节点的直接后继。有些有序偶是对称的，如果有 $<x, y>\in R$，以及 $<y, x>\in R$，那么可用圆括号代替尖括号，即（x，y）$\in R$，表示 x、y 之间的关系是无向的。

开始节点为没有直接前驱的节点，终端节点为没有直接后继的节点。

【例 9-1】假设表 6-1 所示的学生学号是唯一的，用二元组表示其数据结构 Grade。

解：

成绩表中共有 4 个记录，其逻辑结构的二元组表示如下：

Grade = (D，R)

D = {1001，1002，1003，1004}

R = {r}

r = {<1001，1003>，<1003，1002>，<1002，1004>}

2. 逻辑结构图

逻辑结构图建立在二元组的基础之上，以图形的方式更形象地表示出数据结构中的逻辑关系。绘制逻辑结构图的步骤为：

（1）先将数据结构用二元组的形式表示；

（2）对于数据元素集合 D 中的每个元素 d，画一个圆形并在圆形内写出 d 的值；

（3）对于二元关系集合 R 中的每个有序偶 r，用一条带箭头的直线连接有序偶的两个节点，箭头方向由直接前驱指向直接后继。

【例 9-2】用逻辑结构图表示数据结构 B=（D，R），其中

D = {1001，1002，1003，1004}

R = {r}

r = {<1001，1003>，<1003，1002>，<1002，1004>}

解：

该数据结构的逻辑结构图如图 6-5 所示。

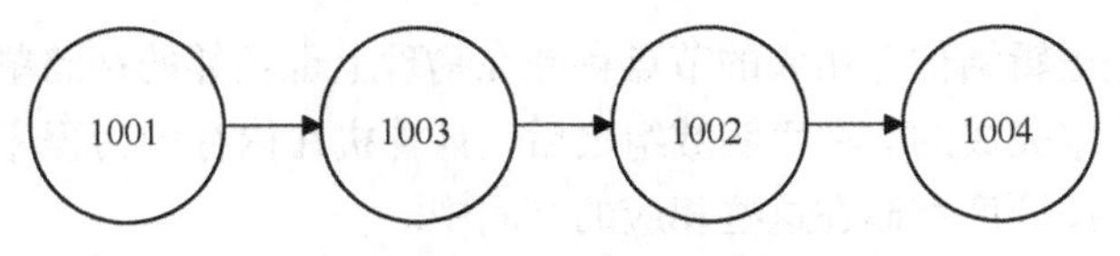

图 6-5　数据结构 B 的逻辑结构图

事实上，这种逻辑结构正是下面将要介绍的众多数据结构类型中的一种——线性结构。

6.2.3　数据结构的类型

数据结构的类型不是唯一的，按照逻辑结构和存储结构的不同又有更详细的区分。

1. 按逻辑结构分类

数据按逻辑结构的不同可分为以下几类。

（1）集合

如果一些数据元素之间具有集合关系，指的是这些单独的数据元素属于同一个集合，除此之外没有其他关系。即对应的二元组中，关系集合 R 为空集。

（2）线性结构

线性结构的节点之间具有“一对一”的关系，它的开始节点和终端节点是唯一的，除了这两个节点之外的其他节点都有且仅有一个直接前驱和一个直接后继。图 6-5 所示的数据结构即为线性结构。

（3）树形结构

树形结构的节点之间具有“一对多”的关系，它的开始节点是唯一的，而终端节点可以有多个，其他节点有且仅有一个直接前驱，但是可以有多个直接后继。图 6-6 所示的数据结构为树形结构。

（4）图形结构

图形结构的节点之间具有“多对多”的关系，它的开始节点和终端节点的数量是任意的，可能为一个或多个，每个节点的直接前驱和直接后继的数量也是任意的。图 6-7 所示的数据结构为图形结构。

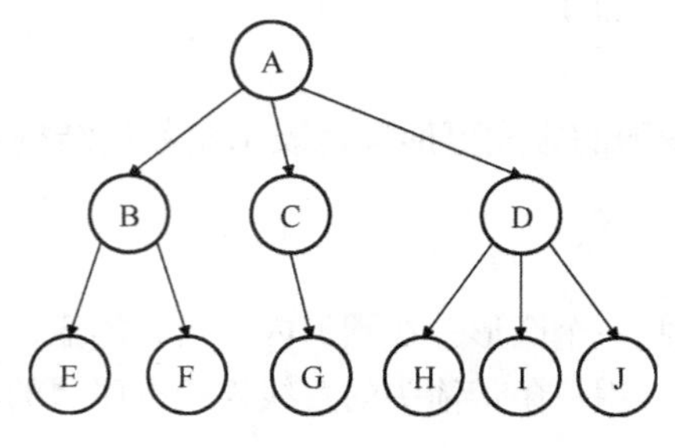

图 6-6　树形结构

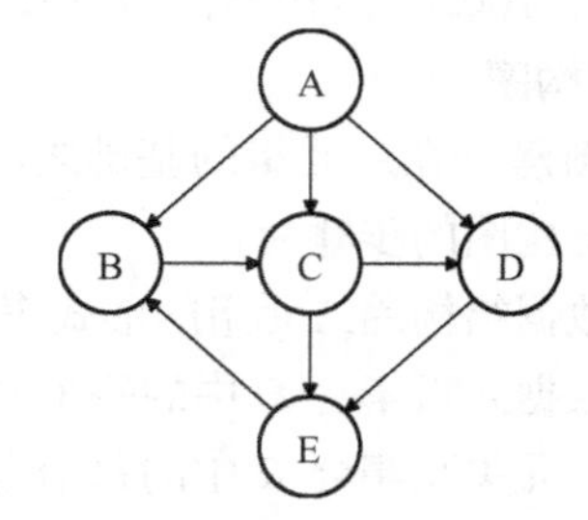

图 6-7　图形结构

如果规定图形结构的每个节点只能有一个直接前驱，则图形结构转化为树形结构；如果规定树形结构的每个节点只能有一个直接后继，则树形结构转化为线性结构。由此可见线性结构和树形结构是图形结构的特殊情况。通常我们将树形结构和图形结构统称为非线性结构。

2. 按存储结构分类

数据按存储结构的不同可分为以下几类。

（1）顺序结构

顺序结构指的是把逻辑结构上相邻的节点存储在物理上也相邻的存储单元内，这通常是由高级计算机语言声明的数组完成的。在声明数组之后，计算机在内存中为程序分配一定数量的连续存储空间，数据一个个按顺序存储在这些相应的空间中。

顺序存储的优点是便于存取数据，因为每个节点都对应一个编号。以数组为例，数组中的每个存储空间只需利用下标即可访问。此外由于采用顺序存储时所有的存储空间全部用来存储实际数据，顺序存储相比于其他存储方式更为节省空间。但缺点是执行插入、删除运算时可能需要移动一系列的节点，不便修改。

（2）链式结构

链式结构中，逻辑上相邻的节点不一定在物理位置上也相邻，实现的方法是存储每个节点时，除了要存储数据，还要存储相应的指针，指向该节点的前驱或后继节点。指针的值实际上就是它所指向的节点的物理地址，这样通过当前节点的指针就可以访问到它的前驱或后继节点，可以理解为这些指针就像链条一样将在物理上独立的一个个数据连在一起，使其在逻辑上还是相邻的节点。

链式存储的优点是修改方便，如果需要插入或删除数据，只要修改相应节点的指针域，而不必移动较多的节点。但是由于要利用一部分存储空间存储指针，链式结构的存储空间利用率较低，而且由于节点在物理上不再相邻，也不能像数组一样实现数据的随机存取。

（3）索引结构

索引结构中，节点数据可以在物理位置上任意存储，但是需要建立索引表来记录这些节点的物理地址。索引表中一般为每个节点记录关键字和地址，关键字用来唯一标识一个节点，地址即为该节点的实际地址。

索引结构也可以对节点实现随机存取，只需通过索引表中的地址即可访问到数据，在插入、删除数据时，也只需修改索引表中的地址，而不必修改实际的数据，因而可以大大提高查找和修改效率。缺点则是需要额外的空间开销来存储索引表，而且当索引结构比较大的时候，浪费的空间会更加明显。

（4）哈希结构

哈希存储结构也称为散列存储结构，它的基本原理是根据节点的关键字，通过哈希函数计算出要存储的节点的物理地址。

由于只要给出节点的关键字就能计算出节点的物理地址，哈希结构具有很高的查找速率，而且不需要额外的存储空间存储指针，因此该结构适用于对数据查找具有较高要求的场合。当两个不同节点的关键字经过哈希函数计算后得到相同的地址值，这种现象称为哈希冲突。解决哈希冲突需要更复杂的算法，这可能会影响数据存取的效率。

扩展阅读：数据结构的历史沿革

数据结构起源于计算机程序设计，其发展过程与计算机程序的演变是密切相关的。程序设计经历了 3 个阶段：无结构阶段、结构化阶段和面向对象阶段，相应的，数据结构也从这 3 个阶段逐步发展成熟。

（1）无结构阶段。这一阶段主要存在于 20 世纪 40～60 年代，计算机发展起步，应用领域主要限于科学计算，计算机程序设计也是以机器语言为主，所处理的是面向数学公式的纯数值型数据，因此没有任何结构可言。此时程序设计语言还没有得到发展，计算机仅用于执行科学计算，程序设计人员关注的重点是让计算机接受指令并正确执行，并没有对数据进行结构化处理的必要。

（2）结构化阶段。这一阶段存在于 20 世纪 60～80 年代，计算机的应用领域开始扩展到非数值处理领域，如何对非数值型数据进行表示成为程序设计过程中的重要问题，数据结构及抽象数据类型便是在这种情况下形成的。此时的计算机程序设计出现了模块化的趋势，数据的表示和处理在程序中的角色越来越重要，数据结构概念的引入大大推动了程序设计的规范化进程。

（3）面向对象阶段。这一阶段始于 20 世纪 80 年代初，软件工程取得巨大发展，软件已经被广泛应用到各种复杂的事务处理中，简单的数据结构已经无法满足对现实中的事物进行建模和表示的需要，面向对象技术应运而生。在面向对象技术中，现实中的事物被结构化地表示为一个个对象，每个对象包含自己独特的属性和方法，分别用来描述该对象的状态特征和行为动作。这种数据结构不但强调了数据的基本操作，还表示了数据与数据之间的关系。

数据结构的发展并未就此止步，随着计算机程序的发展，数据结构必然需要不断适应和演变。此外，计算机更深入地应用到各种专业领域当中，更加专用和独特的数据结构也将被探索和研究。

6.3　线性结构

线性结构中，除了开始节点和终端节点之外的每一个节点都有唯一的直接前驱和直接后继，用于描述现实世界中线性的、一对一的关系，如火车的运行时刻表和英文字母表。它的特点是逻辑结构简单，易于进行修改、查找操作。

最常见的线性结构是**线性表和串**，线性表是具有相同特性的数据元素的一个有限序列，其中包含的数据元素个数称为线性表的长度，当长度为零时，表示线性表是一个空表。表中的第一个元素称为表头元素，最后一个元素称为表尾元素。线性表按存储方式的不同分为顺序表和链表，按对数据操作方式的不同分为栈和队列。图 6-8 表示了线性表的逻辑结构。

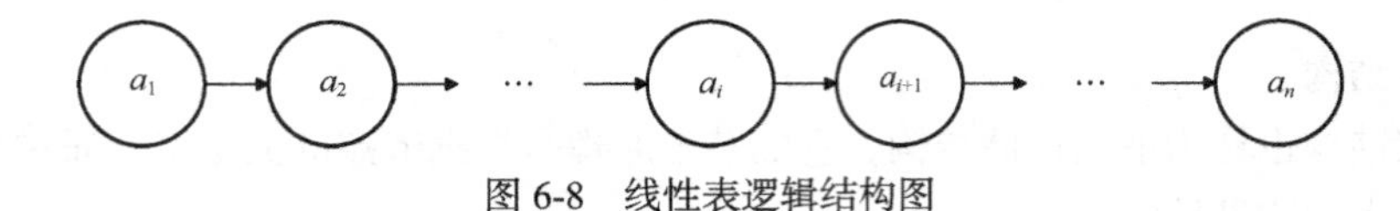

图 6-8 线性表逻辑结构图

6.3.1 顺序表

按顺序存储结构存储的线性表称为顺序表，即将线性表存储在计算机存储器中指定位置开始的一段连续的存储空间内，并且使逻辑上相邻节点在存储空间中也相邻。这很类似于高级语言中的一维数组。

下面以 C 语言为例，定义一个存储顺序表的结构体：

```
#define MaxSize 50
typedef struct {
     ElemType data[MaxSize];
     int length;
}SqList;
```

其中，MaxSize 是宏定义的整型常量，代表了为该顺序表分配的最大长度。typedef struct{}中是结构体的定义，ElemType 是数据元素类型的通用标识符，在实际程序中它可能是 int、float 甚至用户自己定义的数据类型，然后将顺序表中的元素存储在名为 data 的数组中，并用整型变量 length 记录当前顺序表的长度，最终将定义好的结构体类型命名为 SqList。

定义的 SqList 中的 data[MaxSize]在实际物理存储器中的存储示意图如图 6-9 所示。

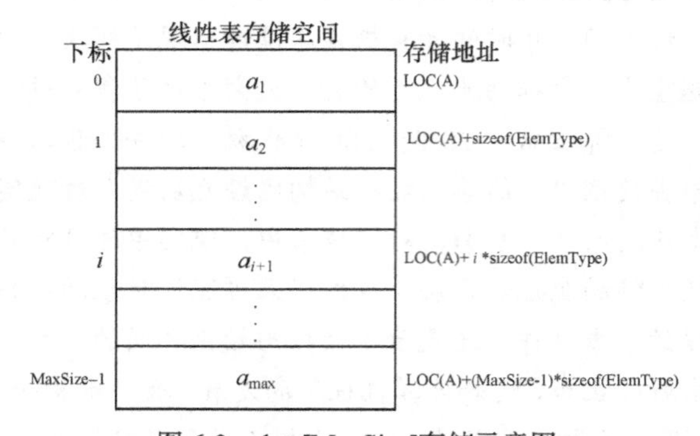

图 6-9 data[MaxSize]存储示意图

注意数组的下标是从 0 开始计数的，即下标为 0 的存储空间存储顺序表第一个数据元素。由于顺序表中每个元素在物理上都相邻，知道表中元素的下标即可计算出它的实际物理地址。假设一个 ElemType 类型的数据占用的存储空间大小为 sizeof(ElemType)，data 数组起始的地址为 LOC(A)，则下标为的元素的地址为 LOC(A)+i×sizeof(ElemType)，整个 data 数组的大小为 MaxSize×sizeof (Elem$i$Type)。

6.3.2　链表

按链式存储结构存储的线性表称为链表。相比于顺序表必须在使用前分配固定大小的存储空间，链表中数据元素在计算机存储器中是随机存储的。存储链表时，为每个数据节点存储两部分：**数据域**和**指针域**，数据域为数据元素本身的信息，指针域为该节点的前驱节点或后继节点的数据域的物理地址。虽然各个节点在物理上并不一定相邻，但是通过当前节点的指针域可以找到逻辑上与它相邻的节点，通过新的节点的指针域再找到更远的节点，进而构成逻辑结构上元素相邻的线性表。

在最基本的**单链表**中，每个节点的指针域存储的是该节点的直接后继节点的地址，通过每个节点的指针域可以访问到它的直接后继节点，依此类推，直到线性表结尾。单链表节点的 C 语言结构体定义如下：

```
typedef struct LNode {
     ElemType data;
     struct LNode   next;
}LinkList;
```

其中 data 是用类型标识符标识的数据域，next 是指针域，存储的是它指向的节点的地址。为了数据操作的方便，通常在链表的开始节点之前增加一个头节点，并将终端节点的指针域设置为 null，表示它不指向任何节点。图 6-10 为单链表的示意图。

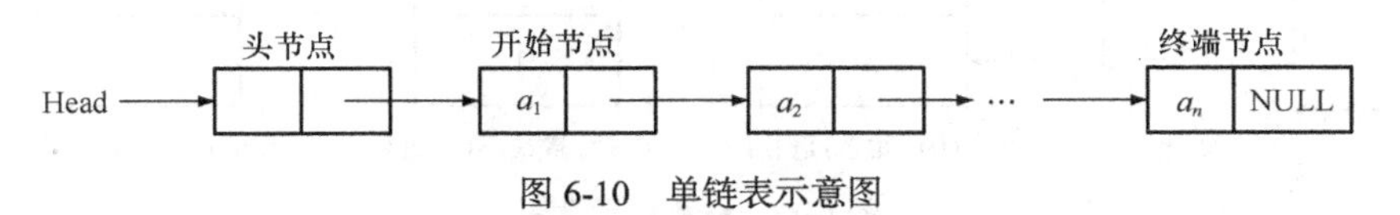

图 6-10　单链表示意图

单链表的局限在于它的数据访问方向是单一的，由于每个节点的指针域只有指向其直接后继节点的指针，数据元素的访问方向只能为开始节点到终端节点的方向。**双链表**和**循环链表**打破了这一局限。双链表中，每个节点除了有指向其直接后继节点的指针外，还有一个指针指向其直接前驱节点，这样从一个节点出发，就能从两个方向任意访问其他节点。循环链表中，终端节点原本为 Null 的指针域指向头节点，使链表首尾相连，实现循环访问。图 6-11 和图 6-12 分别为双向链表和循环链表的示意图。

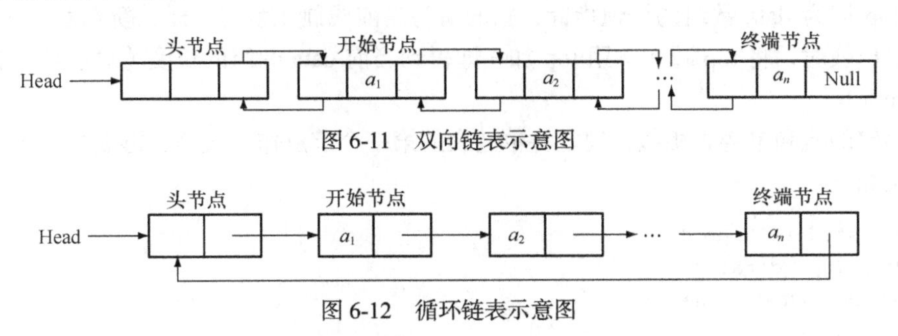

图 6-11　双向链表示意图

图 6-12　循环链表示意图

虽然双向链表和循环链表实现了数据元素的任意访问，但是由于占用了更多空间来存储指针域，其存储空间利用率相比单链表较低。

6.3.3　栈与队列

一般的线性表在数据操作上，尤其是插入和删除节点时是与节点位置无关的，栈和队列也是线性表的一种，但是它们在插入和删除节点时受到节点位置的限制，因此也被称为操作受限制的线性表。

1. 栈

栈的数据操作限制在于只能在线性表的一端进行插入或删除节点的操作。表中允许进行插入、删除操作的一端称为栈顶，另一端称为栈底。当栈中没有数据元素时，称为空栈。栈单独维持一个始终指向栈顶的栈顶指针，并随着栈中元素的变化而动态变化，栈中数据元素的插入和删除操作称为入栈（进栈）和出栈（退栈），依赖于栈顶指针完成。

执行入栈操作时，由于向栈中插入新的数据元素的位置永远在栈顶，栈顶元素保持为最后入栈的数据；执行出栈操作时，由于删除数据的位置同样为栈顶，删除的数据即为最后入栈的数据。栈的这种特点称为“后进先出”，即后入栈的数据先出栈。

图 6-13 展示了数据元素 1、2、3、4 依次进栈并将 4 退栈过程中栈的状态，可以看到栈顶指针是动态变化的。

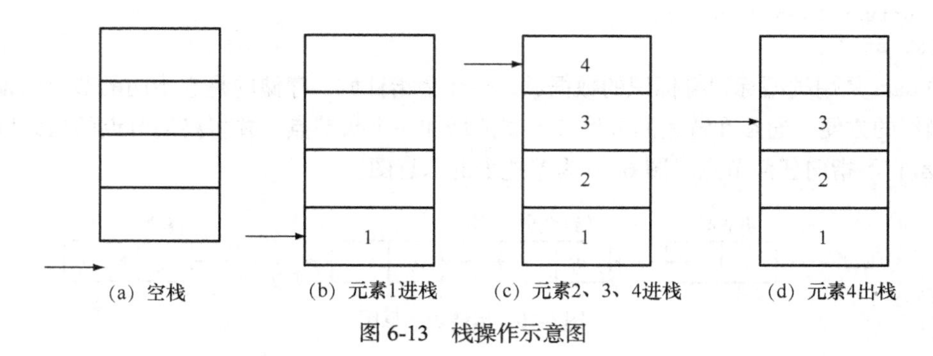

图 6-13　栈操作示意图

栈也分为顺序存储和链式存储。顺序存储时，用一个数组代表栈，其 C 语言结构体定义如下：

```
#define MaxSize 50
typedef struct {
     ElemType data[MaxSize];
     int top;
}SqStack;
```

其中 top 即为 data 数组的栈顶指针，它的值为当前栈顶元素的下标，新元素入栈时，将 top 加一；元素出栈时，将 top 减一。用 top 加一即得到当前 data 数组的长度（对应顺序表结构体定义中的 length）。

链式存储的栈和单链表相似，规定将单链表的第一个节点作为栈顶，链表的结尾作为栈底。其节点定义如下：

```
typedef struct LNode {
     ElemType data;
     struct LNode   next;
}LinkStack;
```

栈作为最重要的数据结构之一，有着广泛的应用，许多设计数据结构的算法中需要用到栈作为工具，利用栈也可以将递归算法转换成非递归算法。

2. 队列

队列的数据操作限制在于只能在线性表的一端进行数据插入操作，而在另一端进行删除操作。表中允许进行插入的一端称为队尾，允许进行删除的一端称为队首（队头）。队列单独维持两个指针：一个始终指向队首的队首指针；一个始终指向队尾的队尾指针，它们随着队列中元素的变化而动态变化。队列中数据元素的插入操作称为进队（入队），依赖于队尾指针；数据元素的删除操作称为出队，依赖于队首指针。

执行入队操作时，由于向队列中插入的新的数据元素的位置永远在队尾，因此越靠近队首的元素越早入队，而执行出队操作时，由于删除数据的位置也在队首，删除的数据即为最先入队的数据。队列的这种特点称为"先进先出"，即先入队的数据先出队。

图 6-14 展示了同样的 4 个数据元素 1、2、3、4 入队以及元素 1 出队的过程中队列的状态。读者可以将图 6-14 与图 6-13 对比理解队列与栈的不同。

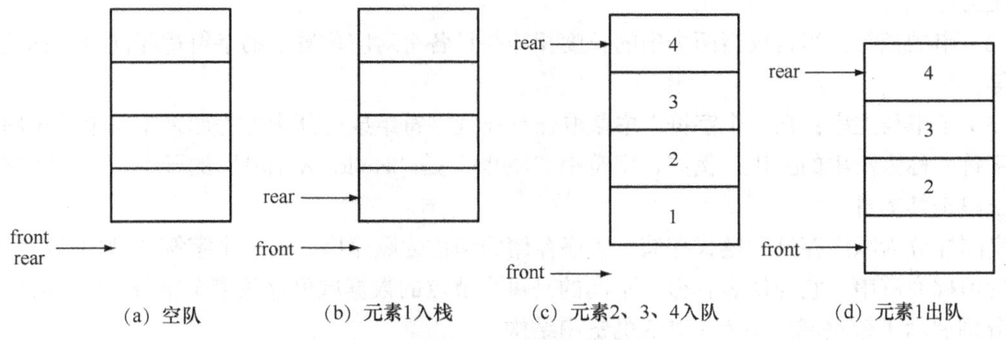

图 6-14　队列操作示意图

队列同样也分为顺序存储和链式存储，它们与栈的结构相似，下面直接给出结构体定义。

顺序队列类型定义：

```
#define MaxSize 50
typedef struct {
    ElemType data[MaxSize];
    int front, rear;
}SqQueue;
```

链式队列节点定义：

```
typedef struct qnode {
    ElemType data;
    struct qnode * next;
}QNode;
```

链式队列定义：

```
typedef struct {
    QNode * front;
    QNode * rear;
}LinkQueue;
```

图 6-15 所示为一个包含 3 个元素 a、b、c 的链式队列示意图。

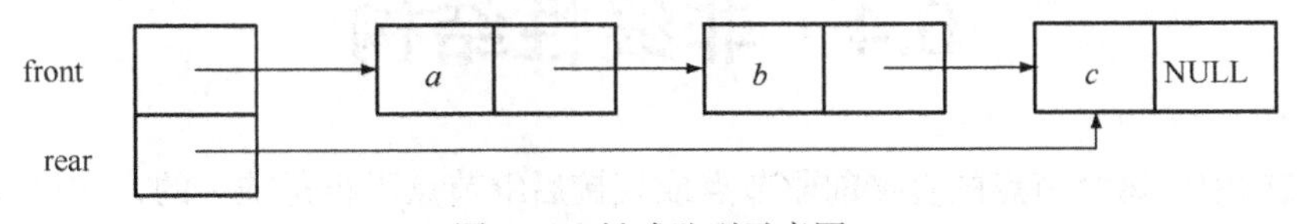

图 6-15　链式队列示意图

在操作系统中，需要进行资源分配时，经常使用队列，因此队列也具有较为广泛的应用。通过栈和队列的比较我们可以总结出，它们都是特殊的线性表，都有顺序和链式两种存储结构。两者的区别就在于，栈只能在栈顶进行数据的插入与删除，而队列则是在队尾进行数据插入，在队首进行数据删除。

6.3.4 串

串是一种特殊的线性结构，它的特殊之处在于所有数据元素全为字符，因此串也称为字符串，它是由零个或多个字符组成的有限序列。对字符串的处理在非数值处理的问题中占据主要部分，我们使用的文字编辑软件如 Office Word，其主要功能就是对字符串进行处理。此外，在我们浏览网络、检索信息时，也大量用到字符串处理技术。

与串相关的一些概念如下。

（1）串的长度：串的长度是指字符串中所包含的字符个数，不包含任何字符的串称为空串，其长度为零。

（2）串的相等：当且仅当两个串的长度相等并且各个对应位置上的字符都相同时，称这两个串相等。

（3）子串与主串：在一个字符串中截取任意连续字符组成的新串称为原来字符串的子串，原来的字符串称为新串的主串。例如，字符串“Hello”是“Hello World!”的子串。一个字符串的最长子串是其本身。

串同样分为顺序存储和链式存储。顺序存储的串称为顺序串，是一个字符类型的数组；链式存储的串称为链串，它与链表相似，不同的是每个节点的数据域可存放多个字符。图 6-16 和图 6-17 分别展示了数据域大小为 1 和 3 的链串结构。

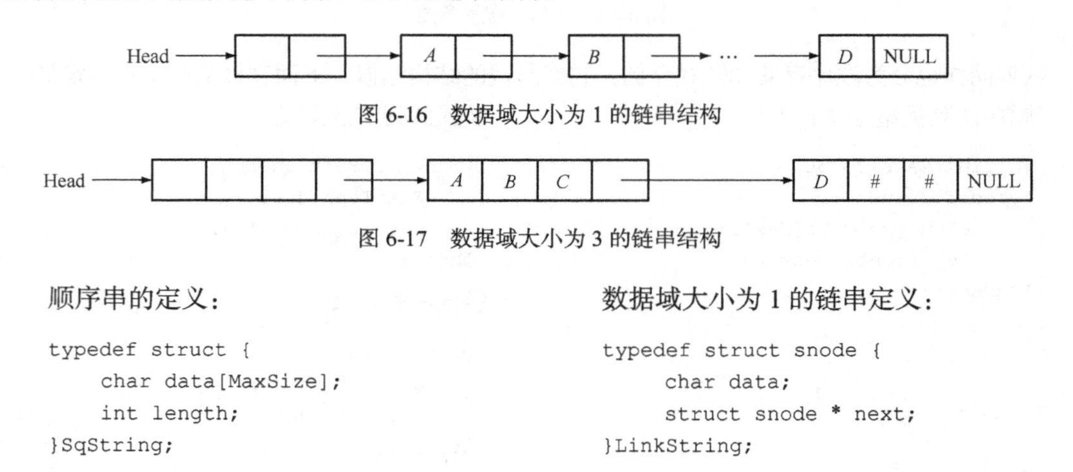

图 6-16　数据域大小为 1 的链串结构

图 6-17　数据域大小为 3 的链串结构

顺序串的定义：

```
typedef struct {
    char data[MaxSize];
    int length;
}SqString;
```

数据域大小为 1 的链串定义：

```
typedef struct snode {
    char data;
    struct snode * next;
}LinkString;
```

6.4 非线性结构

非线性结构中，每个节点的直接前驱节点或直接后继节点不再是唯一的，它可以表示数据之间“一对多”和“多对多”的关系，对数据元素的层次和结构有更好的描述，因此非线性结构能对现实世界中更加复杂的数据进行抽象，如一个家族中的人物关系和城市之间的交通图等，当然这也相应增加了逻辑复杂度和运算难度。

最常见的非线性结构是**树形结构**和**图形结构**，分别对应“一对多”和“多对多”的数据关系。常用的树形结构包括树和二叉树；图形结构元素之间的关系是任意的，相比树形结构更加复杂。

6.4.1　树

树是树形结构的统称，是由零或多个点组成的有限集合，节点个数为零的树称为空树。一棵树中只能有一个节点可以没有直接前驱，这个节点称为树的根节点（root），除根节点之外的全部节点有且只有一个直接前驱，有零个或多个直接后继。

树的定义是递归的，即树由根节点和子树构成，子树又由新的根节点和更小的子树构成，依此类推。图 6-18 展示了一棵树的逻辑结构图，可以看到节点 A 是该树的根节点，元素 B、E、F 又组成了一棵以 B 为根节点的树，它是以 A 为根节点的树的子树。

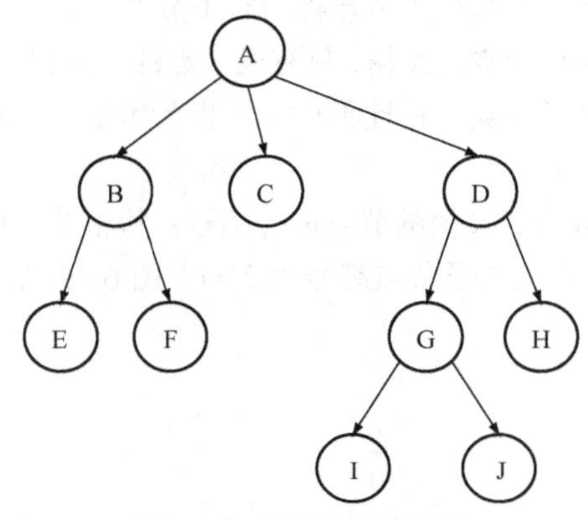

图 6-18　树的逻辑结构图

与图相关的一些概念如下。

（1）子节点、父节点：树中每个节点的直接后继是该节点的子节点（或孩子节点）。相反，该节点是其直接后继的父节点（或双亲节点）。拥有相同父节点的子节点互称为兄弟节点，这与树形表示的家族族谱中的人物关系是十分类似的。例如在图 6-18 的树中，节点 A 是节点 B、C、D 的父节点，B、C、D 是 A 的子节点，而 B、C、D 互为兄弟节点。

（2）节点的度与树的度：树中节点的子节点个数称为该节点的度，树的全部节点的度的最大值为这棵树的度。在图 6-18 所示的树中，节点 A 的度是 3，节点 B 的度是 2，整棵树的度是 3。

（3）分支节点和叶子节点：拥有子节点的节点称为分支节点（或非终端节点），没有子节点的节点为叶子节点（或终端节点）。图 6-18 所示的 A、B、C 都为分支节点，而 E、F、G、D 都为叶子节点。根据定义可以很容易地知道：分支节点的分支数即为该节点的度。

（4）节点的层次和树的高度：定义根节点的层次为 1，节点每分支一次，则将其子节点的层次加一。如图 6-18 所示，节点 A 是根节点，因此层次为 1；B、C、D 为 A 的子节点，它们的层次为 2；E、F 又是 B 的子节点，则它们的层次为 3。树的高度（或深度）为其所有节点层次的最大值。

（5）路径：对于树中的任意两个节点 x、y，如果存在一个节点序列使得从 x 开始一个节点是后一个节点的直接前驱直到 y 结束，则称该节点序列是从 x 到 y 的路径。路径的长度为路径上的节点数减 1。在图 6-18 中，从节点 A 到 F 的路径为 A-B-F，其中 A 是 B 的直接前驱，B 是 F 的直接前驱，该路径的长度为 2。根据定义可知，路径在树的逻辑结构图中总是自上而下的，从根节点到任意其他节点均存在路径。

6.4.2 二叉树

树有很多种类型，例如按节点分支数可分为二叉树、三叉树，按特定的使用目的又可分为线索树、哈夫曼树等。其中二叉树因其结构和运算简单、存储效率高，在数据结构和算法中占据重要的地位，同时二叉树与其他类型的树转换简便，也使它有着极为广泛的应用。

二叉树是一种特殊的树。与一般的树一样，二叉树是递归定义的，它由根节点和子二叉树构成。二叉树的特殊之处在于它的每个节点最多有两个分支：对于根节点来说，所有左侧分支上的节点构成的子树称为左子树，所有右侧分支上的节点构成的子树称为右子树；对于每个节点，它的左侧分支节点称为左子节点，右侧分支节点称为右子节点。

不包含任何节点的二叉树称为空二叉树；只有根节点的二叉树称为单节点二叉树。二叉树中，如果所有的分支节点都有左右子节点，并且所有叶子节点都在二叉树的最深一层，这种二叉树称为**满二叉树**。

可以用从 1 开始的自然数为二叉树的节点进行编号：将根节点编号为 1；对于编号为 i 的节点，将其左子节点编号为 $2i$，将其右子节点编号为 $2i+1$。图 6-19 所示的满二叉树中，节点外面的数字即为该节点的编号。

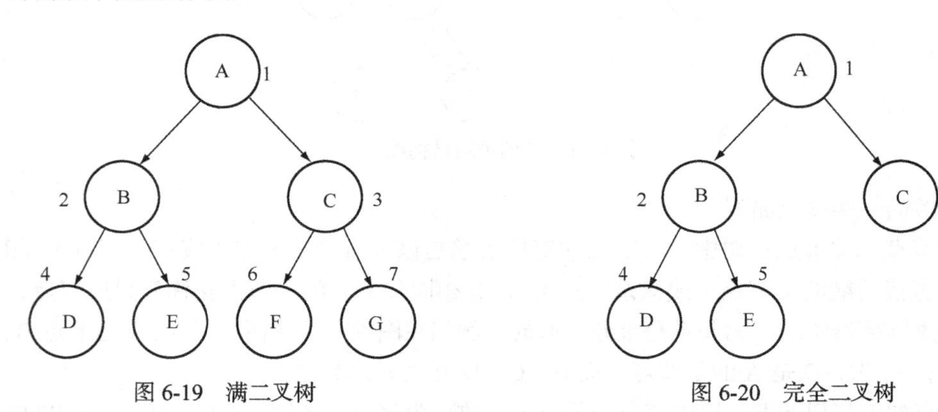

图 6-19　满二叉树　　图 6-20　完全二叉树

如果一棵二叉树的全部 n 个节点编号与满二叉树中的前 n 个节点编号一致，则将这种二叉树称为**完全二叉树**。图 6-20 所示为已编号的二叉树，可以看到节点 C、D、E 为叶子节点，但节点 C 不在最深一层，因此这个二叉树不是满二叉树，又由于该树中的 A-E 节点编号与图 6-19 中的满二叉树一致，因此该树为完全二叉树，可见满二叉树为完全二叉树的特例。

二叉树的存储方式也分顺序存储和链式存储两种。顺序存储的二叉树定义为：

```
typedef ElemType SqBTree[MaxSize];
```

可以看到这是一个特定类型的数组，对于一般的二叉树，将节点编号作为数组下标进行存储，如果某些下标对应的节点不存在，则用特殊的值（如“#”）代替。图 6-21 展示了一棵二叉树与其顺序存储结构。

0	1	2	3	4	5	6	7	8	9	10	11
#	A	B	C	D	E	#	F	#	#	G	H

链式存储的二叉树采用两个指针域分别指向其左子节点和右子节点，它的结构体定义为：

```
typedef struct tnode {
    ElemType data;
```

```
    struct tnode * lchild;
    struct tnode * rchild;
}BTNode;
```

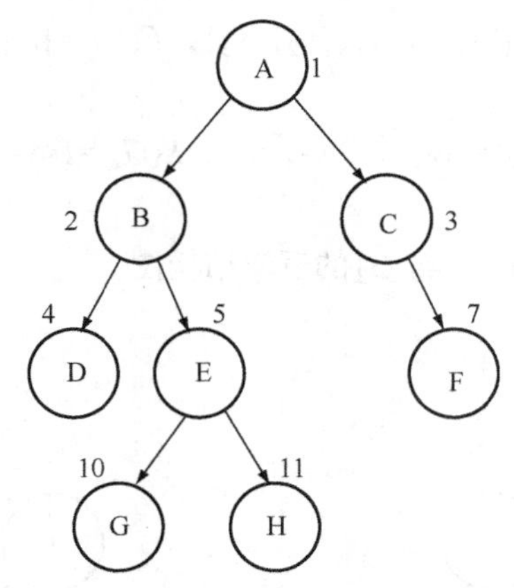

图 6-21　二叉树的顺序存储结构

图 6-22 所示为图 6-21 中的二叉树对应的链式存储结构。

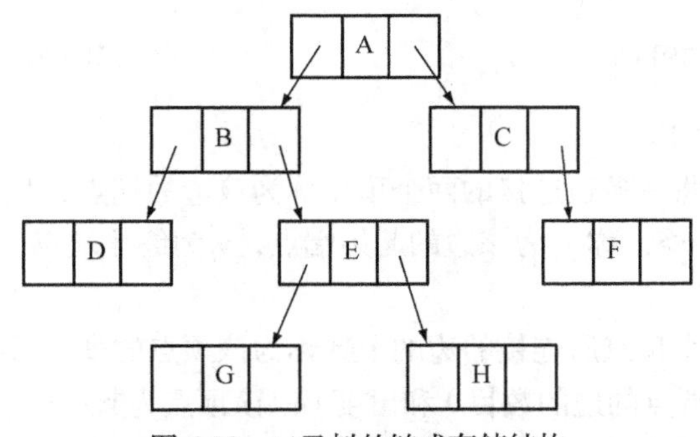

图 6-22　二叉树的链式存储结构

扩展阅读：二叉树与度为 2 的树的区别

二叉树的特点是每个节点最多有两个分支，而度为 2 的树指的是该树至少存在一个度为 2 的节点且没有分支超过 2 的节点。这两种树都要求每个节点的分支不超过 2，它们看起来相似，但实际上存在区别，读者应注意区分这两个容易混淆的概念。

二叉树和度为 2 的树的主要差别体现在，对于非空树：

- 度为 2 的树中至少有一个节点的度为 2，而二叉树没有这种要求。即对一棵全部分支节点都仅有一个分支的树来说，它是二叉树，而该树的度是一；
- 对于二叉树中的每个分支节点，是严格区分左、右子树的，而度为 2 的树不进行这种区分。

6.4.3　图

图形结构是由顶点和连接顶点的边组成的较为复杂的非线性结构，它可以用前面介绍的二元组表示方法进行表示：$G=(V, E)$，其中集合 V（Vertex）是顶点的有限集合，E（Edge）是连接 V 中不同顶点的边的集合。

图中的边用顶点对进行表示，假设 v_i 和 v_j 是集合 V 中的两个顶点，则$<v_i, v_j>$表示一条由 v_i 指向 v_j 的边，它是有向的，由有向边构成的图称为有向图。如果连接 v_i 和 v_j 两个顶点的边没有方向，则表示成（v_i，v_j），它表示一条无向边，由无向边构成的图称为无向图。

无向图 G_1 的二元组为：$V(G_1)=\{v_0, v_1, v_2, v_3\}$，$E(G_1)=\{(v_0, v_1), (v_0, v_2), (v_0, v_3), (v_1, v_2), (v_1, v_3), (v_2, v_3)\}$

有向图 G_2 的二元组为：$V(G_2)=\{v_0, v_1, v_2, v_3\}$，$E(G_2)=\{<v_0, v_1>, <v_0, v_2>, <v_0, v_3>, <v_1, v_2>, <v_1, v_3>, <v_2, v_3>\}$

图 6-23 和图 6-24 分别表示了 G_1 与 G_2 的逻辑结构图。

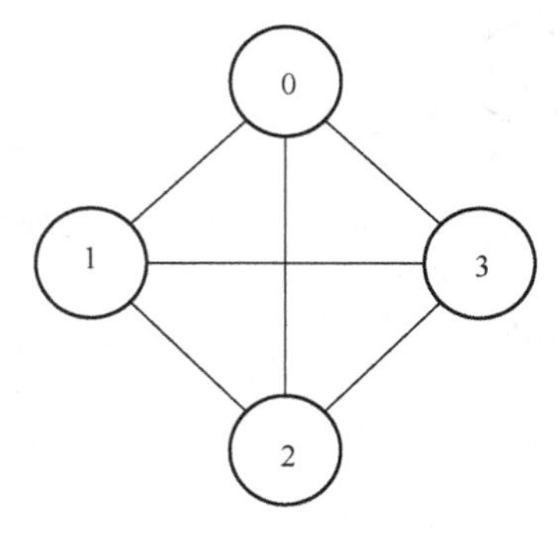

图 6-23　无向图 G_1

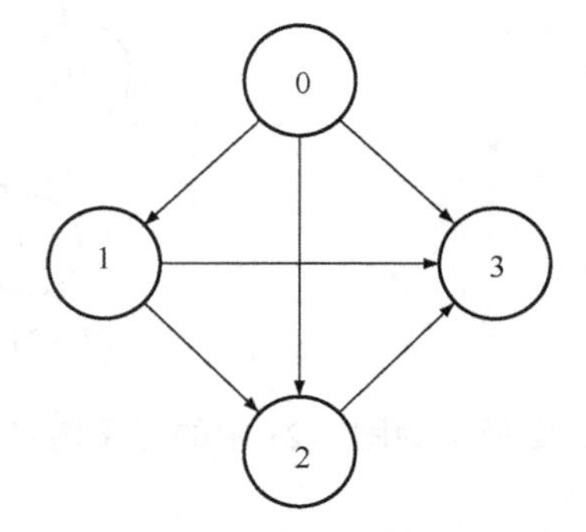

图 6-24　有向图 G_2

与图相关的一些概念如下。

（1）端点和邻接点：将一条边连接的两个顶点称为该边的端点，且这两个端点互为邻接点。特别地，对于有向边$<v_i, v_j>$，称 v_i 为该边的起始端点，v_j 为终止端点，v_i 是 v_j 的入边邻接点，v_j 是 v_i 的出边邻接点。

（2）顶点的度：将一个顶点所连接的边的个数称为该顶点的度。对于有向图，顶点的度又分为入度（以该顶点为终止端点的边的数目）和出度（以该顶点为起始端点的边的数目）。在图 6-23 所示的无向图中，顶点 1 的度为 3；在图 6-24 所示的有向图中，顶点 1 的入度为 1，出度为 2。

（3）完全图：将每两个顶点都有边连接的图称为完全图。对于有向图，要求每两个顶点之间都存在两条方向相反的边。图 6-23 的无向图为完全图，而图 6-24 所示的有向图不是完全图。

（4）路径：对于图 G 中的两个顶点 v_i 和 v_j，若存在一个顶点序列$(v_i, v_{i1}, v_{i2} \ldots v_{im}, v_j)$使得$<v_i, v_{i1}>, <v_{i1}, v_{i2}> \ldots <v_{im}, v_j>$属于 $E(G)$（或对于无向图，使得$(v_i, v_{i1}), (v_{i1}, v_{i2}) \ldots (v_{im}, v_j)$属于 $E(G)$），则称该顶点序列是从 v_i 到 v_j 的一条路径，路径经过的边的数目为路径长度。若一条路径上除开始点和结束点之外所有顶点均不相同，则称该路径为简单路径。若一条路径上的开始点与结束点为同一顶点，则称该路径为一个回路（或环）。如图 6-23 所示，路径（0，1，2，0）为一个长度为 3 的回路；在图 6-24 中，路径（0，1，3）为一个长度为 2 的简单路径。

（5）边的权值：可以为图中的每条边分配一个数值，用来表示该边在路径中代表的举例或需要花费的代价，称该数值为边的权值（或简称权），带有权的图称为带权图（或网）。

存储图形结构常用到邻接矩阵和邻接表两种方法。邻接矩阵利用矩阵描绘了顶点之间的相邻关系，对于每个图而言，它的邻接矩阵是唯一的。邻接表则为图中的每个顶点单独建立一个链表，链表的第一个节点的数据域为该顶点的信息，链表其他节点的数据域为该顶点的邻接点信息（对于无向图）或出边邻接点信息（对于有向图）。各顶点的链表建立顺序和链表中邻接点的顺序由具体算法确定，因此邻接表不是唯一的。图 6-25 和图 6-26 分别为图 6-23 中无向图 G_1 和图 6-24

中有向图 G_2 的邻接表结构。

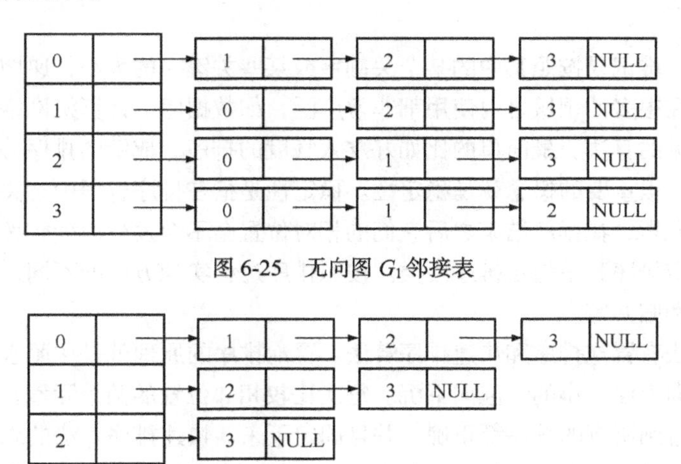

图 6-25　无向图 G_1 邻接表

图 6-26　有向图 G_2 邻接表

6.5　算法研究方面

算法是一个比较宽泛的概念，涉及数学和计算机科学的方方面面。也正是因此，算法的研究领域也非常宽泛。在这一节中，我们主要介绍算法在计算机程序设计领域内的一些研究方向，以帮助初学者更好地从直观上理解算法，学习算法。

6.5.1　搜索算法

搜索算法是计算机科学领域内的一个经典问题，也是最基础的问题。搜索算法和查找算法是两个不同概念上的问题，但是在很多时候会误把它们认为是一个概念。搜索算法是指在所有的解形成的空间中找到其中最优的或需要的解，而查找算法则是大量的信息中寻找一个特定的元素。可以将搜索算法理解为更高一层次的查找算法。

最为基本的也是最为简单的搜索算法是枚举算法。枚举算法的核心思想是对所有可能存在的情况一一进行遍历，直到找到合适的结果。这种思路理解起来非常简单，而且实现起来也不困难，在数据量不大的情况下，这种算法使用非常方便。当数据量大的时候，其性能往往不能满足实际的需求，需要进行剪枝优化。

二分查找算法也称为二分搜索算法，主要思路是利用序列的有序性降低查找的开销。

深度优先算法和广度优先算法是搜索领域中非常重要的算法，在图论和数据结构中使用非常广泛，具体实现在数据结构章节有详细介绍。深度优先和广度优先搜索在互联网中使用非常广泛，如搜索引擎爬虫在抓取页面时所采取的就是这两种办法的结合。

除了这些传统的搜索算法之外，启发式算法的应用也越来越广。传统的算法在实际应用中找到最优解的开销往往是不能忍受的，启发式算法的目的就是通过合理的开销找到一个渐近最优的解。对于启发式算法，常常能够找到一个不错的解，但是不能保证找到最优的解。常见的启发式算法有 A*搜索算法、遗传算法等。

6.5.2 排序

排序算法是使一堆记录按照其中的某个关键字或某些关键字的大小，递增或递减地排列起来的操作。排序算法在很多的领域之内使用都非常广泛，如数据库、计算机网络等。日常生活中排序算法也是最为常见的算法，最简单的比如好友人气度的排序、成绩的排序等。

在排序中，有一很重要的概念就是稳定性。稳定性是指在排序过程中，关键字键值相同但是位置有先后的几个元素，在排序结束之后它们的相对位置会不会发生改变。按照稳定性的不同，排序算法被分为稳定排序和不稳定排序两类。按照排序过程实现方法的不同，排序算法一般分为交换、插入、选择和归并等。

交换排序的算法有冒泡排序和快速排序算法。冒泡排序的原理就是按照水中气泡的浮沉模拟的，水中大的气泡向上浮，小的气泡向下沉。每次比较相邻位置的两个元素，如果其顺序不对，那么就交换位置，直到所有的顺序都正确，并且固定下来。快速排序算法的思路与冒泡排序的思路类似，在序列中选择一个元素，每次将左边比它小的元素交换到右边，将右边比它大的元素交换到左边，直到序列稳定下来。

插入排序是模拟玩扑克牌（见图 6-27）的过程进行的，每次新拿起来一张牌的时候，都会在手中已有的牌中找到这张牌合适的位置，并且将其插入进去。1959 年，在插入排序的基础上，希尔又发明了一种希尔排序，也称为缩小增量排序。其基本思想是将要排序的序列分割成若干个子序列分别进行插入排序，待整个序列中的记录“基本有序”的时候，再对整体进行插入排序。

选择排序是利用选择的策略进行排序，即在序列中首先选出最小（或最大）的数与序列的第一个元素进行交换，然后再在剩下的序列里选择最小的（或最大）的数字与第二个元素进行交换，依次进行，直至交换完毕。在选择排序的基础上，诞生了堆排序，堆排序的思路是根据元素的大小建立一个堆（见图 6-28）。堆分为大顶堆和小顶堆，大顶堆是指堆最顶上的元素是当前堆里最大的，小顶堆是指堆最顶上的元素是当前堆里最小的。建好堆之后，每次从堆顶取走一个元素，调整堆使其仍然维持之前的性质，那么取走的元素最后组成的序列就是一个有序的序列。

归并排序使用的是分治的思想，每次递归地将当前的序列划分为两个小的序列，然后分别进行排序，最后再将这两个序列合并成一个有序的序列。

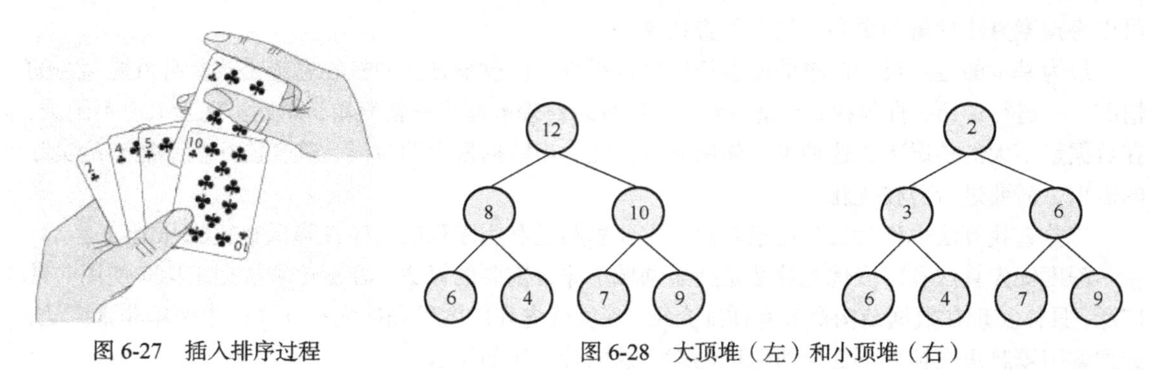

图 6-27 插入排序过程

图 6-28 大顶堆（左）和小顶堆（右）

6.5.3 动态规划

动态规划是运筹学的一个分支，在计算机科学、数学和经济学中被广泛地使用。其主要的思路是将原问题分解为简单的子问题进行处理，然后再使用子问题得到的结果来求解原问题。这里的分解子问题与归并排序中提到的分治思想有很大的不同，分治思想中划分出来的子问题一般都是相互独立的，而动态规划中的子问题之间都有很紧密的联系，如果使用分治思想解决这类问题，那些紧密关联的重复的子问题就会被计算很多次，浪费了时间和空间。而动态规划的想法就是减少这些重复子问题的计算次数，节省时间和空间，为此所采取的措施就是使用一个表来记录子问题的答案，在后续计算的过程中，如果碰到该子问题，如果已经被计算过，那么就使用已经计算过的解来代替当前的值。

动态规划一般分为线性动态规划、区域动态规划、树形动态规划和背包动态规划等。线性动态规划是在一个线性的序列上执行的动态规划过程，其优化的目标和结果往往是寻找全局最优的一种情况，经典的题目有拦截导弹、合唱队形等。区域动态规划是在某个区域内解决子问题，再进行子问题的求解，经典的题目有石子合并、炮兵布阵等。树形动态规划是在树上执行的动态规划过程，是非线性结构的一种动态规划，利用的是树上下层之间的相关性解决子问题，经典的题目有聚会问题、数字三角形等。背包动态规划是从最原始的背包问题衍生出来的一系列限定条件的最优问题。原始的背包问题是指给出一个容量固定的背包和一系列体积、价值已知的物品，问最终装哪些物品才能使背包中物品的价值总和最大。依据这个问题，逐渐衍生出分组背包、部分背包、完全背包等，其原理都是限定条件的最优问题。

6.5.4　贪心算法

贪心算法，又称为贪心思路，是一种在每一步中都选择采取在当前状态下最好或最优的选择，从而导致结果是最优的。贪心算法所做的每一步选择都是局部最优的，而这一类问题恰好可以通过不断寻找局部最优的解来得到最优的解。

贪心算法与动态规划的共同点在于当前的每一步做出的都是局部最优的解，区别在于贪心算法对每个子问题都做出局部最优的解，而且并不回退；而动态规划算法则是根据每一步保存的结果选择继续进行或回退，以保证最后得到的确实是全局的最优解。

对所有的最优化问题，贪心算法并不一定能够得到最优的解，但是有一部分的最优化问题通过贪心算法可以得到最优解，而且对于这些问题，贪心算法一般都是最优的解法。

实现贪心算法的过程一般是从问题的某一个点出发，朝着给定的总目标前进一步或几步，然后依次求出若干个可行的解。图 6-29 所示的是贪心算法的一个例子。

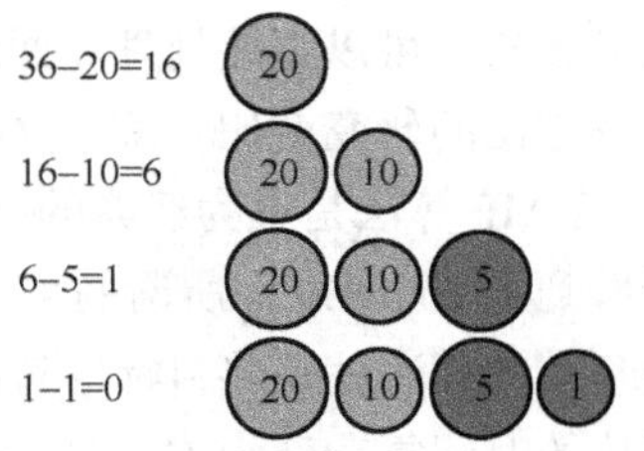

36−20=16　20
16−10=6　20 10
6−5=1　20 10 5
1−1=0　20 10 5 1

图 6-29　贪心算法的例子——找零钱

6.5.5　图论

图论最开始起源于数学的一个分支，而如今在计算机算法领域内，图论也是研究的重点之一。图论中的图是由若干给定的顶点和连接两个顶点之间的线组成的图形，这种图形通常用来描述某些事物之间的关系，用顶点代替事物，用边来代替关系，图 6-30 所示的是图论中的一个图。图论研究的就是这种区域内的问题。

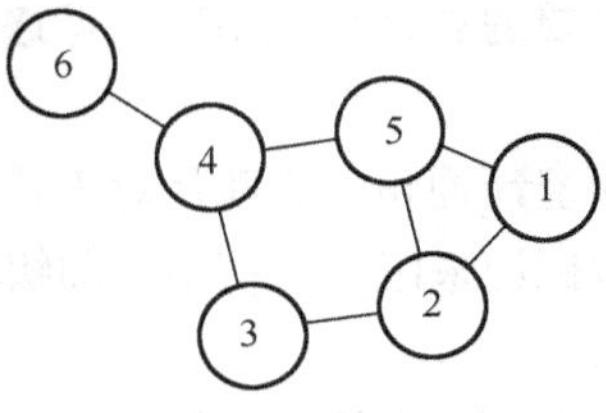

图 6-30　图论中的一个图

图论研究的问题涵盖了图的方方面面，从最简单的图的计数问题到复杂的染色问题等，其具体的划分如下。

（1）图的计数问题：图的计数问题是统计图当中顶点、边或者特定子图数量的问题。

（2）子图相关的问题： 子图是由图中一部分顶点、边构成的图，子图研究相关的问题有子图同构问题、最大团问题和最大独立集问题等。

（3）染色问题： 染色问题研究的是对图上的顶点或边进行染色问题，如经典的四色问题、完美色问题、曲面染色等问题。

（4）路径问题： 图的路径问题主要涉及的是图中最短路的问题或最小生成树的问题，如哥尼斯堡七桥问题、中国邮路问题、旅行商人问题等。

（5）网络流与匹配： 网络流问题是研究在图上假定的金钱流、费用流流动产生的效应问题，有经典的二分图匹配、最小费用最大流、最小割问题等。

（6）覆盖问题： 覆盖问题解决的是在图上覆盖顶点或边的范围大小的问题，经典的问题有最大团问题、最大独立集问题和最小覆盖集问题等。

在图论的研究领域内，有一些经典的算法一直在被使用着，而且时刻就体现在我们的生活中。如 Dijkstra's Algorithm 主要用来求图上两点之间的最短距离，在现在路由器和导航系统的寻路模块中仍然被广泛使用。Prime Algorithm 和 Kruskal Algorithm 是研究从图上求最小生成树的算法，在当今的路桥规划和水利规划等都有广泛的应用。拓扑排序算法是将偏序关系转化为全序关系的算法，在目前社交网络中，Top-K 系统和推荐系统都有一定的应用。关键路径算法原本是寻找图中的最为关键的一条线路的算法，目前在工程管理中的应用已经十分广阔，利用关键路径的方法管理工程的进度。

6.5.6 字符串处理

字符串是最常见的文本形式，可以说任何文本的信息都能使用字符串来表示。在信息的传递中，字符串是主要的形式，因而字符处理也是算法研究的一个重要方面。

字符串，顾名思义，是由一系列数字或字母组成的序列。对字符串的处理基本上分为字符串的基本操作和其他操作。

字符串的基本操作，如插入、删除、大小写字符转化、截取等都是最基本的算法，一般来说比较容易，可以直接处理。而对于字符串的高级操作，如字符串匹配、字符压缩、多模式串的匹配等方面的研究就比较多。这里介绍几个字符串的算法以及其用途。

KMP 算法是最为经典的字符串匹配的算法。该算法将单字符串匹配的时间开销从 $O(n*m)$ 降低到了 $O(n+m)$。所谓的字符串匹配，就是在一个字符串中找到与目标字符串匹配的一个子串，最基本的算法就是将目标字符串的开始位置与当前字符串的每一个位置对齐，并进行比较，这种算法的时间复杂度为 $O(N*M)$，假设目标字符串的长度为 M，当前字符串的长度为 M。而 KMP 算法则是通过分析目标字符串的特征，在当前字符串上不做回溯处理，将查找的时间降低到了 $O(N+M)$。

自动机是对 KMP 算法的一个扩展，KMP 算法只能处理一个目标字符串和当前字符串的匹配问题，而自动机能处理多个目标字符串和当前字符串匹配的问题。其主要的思路和 KMP 的思路是一致的，也是通过分析目标字符串的特征而进行的。

前缀树是以字符串中字符建立的一棵树，其主要目的是压缩存储和统计词频。原理是对于具有相同前缀的字符串，相同的前缀只存储一次，根据尾部的字符或其他标记来区分字符串。前缀树在查找字符串、统计词频以及节省存储空间方面有很大的优势。

后缀树是按照字符串本身的特征建立的一棵树，其提出的目的是用来支持有效的字符串匹配和查询问题。

6.5.7 计算几何

计算几何是计算机算法研究领域内的一个重要的问题，主要研究的是通过计算机来计算复杂的几何问题，探讨几何形体的计算机表示，研究如何灵活、有效地建立几何形体的数学模型以及在计算机中更好地存储和管理这些模型数据。

计算几何研究的范围有二维平面和三维立体空间，其中二维平面的研究居多。基本的研究问题分为矢量的表示和计算、线段与线段之间的关系、线段与多边形之间的关系、多边形与多边形之间的关系以及线段与线段之间的距离等。

另外在计算几何上的一个重要的研究内容是凸包的研究。凸包是可以将给定点完全围住的一个面积最小的凸多边形。在基本的凸包研究中，凸包的寻找过程是将各点按照极角排序之后，然后寻找凸包的边界点。然而如果点集的数量比较大的时候，这样的寻找过程所花费的代价是比较昂贵的。因而人们又提出了寻找凸包的其他几种办法。此外，计算机几何还有研究三角剖分、点集分布等更多的内容。

6.6 经典算法问题简介

算法并不是随着计算机的诞生而诞生的，在计算机和编程语言诞生之前，就曾经有过很多著名的算法问题。在那个时候，这类问题并不被称为是算法问题，但是其问题实质上就是算法。在本节中，我们将介绍几个在计算机领域内著名的算法问题。

6.6.1 哥尼斯堡七桥问题

18 世纪在哥尼斯堡城（今俄罗斯加里宁格勒）的普莱格尔河上有 7 座桥，将河中的两个岛和河岸连结，如图 6-31 所示。城中的居民经常沿河过桥散步，于是提出了一个问题：能否一次走遍 7 座桥，而每座桥只许通过一次，最后仍回到起始地点。当地的人开始沉迷于这个问题，在桥上来来回回不知走了多少次，然而始终却不得其解，这就是著名的哥尼斯堡七桥问题的来源。

图 6-31 哥尼斯堡七桥

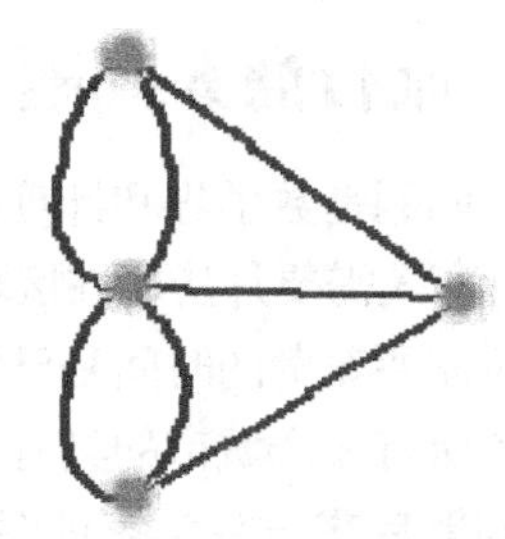

图 6-32 抽象成图论的七桥问题

利用排列组合的知识就可以推断出，七桥问题的总共走法有 7! = 5 040 种。而这么多的情况，如果一一试验的话，那工作量是非常大的。那怎么才能找到这个问题的解呢?

1735 年，几名大学生给当时正在俄罗斯彼得斯堡科学院任职的数学家欧拉写信，求教这一个问题。经过一年的研究之后，欧拉提交了名为《哥尼斯堡七桥》的论文，圆满地解决了这一问题，同时提出了数学和以后计算机学科的一个重要的分支——图论问题。

欧拉的聪明在于其抽象和建模的能力。他将被桥连接的土地视为点，将桥视为线，就将七桥抽象成为了一张图，如图 6-32 所示。这样的话，哥尼斯堡七桥问题就转化成为能否用一笔不重复地画过七条线的问题。若可以画出来，则图形中必有终点和起点，并且起点和终点应该是同一点。对于其中的每个点来说，必有一条离开的线和回来的线，而且这两条线应该不重复。因此，如果能够画出来的话，那么图中的每一个点将会有偶数条线。然而，在图 6-32 中最右边的点有奇数条线，因此这个图无法一笔画成，即“七桥问题”是无解的。

6.6.2 汉诺塔问题

汉诺塔问题源于印度的一个古老的益智游戏。大梵天创造世界的时候做了 3 根金刚石柱子，在一根柱子上从下往上按照大小顺序摞着 64 片黄金圆盘。大梵天命令婆罗门把圆盘从下面开始按大小顺序重新摆放在另一根柱子上。并且规定，在小圆盘上不能放大圆盘，在 3 根柱子之间一次只能移动一个圆盘。问如何移动以及移动的次数。

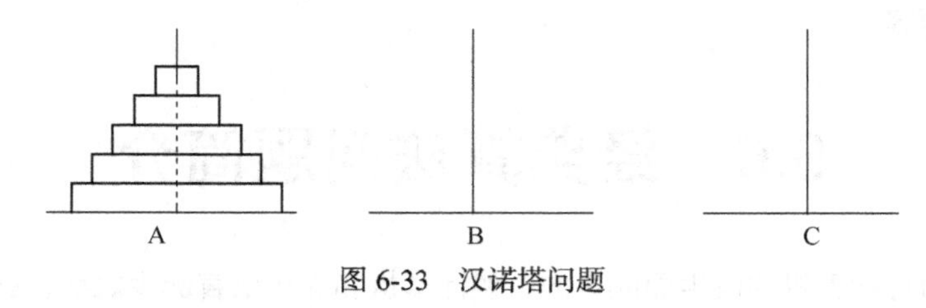

图 6-33 汉诺塔问题

汉诺塔的问题是一个递归的问题，假设汉诺塔上只有一个圆盘，那么直接将该圆盘移动到另一个柱子即可。假设 $f(n)$表示有 n 个圆盘的时候的移动次数，并且已经知道了这 n 个圆盘的移动方法。如图 6-33 所示，那么 n+1 个圆盘的移动方式就很简单，可以将 n 个圆盘视为一个整体，先将其移动到 B 柱子上，然后将最大的圆盘直接移动到 C 柱子上，然后再采取同样的方式将 n 个圆盘移动到 C 柱子上，就完成了整个移动过程，从这个过程可以得出 $f(n+1)=2*f(n)+1$。这样的话，就知道了移动的方式和移动的次数。

从上述的递推公式可知，$f(n)$的最后通项公式为 $f(n)=2^n-1$，可见这是一个多么大的数字，在这个故事中，僧侣们预言，当所有的圆盘都移动完成的时候，世界将会在一声霹雳中毁灭。

6.6.3 旅行商人问题

旅行商人问题是数学界和计算机界的一个非常著名的问题，又称为旅行推销员问题、货单郎问题。一个旅行商人需要拜访所在区域内的所有城市并且最终回到出发的城市，从每个城市到另外一个城市之间所需要花费的时间是已知的，那么怎么样才能用最短的时间完成整个旅途，也就是如何找出一个包含所有 n 个城市的具有最短路径的环路。在一个图上的路径示意图如图 6-34 所示。

旅行商问题后来被数学家证明是一个 NP-hard 问题。NP-hard 问题无法在多项式时间内找到最优的解，找到最优解的花费至少是指数级别，对于一个规模比较大的问题，指数级别的时间是相当大的一个时间复杂度。

对于旅行商人问题，最简单的方法就是枚举法，也就是把所有可能的解都遍历一次然后找到最优的解，其大小是 $n!$。目前这类问题多采用的是启发性的解法，找到一个近似最优的解，如采用遗传算法、贪心算法、模拟退火算法、蚁群算法等。

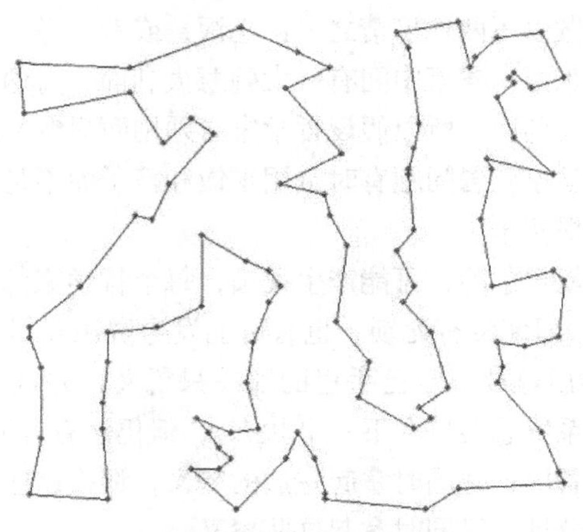

图 6-34 一个路径的示意图

6.6.4 图灵测试问题

图灵测试来源于计算机科学和密码学的先驱阿兰·麦席森·图灵在《计算机与智能》论文中提到的一种测试计算机的方法，主要用途是将人类与无意识的机器进行区别。

图灵测试的内容是，如果计算机能在5分钟内回答由人类测试者提出的一系列问题，且其超过30%的回答让测试者误认为是人类所答，则计算机通过测试。其方法是将被测试人和一个声称自己有人类智力的机器分开。测试人只有通过一些装置（如键盘）向被测试人问一些问题，这些问题随便是什么问题都可以。问过一些问题后，如果测试人能够正确地分出谁是人谁是机器，那机器就没有通过图灵测试；如果测试人没有分出谁是机器谁是人，那这个机器就是有人类智能的。

从表面上来看，让机器学习和回答某一领域内的知识并且编制相应的回答程序似乎并不困难，但是如果提问者不遵循常规，那么机器就很容易被识别出来。图6-35和图6-36所示的两种回答就很容易区别人与机器。

问：你会下国际象棋吗？

答：是的。

问：你会下国际象棋吗？

答：是的。

问：请再次回答，你会下国际象棋吗？

答：是的。

图 6-35 回答样式 1

问：你会下国际象棋吗？

答：是的。

问：你会下国际象棋吗？

答：是的，我不是已经说过了吗？

问：请再次回答，你会下国际象棋吗？

答：你烦不烦，干嘛老提同样的问题。

图 6-36 回答样式 2

显然左边的回答可以明显地辨别出是机器，因为这显然是一种从知识库提取简单答案的做法，而右边的回答则可以看出回答者具有分析和综合的能力。

以目前的技术水平，能制造出可以以假乱真的机器还需要解决很多的技术问题。

6.6.5 哲学家进餐问题

哲学家就餐问题是计算机领域内的一个经典问题。问题可以这样进行表述：假设有五位哲学家围坐在一张圆形餐桌旁，做以下两件事情之一：吃饭，或者思考。吃东西的时候，他们就停止思考，思考的时候也停止吃东西。餐桌中间有一大碗意大利面，每两个哲学家之间有一只餐叉。因为用一只餐叉很难吃到意大利面，所以假设哲学家必须用两只餐叉吃东西。他们只能使用自己左右手边的那两只餐叉。哲学家就餐问题有时也用米饭和筷子而不是意大利面和餐叉来描述，因为很明显，吃米饭必须用两根筷子。

哲学家从来不交谈，这就很危险，可能产生死锁，每个哲学家都拿着左手的餐叉，永远都在等右边的餐叉（或者相反）。即使没有死锁，也有可能发生资源耗尽。例如，假设规定当哲学家等待另一只餐叉超过五分钟后就放下自己手里的那一只餐叉，并且再等五分钟后进行下一次尝试。这个策略消除了死锁（系统总会进入下一个状态），但仍然有可能发生“活锁”。如果五位哲学家在完全相同的时刻进入餐厅，并同时拿起左边的餐叉，那么这些哲学家就会等待五分钟，同时放下手中的餐叉，再等五分钟，又同时拿起这些餐叉。

哲学家问题在计算机领域反映的是计算机资源共享的问题，也是并行计算中多线程同步的问题。一种常用的计算机技术是资源加锁，用来保证在某个时刻，资源只能被一个程序或一段代码访问。当一个程序想要使用的资源已经被另一个程序锁定，它就等待资源解锁。当多个程序涉及加锁的资源时，在某些情况下就有可能发生死锁。例如，某个程序需要访问两个文件，当两个这样的程序各锁了一个文件，那它们都在等待对方解锁另一个文件，而这永远不会发生。

解决哲学家进餐问题的算法有很多，例如服务生算法，引入一个服务生，只有服务生允许之后哲学家才能拿起餐叉，服务生显然会注意到当前的餐桌的状况，如果可能出现死锁，那么就不允许拿起刀叉。还有银行家算法、资源分级算法等。

本章小结

本章的内容主要涉及算法部分。算法是计算机科学中非常重要的一个方面，只要有计算机科学涉及的地方，就会有算法的存在。算法也是计算机科学中最为基本的部分。

算法是对特定问题求解步骤的一种描述，具有有穷性、确定性、可行性和输入输出 5 个特点。在算法设计中，除了需要满足正确性和可读性等目标，更为重要的是满足时间和空间复杂性的要求。衡量算法性能好坏的一个重要指标就是算法的时间和空间复杂度，它们往往都是输入问题规模的一个函数。

数据是指存储在某种介质上并且能够被识别的物理符号，数据结构作用在数据元素上，表示了数据以及数据之间的联系，因此可以把数据结构看作带结构的数据元素的集合，它包括逻辑结构、存储结构和运算三方面。可以采用二元组和逻辑结构图的表示方式对其逻辑结构表示。

数据按逻辑结构可分为集合、线性结构、树形结构、图形结构。数据按存储结构可分为顺序存储、链式结构、索引结构、哈希结构等。

数据结构是对现实中的数据进行抽象，算法是对数据进行运算的步骤，而程序则是为了让计算机能够理解算法、处理数据并输出结果，三者关系为“数据结构 + 算法 = 程序”。

线性结构中，除了开始节点和终端节点之外的每一个节点都有唯一的直接前驱和直接后继，用于描述现实世界中线性的、一对一的关系，最常见的线性结构是线性表和串。线性表按存储方式的不同分为顺序表和链表，按对数据操作方式的不同分为栈和队列。串的所有数据元素全为字符。

非线性结构中，每个节点的直接前驱节点或直接后继节点不再是唯一的，它可以表示数据之间“一对多”和“多对多”的关系，最常见的非线性结构是树形结构和图形结构。

算法和数据结构是一个比较宽泛的概念，研究的领域涉及方方面面。本章列举了几个常见的算法研究的方面，如基本的搜索和查找算法，应用领域比较广泛的排序算法，利用子问题的信息来解决本身问题的动态规划思想，利用局部最优的特殊性来决定最优解的贪心思路，起源于数学的图论分支，在各种应用中最常见的字符串的处理办法以及计算几何问题。

在本章节的最后一节还安排了比较经典的几个算法问题供大家了解。如作为图论起源问题的哥尼斯堡七桥问题、印度古老的汉诺塔问题、现在计算机无法在多项式时间内解决的旅行商人问题、鉴别人和机器的图灵测试问题以及在资源分配中常见的死锁问题等。

习　题

（一）填空题

1. 算法的特征是__________、__________、__________、__________和有输出。
2. __________、可使用性、__________、健壮性和__________是算法的基本设计目标。
3. 数据是指存储在某种介质上并且能够被识别的__________，它是人们对现实世界的事物和活动所做的__________。
4. 可以采用__________和__________的表示方式对数据结构的逻辑结构进行表示。
5. 开始节点是唯一的，而终端节点可以有多个的数据逻辑结构是__________。
6. 图形结构中每个节点的直接前驱和直接后继的数量是__________。
7. 常见的排序算法有冒泡排序、快速排序、__________、__________和堆排序等。
8. 哥尼斯堡七桥问题是算法中__________领域的起源。
9. 哲学家进餐问题主要体现了资源分配中的__________问题。

（二）选择题

1. 下列______不是算法最基本的特征。

   A. 有输出　B. 有输入　C. 有穷性　D. 健壮性

2. 在算法的性能表示中，______是最为常用的评价标准。

   A. 可读性　B. 时空复杂性　C. 可使用性　D. 正确性

3. 在下列时间复杂度的数量值表示中，______是时间复杂度最高的。

   A. $O(\log_2 N)$　B. $O(N^3)$　C. $O(2^N)$　D. $O(N!)$

4. 算法的控制结构不包含下面的______。

   A. 顺序结构　B. 条件分支结构　C. 跳跃结构　D. 循环结构

5. 在算法的流程图表示中，______符号表示算法的输入或输出。

   A. 矩形框　B. 菱形框　C. 平行四边形　D. 圆角矩形

6. 下列______不属于启发式算法。

   A. A*搜索算法　B. 遗传算法　C. 广度优先搜索算法　D. 蚁群算法

7. 下列属于稳定排序的是______。

   A. 冒泡排序算法　B. 快速排序算法　C. 堆排序算法　D. 选择排序

8. 下列______不是研究字符串处理常用的算法。

A. KMP 算法　　B. 前缀树　　C. 后缀树　　D. 哈希数组

9. 哥尼斯堡七桥问题是______算法研究领域的起源。

A. 数论　　B. 图论　　C. 计算几何　　D. 字符串处理

10. 数据结构不包括______。

A. 逻辑结构　　B. 存储结构　　C. 运算　　D. 程序代码

11. 数据运算包括______。

A. 查找　　B. 插入　　C. 删除　　D. 以上都是

12. 线性结构的节点之间具有______的关系。

A. 一对一　　B. 一对多　　C. 多对一　　D. 多对多

13. 树形结构的节点之间具有______的关系。

A. 一对一　　B. 一对多　　C. 多对一　　D. 多对多

14. 图形结构的节点之间具有______的关系。

A. 一对一　　B. 一对多　　C. 多对一　　D. 多对多

（三）简答题

1. 描述算法时间和空间复杂度计算的基本思想。
2. 简要叙述算法 3 种控制结构的共同特点。
3. 简要叙述算法的伪代码表示法的优缺点。
4. 数据结构包含哪 3 方面的内容，每一方面的含义是什么？
5. 简述单链表、双链表、循环链表在结构和功能上的区别和联系。
6. 简要总结一下常见的搜索算法。
7. 简要总结一下常见的排序算法。
8. 简述动态规划和贪心算法的思路。
9. 简要概括图论研究的领域。
10. 简要叙述哲学家进餐问题。

第7章 程序设计

计算机突出的运算能力使其能承担更加复杂、繁重的计算工作，从科学计算到商业软件等各个领域，计算机的出现极大地减轻了人工计算工作量，提高了工作的效率和准确率。然而计算机没有自主分析问题、解决问题的能力，它必须被告知解决问题的每一个步骤，之后才能按照给定的步骤以极快的速度执行运算。所以，当我们想要利用计算机解决某个实际问题的时候，除了需要分析、设计出处理问题的各个步骤，还需要让计算机理解这些步骤。如果说上一章所讲的算法对应的是分析、设计出解决问题的步骤，那么使计算机理解这些步骤的工作则是通过程序设计实现的。本章中我们将对程序设计、编程语言以及程序运行基本原理进行简要介绍，使读者对程序设计有一个初步、整体的认识。

7.1 程序设计简介

也许你已经听说过C++、Java、C#这些计算机名词，它们都是程序设计语言。如果你经常接触计算机，也可能已经对“软件”这个概念有一定的了解。但编程语言和软件都不等于程序设计，它们之间有怎样的联系，程序设计又是如何定义的呢？

7.1.1 程序设计基本概念

程序设计指的是通过某种程序设计语言给出计算机一系列具体执行步骤，达到解决一个实际问题目的的过程，是软件构造活动中的重要组成部分。由程序设计语言编写的代码序列称为程序，编写程序的人员称为程序员。

著名英国诗人拜伦的女儿、数学家艾达·拉芙蕾丝在1842年至1843年间花费了9个月，将意大利一位数学家关于查尔斯·巴贝奇研究分析机的回忆录翻译完成，并在文章之后附加了一个用分析机计算伯努利数方法的实现细节，这被认为是历史上第一个计算机程序，艾达也成为了有史以来第一位程序员。著名的计算机语言Ada语言就是以她的名字命名的。

编写计算机程序的根本目的是利用计算机解决某个实际问题，人类对于现实问题的描述和理解是建立在自然语言（如汉语、英语等人们交流所用的语言）之上的，而计算机执行计算运用的是机器语言（由二进制数代码0、1构成的机器指令集合），目前的计算机还不具备与人类相近的处理自然语言的能力，因此程序设计有两个重要的环节：一是程序员通过对实际问题进行分析，建立起一系列求解问题的步骤，也就是上一章中讲到的算法设计；二是编写代码使计算机理解这些步骤，这样计算机才能按照相应指令执行计算，得到程序预期的结果。

早期的计算机程序员在编程时直接使用机器语言，编写的指令都是 0 和 1 组成的二进制数序列，导致程序编写起来既烦琐又容易出差错。随着编程技术的发展，编程语言从机器语言过渡到汇编语言，之后又产生了高级程序设计语言。程序设计语言则起到了工具和桥梁的作用，它允许程序员用较为接近自然语言的语法编写程序，编写完成的程序通过一定的方法可以被自动转化为机器语言，进而直接交给计算机执行，这不但大幅降低了程序员编码的难度，更提高了编程效率。关于程序设计语言和程序的编译、运行过程，会在后面进行更详细的介绍。

除了设计算法和编写代码两个步骤之外，更详细的程序设计步骤还包括分析问题、对编写完成的代码进行测试和排错等活动。按照处理问题的时间顺序，程序设计可以按以下 5 个步骤完成。

1. 分析问题

对于需要处理的实际问题进行认真、严谨的分析，研究的内容包括：问题领域和范围、给定条件、方法要求、预期目标与结果，找到问题蕴含的规律和可能的解决办法。

2. 设计算法

根据分析问题得到的解决方案设计详细解题步骤，并将这些步骤用伪代码表示。

3. 编写程序

选择合适的编程语言将伪代码编写为可以执行的计算机程序，编写程序的过程中要排查语法错误直到程序可以正常运行。编写程序的过程中写一定量的注释是良好的编程习惯。

4. 运行调试

运行编写完成的程序，得到运行结果。能得到运行结果并不意味着程序一定正确，还需要对程序进行测试，即将程序运行的结果与预期结果进行比对，如果两个结果相同则说明程序正确，如果存在不同则说明程序存在错误，需要对其进行排错（Debug），这一部分的主要错误应为逻辑错误。程序测试指的是检验程序是否正确的过程，而通过人工或编译器对程序进行测试并修正语法错误和逻辑错误的整个过程称为程序调试。对编写完成的程序进行测试和调试是确保程序正确性的必不可少的步骤。

5. 编写文档

编写文档指的是将程序的名称、功能、实现原理、运行环境、安装和运行方法、需要的输入和输出等相关注意事项用文档化的方式记录下来。由于每个程序在编写完成之后有很大的可能会提供给别人使用或者被其他开发人员甚至程序编写者本人进行修改，这时需要一个对程序进行理解的过程，而系统性的程序说明文档会比代码本身更容易理解，因此为程序撰写文档是十分必要的，尤其是中型、大型程序。

7.1.2 程序设计范型

程序设计范型（Programming Paradigm）指的是根据一定形式的过程进行程序设计的方式。根据程序设计过程的不同，程序设计范型可以分为命令型范型、说明性范型、函数式范型以及面向对象范型等。不同程序设计范型呈平行发展趋势，它们代表了构建问题、解决问题的不同方法。

1. 命令型范型

命令型范型（Imperative Paradigm）也称为过程范型（Procedural Paradigm），这种范型关注的是如何让计算机去完成程序要求它做的事情。采用命令型范型的程序设计过程是：程序开发人员需要找到解决问题的算法，并将这个算法表示为一条条命令构成的序列，计算机按照顺序执行这些命令序列，即可对数据进行操作并计算预期结果，命令型范型是最为传统的程序设计方法。

2. 说明性范型

说明性范型（Declarative Paradigm）与命令型范型恰好相反，它不要求程序设计人员提出解决一个问题的具体算法，而是要求通过一定的规范描述要解决的问题，之后说明性程序设计系统会根据问题的描述在预先设定的算法中选择对应的算法来解决问题。虽然对于程序员来说，描述一个问题要比设计问题的算法相对容易一些，但是在说明性范型中，更加困难的一点是：对于说明性范型的程序设计系统来说，如何预先设置解决问题的算法。通过不断的探索，计算机科学家们发现数学里的形式逻辑学提供了一种简单的、适用于通用的说明性程序设计系统的问题求解算法，形式逻辑的应用不但加速了说明性程序设计的发展，更促使了逻辑型程序设计语言的产生。逻辑型程序设计语言以形式逻辑为基础，主要建立在关系理论和谓词理论等基础之上。具有代表性的逻辑语言有 Prolog 语言（Programming in logic，Prolog）以及数据库结构化查询语言（Structured Query Language，SQL）等。

3. 函数式范型

数学中将接受输入、产生输出的实体称为函数，函数式范型（Functional Paradigm）就是基于这种思想产生的。采用函数式范型的程序设计系统中有许多预先定义的或程序设计人员自主编写的函数，每个函数接受输入参数，执行一定的功能，将运算结果作为输出。函数式范型的程序则由一系列函数堆叠、嵌套而成，程序接受用户的输入数据作为某个函数的输入，当前函数的输出结果又成为另一个函数的输入，这样数据便在一个个函数中被传递和计算，直到程序的最后一个函数产生输出，这个输出便是整个程序的执行结果。对于无需了解程序实现细节的用户来说，程序接受输入数据、执行运算并产生输出结果，这种整体上的输入—输出关系使程序从外部看来也是一个函数。

4. 面向对象范型

面向对象范型（Object-Oriented Paradigm）是目前软件开发领域应用最为广泛的一种开发模式，采用面向对象范型的程序设计过程称为面向对象程序设计（Object-Oriented Programming，OOP）。面向对象思想最重要的特点是提出了对象和类的概念，现实中人们要研究的任何事物都可被看作“对象”，它可以是具体的，如一辆汽车、网页中的一个表格、正整数等；也可以是抽象的，如一种规则、一个计算机要处理的事件等。对象拥有自己的属性和方法，可以用来对其进行定义和操作，如将汽车看作一个对象，它可以有“品牌”“型号”“价格”等属性，“买入”“出售”“加速”“转弯”等方法，面向对象的程序正是通过这些方法进行对象之间的交互从而解决问题的。面向对象的思想除了在软件开发的其他方面如面向对象的分析（Object-Oriented Analysis，OOA）、面向对象的设计（Object-Oriented Design，OOD）等方面有所涉及，在软件领域之外的广泛范围也都有深入的应用。

扩展阅读：函数式范型与命令型范型区别

利用函数式范型设计的程序强调整体上的设计方式为函数的嵌套联合体，而命令型范型程序强调一条一条按顺序执行命令，并将命令执行的中间数据存储起来以便之后的命令使用。下面举例说明，假设要利用程序计算数学式子：$(a+b) * (c + d)$。若采用函数式范型，我们构建两个函数，名称分别为 Mul 和 Sum，它们分别接受两个数值作为输入，Mul 函数计算两个数值的乘积，Sum 函数计算两个数的加和，则最终的程序代码结构可表示为：

```
Mul(Sum(a, b), Sum(c, d));
```

关于函数我们将在本章后面再进行介绍，目前只需知道函数后面的括号中表示的是函数接受的参数，则上面一行代码是两个函数的嵌套结构：Mul 函数接受两个 Sum 函数的结果作为参数。若用命令型范型重新设计相同功能的程序，则结构为：

```
tempVariable1  ←  a + b;
tempVariable2  ←  c + d;
answer ← tempVariable1 * tempVariable 2;
```

这段程序包含 3 条语句，其中每条都会按顺序被执行，执行的结果被暂时存储起来：先将 a、b 的和存储在临时变量 tempVariable1 中，再将 c、d 的和存储在临时变量 tempVariable 2 中，最后将 tempVariable1 与 tempVariable 2 的乘积存储在变量 answer 中（可先将变量看成存储结果的名字）。与命令型程序不同，函数式程序由单个语句组成，程序的每个结果都会立即传送到下一个函数式程序。

7.2 程序设计语言

程序设计过程中最重要的工具之一就是程序设计语言（Programming Language），也称为编程语言，指的就是用来定义计算机程序的形式语言。通过使用程序设计语言向计算机发出指令，程序员才能准确地定义在不同情况下计算机应当执行的操作和需要使用的数据。

第一个编程语言的出现甚至早于计算机的诞生。19 世纪初发明的提花机可以运用打孔卡上的坑洞来表示缝纫机织布的手臂动作，进而自动化产生装饰图案，因此这种打孔卡的坑洞在一定意义上也属于控制机器的指令，成为编程语言的先驱。事实上这种在卡片或纸带上打孔的做法在计算机发明之后也一直是编程的主要方式，直到磁鼓作为内存使用为止。

自 20 世纪 60 年代以来，世界上公布的程序设计语言已有近千种之多，而真正得到广泛应用的只有一小部分。计算机程序设计语言按照发展历程一般被分为机器语言、汇编语言和高级语言 3 个阶段。

7.2.1 机器语言与汇编语言

1. 机器语言

机器语言（Machine Language）是由二进制编码指令构成的语言，使用机器语言进行编程主要存在于计算机发展的早期阶段，机器语言是一种依附于机器硬件的语言，编程的主要方式是在卡片或纸带上打孔，用光束是否通过表示二进制中“0”和“1”两个状态。

每种计算机的处理器都有自己专用的机器指令集合，这些机器指令由两部分构成：操作码（Op-code）和操作数（Operand），其中操作码用于说明指令的功能，操作数用于说明参与操作的数据或数据所在的地址单元，这些指令能被处理器直接执行。由于指令的个数有限，所以处理器的设计者列出所有指令，并给每个指令一个二进制编号作为表示，操作数的表示也采用二进制，这样一来机器语言中的每一条指令都是由二进制数“0”和“1”组成的很长的字符串。加上操作码的功能有限，每条指令仅能完成最基本的处理任务，致使采用机器语言编写的程序包含的指令数目往往非常庞大。

如图 7-1 展示的 3 条指令所完成的工作仅仅为：将两个内存单元中的数据相加并存入另一个内存单元。可见直接使用机器语言进行编程是十分困难的，虽然计算机理解机器语言十分容易，但是它与程序员所使用的自然语言相差太远。利用机器语言编程时，程序员必须熟记处理器包含哪些指令，每条指令对应的二进制代码是什么。对于完全由 0、1 组成的程序，程序员在编写过程中容易产生错误，理解和修改都十分困难。

指令	注释
0001 0101 01101100	//把内存地址 01101100 中的数据装入寄存器地址 0101 中
0010 0101 01101101	//把寄存器 0101 和内存 01101101 中的数相加，结果存回寄存器 0101
0011 0101 01101110	//把寄存器 0101 中的数据存入内存地址 01101110 中

图 7-1　机器语言编程示例

2. 汇编语言

汇编语言（Assembly Language）出现于 1952 年，由于程序开发人员直接使用机器语言编程的十分不便，于是在机器语言的基础上，采用字符和十进制数代替二进制数对机器指令中的操作码和操作数进行标示，其中代替二进制操作码和操作数的字符和数字称为助记符，由助记符构成的语言称为汇编语言。汇编语言也是一种依附于硬件的语言，即程序中的指令是与机器相关的，一台机器上的汇编程序不能直接移植到另一台机器上，因为它们的处理器对应的指令可能不同，寄存器和内存配置也可能不同。

用汇编语言编写的指令与用机器语言编写的指令存在一一对应的关系，但是通过运用助记符，使程序在语义上有了一定意义（如用 MOV 表示移动数据，可看成 move），能够更加容易地进行记忆、编写和理解。例如，图 7-1 所示的用机器语言编写的程序用汇编语言进行编写之后为图 7-2 所示。

指令	注释
MOV R5，X	//把内存 X 中的数装入寄存器 R5 中
ADD R5，Y	//把寄存器 R5 中的数与内存 Y 中的数相加，结果再存回 R5 中
MOV Z，R5	//把寄存器 R5 中的数存入内存 Z 中

图 7-2　汇编语言编程示例

虽然汇编语言相比于机器语言有容易识别和理解的优点，但是汇编语言同样存在一些不足：第一，如同上文所述，汇编语言依然是依附于机器的语言，可移植性非常差；第二，汇编语言不能直接运行，程序员用汇编语言编写程序之后，还需要用一种特殊的翻译程序将汇编语言翻译为机器语言，之后计算机才能运行该程序；第三，汇编语言与机器语言没有本质上的不同，对于一般人来说仍然是难以记忆和运用的，需要编程人员从机器语言的角度一小步一小步地思考，而且要对计算机硬件有一定的了解。

7.2.2　高级程序设计语言

虽然汇编语言的出现大大简化了编程人员编写程序的麻烦，但是用汇编语言编程时仍然需要程序员从机器的角度出发思考问题，编写的每条指令所能完成的工作都是十分“低级”的。如果几条简单指令整合起来能完成一个更加复杂的功能，为何不用一条更加“高级”的指令表示多条“低级”指令完成的任务，达到简化工作量的目的？基于这样的理念，计算机科学家开始开发比低级的汇编语言更易于开发软件的程序设计语言，高级程序设计语言便由此产生了。

首先来看一个例子，图 7-3 展示了图 7-1 和图 7-2 所示的程序用高级语言编写的结果，可以看到原本用机器语言和汇编语言 3 条指令表示的两个数相加的功能在高级语言中被一条指令代替，而且表示方式更接近数学公式和自然语言，可见用高级语言编写程序更加简单，程序更容易理解，程序员可以集中精力在更高的层面上思考问题和设计算法，而不必考虑机器层面的实现细节。

指令	注释
Z = X + Y	//把内存单元 X 与内存单元 Y 相加存入内存单元 Z 中

图 7-3　高级语言编程示例

总结高级语言的特点有：

（1）高级语言更接近自然语言（英语）和数学公式的表达习惯，学习、掌握和使用相比于机器语言和汇编语言更加容易；

（2）高级语言不再依附于硬件，所用的指令与处理器指令无关，使用高级语言编写的程序可移植性和可重用性大大高于使用机器语言和汇编语言编写的程序。此外程序设计人员无需了解硬件知识（如内存、寄存器的结构和运行机制）也能使用高级语言进行编程；

（3）高级语言指令功能集成度较高，程序开发自动化程度高，开发周期短。程序员得到解脱，能够从功能层面直接进行对他们来说更为重要的创造性劳动，而不必考虑机器层面烦琐的细节，提高了编程人员的创造力和程序质量；

（4）高级语言为程序员提供了结构化的、集成度较高的程序设计环境和工具，使设计出来的程序可读性、可维护性和可靠性与机器语言和汇编语言相比也大幅提升。

用高级语言编写出来的程序同样不能直接交给计算机执行，而是需要先通过特定的翻译软件将代码翻译成机器语言代码，但高级语言代码的翻译过程要比汇编语言代码的翻译过程复杂得多，翻译成机器代码后还需要经过连接、载入等一系列过程才能执行。高级语言程序具体的翻译与运行方式将会在本章最后一节为大家进行介绍。

最早的高级语言是美国 IBM 公司的约翰·巴克斯等人于 20 世纪 50 年代中期研制成功的 FORTRAN（FORmula TRANslator，公式翻译程序）语言，用于需要复杂数据计算的科学和工程应用领域，目前，FORTRAN 仍然被广泛使用，尤其是在工程应用领域。FORTRAN 诞生之后，其他早期高级语言如 ALGOL、COBAL、LISP 等也相继产生。随着计算机技术的快速变革与编程语言的不断发展，之后又有大量优秀的高级程序设计语言出现，如 C、C++、Java 等。

高级程序设计语言的出现并不意味着机器语言和汇编语言完全失去了作用，事实上由于机器语言和汇编语言更加靠近机器层面，因此更能够充分发挥计算机的硬件特性，所编写的程序在内存占用量和执行速度上要优于使用高级语言编写的程序，所以在某些对程序规模和效率有严格要求的情况下，机器语言和汇编语言仍旧是程序员优先考虑的对象。

扩展阅读：自然语言与形式化语言

自然语言的定义：自然语言通常是指一种自然地随文化演化的语言。英语、汉语、日语为自然语言的例子，而世界语则为人造语言，即是一种为某些特定目的而创造的语言。不过，有时所有人类使用的语言，包括上述自然地随文化演化的语言，以及人造语言都会被视为“自然”语言。自然语言是人类交流和思维的主要工具，是人类智慧的结晶。

自然语言能表达的事物非常广泛，但是它有两个缺点：

- 歧义性；
- 不够严格和不够统一的语法结构。

例如，普通的一句汉语：“他的小说看不完。”至少存在3种不同解释：

- “他”作为写小说的人，写的小说很多，读者看不完；
- “他”作为收藏小说的人，拥有的小说很多，阅读自己收藏的小说读不完；
- “他”经常在阅读小说，是个小说迷。

对于目前的机器而言，这种歧义性是不能接受的，计算机必须对状态进行准确的判定，因此自然语言在当前的技术下不能直接作为计算机程序设计语言使用。

形式化语言建立于自然语言符号的基础之上，也称科学语言系统，即各学科的专门科学术语符号，该语言符号保持其单一性、无歧义性和明确性。人工语言符号系发展的第二阶段称为形式化语言，它具有如下基本特点：

- 有一组初始的、专门的符号集；
- 有一组精确定义的，由初始的专门的符号组成的符号串转换成另一个符号串的规则；
- 在形式语言中，不允许出现根据形成规则无法确定的符号。

这些特点决定了形式化语言可以作为计算机程序设计语言。

7.2.3 编程语言的分代

从历史上看，编程语言习惯被划分为三代：将机器语言称为第一代语言；将汇编语言称为第二代语言；将所有高于汇编语言的编程语言统称为高级语言，即第三代语言。编程语言的分代通常是为了显示一种新的编程语言所带来的编程模式和编程效率的变革。语言分代越高，说明它对计算机内部硬件细节的抽象层次越高，越远离机器语言编程的模式，语言更加强大、更加灵活，对编程人员来说也更易学习和使用、更加“友好”。而“第四代语言”和“第五代语言”这些短语的出现和流行，都体现了编程语言正在不断发展之中。

自第三代语言之后，对每代语言都没有一个精确、严格的定义，但一般认为第四代语言是“面向问题”的语言。由于近代软件工程实践所提出的大部分技术和方法并未受到普遍的欢迎和采用，软件供求矛盾进一步恶化，软件的开发成本日益增长，导致了所谓“新软件危机”。这既暴露了传统开发模型的不足，又说明了单纯以劳动力密集的形式来支持软件生产已不再适应社会信息化的要求，必须寻求更高效、自动化程度更高的软件开发工具来支持软件生产，第四代语言（Fourth Generation Language，4GL）就是在这种背景下应运而生并发展壮大的。第四代语言的特点是“面向问题”以及“高度非过程化”，它提供了强大的非过程化问题定义手段，用户只需告诉系统做什么，而无需说明怎么做，第四代语言的程序采用的是说明性范型的程序设计。此外第四代语言可以同时处理海量数据还不是只关注内存或寄存器内某个单元的数据，这主要是通过数据库系统的支持。第四代语言还能以数据库管理系统提供的功能为核心，高效地进行数学优化、界面开发和网络编程等，进一步构造了高层软件系统的应用、开发环境。因此使用第四代语言可以呈数量级地提高软件生产率，缩短软件开发周期，提高软件质量。

判断一个语言是否是第四代语言，主要有如下4个标准。

（1）生产率标准：第四代语言的根本目的是大幅度提高软件生产效率，因此第四代语言的软件生产率应比第三代语言提高一个数量级以上。

（2）非过程化标准：第四代语言的特点是“面向问题”，即用户只需告诉计算机做什么，而不必说明怎么做。对于某些复杂的、无法用非过程化语言表示的问题，允许用过程化语言进行表示，但非过程化应是第四代语言的主要特点。

（3）用户友好性标准：第四代语言应具有简单、易学习、易掌握等优点，使用起来方便、灵活，并为用户提供良好的用户界面。

（4）通用性标准：第四代语言不能只应用于某一领域，而应该在一个较为宽泛的范围内具有通用性。

第五代语言的定义更为模糊，一般认为第五代语言是面向问题的语言，即使用该语言编程时不必说明“怎么做”而是只需说明“做什么”。但相比第四代语言，第五代语言的应用更为宽泛，而且第五代语言是基于给定问题的约束条件解决问题，而不依赖程序员编写的算法程序。此外第五代语言更多地涉及人工智能和自然语言处理技术。也许随着计算机技术和编程语言的不断发展，在不远的未来人们完全可以通过自然语言进行编程，我们只要像和朋友对话那样告诉计算机要做什么，计算机会自动完成剩下的事情。如果这种设想真的成为现实，那计算机行业将会发生颠覆性的变化。

7.3 程序设计基础

本节中，我们将以C语言为主，其他高级语言为辅，为读者介绍程序设计的一些基础，包括程序设计语言的语法元素和功能等概念。请注意，本节的目标并不是使读者掌握一门单独的编程语言，只是在整体上对编程的概念和方法做一些了解，如需进行编程，请参阅更专业的书籍。

之所以选择C语言作为例子，是因为C语言是一种通用的、结构化的程序设计语言，它的语法简单但功能全面，既能编写系统和应用软件，也能进行数据处理和数值计算。C语言在高级语言中最具代表性，比较流行的C++、C#语言均是在C语言基础上发展而来的，而且C语言的语法结构与其他高级语言如Java等具有很大的相似之处，具备了C语言的知识再学习其他语言会比较容易。

C语言的主要特点如下：

（1）简洁、灵活。C语言语法简单，提供了丰富的数据类型和数据操作，程序设计自由度较大，编程十分灵活；

（2）模块化、结构化。C语言编程主要采用命令型范型，对初学者来说容易理解，编写的程序层次清晰，便于按模块进行组织，易于实现程序结构化；

（3）功能强大，效率较高。C语言既支持高级语言的功能，也能实现汇编语言的大部分功能，可以直接访问物理地址，对位进行操作。用C语言编写的程序只比用汇编语言编写的程序效率低10%～20%，相比其他高级语言有很高的执行效率；

（4）适用范围大，可移植性好。由于C语言在不同机器上80%以上的指令是相同的，因此用C语言编写的程序可以很容易地移植到不同型号的计算机上。

7.3.1 语法元素划分

我们使用汉语写的文章由句子构成，句子由词汇根据一定的语法规则构成，词汇又由汉字构成，则汉字、词汇、句子等就是汉语文章的语法元素，我们所写的文章不能包含语法元素之外的成分。与写文章相同，编写程序时也需要使用固定的语法元素，并按照一定的语法规则进行书写。程序设计的语法元素主要包括字符集、标识符、运算符、表达式、语句、注释等。

1. 字符集

字符集规定了在编程时可以使用的符号集合，只有字符集中存在的符号才能出现在编写的程序当中。C语言的字符集包括以下几种。

（1）大、小写英文字母："A，B，C，…，X，Y，Z；a，b，c，…，x，y，z"。

（2）数字："0，1，2，3，4，5，6，7，8，9"。

（3）标点和特殊字符：如"!，@，#，$，%，+，-，="等。

（4）转义字符：由反斜杠和一些字母组合的形式构成，主要用来对输出格式进行控制，例如"\n"表示在输出时换行。类似的还有"\t，\v，\b，\r"等。

（5）空白符：空格符、制表符和换行符等统称为空白符。空白符在程序中出现时只起到间隔作用，编译程序对它们忽略不计。因此，在程序中使用空白符与否，对程序的编译不产生影响，但在程序中适当的地方使用空白符将增加程序的清晰性和可读性。

（6）界定符：用于标记语法单位的开始和结束。例如，许多语言用大括号"{、}"表示一段程序或子程序的开始和结束，小括号"(、)"通常用于改变运算的优先级等。

2. 标识符

用高级语言编程时，需要先对所使用的对象（如数字、字符串等）起一个名字，之后通过这个名字才能使用相应的对象。C语言中各种对象的名字用标识符表示，C语言规定，标识符是由字母、数字和下画线3种字符构成的字符序列，且序列的第一个字符必须是字母或下画线。虽然在编程时可在符合规则的前提下对对象任意命名，但为了增加程序的易读性、方便自己和其他程序员理解程序，推荐用有实际意义的词汇作为标识符。

并不是所有字符都能作为标识符，有一类特殊的字符称为关键字或保留字，指的是在编程语言中已经被定义的字符，程序编写人员不能再使用这些字符来命名其他对象。这些保留字通常是语言自身的一些命令或特殊的符号等，如C语言声明数据类型（稍后将会介绍）的保留字：char、float、short等，以及表示子程序返回命令的return等都是保留字。

3. 运算符

运算是对数据进行加工的过程，用来表示各种不同运算的符号称为运算符，参加运算的数据称为运算对象。运算符能将数据组合起来构成更高级别的语法元素，它一般是字符集中的特殊符号或特殊符号的组合。按照参与运算的对象的数量，运算符可分为单目运算符（一个运算对象）、双目运算符（两个运算对象）、三目运算符（三个运算对象）；按照执行的功能，运算符可分为：算术运算符（用于计算加、减、乘、除、求余的基本算术运算）、赋值运算符（将一个数值或一些数据的计算结果赋值给另一个数据）、关系运算符（比较两个数据的关系）、逻辑运算符（对两个数据执行布尔运算）、位运算符（对二进制数的比特位进行运算）和特殊运算符（如自增运算、自减运算等）。

如同我们在使用四则运算时有"先乘除，后加减"的运算规则一样，编程语言的运算符也有优先级的区分：一个用运算符连接的数据计算表达式在执行计算时，总是先执行优先级高的运算，再执行优先级低的运算。例如，算术运算符中，乘、除运算的优先级高于加、减运算，而赋值运算的优先级一般低于其他运算。然而，无需花费精力去记忆众多运算符的优先级，因为在编程时总是可以通过添加小括号"( )"的方式改变运算优先级，使小括号内部的计算优先执行。

4. 表达式

将同类型的数据用运算符号按照一定的规则连接起来，形成有意义的式子即称为表达式（Expression）。表达式以语言描述的形式表示了数据的运算，根据表达式功能的不同，表达式分为算术表达式、赋值表达式、关系表达式等；根据参与运算的数据的不同，表达式分为算术表达式、逻辑表达式、字符串表达式等。表达式应该能计算出一个与表达式类型相对应的结果，例如算术表达式的计算结果应为一个数值，逻辑表达式的计算结果应为一个表示真、假的布尔值，字符串表达式的计算结果应为一个字符串等。如果参与运算的数据都是常量（即在编程时就确定的值），那么表达式计算结果也是常量；如果参与运算的数据存在变量（即在程序运行过程中才能确定值），则表达式的计算结果也是变量或算式。此外单个的常量、变量、函数都可以看作表达式，表达式是语句的重要组成成分。

5. 语句

语句是构成程序代码的主要成分，它表示了程序执行的步骤，也决定了程序可以完成的功能，语句的语法直接影响语言整体的易读性和易使用性。算法的实现依赖程序中每条语句所能完成的功能，语句按照能完成的功能可以分为：表达式语句（由表达式构成，用于执行运算）、函数调用语句（调用特定函数来完成相应功能）、控制语句（控制程序的流程以及具体的执行步骤）。多条语句可以整合起来看作一条语句使用，我们将单独的一条语句称为简单语句，将多条简单语句构成的语句称为复合语句或嵌套语句，不包含任何内容的语句称为空语句。

6. 注释

注释指的是代码编写人员为了帮助自己或其他可能阅读程序的人员更好地理解程序而写的对程序中的代码的解释。注释不会被编译，编译器在扫描到注释时会自动跳过而继续处理后面的语句，只有具有实际意义的语句才会被编译，因此写注释并不会影响程序编译、运行的效率。在编写程序时，适当添加注释是良好的编程习惯，书写注释既能帮助程序员理清正在编写的程序的逻辑思路，也能在自己或他人再次使用这段程序时起到帮助理解的作用。C 语言和 C++中采用两种通用的注释方式：用“/*”和“*/”两个符号将需要注释的内容括起来；或者用“//”符号开始一个注释直至行末。两种注释的方式如图 7-4 所示。

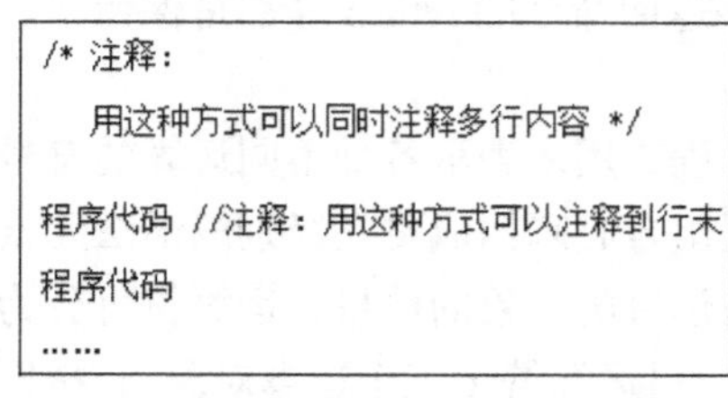

图 7-4　两种注释方式

7.3.2　语法元素功能

不同的语法元素能实现不同的功能，所有语法元素的功能加在一起才能使一个高级程序设计语言完成各种各样的任务。我们将主要对高级语言的数据类型、常量和变量、表达式和语句的功能进行介绍。

1. 数据类型

高级语言编程中程序员可以使用的数据按照类型的不同可以分为基本类型、构造类型、特殊类型等。

（1）基本类型

基本类型指的是通常所用的数据所代表的类型，其特点是：基本类型的值不能再分解为其他类型，即基本类型是自我说明的。一般高级语言的基本类型包括：表示整数类型的 int（简称为整型)、表示浮点类型(又称为实型)的 float(单精度)和 double(双精度)、表示字符型的 char(存储的是字符的 ASCII 码)、表示布尔类型的 bool 等。有些类型还能在类型名之前加上各种修饰成分以区分更详细的类型,如整型 int 既可以直接使用,又可区分为长整型 long int、短整型 short int、正整型 unsigned int 等,这些类型在计算机内存中所占的比特位数不同,表示的数值范围也有区别。值得注意的是,即使是相同的数据类型,在不同的编程语言中表示的数值范围和所占空间大小也可能不同。

(2)构造类型

构造数据类型是根据已定义的一个或多个数据类型用构造的方法来定义的。C 语言中的构造类型主要包括数组、结构体、共用体和用户自定义类型等。一个构造类型的值可以分解成若干个"成员"或"元素",每个"成员"都是一个基本数据类型或构造类型。例如,一个用户定义的结构体可以同时包含整型 int 和字符型 char 两个数据元素,假设将这个新定义的结构体命名为 A,则 A 又可以看作一个新的数据类型,它可以单独使用,也可以成为其他结构体的数据元素。数组的特点是它所包含的数据的类型总是相同的,例如一个整型数组中的每一个数据元素都是整型;用户可以为任何数据类型建立数组,例如对上文的构造类型 A 建立数组,则数组的每一个元素都是 A 类型的数据。用户定义类型包括枚举类型 enum,它使用户可以用已有数据类型对可能有多个取值的数据进行值域限定,能有效地防止用户提供无效数据,枚举类型在 C 语言中是构造类型,但是在 C++、C#等语言中已成为基本类型。

(3)特殊类型

C 语言中的特殊类型主要包括空类型 void 和指针类型。空类型 void 通常用来定义没有返回值的函数。指针类型是 C 语言中一种很重要的数据类型,它是一个用来指示计算机内存地址的数据类型。通过指针,计算机程序可以直接访问内存空间,指针的存在使 C 语言可以在更靠近机器的层面上编程,兼具高级语言和低级语言的特点,这也是为什么 C 语言也被称作"中级语言"。利用指针可以使计算机程序更好地利用内存资源,提高程序运行的效率,但如果指针使用不当,也会带来程序混乱和许多严重的错误,因此在后来的高级程序设计语言如 Java 中,指针类型被取消了。

2. 常量和变量

(1)常量

常量指的是在程序执行过程中其值不能被改变的量。在 C 语言中,常量的类型由常量本身隐含决定,因此可以不说明数据类型就直接使用。例如,整型常量:24、-32、0 等;浮点型常量:12.62、-3.175 等;字符型常量:'A''%'等(字符型常量使用一对单引号括起字符表示);字符串常量:"Hello World!"等(字符串常量使用一对双引号括起的字符串表示)。

(2)变量

变量指的是在程序运行过程中,值可以发生变化的量。变量需要被存储在计算机内存中才能被修改和访问,然而每种数据类型所占内存空间的大小是不一定的,因此变量要先声明数据类型并取一个变量名才能使用。声明变量的数据类型和变量名之后,程序根据变量的数据类型在计算机内存中开辟相应大小的存储空间来存储这个变量的值,程序通过变量名就能访问到这一块内存空间,进而对其中存储的值进行修改,也就是对变量的值进行修改。通过使用变量,我们可以保存一个临时执行的运算结果、存储程序的输入和输出值等,变量是程序动态记录信息的工具。

3. 表达式

将运算数据与运算符通过一定的规则组合起来就构成了表达式,表达式的主要功能由运算符而定，包括算术运算、赋值运算、关系运算、逻辑运算、位运算和特殊运算等。

（1）算术运算表达式

算术运算符有 5 个，加：+，减：-，乘：*，除：/，求余数：%，参与运算的可以是变量也可以是常量，如 3 + 5*8/4，$x*y + 3.14 - n$ 都是算术表达式（其中 x、y、n 是变量）。如果不添加小括号改变运算优先级，则表达式在计算时按运算符默认的优先级执行。参与算术运算的数据不一定是数值类型的数据，例如在有些语言中用加号表示两个字符串的连接，表达式的形式如“Iron” + “Man”，这时表达式的计算结果为“IronMan”也是一个字符串而不是数值。

（2）赋值运算表达式

赋值运算表达式使用赋值运算符：=，形式为：“变量名 = 表达式”，其含义是将右侧表达式的计算结果存入左侧变量名所代表的计算机存储单元中。赋值运算符不是数学中的等号，如赋值表达式 $x=x+1$ 在数学上是不成立的，但却是合法的赋值表达式，表示将变量 x 的值取出加一后再存回 x 中。事实上表示两个数据相等的关系运算符是后面要讲的双等号==，将赋值运算符与表示相等的关系运算符混淆也是编程初学者容易犯的错误。赋值表达式左侧变量的数据类型要与右侧表达式计算结果的数据类型一致，或者两侧数据是相同类型且左侧的精度高于右侧才能形成合法的赋值表达式，否则需要进行强制类型转换。

（3）关系运算表达式

关系运算表达式可以对参与运算的数据进行比较，运算的结果是表示真、假的布尔类型数据。关系运算符有，大于：>，大于等于>=，小于：<，小于等于<=，相等= =，不等 !=，比较的对象既可以是常量、变量，也可以是表达式。例如，3< 5 的结果是“真”，（2+4）!=（2*3）的结果是“假”，另外 $x >= y$，“Here” != “There” 也都是关系运算表达式。

（4）逻辑运算表达式

逻辑运算表达式可以根据布尔运算的真值表对参与运算的布尔类型数据执行运算，得到的结果也是表示真、假的布尔类型数据。逻辑运算有三种，与运算：&&，或运算：||，非运算.!。例如，（3 != 2）&&（5< 4）的结果为“真&&假”，最终为“假”；!（4 > 8）的结果为“真”。

（5）位运算表达式

位运算表达式可以对转化为二进制数据的比特位进行操作，得到的结果也是二进制数。位运算有，左移位：<<，右移位：>>，按位与：&，按位或：|，按位异或：^，按位取非：～。例如，十进制数字 2 对应二进制数 10，左移 1 位变为二进制数 100，对应十进制数 4，则 2<<1 的结果为 4，很容易发现 $x<<n$ 的结果为 x 乘以 2 的 n 次幂，而 $x>>n$ 的结果为 x 除以 2 的 n 次幂。采用移位运算的程序执行效率要比用乘、除法执行同样计算的效率高得多。

（6）特殊运算表达式

C 语言的特殊运算符有自增运算符：+ +，自减运算符：— —和三目运算符：?:。自增、自减运算符都是单目运算符，表达式 x+ +的功能是将变量 x 的值增一再存回 x。三目运算表达式的语法是（表达式 1）?（表达式 2）:（表达式 3），其中表达式 1 的执行结果应为布尔类型，该表达式的功能是：先对表达式 1 进行计算，如果表达式 1 为真，则取表达式 2 的计算结果作为整个表达式的结果；如果表达式 1 为假，则取表达式 3 的计算结果作为整个表达式的结果。

4. 语句

语句是实现程序功能的重要因素，编程时一条语句通常占一行，但有时为了美观也会将多条语句写在一行之中或将较长的语句拆成多行，高级语言的语句大多是以分号“;”作为语句结束的标识。语句按照实现的功能可分为：声明语句、表达式语句、函数调用语句、控制语句、复合语句和空语句。

（1）声明语句

前面介绍过变量在使用之前需要先进行声明，声明语句的作用就是声明变量，语法形式为：

数据类型 变量名;

其中数据类型包括基本类型、构造类型和特殊类型，变量名可以是任何合法的且在一定程序范围内不与其他变量名重复的标识符。例如，声明语句“int classNumber;”就声明了一个名为classNumber的整型变量。可以利用声明语句在声明变量的同时为变量赋值，例如，C语言中语句“bool flag = true;”则在声明布尔类型变量flag时为其赋初值为“真”（表示布尔类型真、假值的true、false均为保留字）。可以在声明语句的数据类型前加修饰词const（constant的简写）使声明的变量成为常类型的变量，常类型变量一旦被赋值之后其值不能被改变，如语句“const int maxNumber = 20;”声明了一个常类型的变量maxNumber并赋初值20，这条语句之后的程序不能再对maxNumber的值进行修改，常类型可以提高程序的安全性和可读性。可以在一条声明语句中同时声明多个类型相同的变量，只要用逗号“,”将变量名隔开即可，如语句“int a,b;”同时声明了a、b两个整型变量。

（2）表达式语句

表达式语句由表达式加上表示语句结束的分号“;”构成，主要执行表达式的算术运算、位运算、赋值运算等。例如，语句“$x= 2 *(2 + x)$;”就是一条赋值表达式语句，它先对赋值表达式右侧的表达式$2 *(2 + x)$进行计算，再将计算结果存储到变量x所代表的内存空间中。又如“$a= 520$;”（赋值），“i++;”（自增运算）都是合法的表达式语句。单独的常量、变量等也是表达式，不过这样的表达式构成的语句虽然合法但没有意义，如语句“38;”在程序中出现不会被报错，但38这个数值既没有被存储起来也没有参与到任何运算当中，因此对于整个程序来说，这条语句是否存在都不会影响程序的执行效果。

（3）函数调用语句

许多高级语言都提供函数的功能，函数可以看作一段子程序，它可以在合法的情况下被主程序调用，接收一定的参数，执行相应的运算，并将结果返回给主程序。其中主程序、子程序的定义是相对的：子程序也可以调用其他函数，这时原来的子程序对于新被调用的函数来说又成了主程序。函数在使用前需要被声明和定义，声明时需要指出函数的返回类型、函数名和参数数据类型，接收参数的数量可以是零个、一个或多个，函数声明的语法格式为：

函数返回类型函数名（参数1类型,参数2类型,…）;

例如，语句“int Sum（int, int）;”定义了一个名为Sum，接收两个整型变量，并返回一个整型结果的函数。函数定义部分则是在特定区域用普通的编程方式说明函数要完成的工作，并根据计算结果返回相应的值。函数在调用时需要指明函数名和实际的参数列表，参数的个数要与函数声明中的参数个数一致，语法格式为：

函数名（实际参数1，实际参数2，……）;

以刚才的Sum函数为例，它的一个合法调用语句为“Sum（12，24）;”，因为Sum函数返回值为整型，所以Sum（12，24）可以看作一个整数使用，如将函数调用语句与赋值语句合并“x= Sum（12，24）;”则是将函数的返回值赋值给变量x。

（4）控制语句

控制语句主要用来控制程序的流程，使程序可以按一定的结构执行。C语言的控制语句可分成三类，条件判断语句：可根据表达式结果的不同执行不同的程序段，如if语句和switch语句；循环执行语句：在表达式是否满足一定要求的情况下重复执行某一程序段，如 do while 语句、while 循环语句和 for 循环语句；转向语句：能改变程序的执行方向，如 break 语句能从一个循环中跳出，return 语句能使函数返回调用它的程序， continue 语句能跳过某些程序段执行后面的程序等。

（5）复合语句

把多个简单语句用大括号“{}”括起来即成为一条复合语句，例如：

```
{
    m = y + z;
    Sum(12,m);
}
```

就是包含了一条赋值语句和一条函数调用语句的复合语句。复合语句可以当作一条简单语句看待，任何可以出现简单语句的地方都可以放一条复合语句，复合语句内部也可以存在复合语句。

（6）空语句

仅由分号“;”构成的语句为空语句，它不执行任何功能，但空语句是有用处的，例如有时根据语法要求在某些地方必须放一条语句，但又不希望程序执行任何操作时，可以在相应位置放一条空语句。

扩展阅读：变量的作用域

作用域（Scope）的概念在许多程序设计语言中非常重要。通常来说，一段程序代码中所用到的变量名并不总是有效或可用的，而限定某个变量的可用性的代码范围就是这个变量的作用域，变量在其作用域内部都能被有效地使用。作用域的使用提高了程序逻辑的局部性，增强了程序的可靠性，减少了相同名字变量的冲突。按照作用域范围的不同，可将变量分为全局变量和局部变量。

局部变量指在某个函数或过程内部定义的变量，只有在定义该变量的函数或过程内部才能使用该局部变量，其作用域是从变量定义语句到函数或结尾的代码段，当局部变量所在的函数执行完毕，局部函数就被释放。局部变量应用广泛，在 C++、C#、Ruby 这些面向对象语言中，一般只使用局部变量。面向对象编程是现在普遍采用的软件开发方法，因此无需考虑是局部变量还是全局变量，说到变量往往都是指局部变量。

全局变量也称为外部变量，它是在函数外部定义的变量，因此不属于某一个函数，而是属于一个源程序文件，其作用域是从定义该变量的位置开始至源文件结束，在全局变量作用域内的任意函数中均可使用该全局变量。在函数中使用全局变量，一般应作全局变量声明。只有在函数内经过声明的全局变量才能使用，但在一个函数之前定义的全局变量，在该函数内使用可不再加以声明。

7.3.3 程序结构

前面介绍了程序设计的语法元素的划分和一些重要语法元素的功能，下面以一段 C 语言代码为例，从整体上介绍程序的结构。

图 7-5 展示了一个 C 语言编程的示例，它完成的功能是读取用户输入的两个整数，调用自定义函数计算它们的和并将结果输出。C 语言程序可以看成函数式范型和命令型范型的合并，每个 C 语言程序都有一个主函数：main 函数（示例程序 7～17 行），它是程序执行的入口，每个程序都从主函数第一行开始执行，直到主函数结束为止，主函数执行过程中可能调用一些系统函数或

用户自定义函数，如示例程序的主函数调用了系统的输入、输出函数 scanf、printf 和用户自定义函数 Sum，所以 C 语言程序从整体上看就是由主函数和系统函数、用户自定义函数构成的，符合函数式程序设计范型，但每个函数内部又是按一条一条的语句执行的，因此又符合命令型程序设计范型，事实上大多高级语言在选择程序设计范型时都不是单一的。

```
1   /*C example program
2     Author: John
3     Date: 12.10.2014 */
4
5   int Sum(int, int);                  //函数Sum的声明语句
6
7   void main()                         //主函数
8   {
9       int a,b;                        //声明整型变量a、b
10      int answer;                     //声明变量answer用于存储结果
11
12      scanf("%d%d",&a,&b);            //调用系统函数scanf读取用户输入值存入a、b
13      answer = Sum(a,b);              //调用自定义函数Sum，将结果存入变量answer中
14      printf("%d",answer);            //调用系统函数printf输出answer值
15
16      return;
17  }
18
19  int Sum(int x, int y)               //函数Sum定义部分
20  {
21      return x+y;                     //Sum接收两个整型参数并返回两个数之和
22  }
23
```

图 7-5　C 语言编程示例

主程序调用函数时涉及程序控制权的转移，主程序执行时控制权在主程序中，当主程序调用了一个函数，则主程序暂停执行，程序控制权转移到函数程序中，函数程序执行完毕，又将控制权交回给调用它的主程序，主程序再从刚才中断的地方继续执行，如果该函数再调用新的函数，则原来的函数成为主程序，依旧按这一规则进行程序控制权的转移，形成多级调用。示例程序的控制流如图 7-6 所示。

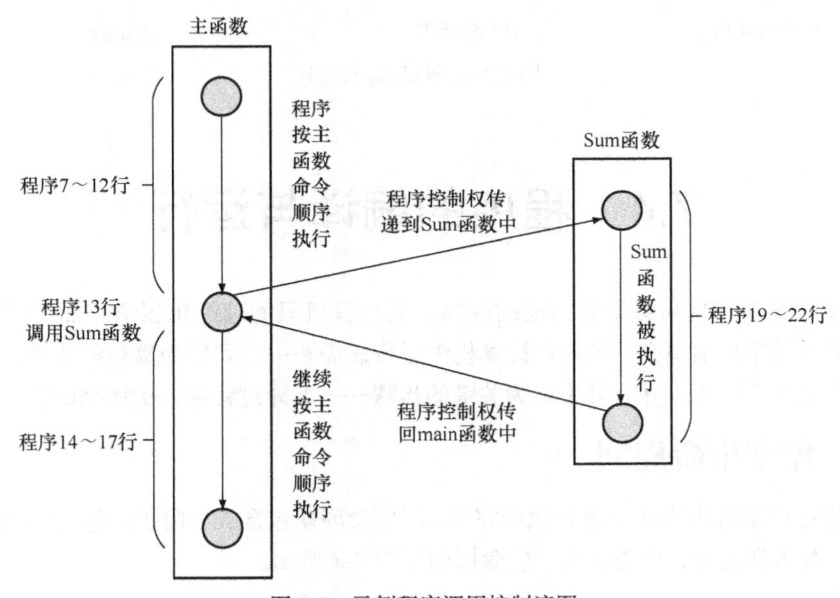

图 7-6　示例程序调用控制流图

一个函数通常能独立地实现一个完整的功能，因此可将每个函数中的代码看成一个程序单元，每个程序单元中的语句可分为两部分：第一部分由声明语句组成，描述该程序单元要操作的数据；第二部分由命令语句组成，描述该程序单元所要实现的动作。例如，示例程序的主函数中，第 9 行、第 10 行是声明部分，而第 12 至第 16 行为命令语句。Sum 函数其实也由这两部分构成，只不过被简化了，示例程序中的 Sum 函数定义部分与下面的代码等价：

```
int Sum (int x, int y)
{
     int m = x, n = y;
     int answer;

     answer = m + n;
     return answer;
}
```

可以发现这样进行定义的 Sum 函数也由声明部分和命令部分构成。命令部分的程序也并非总是严格按照语句一条一条地执行，而是可以通过控制语句实现一定的程序结构。

在算法一章介绍过，任何可计算问题都能通过顺序结构、选择结构和循环结构实现，这 3 种结构通过控制语句转换为程序结构，如图 7-7 所示。

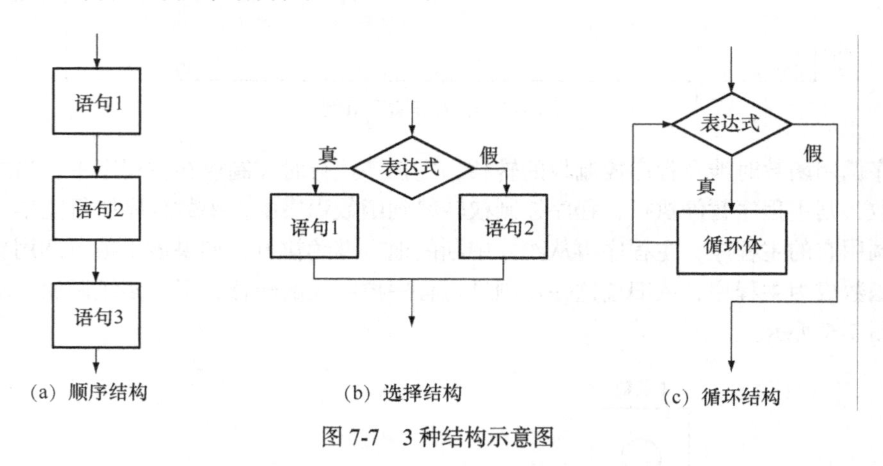

图 7-7　3 种结构示意图

7.4　程序的编译与运行

编写完成的程序只是高级语言构成的代码，而计算机只能理解机器语言而不能理解高级语言，因此计算机程序从编写完成到能在计算机中运行还需要一系列较为复杂的步骤，我们在本节中将对这些步骤进行简介，并对其中最为关键的步骤——编译过程进行更详细的介绍。

7.4.1　程序生命周期

一个典型的 C 语言程序从创建到执行完毕，其生命周期包含 6 个阶段，它们是编辑、预处理、编译、连接、载入和运行，C 语言程序生命周期如图 7-8 所示。

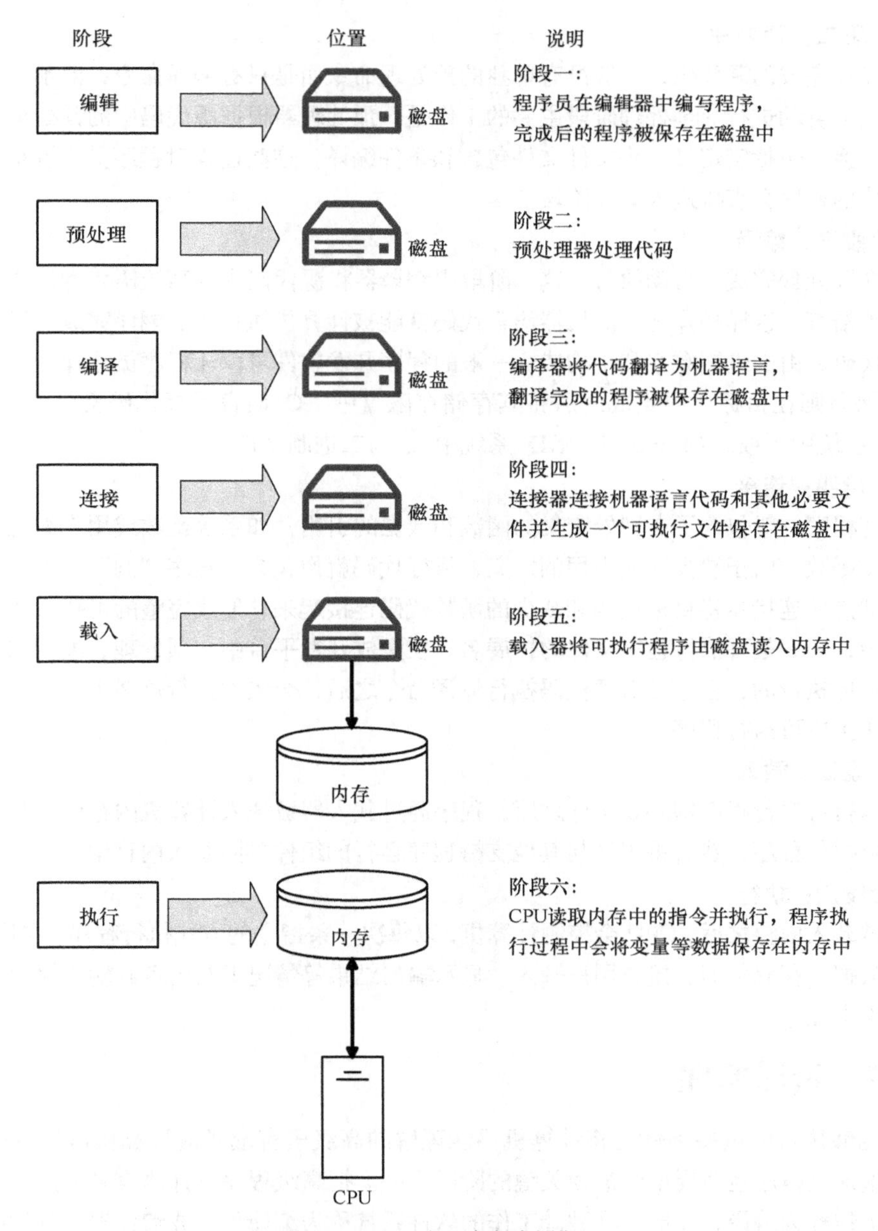

图 7-8　C 语言程序生命周期

1. 阶段一：编辑

这一阶段中程序员利用编辑器（也是一个计算机程序）进行代码的编写，进行任何必要的修改，并将编写完成的代码保存在计算机磁盘中。任何可以处理文字的软件都可以当编辑器使用，从简单的 Windows 自带的记事本，到专门用来编写程序的集成软件如 Codeblocks、Visual Studio 等，都能完成编辑器的功能，只不过记事本仅能完成编写代码并保存的功能，而集成的编程软件则提供了从编辑到编译、执行、调试的全部功能，更为强大且便捷，因此通常的程序开发都是在集成的开发软件中进行的。这一阶段生成的文件称为源代码，通常以一个独特的扩展名命名以表示编程使用的语言，如 C 语言源代码的扩展名一般为.c，C++源代码为.cpp 或.cc，Java 源代码为.java 等。

2. 阶段二：预处理

对于编写完成的源代码，一般没有单独的预处理命令而是只有编译命令，但预处理过程会在编译过程之前自动进行。预处理阶段主要的工作是：预处理器根据源代码中的预处理指令进行一些文本的替换，包括宏定义、头文件文件包含和条件编译，这些过程对程序员来说是不可见的，预处理完成的程序会直接进入编译阶段。

3. 阶段三：编译

编译在预处理完成后自动执行，这一阶段中编译器将源代码中的高级语言翻译成计算机可以理解的机器语言，这样翻译之后的机器语言代码就能被计算机执行了。翻译完成的机器语言代码称为目标代码，由二进制数 0 和 1 构成。一般的程序开发软件可以让程序员选择是否保留目标代码，如果保留则在目标代码生成之后将其存储在磁盘中，C 语言目标代码文件的扩展名为.obj（Windows 系统中）或.o（Linux 或 UNIX 系统中），为二进制文件。

4. 阶段四：连接

C 语言程序一般包含了在别处定义的函数和数据的引用，如系统函数或用户编写的其他文件中的数据或函数，由于缺少这些引用的定义，目标代码就像包含了很多“洞”一样，连接阶段的主要任务就是使连接器将目标代码和缺少的函数代码连接起来，形成完整的可执行程序并将其存储在磁盘中，.exe 是可执行程序文件的扩展名。在集成开发平台中，预处理、编译和连接通常是作为一个整体执行的，程序员对源代码执行编译命令之后，会依次执行这 3 个阶段，如果没有错误，则直接生成可执行程序。

5. 阶段五：载入

用户运行可执行程序即.exe 文件之后，程序通过载入器被载入计算机内存中。载入器首先从磁盘读取可执行程序，然后将程序与其他支持程序运行的组件共同载入内存中。

6. 阶段六：执行

程序被载入内存之后，CPU 会控制计算机，以每次一条指令的方式执行程序。在执行过程中，会在读取数据、存储数据、接收用户输入、显示输出结果等情况下与内存和输入输出设备等计算及部件产生交互。

7.4.2 编译原理

程序能够执行的重要条件是将计算机不能理解的高级语言翻译成计算机可以理解的机器语言，因此编译是程序生命周期中最为关键的阶段之一。把高级程序设计语言翻译成汇编语言或机器语言的工作称为编译，完成这项翻译工作的软件系统称为编译程序或编译器。具体的编译器构造与编译过程的复杂程度与其要翻译的源语言有关，一个典型的编译过程包含了词法分析、语法分析、语义分析、代码生成、代码优化这 5 个步骤，它们按顺序执行，过程中又会设计出错处理和符号表管理两项工作，其模型如图 7-9 所示。

1. 词法分析

词法分析的功能是按每行从左至右逐个字符的顺序对源程序进行扫描，将字符串形式的源程序分解为具有独立语法意义的单词符号（token）。源程序的每一行都是由编写程序的高级语言字符集中的字符组成字符串，包括大小写英文字母和一些特殊符号等，词法分析的工作是在这些字符串中识别出最基本的语言结构，如变量名、常量、关键字、分界符和操作符等。源程序中的注释和空格会在词法分析时被过滤掉，执行词法分析的代码段也称为词法分析器。

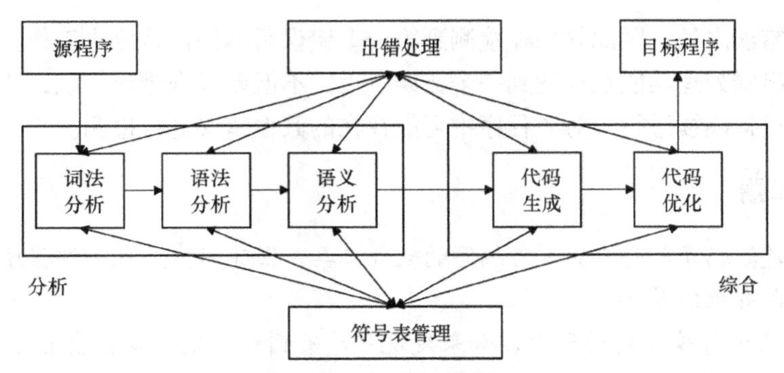

图 7-9　典型编译程序模型

2. 语法分析

源程序经过词法分析以后对于编译器来说已经不是由一个个字符构成，而是由词法分析得到的单词构成，语法分析的功能就是在由单词构成的代码中识别出高级语言的各种语法成分，并进行语法检查。语法分析程序会根据预先建立的语法规则将多个单词的组合识别成更高一级的语法元素，如变量声明、表达式、语句和函数等，并可建立起一棵语法分析树（简称语法树），树的结构就是相应语法元素的语法规则，树叶子就是组成该语法元素的单词。

3. 语义分析

语义分析的功能是通过对语法分析建立的语法树做进一步语义分析，进而识别语法元素含义，确定语法元素的功能。语义分析同时还会执行语义检查和中间代码生成。中间代码是介于源代码和目标代码之间的代码表达形式，它与机器无关，使用它便于代码优化和编译程序的移植。常用的中间代码有三元式、四元式、波兰表达式等。

4. 代码生成

代码生成阶段可将语义分析生成的中间代码转换为汇编语言或机器语言。同一段源程序生成的目标代码不一定都是相同的，它与具体的机器结构、指令格式、字长等因素均有关系，因此高级语言的多样性和计算机结构的多样性为代码生成理论研究和实现技术带来了很大的复杂性。

5. 代码优化

进行代码优化可以获得更高效的目标程序，在确保源代码功能不变的前提下，使目标代码更加简短，以减少存储空间和运行时间。优化分为两类：一类是对语法分析输出的中间代码进行优化，它不依赖于计算机；另一类是在目标代码生成时进行的，它相比于对中间代码的优化更依赖于计算机。第一类优化又根据优化涉及的程序范围分为局部优化、循环优化和全局优化三种，在局部范围内可能做的优化包括常数表达式的计算，操作符的某些特性如结合性、可交换性和分配性的使用以及公共子表达式的检测等。

6. 符号表管理

编译程序需要做的一项重要工作就是记录源程序中所使用的标识符以及标识符的属性，例如，当标识符是变量时，需要记录变量的类型、存储分配等；当标识符是函数名时，则需要记录参数的个数和类型、函数的返回值类型等。这些信息的记录是通过符号表实现的，符号表是用于保存每个标识符及其属性信息的数据结构，符号表能使编译程序快速地找到每个标识符的数据信息，因此在整个编译过程中都要时刻维护符号表。

7. 出错处理

编译的各个阶段都有检测出源程序有错误的可能，编程人员希望通过一次编译就能尽可能多地知道源程序的错误之处，因此如果在检测到第一个错误后编译器就停止工作显然是不理想的，这要求编译器的出错处理功能在检测到一个错误以后，不但要报告错误信息，还要能够对错误进行处理以使编译过程继续进行，对源程序中可能存在的其他错误进行检测。

扩展阅读：编译器

值得注意的是，编译器是专业人员编写的软件工具，因此同样是也一种程序。和其他程序一样，编译器本身也有性能差异。

在使用编译器进行编译的过程中，如果发现程序有错误，则编译器会在适当的时候停止编译过程，并分析出错误信息。此时，需要程序设计人员对源程序中的错误进行改正，然后重新进行编译，直到编译器能够顺利地生成目标代码。实际上编译的过程与代码调试的过程经常是一同进行的。

编译器也是一种程序，只不过对于普通的可执行程序而言，它接受的输入是用户的输出或需要处理的数据，它的输出是用户需要的结果；而对于编译器程序而言，它的输入是某种语言编写的程序，即源程序，它的输出是目标语言下的相同程序，即目标程序。

7.4.3 编译与解释

前面介绍的C语言的编译执行方式只是高级语言3种执行模式中的一种。高级语言按照执行模式可以分为编译执行、解释执行和前两者的混合模式三种。

编译执行的高级语言有上文介绍的C语言、C++语言和Pascal语言等，用这种模式的高级语言编写的源代码经过编译之后生成目标代码，目标代码可以连接成为可以直接执行的可执行程序。生成可执行程序之后需要再次实现程序功能时，只要直接运行可执行程序即可，而不必再次编译源代码，效率比较高。

解释执行的高级语言的代表是BASIC语言，用这种模式的语言编写的源代码不需要编译，而是在运行时通过一个专门的解释器在翻译的同时执行程序，每个语句都是在执行时才由高级语言被翻译为机器语言。解释性语言的效率要比编译执行模式低一些，因为由解释性语言编写的程序每执行一次就要翻译一次，而且同时需要源代码和解释器。

混合模式的高级语言的代表是Java语言，Java语言在源代码编写完成后，首先使用编译器将源代码转化成为一个Java特有的二进制文件，称为字节码文件，文件扩展名为.class，字节码文件通过Java虚拟机（Java Virtual Machine，JVM）解释之后便可执行。用户的输入直接被虚拟机接收，虚拟机执行程序产生输出将结果返回。Java程序的执行模式如图7-10所示。

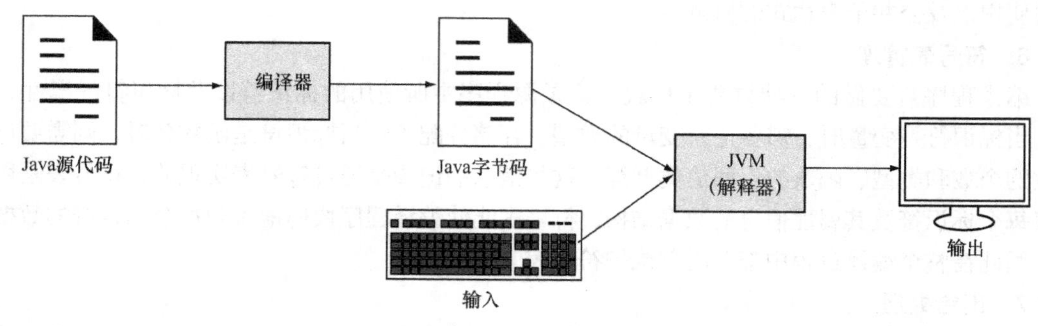

图7-10 Java程序执行模式

Java 程序的这种执行模式带来一个巨大的优点，那就是极大地提升了程序的二进制代码级可移植性。计算机程序是编程人员智慧的结晶，涉及知识产权的问题，因此为了隐藏程序设计细节，行业内人员一般以不能看到源程序代码的可执行文件或二进制代码级文件（如目标程序或字节码文件）作为交付的对象。传统的解释执行类程序由于在运行时需要源代码，相当于公开了程序设计细节，因此一般不作为商业软件采用的程序设计模式。编译执行类程序可以编译生成一个独立于源程序的可执行文件，可以有效地隐藏程序设计细节，但由于编译型语言是直接作用于操作系统的，因而对于运行它的软硬件平台有较强的依赖性，在一个平台上运行得很好的编译型程序在另一个平台很可能不能正常地工作，必须在特定的平台上将源代码重新编译，甚至有时需要修改源代码，才能生成可以在新平台上正常运行的可执行程序，导致这种模式的程序可移植性较差。而 Java 编译得到的字节码文件是与具体硬件平台无关的，它只要有 Java 虚拟机就可以执行，因此只要在不同的计算机上安装了 Java 虚拟机，就能执行字节码文件。通过这种机制，Java 虚拟机把不同硬件平台的具体差别隐藏起来，使得字节码文件可以在任何计算机上执行而不需要修改，而字节码文件是二进制文件，不能从中看出程序的设计细节，从而即达到了保护知识产权的目的，又实现了二进制代码级的跨平台可移植性。

本章小结

程序设计指的是通过某种程序设计语言给出计算机一系列具体执行步骤，达到解决实际问题目的的过程，是软件构造活动中的重要组成部分。由程序设计语言编写的代码序列称为程序，编写程序的人员称为程序员。程序设计可以按分析问题、设计算法、编写程序、运行调试和编写文档 5 个步骤完成。

程序设计范型指的是根据一定形式的过程进行程序设计的方式。根据程序设计过程的不同，程序设计范型可以分为命令型范型、说明性范型、函数式范型以及面向对象范型等。不同程序设计范型代表了构建问题、解决问题的不同方法。

程序设计语言指用来定义计算机程序的形式语言。机器语言是由二进制编码指令构成的语言；汇编语言是在机器语言的基础上，采用助记符构成的语言；高级语言更加接近自然语言。高级程序设计语言的出现并不意味着机器语言和汇编语言完全失去了作用，机器语言和汇编语言更能够充分发挥计算机的硬件特性，所编写的程序在内存占用量和执行速度上要优于使用高级语言编写的程序。

从历史上看，编程语言习惯被划分为三代：将机器语言称为第一代语言；将汇编语言称为第二代语言；将所有高于汇编语言的编程语言统称为高级语言，即第三代语言。第四代语言的特点是“面向问题”以及“高度非过程化”，第五代语言是基于给定问题的约束条件解决问题。

高级语言包括字符集、标识符、运算符、表达式、语句、注释等语法元素，不同语法元素执行不同的功能。程序结构分为三种：顺序结构、选择结构和循环结构，理论已经证明，任何可计算问题的程序都可以用这 3 种结构的程序解决。

一个典型的 C 语言程序从创建到执行完毕，其生命周期包含 6 个阶段，它们是编辑、预处理、编译、连接、载入和运行。一个典型的编译过程包含了词法分析、语法分析、语义分析、代码生成、代码优化这 5 个步骤，它们按顺序执行，过程中又会设计出错处理和符号表管理两项工作。高级语言按照执行模式可以分为编译执行、解释执行和前两者的混合模式三种。

习　题

（一）填空题

1. 公认的历史上第一位程序员是__________，以她名字命名的计算机语言是__________。
2. 早期的计算机程序是用__________语言编写的。
3. 程序设计的5个步骤为__________、__________、__________、__________和__________。
4. 程序设计的范型包括__________、__________、__________和__________。
5. 机器指令由__________和__________构成。
6. 汇编语言中代替二进制操作码和操作数的字符和数字称为__________。
7. 最早的高级语言是____________________。
8. 程序设计中，变量在使用之前要先进行__________。
9. 程序的3种基本结构为__________、__________、__________。
10. 编译过程中负责检测和处理错误的工作称为______________。

（二）选择题

1. 程序设计的步骤不包括________。
   A. 分析问题　B. 设计算法　C. 人工计算　D. 编写文档
2. 按照指令序列一条条执行的程序范型为________。
   A. 命令型范型　B. 说明性范型　C. 函数式范型　D. 面向对象范型
3. 类和对象的概念属于哪种程序设计范型：________。
   A. 命令型范型　B. 说明性范型　C. 函数式范型　D. 面向对象范型
4. 机器语言是由________编码指令构成的。
   A. 二进制　B. 八进制　C. 十进制　D. 十六进制
5. 汇编语言指令与机器语言指令的关系是________。
   A. 汇编语言指令功能更多　B. 机器语言指令功能更多
   C. 两种指令一一对应　D. 没有关系
6. 高级语言特点不包括________。
   A. 接近自然语言　B. 不依附于硬件
   C. 集成度较高　D. 指令难以记忆
7. 以下是C语言合法标识符的是________。
   A. char　B. tempVar1　C. 123john　D. 以上都不是
8. 程序的基本结构不包括________。
   A. 顺序结构　B. 选择结构
   C. 循环结构　D. 树型结构
9. 典型C语言程序生命周期不包括________。
   A. 交付　B. 载入　C. 运行　D. 编译
10. 程序生命周期中将源代码翻译为目标代码的阶段是________。
    A. 交付　B. 载入　C. 运行　D. 编译

11. 编译过程中将字源程序分解为单词的阶段是________。

A. 词法分析　B. 语法分析　C. 代码优化　D. 符号表管理

12. 编译执行式的高级语言不包括________。

A. C　B. C++　C. Pascal　D. BASIC

13. Java 语言的执行模式为________。

A. 编译执行　B. 解释执行　C. 混合模式　D. 以上都不是

14. Java 语言中解释字节码文件的工具称为________。

A. Java 解释机　B. Java 虚拟机　C. Java 编译器　D. Java 运行器

15. 混合执行模式的优点是提高了二进制代码级的________。

A. 准确性　B. 简单性　C. 执行效率　D. 可移植性

（三）简答题

1. 简述程序设计包含的步骤及各步骤工作。
2. 高级程序设计语言有哪些特点？
3. C 语言有哪些特点？
4. C 语言语句按功能可分为哪几种，各种语句功能是什么？
5. C 语言程序的声明周期包含的阶段有哪些？简述各阶段主要工作。
6. 阐述 Java 语言的混合执行模式是如何提高程序二进制代码级可移植性的。

第8章 软件工程

随着计算机科学的迅速发展和对软件需求的提高，能在预期的成本之内完成软件开发工作的难度越来越大，由此诞生了软件工程。本章我们将会介绍软件工程学科的发展、常用的软件开发模型、软件开发方法和软件开发工具，最后还会对软件行业的一些法律和行业道德做简单的介绍。

8.1 软件工程学科发展

软件工程是应用计算机科学与技术、数学、管理学的原理，运用工程科学的理论、方法和技术，研究和指导软件开发与演化的一门交叉学科。通俗地讲，软件工程研究的目的是用工程化的方法开发软件。那么，软件工程学科是怎么来的呢？这就要从软件危机讲起。

8.1.1 软件危机

20 世纪 60 年代以前，计算机刚刚投入实际使用，软件设计往往只是为了一个特定的应用而在指定的计算机上设计和编制，采用密切依赖于计算机的机器代码或汇编语言，软件的规模比较小，文档资料通常也不存在，很少使用系统化的开发方法，设计软件往往等同于编制程序，基本上是个人设计、个人使用、个人操作、自给自足的私人化的软件生产方式。到了 20 世纪 60 年代中期，大容量、高速度计算机的出现，使计算机的应用范围迅速扩大，随着软件开发规模的增大、复杂性以及功能的增强，高质量的软件开发变得越来越困难。具体表现在，难以在规定的时间内完成开发任务，软件产品的质量得不到保证，开发人员开发的软件不能完全满足用户的需求等。软件开发过程中遇到的这些问题严重影响了软件产业的发展，这一时期也成为了软件开发的瓶颈期，所以称之为软件危机。

软件危机中典型的案例就是 IBM 公司的 OS/360 项目和 Therac-25 事件。OS/360 项目是 IBM 公司为自己的大型机开发的一个操作系统，该项目在 Frederick P. Brooks, Jr.带领下，动用了近千名的员工，花费了数十年的时间，最终才完成。这个极度复杂的项目甚至产生了一套不包括在原始设计方案之中的工作系统，与原始的需求有很大的出入。而在事后，Frederick P. Brooks, Jr.承认这是一个失败的项目，并为此花费了数百万美元。

Therac-25 是由 Atomic Energy of Canada Limited 所生产的一种辐射治疗的机器。由于其软件设计时的瑕疵，剂量设定超过安全范围，导致在 1985 年六月到 1987 年一月之间，发生了六起医疗事故，患者死亡或受到严重辐射灼伤。这一事件也唤醒了软件开发工程化管理方法论的省思。

扩展阅读：Frederick P. Brooks, Jr.

Frederick P. Brooks, Jr.是 1999 年的图灵奖得主，他在 29 岁时就主持和领导了 IBM/360 系列计算机的开发工作，并且取得了巨大的成功，与 Bob Evans 并称为“IBM/360 之父”。在 IBM 系列机器成功之后，他回到故乡为北卡罗来纳大学创建了计算机科学系，并且担任了近 20 年的系主任。

Brooks 的著作并不是很多，但影响都很大，有《人月神话》和《没有银弹》。前者被认为是软件工程的经典之作，后者在软件工程领域内引起了巨大的反响。

8.1.2　软件工程的诞生

为了应对软件危机，解决软件开发过程中的问题，北大西洋公约组织（NATO）在 1968 年举办了首次软件工程学术会议，并于会中提出“软件工程”来界定软件开发所需相关知识，并建议“软件开发应该是类似工程的活动”。软件工程自 1968 年正式提出至今，累积了大量的研究成果，进行了大量的技术实践，并通过学术界和产业界的共同努力，软件工程正逐渐发展成为一门专业学科。

经过 40 多年的发展，软件工程已经成为一门独立学科，人们对于软件工程的认识也逐步深入。在现代，软件工程是指应用计算机科学与技术、数学、管理学的原理，运用工程科学的理论、方法和技术，研究和指导软件开发与演化的一门交叉学科。通俗地讲，软件工程研究的目的是用工程化的方法开发软件。

8.1.3　软件工程的内容和意义

软件工程学科是一门新生的学科，经过多年的总结和补充，将软件工程学科包含的内容归纳如下。软件工程学科包含软件工程原理、软件工程过程、软件工程方法、软件工程模型、软件工程管理、软件工程度量、软件工程环境和软件工程应用等。

虽然软件工程概念的提出是在 20 世纪 60 年代，但是其作为一个合理的工程学科存在的时间却不是很长。

IEEE（Institute of Electrical and Electronics Engineers，电气电子工程师学会）在 2014 年发布的《软件工程知识体系指南》中将软件工程知识体系划分为以下 15 个知识领域。

（1）软件需求（software requirements）。软件需求涉及软件需求的获取、分析、规格说明和确认。

（2）软件设计（software design）。软件设计定义了一个系统或组件的体系结构、组件、接口和其他特征的过程以及这个过程的结果。

（3）软件构建（software construction）。软件构建是指通过编码、验证、单元测试、集成测试和调试的组合，详细地创建可工作的和有意义的软件。

（4）软件测试（software testing）。软件测试是指为评价、改进产品的质量，标识产品的缺陷和问题而进行的活动。

（5）软件维护（software maintenance）。软件维护是指由于一个问题或改进的需要而修改代码和相关文档，进而修正现有的软件产品并保留其完整性的过程。

（6）软件配置管理（software configuration management）。软件配置管理是一个支持性的软件生命周期过程，它是为了系统地控制配置变更，在软件系统的整个生命周期中维持配置的完整性和可追踪性，而标识系统在不同时间点上的配置的学科。

（7）软件工程管理（software engineering management）。软件工程的管理活动建立在组织和内部基础结构管理、项目管理、度量程序的计划制定和控制 3 个层次上。

（8）软件工程过程（software engineering process）。软件工程过程涉及软件生命周期过程本身的定义、实现、评估、管理、变更和改进。

（9）软件工程模型和方法（software engineering models and methods）。软件工程模型特指在软件的生产与使用、退役等各个过程中的参考模型的总称，诸如需求开发模型、架构设计模型等都属于软件工程模型的范畴；软件开发方法，主要讨论软件开发各种方法及其工作模型。

（10）软件质量（software quality）。软件质量特征涉及多个方面，保证软件产品的质量是软件工程的重要目标。

（11）软件工程职业实践（software engineering professional practice）。软件工程职业实践涉及软件工程师应履行其实践承诺，使软件的需求分析、规格说明、设计、开发、测试和维护成为一项有益和受人尊敬的职业；还包括团队精神和沟通技巧等内容。

（12）软件工程经济学（software engineering economics）。软件工程经济学是研究为实现特定功能需求的软件工程项目而提出的在技术方案、生产（开发）过程、产品或服务等方面所做的经济服务与论证、计算与比较的一门系统方法论学科。

（13）计算基础（computing foundations）。计算基础涉及解决问题的技巧、抽象、编程基础、编程语言的基础知识、调试工具和技术、数据结构和表示、算法和复杂度、系统的基本概念、计算机的组织结构、编译基础知识、操作系统基础知识、数据库基础知识和数据管理、网络通信基础知识、并行和分布式计算、基本的用户人为因素、基本的开发人员人为因素和安全的软件开发和维护等方面的内容。

（14）数学基础（mathematical foundations）。数学基础涉及集合、关系和函数，基本的逻辑、证明技巧、计算的基础知识、图和树、离散概率、有限状态机、语法，数值精度、准确性和错误，数论和代数结构等方面的内容。

（15）工程基础（engineering foundations）。工程基础涉及实验方法和实验技术、统计分析、度量、工程设计，建模、模拟和建立原型，标准和影响因素分析等方面的内容。

软件工程知识体系的提出，让软件工程的内容更加清晰，也使得其作为一个学科的定义和界限更加分明。SWEBOK 中还提到了软件工程涉及的学科，包括计算机工程、计算机科学、管理、数学、系统工程等。

软件工程为软件开发提出了形式化的方法，用工程化的理念来指导软件的开发过程，在高效的软件生产和科学的项目管理的基础上得到高质量的产品。不过，也有一些人认为软件工程并不能很好地解决软件危机问题。Capers Jones 曾对美国软件组织的绩效做过评估，所得到结论是：软件工程的专业分工不足，是造成质量低落、时程延误、预算超支的最关键因素。在 2003 年，The Standish Group 年度报告指出，在他们调查的 13 522 个专案中，有 66%的软件专案失败，82%超出时程，48%推出时缺乏必需的功能，总计约 550 亿美元浪费在不良的项目、预算或软件估算上。

8.1.4　软件生命周期

任何事物都有一个从生产到消亡的过程，从其孕育开始，经过诞生、成长、成熟、衰退到最终灭亡，就是一个完整的生命周期。软件产品也不例外，作为一个工业化的产品，软件产品的生命周期是指从设计该产品的构想开始，到软件需求的确定、软件设计、软件实现、产品测试和验收、投入使用以及产品版本的不断更新，到该产品被市场淘汰的全过程。

但是在软件工程的研究中，通常只注重软件的开发和维护过程，而不关注其市场化的部分。因此，一个典型的软件工程生命周期划分为如下的几个部分。

1. 可行性研究

可行性研究是为后续的软件开发做必要的准备工作，要解决的是软件能不能开发的问题。这里的能不能开发，既包含技术因素，如当前的技术是否允许，或者时间是否允许的问题，也包括经济因素，如投入与产出比的问题，还包括一些社会因素。可行性研究是为了在技术、经济、操作或社会等多个方面寻求可行的解决方案，并对各个方案进行比较，确定合适可行的方案。

2. 需求分析

需求分析是指为了解决用户提出的问题，目标系统需要做什么的问题，也就是开发什么的问题。需求分析是软件工程中非常重要的一个环节，因为这个阶段的结果将会对后面的设计和实现等产生巨大的影响，直接关系到软件开发的成败。需求分析阶段主要是开发人员与用户之间进行充分的交流，了解用户需要的产品，以确定下一阶段的设计工作。

3. 软件设计

软件设计就是在需求分析的基础上，目标系统该怎么开发的问题，也就是怎么做的问题。这一阶段主要是开发人员设计制定方案，将需求分析中的功能操作化。具体来说，就是设计好用什么编程语言开发，采用什么平台，架构是什么等，为后续的编码提供直接的依据。

4. 软件实现

软件实现阶段就是按照软件设计阶段的设计方案，进行实际的编码工作。软件实现阶段占用整个软件开发阶段的时间的20%左右，在编码实现的过程中，还需要保持风格、注释等的一致性。

5. 软件测试

软件测试是保证软件质量的关键步骤。软件测试的目的是发现软件产品中存在的缺陷，进而保证软件产品的质量。在软件开发过程中，越早发现缺陷，解决缺陷所花费的代价越低。一般来说，测试分为单元测试、集成测试、系统测试和验收测试等。

6. 软件维护

在软件产品被交付后，其生命周期还在继续。在使用的过程中，用户仍然会发现产品中存在的各种各样的错误，同时，随着用户需求的增长或市场的改变，软件产品需要不断更新，版本需要不断升级。这就是软件维护过程的工作。

8.2 软件开发模型

在现实生活中，建模是处理问题的一种重要的方法。在软件工程中，人们通过在宏观上建立软件开发模型，管理软件的开发和维护过程。软件开发模型将软件生命周期中的各个活动都安排在一个框架中，将软件开发的全过程清晰地表达出来。可以说，软件开发模型是软件工程思想的具体化，反映了软件在其生命周期中各个阶段的衔接和过渡关系，是人们在软件开发过程中总结出来的方法和步骤。

总的来说，软件开发模型描述了主要的开发阶段，定义了每个阶段需要完成的任务和活动，规范了每个阶段的输入和输出，并且为开发过程定义了一个框架，将必要的活动都映射到框架中。

经过多年的软件开发过程的总结，常见的软件开发模型有瀑布模型、喷泉模型、原型模型、增量模型、螺旋模型、统一过程模型以及敏捷模型等。本节将逐一介绍这些模型。

8.2.1 瀑布模型

瀑布模型（也称为瀑布式开发流程）是由 W.W.Royce 在 1970 年首次提出的软体开发模型。在瀑布模型中，软件开发被分为计划、需求分析、软件设计、程序编码、软件测试、集成、运行和维护这样的步骤依序进行，前一阶段的输入就是后一阶段的输出。其流程如图 8-1 所示。

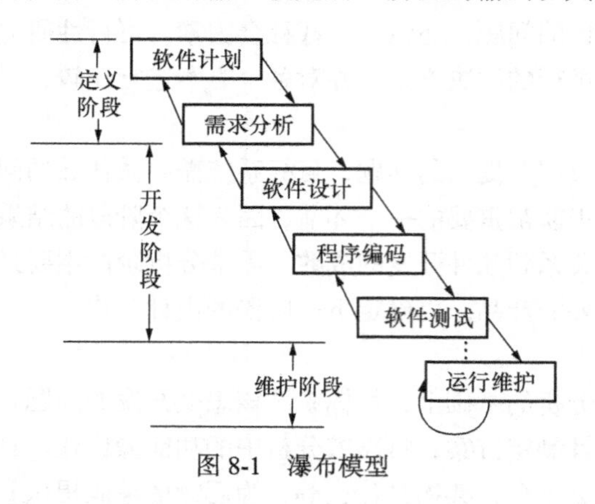

图 8-1　瀑布模型

根据瀑布模型的理论，瀑布模型有如下的几个特点。

（1）瀑布模型是一种线性开发模型，回溯性比较差。从瀑布模型的定义可以看出，瀑布模型只有在前一个阶段的工作完成之后，才会进入下一阶段的工作。如果在后续的开发阶段中发现错误，那么整个过程将难以回溯。

（2）瀑布模型是一种里程碑式的开发过程。在开发的每一个阶段，都有一个开发的目标，也就是里程碑。在完成这一目标，并经过评审合格之后，该阶段的目标才算完成。

瀑布模型的过程比较简单，适用于需求变化不大，开发人员有相关的经验并且风险较低的项目。然而其缺点在于开发过程不灵活，不能适应环境的变化，如果在后续的步骤中出现错误，那么代价会很高。

8.2.2 喷泉模型

喷泉模型是一种过程模型，也同时支持面向对象开发。喷泉模型的示意图如图 8-2 所示。在分析阶段，定义类和对象之间的关系，建立对象-行为的模型。在设计阶段，从实现的角度对分析阶段的模型进行修改或扩展。在编码阶段，采用面向对象的编程语言和方法实现设计模型。

喷泉一词体现了面向对象方法的迭代和无间隙性。迭代是指各个阶段需要多次重复。例如，分析和设计阶段常常需要重复多次，以更好地实现需求。无间隙性是指各个阶段之间没有明显的界限，常常相互交叉。

8.2.3 原型模型

原型模型是最基本的演化模型，也是获取需求最常用的方法。在初步获取需求之后，开发人员会快速地开发出一个原型系统，通过对原型系统进行模拟操作，开发人员可以更直观地了解到用户的需求，并且可以挖掘一部分隐含的需求。

一个典型的原型开发模型如图 8-3 所示，按照应用的不同目的，原型也有不同的分类。“探索型原型”是当原型开发完成并且获取清晰的需求之后，就会被丢弃，其存在的意义仅仅是为了获取需求。“实验型原型”是为了验证方案或算法的合理性，供研究使用，完成目的后依然被丢弃。“渐增型原型”是将原型作为最终产品的一部分，在得到用户反馈之后，继续在原型基础上实施开发的迭代过程。

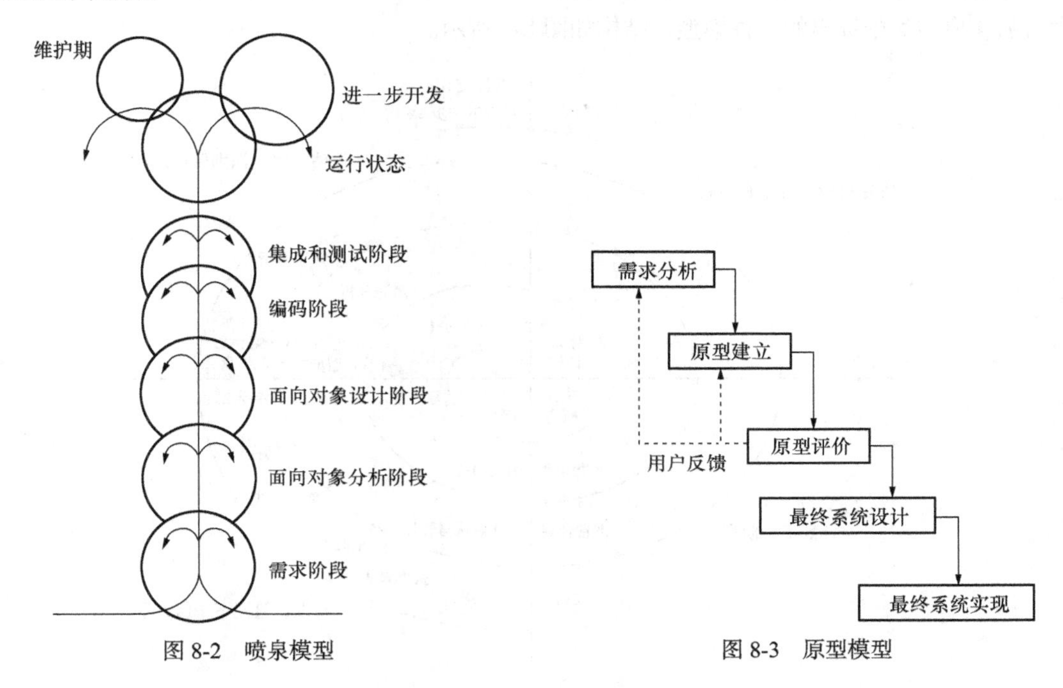

图 8-2　喷泉模型　　　图 8-3　原型模型

8.2.4　增量模型

增量模型是将软件开发模块化，将每一个模块都作为一个组件，分别进行分析、设计、编码和测试等。在每个组件的开发过程中，其开发方式可以是瀑布模型等。在增量模型中，开发人员不需要一次性地将整个软件产品提交给用户，而是可以以增量的方式逐次提交给用户。

一个增量模型的典型开发过程如图 8-4 所示，开发过程中，一般都是先开发核心组件，创建一个具备基本功能的组件，再对其进行完善。

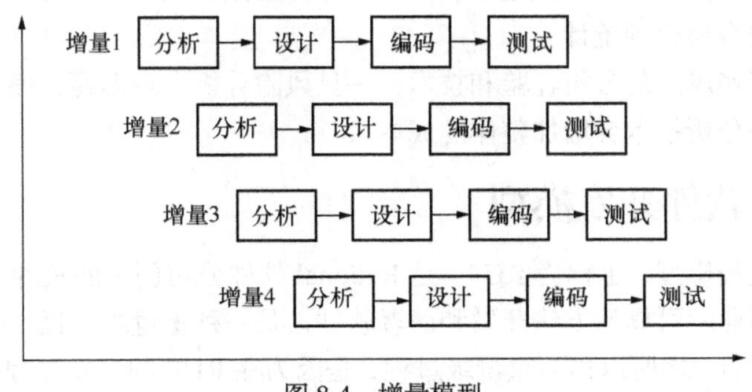

图 8-4　增量模型

增量模型的优点是将要开发的软件系统进行模块化和组件化，因此增量模型具有开发组件化、提交批次化、开发顺序灵活、风险比较低等特点。其缺点是要求被开发的软件系统要能够模块化，不能模块化的系统无法使用该开发模型。

8.2.5 螺旋模型

螺旋模型是由美国软件工程师巴里·勃姆于 1988 年 5 月在他的文章《一种螺旋式的软件开发与强化模型》中提出的一种模型，结构如图 8-5 所示。

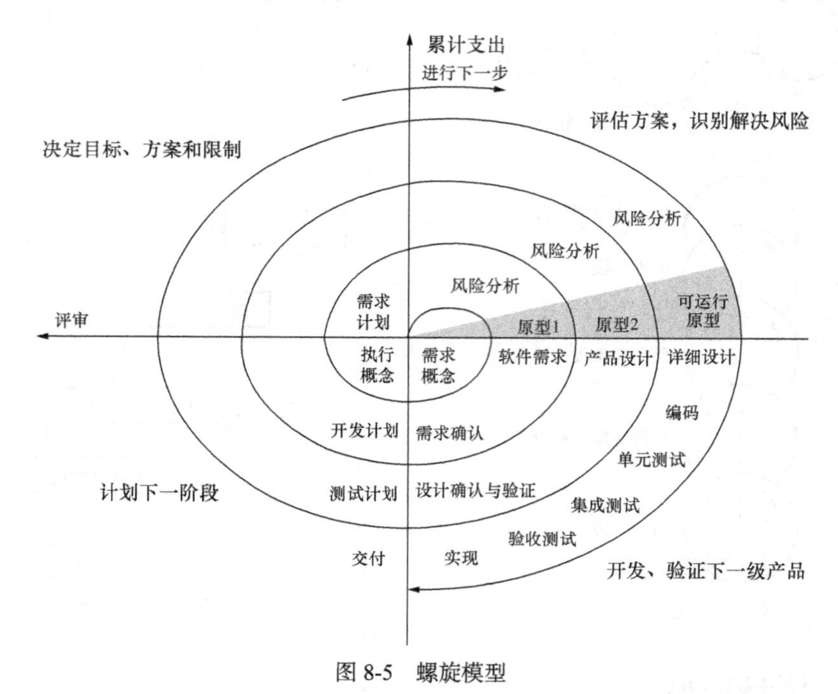

图 8-5　螺旋模型

螺旋模型将开发过程分为决定方案、评估方案、开发验证和计划下一阶段 4 个阶段。决定方案主要是对软件开发目标进行规划，根据需求计划进行规划。评估方案是从风险的角度对当前的开发计划进行处理和评估，并制定处理风险的机制。开发验证阶段是具体的实施阶段。计划下一阶段是迭代地对下一阶段的开发进行合理的计划。

螺旋模型主要用于处理风险较大的项目，其优点是通过原型开发，使每个迭代明确自己最初的方向；通过将风险分摊到每个迭代过程的方式，降低整体的风险；在每个阶段都有自己的支出计划，使整体的支出容易得到统计。

其缺点是过分依赖风险的分析经验和技术，一旦风险分析出现问题，便会造成很大的损失，而且过分地使用风险分析技术会增加整体的成本。

8.2.6 统一软件开发模型

统一软件开发过程模型，也称为 RUP，是 Rational 软件公司创建的软件开发方法。RUP 描述了如何有效地利用商业的可靠的方法开发和部署软件，是一种重量级过程，因此特别适用于大型软件团队开发大型项目。之所以称为重量级过程，是因为在 RUP 的开发过程中，在开发之外配套的管理过程、文档等都是非常复杂的。RUP 模型解决了螺旋模型的可操作性问题，采用了迭代和增量递进的开发策略，集中了多个软件开发模型的优点。其示意图如图 8-6 所示。

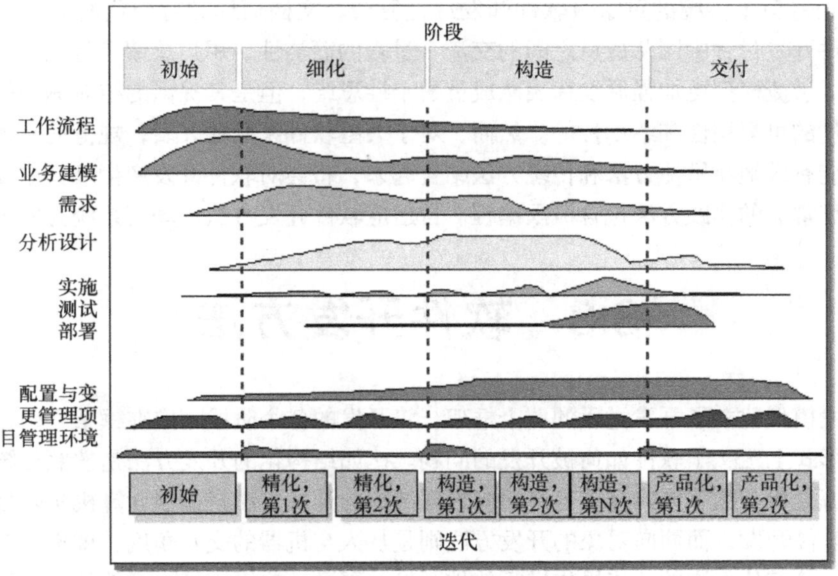

图 8-6　RUP 模型

RUP 模型将软件的开发周期分为 4 个阶段——初始、细化、构造和交付阶段。每个阶段的结束都以一个里程碑式的任务作为结束目标。每个开发周期都为用户提供产品的一个版本，叫作一个增量。在每个阶段，都会执行需求、设计、编码、测试和管理等多个软件开发中主要的活动。

RUP 模型主要适用于规模比较大、团队成员比较多的项目。其开发过程比较全面和完备，对风险控制和进度管理都有质量保证和较好的效果。但是，因为其配套的管理过程等比较复杂，所以不太适合规模比较小的简单项目。

8.2.7　敏捷模型

RUP 模型在需求变化不太激烈，规模庞大的软件项目中有比较好的应用，对小型的、变化剧烈的项目往往无能为力。敏捷模型的提出就是为这一问题而生的，敏捷模型提倡的是快捷、小文档、轻量级的开发过程，特别适合小型团队。敏捷方法是一种轻量级的软件工程方法，相对于传统的方法，敏捷模型强调人与人之间沟通的重要性以及开发过程的简洁性。

扩展阅读：雪鸟会议

雪鸟会议是源于 2001 年年初在美国犹他州雪鸟滑雪圣地的一次敏捷方法发起者和实践者的聚会，正是在这一次聚会上，参会者提出了敏捷开发的模型。

在本次会议上，参会者还起草了敏捷软件开发宣言，该宣言给出了 4 个价值观。

（1）人与人的交互：优先于过程和工具。

（2）可以工作的软件：优先于求全责备的文档。

（3）客户协作：优先于合同谈判。

（4）随时应对变化：优先于循规蹈矩。

发表“敏捷软件开发宣言”的 17 位软件开发人员组成了敏捷软件开发联盟，在当中有极限编程的发明者 Kent Beck、Scrum 的发明者 Jeff Sutherland、Crystal 的发明者 Alistair Cockburn 等。

并且该联盟也发表了关于敏捷定义的 12 条原则。

敏捷模型避免了传统的重量级软件开发过程复杂、文档烦琐和对变化的适应性比较弱等弊端，强调软件开发过程中团队成员之间的交流、过程的简洁性、用户反馈等特征。

可以说，敏捷模型更加强调发挥团队成员的个性思维，但是其提倡的结对编程等在一定程度上影响了软件的可复用性和继承性等。然而，对于大型软件系统的开发，规范的文档还是极其重要的。如果能有效地将敏捷方法和传统方法结合起来，将会对软件开发产生极其重要的影响。

敏捷模型常见的实践方法包含极限编程、自适应软件开发方法、动态系统开发方法等。

8.3 软件开发方法

软件开发模型建立了开发过程的一个框架，将开发的各个阶段划定在框架之内，而软件开发方法则是从形式上定义了软件如何被开发的问题。比如结构化的开发方法是按照传统软件模拟结构进行数据流分析、数字词典存储等，面向数据结构的开发方法是按照计算机实际处理业务流程的过程进行软件开发，而面向对象的开发方法则是从人与机器的交互角度，即操作者（或用户）在该系统中应该有什么样的功能操作进行软件开发。更进一步，为了提高软件的可复用性和继承性，要求软件按照模块的划分进行分别开发，再进行组合。因此，软件开发方法说明了软件开发的具体方法和采用的方式。

8.3.1 结构化方法

结构化方法是一种传统的软件开发方法，它由结构化分析、结构化设计、结构化程序设计 3 部分组成。其基本思想是：把一个复杂问题的求解过程分阶段进行，而这种分解是自顶向下，逐层分解，使得每个阶段处理的问题都能控制在人们容易理解和处理的范围之内。

结构化分析方法是以自顶向下、逐步求精为基点，以一系列经过实践的考验被认为是正确的原理和技术为支撑，以数据流图、数据字典、结构化语言、判定表、判定树等图形表达为主要手段，强调开发方法的结构合理性和系统的结构合理性的软件分析方法。

在结构化分析方法中，数据流图是不可缺少的工具，是一种以图形化的方式表达问题中信息的变换和传递过程。它有 4 个基本的要素，即数据流、加工、文件、数据源或数据宿主。数据流一般由一组固定成分的数据组成，有名字和流向；加工是对数据流的变换；文件是可以存储的信息；数据源或数据宿主是存在于计算机系统之外的实体，分别表示数据处理过程的数据来源和去向。

结构化设计方法是，以模块化、抽象、逐层分解求精、信息隐蔽化局部化和保持模块独立为准则的设计软件的数据架构和模块架构的方法学。在结构图中的模块以矩形表示，在矩形框内的可以标名字，模块间如有箭头或直线相连，表明它们之间有调用关系。对于两个处在不同位置的有调用关系的模块，通常把上面的称为调用模块，下面的称为被调用模块。调用线附近的小箭头表示模块调用时模块间的数据传送，小箭头方向表示了传送的方向，也可用适当的名字来表示传送的数据。

总体来说，结构化方法的基本要点是：自顶向下、逐步求精、模块化设计、结构化编码。

8.3.2　面向数据结构的开发方法

面向数据结构的开发方法是结构化开发方法的变形，它注重的是数据结构而不是数据流。面向数据结构的开发方法以信息对象及其操作为核心进行需求分析，认为复合信息对象具有层次结构，并且可以按照顺序、选择、重复 3 种结构分解为成员信息对象。面向数据结构的开发方法还提供了由层次信息结构映射为程序结构的机制，从而为软件设计奠定良好的基础。

典型的面向数据结构的开发方法有 Jackson 方法以及 Warnier 方法。

Jackson 方法是由 M. A. Jackson 于 1975 年提出的一种面向数据结构的软件开发方法，这一方法从目标系统的输入、输出的数据结构入手，导出程序框架结构，再补充其他细节，就可以得到完整的程序结构图。其方法一般通过以下 5 个步骤组成：

（1）分析并确定输入数据和输出数据的逻辑结构，并用 Jackson 结构图来表示这些数据结构；

（2）找出输入数据结构和输出数据结构中有对应关系的数据单元；

（3）按一定的规则由输入、输出的数据结构导出程序结构；

（4）列出基本操作与条件，并把它们分配到程序结构图的适当位置；

（5）用伪码写出程序。

Warnier 方法是由 J. D. Warnier 于 1974 年提出的与 Jackson 方法类似的软件开发方法。与 Jackson 方法的差别主要有三点：

（1）它们使用的图形工具不同，分别使用 Warnier 图和 Jackson 图；

（2）它们使用的伪代码不同；

（3）构造程序框架的思路不同。构造程序框架时，Warnier 方法仅考虑输入数据结构，而 Jackson 方法不仅考虑输入数据结构，而且还考虑输出数据结构。

8.3.3　面向对象开发方法

面向对象是当前计算机界关心的重点，它是 20 世纪 90 年代软件开发方法的主流。面向对象的概念和应用已超越了程序设计和软件开发，扩展到很宽的范围如数据库系统、交互式界面、应用结构、应用平台、分布式系统、网络管理结构、CAD 技术、人工智能等领域。

传统的软件开发方法经过 30 多年的发展，逐渐表现出如下的问题。

1. 软件的可重用性差

重用性是指同一事物不经修改或稍加修改就可多次重复使用的性质，这是软件工程所追求的目标之一。由于传统的开发方法设计的目标并不是严格按照模块化和功能模块的标准设定的，因而其软件的重用性比较差。

2. 软件的可维护性差

软件的可维护性是基于软件文档的完备性和设计的合理性决定的。在软件开发过程中，软件的可读性、可修改性和可测试性是软件重要的质量指标。实践证明，用传统方法开发出来的软件，维护时费用和成本仍然很高，其原因是可修改性差，维护困难，导致可维护性差。

3. 开发出来的软件不能满足用户的需求

用传统的结构化方法开发大型软件系统涉及各种不同领域的知识，在开发需求模糊或需求动态变化的系统时，所开发出的软件系统往往不能真正满足用户的需要。而面向对象的开发方法是基于对象的功能进行设计的，对需求的覆盖性比较强，比传统方法更容易满足用户的需求。

在面向对象的开发方法中，对象是指人们要研究的任何事物，从简单的数据结构到复杂的飞机。对象具有状态和行为，状态是描述当前对象的数据值，行为是该对象所能进行的操作。类是具有相同或者相似性质对象的抽象，如奔驰和宝马汽车都可以抽象成为汽车类。

在面向对象方法中，每个对象都具有唯一性，其标识是唯一的。将对象进行分类和整合就变成了类。继承性是指在定义一个类的时候，可以在一个已经存在的类的基础之上进行，把这个已经存在的类所定义的内容作为自己的内容，并加入新的内容，如汽车类可以继承至车的类。多态性是在相同的操作在不同对象上的相同方法根据对象的不同，执行不同的操作。

面向对象的开发方法就是基于面向对象技术而采用的开发方法，目前而言，面向对象的开发方法已经日趋成熟，国际上已经有不少的面向对象的产品出现，目前有 Booch 方法、Coad 方法等。

1. Booch 方法

Booch 最先描述了面向对象的软件开发方法的基础问题，指出面向对象开发是一种根本不同于传统的功能分解的设计方法。面向对象的软件分解更接近人对客观事物的理解，而功能分解只通过问题空间的转换来获得。

2. Coad 方法

Coad 方法是 1989 年 Coad 和 Yourdon 提出的面向对象开发方法。该方法的主要优点是通过多年来大系统开发的经验与面向对象概念的有机结合，在对象、结构、属性和操作的认定方面，提出了一套系统的原则。该方法完成了从需求角度进一步进行类和类层次结构的认定。尽管 Coad 方法没有引入类和类层次结构的术语，但事实上已经在分类结构、属性、操作、消息关联等概念中体现了类和类层次结构的特征。

3. OMT 方法

OMT 方法是 1991 年由 James Rumbaugh 等 5 人提出来的，其经典著作为“面向对象的建模与设计”。该方法是一种新兴的面向对象的开发方法，开发工作的基础是对真实世界的对象建模，然后围绕这些对象使用分析模型来进行独立于语言的设计，面向对象的建模和设计促进了对需求的理解，有利于开发更清晰、更容易维护的软件系统。该方法为大多数应用领域的软件开发提供了一种实际的、高效的保证，是一种问题求解的实际方法。

4. UML（Unified Modeling Language）

UML 不仅统一了 Booch 方法、OMT 方法、OOD 方法的表示方法，而且对其做了进一步的发展，最终统一为大众接受的标准建模语言。UML 是一种定义良好、易于表达、功能强大且普遍适用的建模语言。它融入了软件工程领域的新思想、新方法和新技术。它的作用域不限于支持面向对象的分析与设计，还支持从需求分析开始的软件开发全过程。

8.3.4 可视化开发方法

可视化开发方法是从 20 世纪 90 年代开始兴起的一种开发方法，其兴起的背景主要是在图形用户界面的广泛使用。由于图形用户界面的兴起，传统的图形用户设计方法在一定程度上阻碍了图形用户界面的开发。为此，可视化的软件开发方法诞生了。

可视化的软件开发方法是在可视开发工具提供的图形用户界面上，通过操作界面元素，如菜单、复选框、列表框、滚动条等，由可视化开发工具自动生成应用软件。这类工具的工作方式是事件驱动，对于每一个事件，都由系统产生相应的消息，再传递给相应消息响应函数。这些消息函数是由系统事先内置好的。

可视化开发方法加快了软件开发的时间，也使得开发人员更容易上手，把精力主要集中放置在内容的设定和后台逻辑的实现上。但是，目前的可视化开发工具使用的都是提前预置好的控件模板，其样式比较单一，如果需要实现更炫酷的效果，则还需要对控件进行修改以满足自己的需求。图 8-7 和图 8-8 是分别是 Visual Studio 2010 和 Eclipse 中的可视化开发工具。

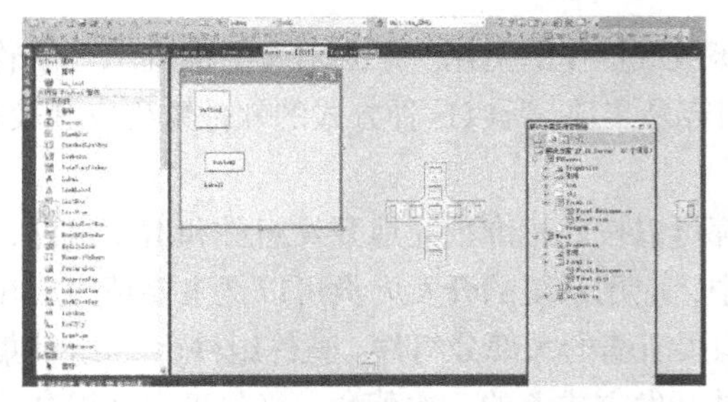

图 8-7　Visual Studio 2010 的可视化开发工具

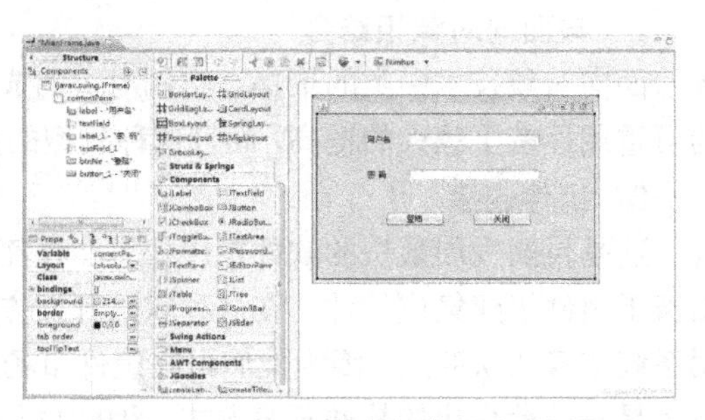

图 8-8　Eclipse 的可视化开发工具

8.3.5　模块化开发方法

软件产品可以被看作是由一系列具有特定功能的组件组成的，作为一个完整的系统，也可以被分解成一系列功能模块，这些模块之间的相互作用就形成了系统的所有功能。基于模块的开发方法，被称为模块化的开发方法。

所谓的模块是指可以组成系统的、具有某种确定独立功能的子系统，可以通过与其他子系统按照一定的规则相互联系成为更为复杂的系统。每个模块的开发都独立于其他模块的研发和改进，每个模块所呈现出来的信息处理过程都隐藏在模块的内部，对外部来说是不可见的。因此开发和维护一个系统，只需要保证模块之间的规则，俗称接口不变，其内部的实现可以独立更新。模块与模块之间的关系一般遵循“高内聚、低耦合”原则，所谓的“高内聚”是指在模块内部其功能高度聚合，一般不需要外部的参数或资源就能完成相应的功能；“低耦合”是指在模块与模块之间，尽量减少其关联的程度，保证在更换或升级模块的时候，不需要或很少对接口进行更改或升级。

模块化的开发方法一般按照如下的步骤进行：

（1）将一个系统按划分原则分为若干个独立的模块，划分的原则一般按照功能划分。划分的层次按需求的不同可以是系统级的划分或其下详细模块的划分；

（2）将模块分给不同的开发人员，明确模块之间的接口，各个模块独立开发；

（3）将各个模块按照之前设定的接口进行整合，解决遇到的问题。

8.3.6　软件重用技术

软件开发的过程是极为复杂的，为了避免这种复杂过程的重复性，软件重用技术在 1968 年的会议上就被初始提出。软件重用技术也称为软件复用技术，或软件再用技术，是利用已有的软件来重新构造软件的技术。软件重用技术也是作为一种软件开发的方法存在的，即采用已经存在软件产品，如代码片段、模块等，然后再进行加工而开发出新的软件的过程。目前，软件重用技术主要有如下的 3 个方面的趋势。

1. 基于软件复用库的技术

它是一种传统的软件重用技术。这类软件开发方法要求提供软件可重用成分的模式分类和检索，且要解决如何有效地组织、标识、描述和引用这些软件成分。通常采用两种方式进行软件重用：一种是利用模式重用的生成技术，由软件生成器通过提取特定的参数，生成抽象的具体实例；另外一种是利用现有模块的组装方式，常用的组装方式有子程序库技术、共享接口设计和嵌套函数调用等。组装方式对软件重用成分通常不做修改，或仅做很少的修改。

2. 与面向对象相结合

面向对象技术中类的聚集、实例对类的成员函数或操作的引用、子类对父类的继承等使软件的可重用性有了较大的提高。而且这种类型的重用容易实现。所以这种方式的软件重用发展较快。

3. 组件连接

这是目前发展最快的软件重用技术，任何人都可以按此标准独立地开发组件和增值组件，或由若干组件组建集成软件。在这种软件开发方法中，应用系统的开发人员可以把主要精力放在应用系统本身的研究上，因为他们可在组件市场上购买所需的大部分组件。软件组件市场/组件集成方式是一种社会化的软件开发方式，因此也是软件开发方式上的一次革命，必将极大地提高软件开发的劳动生产率，而且应用软件开发周期将大大缩短，软件质量将更好，所需开发费用会进一步降低，软件维护也更容易。

8.4 软件开发工具

8.4.1 UML 语言

UML（Unified Modeling Language），也就是统一建模语言，是一种标准的图形化建模语言。它主要用于软件的设计和分析，用定义完善的符号来图形化地展现一个软件系统。UML 可以用于软件开发周期的每一个方面，从需求分析、设计等都可以使用。UML 与平台和具体的编程语言无关，主要关注的是上层的抽象和建模。

UML 2.0 版本是由基础结构、上层结构、对象约束语言和图交换标准 4 个部分组成的。其中基础部分和上层结构是 UML 2.0 的核心部分。基础结构定义了一个元语言的核心库，通过对核心库的扩展和复用，可以定义各种模型。上层结构则是利用基础结构中的制品，形成软件的整体结构。

UML 2.0 共支持 13 种图示，其中包括 6 种结构图和 8 种行为图，如图 8-9 所示。

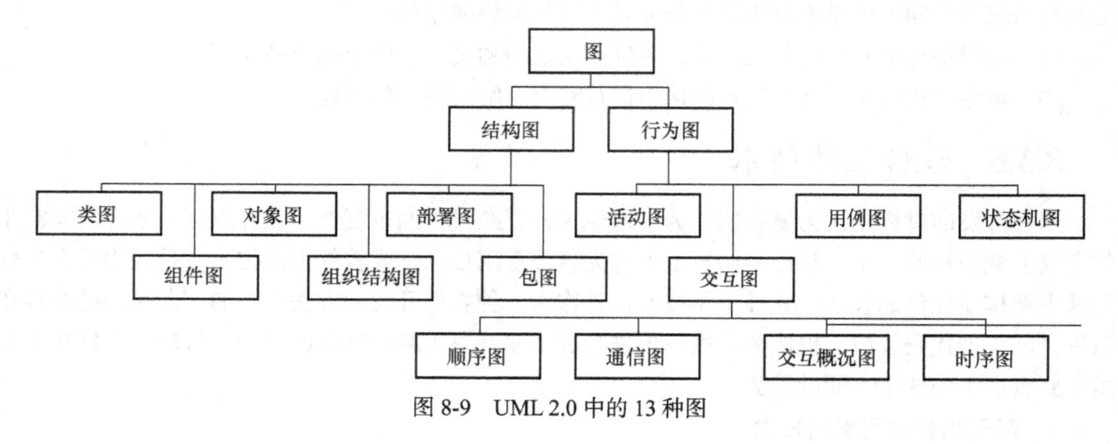

图 8-9　UML 2.0 中的 13 种图

其中，结构图也叫静态图，包括类图、组织结构图、组件图、部署图、对象图和包图；行为图也叫动态图，包括活动图、交互图、用例图和状态机图。

常常利用 UML 建模语言进行绘图的有类图、时序图、用例图等，图 8-10 所示是一些常见的绘制完毕的 UML 图。

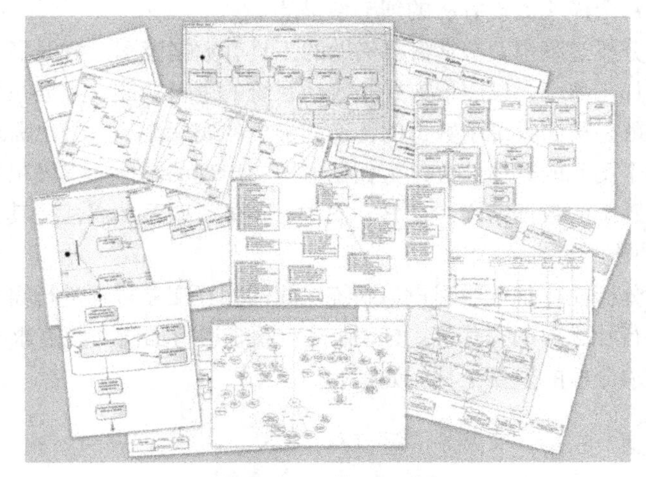

图 8-10　一些 UML 图

8.4.2　软件开发项目管理工具

软件开发模型规定了软件开发过程中各个阶段的活动，有效地管理这些活动，做出时间规划就需要项目管理工具。

项目管理工具一般需要具备对项目进行时间计划、进行任务分配、对预算进行管理和工作量分析等功能。

Microsoft Office Project（见图 8-11）是由微软开发销售的项目管理软件程序。在 Project 中，可以管理任务，如将任务做进一步划分或合并；可以管理任务的开始和结束时间，跟踪任务的完成状况；对任务量进行分析，估算各个阶段的任务量等。

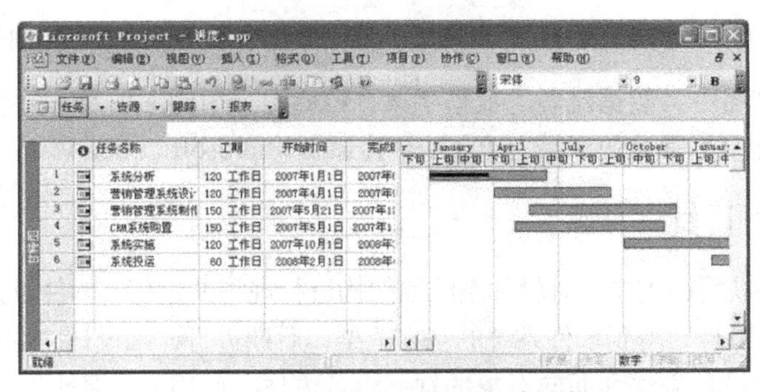

图 8-11　一个典型的 Project 计划表

类似于 Project 的项目管理工具还有 Redmine、OpenProj 等，在一些简单的项目管理上也可以使用 Excel 等类似的表格工具。

8.4.3　需求分析建模工具

需求分析是软件工程中重要的环节，因此针对结构化的需求分析和面向对象的需求分析各有不同。

结构化的需求分析一般是按照分解的思路进行的，即对一个复杂的系统，将各个部分按照层次从高到低逐层分解。一般来说，最顶层的为整个目标系统，中间层将目标系统划分为若干个模块，而最底层的是对每个模块实现方法的细节性描述。

在结构化的需求分析过程中，常常需要借助的工具有数据流图、数据字典和 E-R 图等。数据流图是从数据传递和加工角度，以图形方式来表达系统的逻辑功能、数据在系统内部的逻辑流向和逻辑变换过程，也就是按照系统中数据的传递和加工的实际流动，做出需求分析。数据字典用于定义数据流图中各个图元的具体部分，为数据流图中出现的图形元素做出具体的解释。E-R 图主要是用于描述应用系统的数据结构，在 E-R 图中，实体、联系和属性是其 3 个重要的内容，图 8-12 所示为一个 E-R 图。

面向对象的需求分析往往是按照用户与系统之间的相互交互过程进行需求分析，即用户需要什么样的功能，能进行什么样的操作等。UML 是对系统进行面向对象需求分析的重要工具，其中的用例图是进行需求分析的重要工具，如图 8-13 所示。

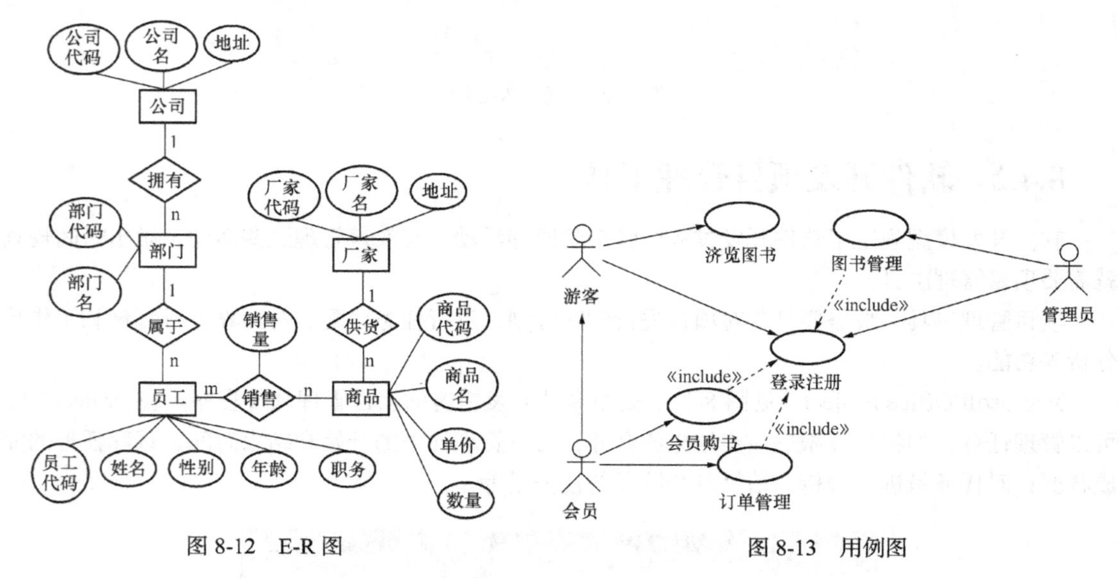

图 8-12　E-R 图　　　　图 8-13　用例图

在实际的软件产品中，数据流图、数据字典、E-R 图、用例图以及下一小节涉及的设计工具都是集成到同一软件中。常见的产品有 Rational Rose、Microsoft Office Visio 等。

8.4.4 设计工具

设计是根据已经获得的需求，对软件系统和架构进行规划的过程。软件设计一般分为两个阶段进行：前期进行概要设计，得到软件系统的基本框架；后期进行详细设计，明确系统内部的细节。

对于结构化软件设计方法和面向对象的软件设计方法，使用的工具也有所不同。结构化的软件设计使用的主要是数据流图和流程图。其中数据流图与需求分析中的数据流图类似，不过功能是为了描述系统的具体执行过程。流程图是对过程和算法流程等的一种图形化表示，对一个过程使用顺序、选择、循环和分支的控制方式进行描述。通常，流程图都有一个入口和一个出口，分别表示初始条件和结束条件，在其中由控制方式和带方向的箭头组成。一个典型的流程图如图 8-14 所示。

面向对象的设计主要关注用户与系统的交互过程，如用户浏览评论页面之后再进行评论这样的动作。在设计过程中，按照用户浏览页面时用户对页面的输入、系统发生的动作以及展示给用户的显示界面等进行设计，图 8-15 展示了“用户浏览页面并作评论”的设计过程。面向对象的设计过程常用的还有顺序图和活动图等。

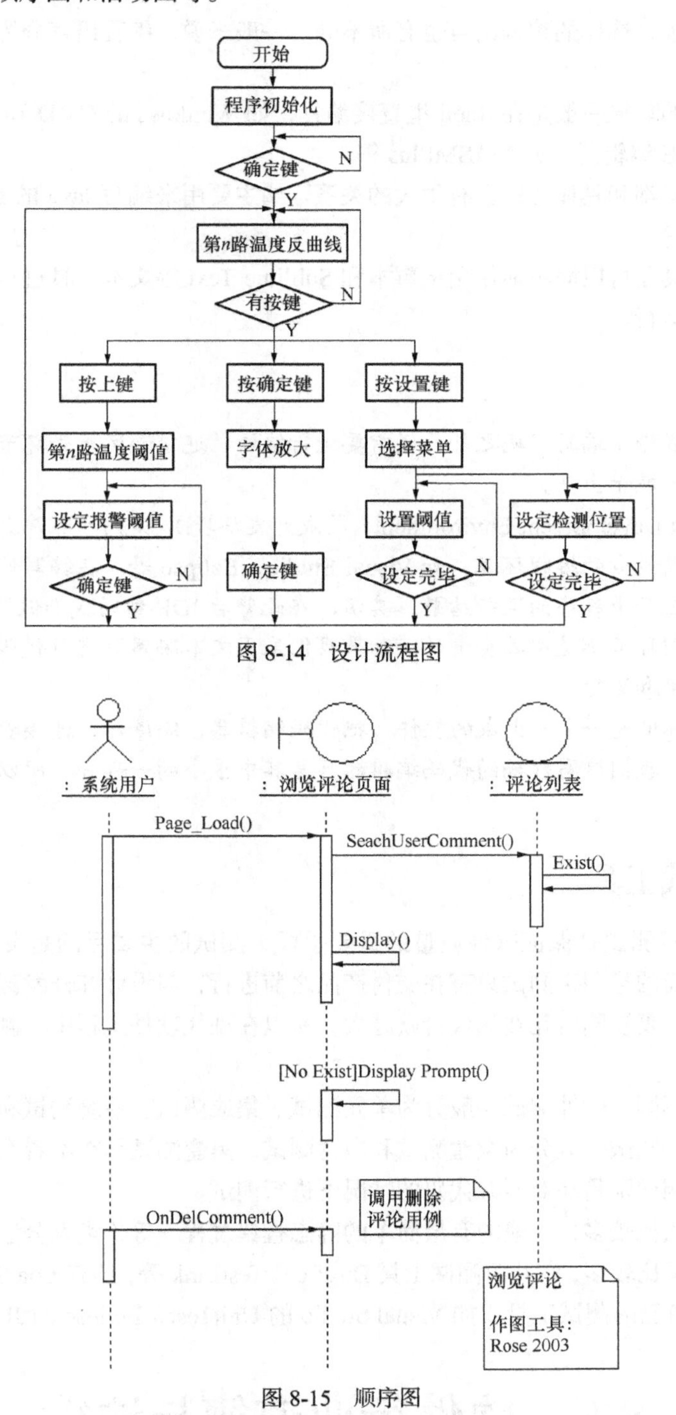

图 8-14　设计流程图

图 8-15　顺序图

8.4.5　编码工具

在软件设计阶段，我们得到了实现目标系统的解决方案，并用模型图、伪代码等设计语言表述出来。编码的过程就是把软件设计阶段得到的解决方案转化为可以在计算机上运行的软件产品。

根据不同的需求，选择的编程语言也有所不同。一般来说，编程语言分为汇编语言、机器语言和高级语言等。

汇编语言编程的环境一般是在 Shell 里直接编程，如 Windows 的 CMD 和 Linux 的 Shell 等，也有一些简单的 IDE 编辑器，如 MASMPlus 等。

高级语言的工具都和具体的语言有很大的关系。如主要用来编写 Java 的 Eclipse，编写 C++、C#的 Visual Studio 等。

另外，编码工具还可以简单地使用记事本和 Sublime Text 等文本工具进行编写，然后再进行手动编译、连接和运行。

扩展阅读：IDE

程序的运行过程除了编写代码之外，还需要进行编译、连接和运行等环节，才能加载在内存中进行运行，并实际展示出来。

IDE（Integrated Development Environment，集成开发环境），是用于程序开发的应用程序，也是我们日常所用到的最多的编程环境，如 Visual Studio、Eclipse 等。在编写好代码之后，我们点击运行之后，就能显示出程序的运行结果。其实，在此背后 IDE 帮助我们做了很多事情，编译、连接和运行等一系列环节都是由其负责的。如果我们采用文本编辑器进行代码编写，那么就需要手动进行编译、连接和运行。

IDE 集成开发环境是一个集大成的软件，把代码编辑器、编译器、连接器、调试器以及图形化界面集成在一起。我们编写代码的代码编辑器只是其中很小的一部分，所以其后有很多工作都是我们看不见的。

8.4.6 测试工具

对软件产品进行测试是保证软件质量的重要手段，测试的主要目的是发现隐藏的错误和缺陷。在软件工程兴起的早期，测试只有在交付产品之前进行，与设计和开发部分是分离的。但是缺陷发现得越晚，修复缺陷所花费的代价就越大，所以在现代软件工程中，测试是伴随着软件开发的全过程进行的。

按照时间段的不同，软件测试一般分为单元测试、集成测试、系统测试和验收测试；按照测试的方法来分，软件测试一般分为黑盒测试和白盒测试，黑盒测试是在不看系统源代码的情况下进行的测试，白盒测试则是在对照源代码的情况下进行测试。

软件测试的方法比较多，一般的有最简单的静态查错过程、等价类划分法、逻辑覆盖法等。

软件测试的工具比较多，有开源测试工具 Bugfree、TestLink 等，还有 LoadRunner、WinRunner 等。IDE 一般都有自己的测试工具，如 Visual Studio 的 UnitTest、Eclipse 的 JUnit4 等。

8.5 软件行业道德与法律

从前面 4 节讲到的软件开发的全过程来看，软件开发是一项复杂的工程，并且投入了巨大的精力和金钱，而且维护过程也是极其漫长和耗费精力的，因此开发出来的产品应该受到法律和道德的保护。除非软件的作者愿意将产品无偿地提供给用户，否则收取一定的费用并且受到一定的保护是无可厚非的。这一节主要关注的是软件行业的道德和法律。

8.5.1 软件的知识产权

软件产品在大多数国家是采用著作权法进行保护的，将包括程序和文件的软件看作一种产品。我国对于软件产品的保护是基于《中华人民共和国著作权法》和依据其制定的《计算机软件保护条例》。其中规定，中国公民和单位对其所开发的软件，不论是否发表，不论在何地发表，不论是否进行著作权登记，均享有著作权。软件的著作权包含发表权、开发者身份权、使用权、取得报酬权和转让权等。

根据软件开发者意愿的不同，软件的保护等级分为原版软件、共享软件、免费软件和公有领域软件 4 个等级。

（1）原版软件：是用户除非经过软件开发者同意或付费之后才具有使用权的软件，原版软件是软件保护等级最高的。而且软件开发者可以限制用户对软件产品的使用次数和使用环境等。原版软件主要是定制的软件系统，如机场软件或企业管理软件等。

（2）共享软件：是一种免费发放的定期限试用软件，具有全部或部分的功能，在试用期结束之后，用户需要付费才能进一步试用。共享软件一般都是商业软件，如 Microsoft 的 Office 系列、WinRAR 等。

（3）免费软件：是一种免费发放、免费使用的弱保护软件。用户具有全部的使用权，但是禁止通过分发和复制等进行牟利，而且基于免费软件开发的软件产品也是免费软件。这类软件产品也比较常见，如 Foxmail 客户端、输入法等。

（4）公有领域软件：又称为自由软件，是软件开发者明确放弃一切权利的软件，可以被任何人自由使用，甚至可以允许通过复制和二次开发等进行牟利。这类软件一般为开源项目，如 GNU 许可协议下开发的软件、Eclipse 协议下开发的软件等。

8.5.2 开源软件与闭源软件

开源软件（Open Source Software，OSS，开放源代码软件）是一种源代码可以任意获取的计算机软件，这种软件的版权持有人在软件协议的规定之下保留一部分权利并允许用户学习、修改、增进、提高这款软件的质量。开源协议通常符合开放源代码的定义的要求。一些开源软件被发布到公有领域。

在开放源代码软件运动兴起之后，越来越多的组织和个人都参加进来，也有一大批的平台为开源软件提供。典型的组织有 Linux、Mozilla Firefox、OpenOffice 和 OpenBSD 等，也有著名的公司如 Red Hat、Apple、IBM、网景公司等参与。一些著名的开源软件有 Linux、Eclipse、Emacs、Apache、Mozilla Firefox、Chromium 等，其中最著名的莫过于 Linux。著名的开源软件平台有 Source Forge、开源中国等。

Linux 系统是一套免费使用和自由传播的类 UNIX 操作系统，是由芬兰的赫尔辛基大学的 Linus Torvalds 在 UNIX 的基础上进行开发的。随着开源软件运动和 GPL 协议的发展，逐渐发展壮大。目前，Linux 系统占领了服务器市场的大部分份额，但是桌面版本占有率较低，虽然如此，因为其简洁性和开源特性，仍然是计算机相关人员研究最喜欢的系统之一。目前，Linux 已经衍生出 Ubuntu、OpenBSD、CentOS、RedHat、Debian 等众多版本。

闭源软件（Closed Source Software，CSS）是相对于开源软件而言的，被用于指代任何没有资格作为开源许可术语的程序，这就意味着使用者只能得到一个二进制程序而没有源代码。这类软件一般都是商业软件，如 Windows 系列、Office 系列、IOS 系列以及 Oracle 数据等，均以盈利为目的，相比于开源软件具有更稳定的特性。

关于开源软件和闭源软件的争论已经存在很久了，开源的一方希望通过公布源代码提高整体软件的质量，促进相互之间的学习，而闭源的一方则希望通过闭源保护开发者的权利并且保证安全性。在开源的一方，是以 Linux 为代表的一系列开源软件，在闭源的一方主要是 Windows 系列的产品，它们就像两个巨大的星系，互相碰撞。开源与闭源孰是孰非已经不重要，重要的是它们之间的争论为我们带来了更大的技术发展。

8.5.3 盗版软件的危害

由于大部分的闭源软件都对使用者收取一定的费用，因此为了逃避或减少费用，盗版问题随之而来。

盗版软件是指非法复制具有版权保护的软件，假冒并发售软件产品的行为。软件的盗版形式比较多，一般分为最终用户盗版、硬盘预装盗版、网络盗版、街头贩卖盗版等。最终用户盗版是指将软件产品分发给其他用户，并且采用技术手段破解版权保护手段。硬盘预装盗版是在销售计算机之前提前在计算机里预装未得到授权的软件产品。网络盗版是指通过网络传播没有经过合法授权的非法软件。街头贩卖盗版则是一般使用光磁介质传播软件产品。

盗版软件涵盖了音乐、游戏、应用等，大部分的盗版软件都有内置广告或木马等，也有潜在的病毒和恶意软件等，会给用户带来极大的风险。盗版软件使用者还将承担法律风险，生成、传播和使用盗版软件的组织和个人都有可能被告侵权。盗版软件一般还存在一定的缺陷和使用问题，如数据丢失等，采用盗版软件无法获得正常的维护和修缮服务，由此带来的损失可能远超盗版所节约的成本。除此之外，盗版软件带来的最大的危害就是打击了软件产业。软件的开发和维护都要投入巨大的成本，盗版软件的猖狂会使开发软件人员的积极性下降，无法使开发人员投入更多的精力研发更好的软件系统，最终受害的还是我们自己。

本章小结

软件工程是指导软件开发过程的一门学科，其发展的主要目的是为了规范化软件的开发过程，使开发的周期缩短，花费降低，同时使得开发出来的软件产品能够符合用户的需求，在部署之后的维护和升级过程也更为方便。目前，软件工程学科已经在计算机行业里得到了迅速的发展，本章对软件工程的内容进行了介绍。

软件工程起源于传统软件开发方法所遇到的软件危机。为了解决这一危机，软件工程的概念被提出，综合运用管理学、数学的知识来指导软件的开发过程。软件工程的内容涵盖了诸多方面，在 SEWBOK 中进行了详细的定义。经过多年的实践，软件工程确实对促进软件的开发过程起到了不可替代的作用。软件工程的周期包括可行性研究、需求分析、软件设计、软件实现、软件测试和软件维护阶段。

为了很好地完成软件开发过程，充分利用软件工程的指导意义，软件开发模型被定义出来。目前常用的软件开发模型有瀑布模型、喷泉模型、原型模型、增量模型、螺旋模型、统一软件开发模型和敏捷模型等。

软件开发过程还需要遵循一定的开发方法，传统意义上的开发方法一般有结构化方法、面向数据结构的开发方法。随着面向对象技术和模块化思路的提出，面向对象开发方法、可视化的开发方法以及模块化的开发方法逐渐被推崇。软件重用技术在当今软件开发的思路可以极大地减少软件开发过程中的人力和物力。

软件开发工具伴随着软件开发的整体生命周期。软件开发管理工具一般有 Microsoft Project 等，需求分析可以借助传统数据流图或 UML，设计一般是结合结构化的设计方法和面向对象的设计方法。编码的工具根据不同的编程语言有不同的 IDE 或文本编辑器，一般的编程 IDE 都会配备测试工具，也有独立的专业测试工具。

软件开发的过程是极其复杂和漫长的，融入了开发人员大量的心血，因此作为一款脑力劳动产品享有知识产权，任何人都是不能侵犯的。开源软件和闭源软件一直是业界争论的焦点，它们各有各的特点，也各有各的优势和弊端，两者相结合才是软件的未来道路。盗版软件是侵犯知识产权的行为，我们都应该拒绝使用盗版软件。

习 题

（一）填空题

1. 软件危机是指发生在 20 世纪________年代之间软件开发所遇到的困难。

2. 软件工程知识体系包括________、软件设计、________、软件测试、________、软件维护、________、软件工程管理、________和软件质量等。

3. 软件生命周期包含________、需求设计、________、软件实现________和软件维护。

4. 软件开发模型包括瀑布模型、_______、原型模型、________、螺旋模型、统一过程模型和_______等。

5. 演化模型包括________、________和螺旋模型。

6. 统一过程模型将开发周期划分为________、________、________和交付 4 个阶段。

7. 结构化开发方法是以数据流图、________、________、________、判定树等图形为主要表达手段。

8. 面向数据结构的开发方法有________和_______。

9. 模块化开发方法中模块之间的关系遵循的原则是________、________。

10. UML 中的静态模型图有________、组织结构图、________、部署图、_______和_______。

11. UML 中的行为图包括________、________、用例图和________。

（二）选择题

1. 对软件开发最终达到的效果进行分析是软件开发的哪个阶段：_______。

A. 可行性研究　B. 需求分析　C. 软件设计　D. 软件实现

2. 下面哪一个不属于软件工程的内容：______。

A. 软件测试　B. 软件维护　C. 软件构型管理　D. 软件工程管理

3. 下列属于线性开发模型的是______。

A. 瀑布模型　B. 增量模型　C. 原型模型　D. 统一过程模型

4. 下面属于传统软件开发方法的是______。

A. 结构化方法　B. 模块化方法　C. 可视化方法　D. 软件重用技术

5. 在 UML2.0 中，下列不属于动态图的是______。

A. 活动图　B. 用例图　C. 时序图　D. 部署图

6. 下面不属于软件保护等级的是______。

A. 免费软件　B. 开源软件　C. 共享软件　D. 原版软件

（三）简答题

1. 什么是软件工程？
2. 软件工程开发周期都包含哪些，其内容分别是什么？
3. 软件模型提出的意义是什么，都包含哪些模型？
4. 统一过程模型的特点是什么？
5. 与传统软件开发模型相比，敏捷模型的优势是什么？
6. 面向对象的开发方法有哪些？
7. 软件重用技术的意义在哪里，为什么要提倡软件重用？
8. UML 2.0 语言都包含哪些图？
9. 闭源软件和开源软件的区别是什么？请举出其各自的代表。
10. 为什么要保护软件的知识产权，为了抵制盗版软件，我们都应该做些什么？

第 9 章 数据库

上一章中介绍的数据结构是从较为底层的算法设计角度对计算机中的数据进行存储和操作，而涉及现实生活中实际运行的大型软件系统时，其处理的数据往往是海量的，这时更加常用的数据存储、操作是通过数据库来完成的。随着信息爆炸时代的到来，计算机程序需要处理的数据也越来越多、越来越广，数据库技术也随着这一趋势不断演变、发展，目前已经成为计算机领域中应用最广泛的领域之一。

本章中我们将为大家介绍数据库的一些基本概念和发展历史，并以关系数据库为例，展示数据库的原理及功能，最后简要介绍几种主流的数据库软件和数据库领域的发展趋势。

9.1 数据库的概念与发展

计算机通常要操作大量数据，如何利用计算机对这些大量的数据进行长期的管理、有效的组织和存储、高效的查询等操作，是数据库领域研究的内容。在早期的计算机程序中，程序员手动输入数据并对数据进行操作，数据不能被有效地存储和组织。经过不断的发展，目前的数据库技术已经发展得较为完善，应用程序可直接使用特定的语言对数据库进行操作，数据的存储、查询效率也得到极大提升。

9.1.1 数据库的概念

广义上讲的数据库包含的内容非常广泛，因此很难给出一个较为准确的定义，甚至可以认为广义的数据库概念包含了所有与数据库相关的内容。

直观来说，数据库的作用是将逻辑一致的相关数据结构化地进行存储和维护，并提供各种服务以便使用这些数据的对象更加高效、便捷地操作数据。使用数据的对象可能是计算机程序，也可能是数据库管理员等。而提供的服务一般包含插入新的数据，修改和查找原有数据，删除数据，对数据增加索引等。通过使用数据库，计算机程序可以与其操作的数据独立开来，实现了对大量数据的管理和维护，计算机程序只需要调用数据库软件提供的接口即可实现高效率的数据操作，这些优点均是数据库出现之前的数据存储方式不能媲美的。

向计算机系统中引入数据库后的系统称为**数据库系统**（Data Base System，DBS），由数据库、数据库管理系统、应用系统、数据库管理员（和用户）构成，在不引起混淆的前提下常常把数据库系统简称为数据库。图 9-1 展示了一个数据库系统的逻辑结构图，下面我们将介绍图中的一些概念。

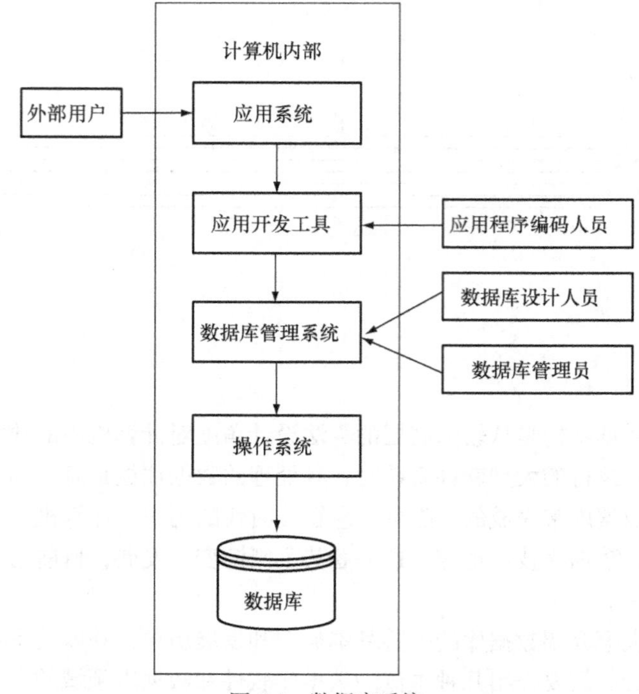

图 9-1　数据库系统

1. 数据库

图 9-1 中最下方的数据库指的是狭义的数据库，它是数据库系统的一个组成部分，也就是数据库文件。这里的数据库指的是按一定结构组织在一起的相关数据的集合，其中数据组织的方式称为数据库的结构。读者一定要区分广义的数据库和狭义的数据库，广义的数据库一般是众多数据库概念的统称，而狭义的数据库仅仅指在计算机内存储的数据集合。这些数据一般具有容量大、有组织、可共享、可扩展、低冗余、高独立等特性，这也与数据库系统的设计目标相一致。一个数据库的根本目的是处理大量数据，因此只有数据结构而没有实际数据的数据库是没有意义的，这样的数据库称为空库。

2. 数据库管理系统

数据库管理系统（Data Base Management System，DBMS）是位于用户与操作系统之间的一层数据管理软件，用于科学地组织和存储数据，高效地获取和维护数据。数据库管理系统通常有定义良好的接口，计算机程序或数据库管理员只需要利用特定的高级语言向其输入指令，数据库管理系统便会接收指令并通过操作系统对计算机中的数据进行操作，并返回操作结果。数据库管理系统主要实现的功能分为如下 4 个方面。

（1）数据定义功能

数据库使用的初始阶段是没有任何信息的，向数据库写入实际信息之前，需要使用数据库的程序或数据库管理员预先定义好数据的逻辑结构、存储结构、数据类型等信息，这样才能保证写入信息后数据库保持一个良好的数据组织结构。数据库管理系统提供了**数据定义语言**（DDL），应用该语言可方便地定义数据库中的数据对象。

（2）数据操纵功能

仅能定义数据的数据库功能是不完整的，更多时候用户使用数据库是为了高效地进行数据操作。数据库管理系统为数据使用者提供了**数据操纵语言**（DML），通过该语言用户只要向数据库管理系统提供相应的指令，数据库管理系统便会调用高效的算法进行数据操作并返回结果，而用户不必了解具体的实现方法就能完成数据的插入、删除、查询、修改等数据的基本操作。

（3）数据库的运行管理

数据库不是完美的，在使用过程中也会面临种种问题，例如：多个用户同时使用数据库时的并发问题、数据的安全问题、数据库发生故障等。为此数据库管理系统需要对数据库的运行进行管理，以保证数据的安全性、完整性，提供事务和回滚的机制来控制并发问题，采用冗余备份等方法用来进行发生故障后的系统恢复等。

（4）数据库的建立和维护

这个功能在实用程序角度保证了数据库的可靠性。数据库系统需要不断维护才能持续运行，实际使用时也时常会有数据转移和故障出现，因此数据库管理系统要实现数据库数据批量装载、数据库转储、介质故障恢复、数据库的重新组织、性能监视等功能。

3. 用户

图 9-1 中列出了数据库系统的使用者，他们被系统地分为四类：第一类为外部用户，他们不清楚数据库的内部逻辑甚至数据组织方式，只是利用数据库管理系统定义的接口进行插入、修改、删除、查询等数据操作；第二类为数据库管理员（DBA），负责对数据库进行总体控制，其职责包括监控数据库的运行状况，定义数据库中的具体组织结构，定义数据的存储结构和存取策略，定义数据的约束条件等；第三类为数据库设计人员，主要负责根据系统需求对数据库进行概要设计，包括数据库中数据的确定和各级模式的设计；第四类为应用程序编码人员，这类人员根据用户需求编写使用数据库的应用程序，以实现对数据的查找、建立、删除等操作，为外部用户提供定义良好的接口。

9.1.2　数据管理发展历程

数据管理包括了对数据的组织、存储、查询和维护等操作，是利用计算机处理数据的基本活动。利用数据库系统管理数据不是在数据管理的早期就出现，而是由其他数据管理方法不断发展形成的。根据数据管理技术处理数据特点的不同，可将数据库管理的发展历程分为 3 个阶段：手工管理阶段、文件系统阶段以及数据库系统阶段。

1. 手工管理阶段

手工管理阶段存在于 20 世纪 50 年代中期之前，当时的计算机主要用来进行科学计算，且计算机硬件尚未发展成熟，外存储器设备只有磁带、卡片机、纸带机等，还没有磁盘等直接存取的存储设备；软件技术在当时也处于初级阶段，计算机没有操作系统和管理数据的工具，数据处理仅有批处理的方式，数据的组织和管理完全靠程序员手工完成。这一阶段数据管理的效率很低，能处理的数据量很小，处理数据的特点为：

（1）数据不保存；

（2）没有对数据进行管理的软件系统；

（3）没有文件概念；

（4）一组数据对应一个程序，数据面向应用。

2. 文件系统阶段

文件系统阶段流行于 20 世纪 50 年代后期到 60 年代中期，此时计算机在硬件方面：外存储器有了磁盘、磁鼓等直接存取的存储设备；软件方面：操作系统已经出现并且包含了专门管理数据的软件，即所谓的文件系统。文件系统的数据处理方式不仅有文件批处理，而且还能够联机实时处理，这相比于数据手工管理是巨大的进步，也带来了数据处理效率和处理数据量的提升。文件系统的出现使计算机应用领域拓宽，不仅用于科学计算，还大量用于数据管理，其管理数据的特点为：

（1）数据以文件形式可长期保存下来。用户可随时对文件进行查询、修改和增删等处理；

（2）文件系统可对数据的存取进行管理。程序员只与文件名打交道，不必明确数据的物理存储，大大减轻了程序员的负担；

（3）文件形式多样化。有顺序文件、倒排文件、索引文件等，因而对文件的记录可顺序访问，也可随机访问，更便于存储和查找数据；

（4）程序与数据间有一定独立性。由专门的软件即文件系统进行数据管理，程序和数据间由软件提供的存取方法进行转换，数据存储发生变化不一定影响程序的运行。

虽然文件系统在数据管理效率和支持数据量上相比手工管理都有长足的进步，但是随着实际数据处理问题的复杂度增加和应用需求的增长，文件系统也暴露出很多不足之处，其存在的主要弊端如下：

（1）数据冗余和不一致。数据冗余是指相同的信息可能在多个文件中重复存储，这是由于文件很可能在很长一段时间内由不同的计算机操作人员创建，因此不同的文件可能采用不同的格式、语言，进而导致了数据冗余。这种冗余除了导致存储空间浪费之外，还可能导致数据不一致，因为当同一数据存储在多个文件中时，可能出现修改包含该数据的一个文件却忽略了其他文件，造成同一数据的各个副本不一致，而不一致数据的使用会给系统带来严重的错误；

（2）数据访问困难。文件系统虽然可以对数据进行存储，但是并没有提供一个方便而有效的方式按照数据使用者的意愿获取所需数据。比如在实际数据使用中，常常需要按照某些条件对数据进行筛选，而这种操作在文件系统中只能通过人工筛选或由程序员编写特定的程序进行筛选，而当筛选条件变化时，还需要编写新的程序，这两种方式显然都是效率低下的；

（3）数据孤立。通过人工筛选或编写程序检索文件中信息的方式不但效率低下，有时甚至是难以实现的。数据冗余是数据会分散在不同的文件中，不一致性是表示同一内容的数据会具有不同的值，且数据操作人员或编程人员不会完全清楚一份数据会存储在哪些文件中，或者哪些值是准确值，这便导致了数据孤立；

（4）完整性问题。存储进计算机的数据必须满足一定的约束条件，例如，如果是表示年龄的数据则不能小于零，表示电话的数据需要具有一定的字符位数等。然而文件系统中存在数据冗余的情况下很难对数据进行完整性约束；

（5）原子性问题。考虑两个账户转账过程中发生的数据操作：A 账户要向 B 账户转账 100 元，要先将 A 账户的现金值减少 100 元，再将 B 账户现金值增加 100 元。假设系统在执行完第一步后出现故障，即 A 账户减少了 100 元而 B 账户并没有增加 100 元，这就导致了数据状态的不一致，对 A 账户和 B 账户都造成了损失。在系统发生故障的情况下，某一系列数据操作要么全部发生，要么一个都不发生，则称这一系列数据操作构成一个原子性事务。在传统的文件系统中，这样的性能很难得到保证；

（6）并发访问异常。考虑两个用户同时从一个账户中取款的操作：A 用户和 B 用户在同一时刻分别向余额为 500 元的 C 账户中取款 100 元和 50 元，假设取款的数据操作是读取账户余额，将其减去取款金额后写回，那么 A 用户和 B 用户同时读出 C 账户的余额为 500 元，减去相应的取款金额后 A 和 B 看到的账户余额分别是 400 元和 450 元，那么最终写回 C 账户的余额就是 400

或 450 中的一个，要视哪个用户最后写回而定。事实上 C 账户的余额是 400 或 450 都是不正确的，正确的余额应该是 350 元。由此可见在并发访问数据时，需要一定的机制来避免异常的发生；

（7）安全性问题。不是所有的数据都能被全部的用户访问，例如在教务管理系统中，成绩登录人员只要看到学生学号、课程号和对应成绩信息即可，而不应看到学生的姓名、家庭住址等具体信息，因此数据管理过程中应对不同身份的用户进行不同的数据访问限制。

3. 数据库系统阶段

数据库系统出现于 20 世纪 60 年代后期，并一直发展至今。计算机应用于管理的规模更加庞大，数据量急剧增加。硬件方面出现了大容量磁盘，使计算机联机存取大量数据成为可能。同时硬件价格下降，而软件价格上升，使开发和维护系统软件的成本增加。文件系统在数据管理中的种种弊端已无法适应开发应用系统的需要。为解决多个用户、多个应用程序共享数据的需求，出现了统一管理数据的专门软件系统，即数据库管理系统。数据库系统的出现使数据结构化、一致化，数据的管理和操作效率得到极大提升，完整性和安全性也大幅增加。

扩展阅读：数据仓库和数据挖掘

随着信息时代的到来，数据呈指数型增长，传统的数据库方法已经越来越难以适应这种数据增长速度，查询、检索等机制与传统的统计分析方法也不再能满足实际需要。面对规模空前的数据，数据仓库（Data Warehouse）和数据挖掘（Data Mining）技术成为数据库技术发展的新方向。

数据仓库是一个面向主题的（Subject Oriented）、集成的（Integrate）、相对稳定的（NonVolatile）、反映历史变化的（Time Variant）数据集合，用于支持管理决策。数据仓库的概念分为两个层次：（1）数据仓库用于支持决策，面向分析型数据处理，而不是企业现有的操作型数据库；（2）数据仓库是对多个异构数据源的有效集成并按照主题进行了重组。数据仓库不是静态的概念，只有把信息及时交给需要这些信息的使用者，供他们做出改善其业务经营的决策，信息才能发挥作用，而把信息加以整理、归纳和重组，并及时提供给相应的管理决策人员是数据仓库的根本任务。

数据挖掘指的是从大量的、不完全的、有噪声的、模糊的、随机的实际应用数据中，提取隐含在其中的、人们事先不知道但又是潜在有用的信息和知识的过程。数据挖掘是一门交叉学科，它把人们对数据的应用从低层次的简单查询提升到从数据中挖掘知识，提供决策支持。在这种需求牵引下，汇聚了不同领域的研究者，尤其是数据库技术、人工智能技术、数理统计、可视化技术、并行计算等方面的学者和工程技术人员，投身到数据挖掘这一新兴的研究领域，形成新的技术热点。

9.1.3 数据库系统特点

数据库系统是在文件系统的基础之上不断发展而来的，它消除了文件系统的一系列不足之处，并增添了新的功能。数据库系统管理数据有以下 6 个特点。

1. 数据结构化

文件系统阶段，不同的数据被存储在不同的文件中，它们只在同一文件内部有联系，而不同文件中的数据是没有联系的，即数据在整体上来看是无结构的。而在数据库系统中，能将数据按照某种数据类型组织到一个结构化的数据库中。这些数据不是分散的，通过数据库系统表示出了数据之间的有机联系，实现了数据的结构化。

2. 数据共享

数据库中的数据是全面考虑用户需求、面向整个系统进行组织的，而不是面向某个具体应用的。因此数据库中包含了一个系统中的全部数据内容，而根据具体应用的不同分配不同的数据。

这使不同应用所使用的数据可以重叠，同一部分数据也可以被多个应用共享。

3. 减少了数据冗余

文件系统中同一个数据可能会出现在不同的文件中导致数据冗余，数据库系统通过对数据建立逻辑映射，可以使相同的数据在物理存储介质上只存储一次，而在逻辑上需要数据重复出现的位置建立对实际物理存储数据的映射，大大减少了数据重复存储。

4. 有较高的数据独立性

由于数据不是面对某一应用程序，而是系统全部的数据都在数据库中进行有结构的存储，使数据与应用程序之间不存在依赖关系，而是相互独立的。

5. 有方便的用户接口

数据库中数据的插入、查询、修改、删除这些核心操作均已在底层实现，用户想要操作数据时，不必清楚具体的操作算法是如何实现的，只要通过数据库提供的接口告诉数据库“做什么”，数据库便会自动执行操作并返回结果。通常使用结构化查询语言提供指令，且既可以直接向数据库管理系统提供指令，又能将指令嵌套在计算机程序中，拓宽了数据库的应用面。

6. 有统一的数据管理与控制功能

数据库管理系统能对存储在数据库中的数据进行管理和控制，主要体现在数据的完整性、安全性和并发控制 3 个方面。控制数据的完整性能保证存储在数据库中的数据都是合法的、正确的，控制的方式是对数据增加完整性约束，并在进行数据操作时对数据完整性进行检验。控制数据的安全性能保证数据库中的数据是安全的、可靠的，控制的方式是防止数据被非法地修改或访问，对数据进行备份使数据遭到破坏时能立刻恢复。并发控制能防止多个用户访问同一数据时发生互相干扰，保证了数据的完整性和一致性，控制的方式是使用锁机制。

由于以上这些优点，数据库问世之后很快便被广泛应用到各种应用程序中，担任起管理和操作数据的重要任务。

9.2 数据模型

数据模型是数据库结构的基础，它是描述数据、数据联系、数据语义及一致性约束的概念工具的集合。不同于前面介绍的数据结构，数据库中的数据模型不是从计算机的角度讨论如何存储、处理数据，而探讨的是如何通过数据组织对现实世界中的事物进行抽象描述，使其得以在计算机中实现。现有的数据模型可分为三类：概念数据模型、逻辑数据模型和物理模型，它们对现实世界的抽象程度由浅到深。

9.2.1 概念数据模型

概念数据模型将现实世界中的事物进行较为直观的第一层抽象，只用来描述某个特定的信息结构，而不涉及信息在计算机中是如何表示的，是独立于计算机系统的模型。概念模型从用户角度和对事物的认识上进行数据建模，能提供灵活的结构组织能力，允许显示定义数据约束，能对数据库设计进行指导。概念数据模型最典型的代表有实体—联系模型、面向对象模型。

1. 实体—联系模型

实体—联系数据模型（Entity—Relationship Data Model）将现实世界看作一个个称为**实体**（Entity）的对象和这些实体之间**联系**（Relationship）的集合。

其中实体是指现实世界中可以区别于其他对象的一个真实存在的事件或物体，但是这些事件或物体不一定是肉眼可见的。例如，每个人是一个实体，每个电子账户也可看作一个实体，虽然电子账户并不能被“看到”。同类型实体的集合称为实体集，例如，“学生”作为实体集表示了学生的集合，而某个具体的学生为一个实体。实体的特性通过**属性**（Attribute）进行描述，例如，“人”作为一个实体具有姓名、年龄、性别等许多属性，它们都可以刻画某个具体的人。虽然一个实体具有非常多的属性，但对于一个具体的数据库系统来说，并不是全部属性都是有用的，一个调查人口性别比例的系统显然不会关注每个人的身高和体重，在对实体进行数据抽象时，我们只要根据需要保留有用的属性即可。能唯一标识一个实体的属性或属性集合称为**键**（Key）。例如，身份证号能唯一标识一个国家的公民，则身份证号是公民实体的键；姓名和电子邮箱两个属性才能唯一标识一个网站的用户，则这个属性组是用户实体的键。属性的取值范围称为该属性的**域**（Domain），例如，“性别”属性只能取“男”或“女”。域可以根据实际情况进行人为规定，例如一个学校教职工数据库中要求“年龄”属性大于 0 岁且小于 60 岁。

联系是指实体之间的关系，这种关系是客观存在的，可能存在于同一实体内部，也可能存在于不同实体之间。参与联系的实体种类称为联系的元，实体内部联系显然只有一种实体参与，这样的联系称为一元联系。例如，由学生构成的小组内存在组长对组员的领导关系，但组长和组员均是学生实体，则“领导”联系为一元联系。同理，二元联系指有两种实体参与的联系，例如学生实体与课程实体间存在“选课”二元联系，此外还有三元、四元甚至更高次元联系。一个联系中的实体的数量对应关系称为基数比约束。两个实体的基数比约束有如下三种：**一对一联系**（1∶1），对于实体集 A 中的一个实体，实体集 B 中只能有 0 个或 1 个实体与之联系，则实体集 A 与 B 具有一对一联系，如一个学校只能有一个校长，每个校长只能在一个学校任职，则校长实体与学校实体为一对一联系；**一对多联系**（$1:n$），对于实体集 A 中的一个实体，实体集 B 中有 n 个实体（$n\geqslant 0$）与之联系，则实体集 A 与 B 具有一对多联系，如教师与课程之间存在一对多的联系“教”，即每位教师可以教多门课程，但是每门课程只能由一位教师来教；**多对多联系**（$m:n$），对于实体集 A 中的一个实体，实体集 B 中有 n 个实体（$n\geqslant 0$）与之联系，对于实体集 B 中的一个实体，实体集 A 中有 m 个实体（$m\geqslant 0$）与之联系，则实体集 A 与 B 具有多对多联系。例如，一个学生可以选修多门课程，每门课程也都由多名学生选择，则“选课”联系为多对多联系。

实体—联系模型自 1976 年提出以来，在数据库设计中被广为接受，在实践中也有广泛应用。其图形化表示方法：**实体—联系图**（E-R 图），由于对数据概念结构的清晰表示，在数据库设计过程中扮演了重要的角色。E-R 图由以下元素构成。

- 矩形：代表实体集。
- 椭圆：代表属性，键属性加下画线。
- 菱形：代表实体集之间的联系。
- 线段：用线段连接实体集与属性以及实体集与联系。

图 9-2 展示了学生实体集与课程实体集之间多对多二元联系的 E-R 图。

2. 面向对象模型

与实体—联系模型类似，面向对象模型也是基于现实中存在的一系列对象建立模型。一个对象包含变量和方法，其中变量和实体—联系模型中实体的属性类似，都是用来表示一个对象特征的值，方法包含对该对象进行的操作。数据模型中面向对象的思想与高级程序设计语言中的面向对象思想是一致的，都将含有相同类型变量和方法的对象归为同一个类，对应实体—联系模型中的实体集，而一个类的实例化对象就是实体集中的特定实体。

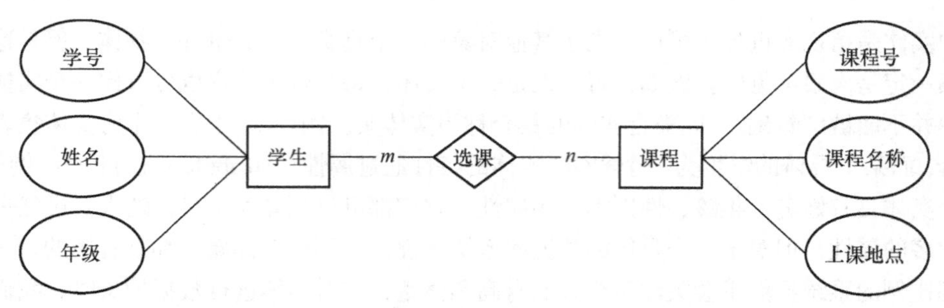

图 9-2　学生、课程 E-R 图

与实体—联系模型不同的是，面向对象模型没有显式化的联系，一个对象访问另一个对象数据的唯一途径是访问该对象的方法，这一行为称作向对象发送消息。对象的实例变量和方法的具体实现属于对象内部，对外是不可见的，而外部可见的只是调用方法的接口。此外，在实体—联系模型中，每个实体集有键属性来唯一标示每个特殊的实体，而面向对象模型中只要实例化一个对象，该对象就会产生一个与其包含值无关的唯一标识。因此，即使两个实例化对象的变量值全部相同，它们仍是两个不同的实例化对象。

9.2.2　基于记录的逻辑模型

基于记录的逻辑模型从数据库结构角度对数据进行建模，在概念模型的基础上进行第二层抽象。逻辑模型在逻辑层和视图层描述数据，与概念模型相比，逻辑模型除了能够提供关于现实数据的高层描述，还能用来定义数据库的全局逻辑结构，是与数据库管理系统直接相关、有严格形式化定义的，因此逻辑模型也很容易转化为物理模型。逻辑模型是区分不同类型数据库的依据，并在很大程度上决定了数据库的性能和应用范围。

之所以称为基于记录的逻辑模型，是因为采用这类模型的数据库中的数据是由一些相同格式的记录构成的，同一个表格中的每条记录均包含同样的字段。图 9-3 所示的学生表和图 9-4 所示的成绩表，表格中的每一行均是一条记录，如（1001，李强，男，21，软件工程）是一条表示李强同学信息的记录，其中包含了学号、姓名、性别、年龄、专业这 5 个字段，这些字段是在数据库设计时就规定好的，如果不改变数据库数据结构，新增的记录也只有这 5 个字段。这种使用定长字段记录数据的方法可以大大简化数据库物理层的实现，避免了在存储数据时造成大量物理空间的浪费。

学号	姓名	性别	年龄	专业
1001	李强	男	21	软件工程
1002	张红	女	20	车辆工程
1003	王伟	男	21	数学
1004	赵明	男	22	经济

图 9-3　学生表

学号	成绩
1001	90
1002	100
1003	70
1004	80

图 9-4　成绩表

基于记录的逻辑模型主要包含层次模型、网状模型和关系模型。其中层次模型最先出现，经过不断演化形成网状模型，最终形成的关系模型成为近年来在各种数据库系统中广泛使用的模型。

1．层次模型

层次模型是数据库技术发展早期出现的数据模型，采用层次模型进行数据组织的数据库称为层次数据库。层次模型中的数据组织结构类似于数据结构一章中介绍的树形结构，结构中每个节点表示一条记录，每个记录类型同样包含若干字段，节点之间通过指针连接，表示了记录之间的一对多联系。层次结构如图 9-5 所示，其基本特征是：

- 一定有且只有一个位于树根的节点，称为根节点；
- 一个节点下面可以没有节点，即向下没有分支，那么该节点称为叶节点；
- 一个节点可以有一个或多个分支节点，前者称为父节点，后者称为子节点；
- 拥有相同父节点的子节点互相为兄弟节点；
- 除根节点外，其他任何节点有且只有一个父节点。

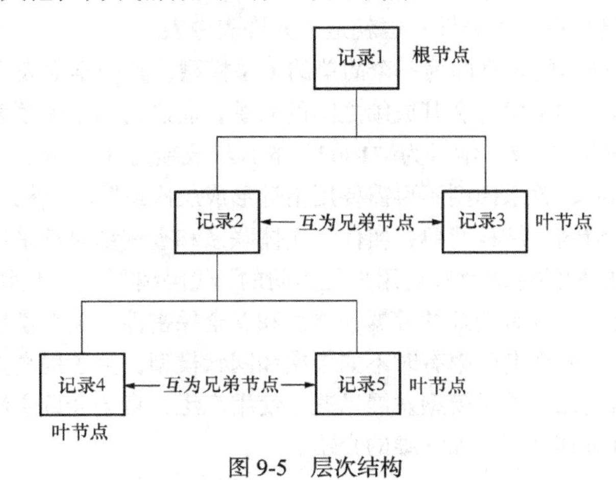

图 9-5 层次结构

层次模型中如果要存取某一条记录，就要从根节点开始，按照树的层次通过指针逐层向下查找，查找路径就是存取路径，直到找到想要的数据为止。层次模型结构简单，容易实现，对于某些特定的应用系统效率很高，但如果需要动态访问数据或实体间关系并不固定时，效率并不理想。另外，对于一些非层次性结构的数据关系（如多对多联系），层次模型表达起来比较烦琐，数据存储效率也会下降。

2. 网状模型

层次模型虽然简单但是难以表示复杂的数据结构，因此在 20 世纪 60 年代经过一时的广泛应用过后很快被网状模型所取代，采用网状模型的数据库称为网状数据库。网状模型中的数据组织结构类似于数据结构一章中介绍的图形结构，结构中同样是每个节点表示一条记录，每个记录类型同样包含若干字段，节点之间依然通过指针连接，但是网状模型允许两个节点之间存在多对多的关系，其基本特征是：

- 允许一个及以上的节点没有父节点；
- 一个节点可以有多于一个的父节点。

网状模型中进行记录存取时，不再仅有单一访问方向，部分记录可以有多条访问路径。网状模型与层次模型相比，提供了更大的数据结构上的灵活性，能更直接地描述现实世界，性能和效率也比较好，由于现实世界中事物之间的联系普遍是非层次性的，网状模型具有更高的普适性。网状模型的缺点是结构复杂，用户不易掌握，记录类型联系变动后涉及链接指针的调整，扩充和维护都比较复杂。这种复杂性也导致一般实际的网状数据库管理系统对网状都有一些具体的限制，在使用网状数据库时有时候需要进行一些转换，这也会导致效率的降低。

3. 关系模型

关系模型于 1970 年被 IBM 公司的 E.F.Codd 系统而严格地提出，它是目前应用最多、也最为重要的一种数据模型，采用关系模型进行数据组织的数据库称为关系数据库。关系模型建立在严格的数学概念基础上，由一个或多个表示数据关系的二维表格结构构成，这些表格的集合表示了实体和实体之间的联系。二维表由行和列组成，每一列是相同字段的集合，每一行是一条记录。关系模型的基本特征是：

- 建立在关系数据理论之上，有可靠的理论基础；
- 可以描述一对一、一对多和多对多的联系；
- 表示的一致性。实体本身和实体间联系都使用关系描述；
- 关系的每个分量具有不可分性，也就是不允许表中表。

图 9-3 和图 9-4 所展示的表格即为一个简单的关系模型，其中学生表表示了由 4 个学生构成的实体集，成绩表表示了学生学号和其成绩之间的联系，通过这两个关系表我们很容易知道学号为“1001”的李强成绩为 90 分，学号为“1002”的张红成绩为 100 分。将实体和实体之间的联系用关系表的形式存储后，关系模型不再需要用指针形成层次或网状结构就可以表示出数据之间的关联。关系模型概念清晰，结构简单，实体、实体联系和查询结果都采用关系表示，用户比较容易理解。另外，关系模型的存取路径对用户是透明的，代码编写人员不用关心具体的存取过程，减轻了程序员的工作负担，具有较好的数据独立性和安全保密性。关系模型也有一些缺点，在某些实际应用中，关系模型的查询效率有时不如层次和网状模型，为了提高查询的效率，有时需要对查询进行一些特别的优化。关系模型发展迅速、使用广泛，直至今日主流数据库中均采用关系模型，我们将在下一节对其进行更加详细的介绍。

9.2.3 物理数据模型

物理数据模型（Physical Data Model）用于在最低层次上进行数据组织描述，提供了数据库系统初始设计时所需要的基础元素，以及相关元素之间的关系。不同于在高层描述存储结构和访问机制的逻辑模型，物理模型描述数据是如何在计算机中存储的，如何表达记录结构、记录顺序和访问路径等信息。

使用物理数据模型的优点如下：

- 可以将数据库的物理设计结果从一种数据库移植到另一种数据库；
- 可以将已经存在的数据库物理结构重新生成物理模型或逻辑模型；
- 可以定制生成标准的模型报告；
- 可以与逻辑数据模型进行转换；
- 可以完成多种数据库的详细物理设计并生成数据库对象的脚本。

通过使用物理数据模型，使数据库的系统层实现成为可能，数据库的物理设计阶段必须在此基础上进行详细的后台设计，包括数据库的存储过程、操作、触发、视图和索引表等。实际使用中的物理数据模型较少，常用的两种物理数据模型是一致化模型和框架存储模型。

9.3 关系数据库

最早出现的层次模型和之后支持多对多联系的网状模型与数据库底层实现的结合更加紧密，而它们复杂的结构使其很难应对现实中多层次的数据。在现今的商务数据库系统中，基于关系模型的关系数据库已经成为最流行的数据模型，在大量领域中均有广泛应用。关系数据模型具有坚实的理论基础，对数据库的设计和数据库信息的高效处理有很好的支持。

在前面一节中，我们已经简要介绍了关系模型，本节将继续对关系数据库中的一些概念做进一步的介绍，并从概念结构设计和逻辑结构设计角度简要介绍数据库的设计思想，最后介绍较为重要的结构化查询语言。

9.3.1　关系数据库基础知识

让我们先以图 9-6 和图 9-7 为例，回顾一下基于记录的逻辑模型一节介绍的关系模型。

账户号	开户人	余额
A101	刘强	500
A102	张伟	1000
B201	孙杰	800
…	…	…

图 9-6　账户表

交易号	账户号	支出金额	交易时间
001	A101	100	17:00
002	B201	500	18:30
003	A101	－300	22:00
…	…	…	…

图 9-7　交易记录表

关系模型中的数据逻辑结构是通过一些如图 9-6 和图 9-7 的二维表表示的，称为关系表。表中每一行代表一系列值的集合，称为一条**记录**（Record），或**元组**。其中一系列值的每一个称为一个**字段**（Field），表示一个实体具有的一些属性，每个字段占据二维表的一列。如图 9-6 表示的账户表有三列，说明一个账户实体具有“账户号”、“开户人”及“余额”3 个属性。

关系模型不需要像层次和网状模型需要用指针搭建记录之间的结构关系，而是将实体和实体之间的联系全部用一张张关系表进行表示，通过关系表之间共有的属性很容易看出哪些关系之间存在联系，图 9-6 的账户表与图 9-7 的交易记录表共有“账户号”这一属性，说明这两个关系之间有联系。这种表示方法使概念更加清晰，数据结构更加简单。

关系数据库是关系表的集合，其中每个关系表有唯一的名字。关系数据库中有如下一些重要的概念和性质。

1．主键、外键

如果某一属性或一个属性集合能唯一标识关系表中的某一条记录，则称该属性或属性集合称为**候选键**（Candidate Key），或候选关键字或候选码。例如，“学生关系”中的学号能唯一标识每一个学生，则属性学号是学生关系的候选键；“选课关系”中，只有属性的组合“学号+课程号”才能唯一地区分每一条选课记录，则属性集合“学号+课程号”是选课关系的候选键。

当一个关系中存在多个候选键，需要从中选择一个作为数据库插入、修改、删除、查询等操作的操作变量，被选中的这一个候选键称为**主键**（Primary Key），或主关系键、主码。每个关系必须有且只有一个主键，选定主键之后，关系表中的全部记录都可被唯一标识，这是数据库对数据区分、进行数据操作的基础。

主键可以是单一属性或属性的集合，包含在主键中的各个属性称为**主属性**（PrimeAttribute），不包含在任何候选键中的属性称为**非主属性**（Non-Prime Attribute）。最简单的情况下，一个关系模式只包含一个单属性候选键，则该属性为主键、主属性，所有剩余属性为非主属性。最极端的情况下，关系的候选键是所有属性的集合，这种情况称为全键（All-Key）。

在图 9-6 账户表和图 9-7 交易记录表中，都有“账户号”这一属性，其含义我们很容易理解：账户号是账户表的主键，对于交易记录表中的每条记录，我们根据账户号便可以将其与账户表中的一个账户记录进行对应。比如，根据交易号为“002”的交易记录中的账户号“B201”，知道“开户人孙杰在22:00时刻进行了一次交易”。像这种另一个关系中的主键作为了某个关系的属性，则称这个属性为该关系的**外键**（Foreign Key）。“账户号”是账户关系中的主键，则账户关系为被参照关系，或主关系、目标关系；“账户号”是交易记录关系中的外键，则交易记录关系为参照关系，或从关系。这种两个关系之间的主外键结构称为**主从明细**（Master-detail）结构。

虽然不是硬性要求，但是在数据库设计过程中往往将主键和外键进行相同的命名以达到便于识别的目的。主键、外键是将两个关系关联起来的重要手段。

2. 数据库模式和数据库实例

读者在学习数据库的过程中有必要分清楚数据库模式（Schema）和数据库实例两个概念：数据库模式是数据库的逻辑设计，而数据库实例是给定时刻数据库的一个快照。可以将这两个概念与面向对象思想中的类和对象概念进行类比，在面向对象思想中我们预先定义一个类，包括它包含的属性和方法，然而在实际编程的过程中，我们会将定义的类实例化出一个对象，然后使用这个对象而不是类。

通常我们用“模式名（属性集合）”的方式来表示一个数据库模式，在模式名后紧跟一个括号，在括号中列出所有属性并用逗号隔开（更详细的表示方式是在每个属性后同时列出其值域，我们在此处从简），用下画线标注主键。例如，图9-6账户表的数据库模式可以表示为：

账户（账户号，开户人，余额）

表示在这个关系表中的所有记录都有账户号、开户人和余额这3个属性，即遵循这一数据库模式，但是不表示数据记录本身。

在图9-6中可以看到数据库已经存储了一些记录，存储了记录的数据库便是这一时刻数据库的一个实例，就如同一个定义好的类在程序运行过程中存在着多个实例化的对象。当类的定义变化时，其实例化对象也会发生变化，关系实例同样如此，当关系模式更新时，关系实例的内容也会发生变化。“关系”有时指代关系模式，有时指代关系实例，可根据具体情况进行区分。

3. 数据库模式图

在UML图形中表示数据库的常用方法是数据库模式图：将每个关系表用方框表示，方框内注明关系名称，列出关系的各个属性，用PK和FK注明主键和外键，并用箭头注明主从关系，并标注好数量对应关系即可。图9-8展示了账户关系表和交易记录关系表的数据库模式图。

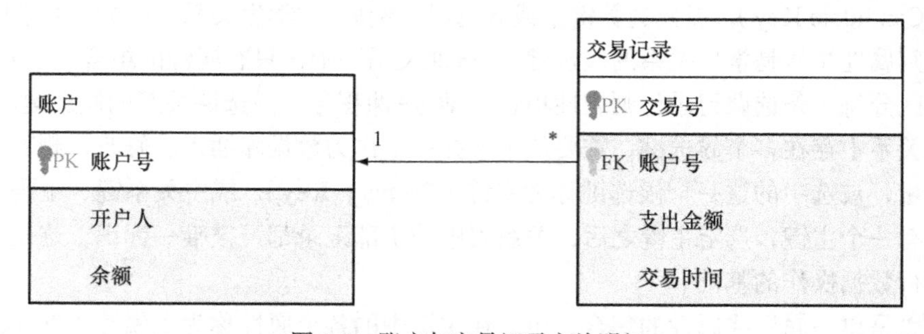

图9-8 账户与交易记录主从明细

4. 关系的性质

关系与传统的数据文件中使用的二维表格是非常类似的，但它们之间又有重要的区别。严格地说，关系是经过规范化的二维表中行的集合，为了使相应的数据操作简化，关系模型对关系作了种种限制。关系具有如下特性：

（1）关系中不允许出现相同的记录或元组。这与数学上集合概念中元素的唯一性是一致的，数据库中不能有完全相同的两条记录，要求其全部属性中至少有一个取值不同；

（2）关系中记录的顺序是无关紧要的，即在一个关系中任意两行的次序可以随意进行交换。这与集合中元素的无序性相一致。根据这一特性，可以根据某种规则将数据库中的记录进行排列，进而提高查询速度；

（3）关系中属性的顺序是无关紧要的，即在一个关系中任意两列的次序可以随意进行交换。例如，数据库模式“账户（账户号，开户人，余额）”与“账户（账户号，余额，开户人）”是等价的；

（4）同一属性名下的各个属性值具有相同的域，并且数据类型相同。例如学生表中，所有记录在对应“性别”属性一列的字段中，都只能取“男”或“女”两个值；

（5）关系中各个属性必须具有不同的名字，不同的属性可以有相同的域。假设学生表有“出生日期”和“入学日期”两个属性，它们虽然是不同的属性，但是是相同的数据类型，有相同的值域；

（6）关系中每一分量必须是不可分的数据项，即所有属性值都是原子值、确定值，而不是值的集合。满足此条件的关系称为规范化关系，否则称为非规范化关系。图 9-9 所示的个人信息表中，将“电话”又分为了“手机”和“宅电”，出现了“表中有表”的现象，是非规范化的关系。

姓名	年龄	电话	
		手机	宅电
刘明	21	151××××××××	010-2××××××
...	...	...	...

图 9-9 个人信息表

5. 关系的完整性

关系模型的完整性规则是对关系的某种约束条件，通过这些约束使数据库在使用和操作过程中能始终保持数据的一致性和完整性。关系模型中的完整性约束分为域完整性、实体完整性、参照完整性和用户定义完整性 4 种，其中实体完整性和参照完整性是关系模型必须满足的完整性约束条件，被称作是关系的两个不变性，应该由关系数据库系统自动支持。

（1）域完整性

域完整性是指关系中的属性必须满足的数据类型或取值范围的约束。例如，年份、年龄等值不能出现小于 0 的数、日期中月份和天数的对应情况、小数点精度等检查都是域完整性要求。对属性值是否为空（NULL）的检查也是域完整性约束的一部分。

（2）实体完整性

实体完整性要求关系中的主属性不能为空值且取值唯一。实体完整性规则是针对基本关系而言的，一个基本表通常对应现实世界的一个实体集或多对多联系。现实世界中的实体和实体间的联系都是可区分的，即它们具有某种唯一性标识，因此关系中的元组也应可以被唯一标识，实体完整性正是对此进行了约束。

（3）参照完整性

参照完整性对主键和外键的一致性进行了约束。回顾图 9-6 账户表和图 9-7 交易记录表，交易记录表中“账户号”属性一列的取值应该为账户表中“账户号”一列取值集合的子集，否则就出现了不存在的账户进行交易的记录，这显然是没有意义的。参照完整性要求外键取值或者为空值，或者为被参照关系中某个元组的主键值，这确保了外键取值一定在主键中存在，保证了数据的一致性。

（4）用户定义完整性

用户定义的完整性是针对某一具体关系数据库的约束条件，反映某一具体应用所涉及的数据必须满足的语义要求。关系模型应提供定义和检验这类完整性的机制，以便数据库用统一的系统的方法处理它们，而不要由应用程序承担这一功能。用户定义完整性主要包括规则、默认值、约束和触发器。例如，一个大学本科生数据库可能规定“年级”属性的取值范围只能为{大一，大二，大三，大四}。用户定义完整性使数据库对数据约束的定义更加灵活，也提高了数据一致性。

扩展阅读：主流关系数据库简介

随着数据库的不断演变，目前商业化的关系数据库如微软的 SQL Server、MySQL、Oracle 等在开发、维护等各方面均已发展得较为成熟，下面对这些主流数据库进行简要介绍。

MySQL：MySQL 是最受欢迎的开源 SQL 数据库管理系统，它由 MySQL AB 开发、发布和支持，是一个快速的、多线程、多用户和健壮的 SQL 数据库服务器。MySQL 服务器支持关键任务、重负载生产系统的使用，也可以将它嵌入一个大配置的软件中去。与其他数据库管理系统相比，MySQL 的主要优势为：它是开源的，它的服务器可以工作在客户/服务器或嵌入系统中，有大量的 MySQL 支持软件。

SQL Server：SQL Server 是由微软开发的数据库管理系统，是 Web 上最流行的用于存储数据的数据库，它已广泛用于电子商务、银行、保险、电力等与数据库有关的行业。SQL Server 提供了众多的 Web 和电子商务功能，如对 XML 和 Internet 标准的丰富支持，通过 Web 对数据进行轻松安全的访问，具有强大的、灵活的、基于 Web 的和安全的应用程序管理等。而且，由于其易操作性及其友好的操作界面，深受广大用户的喜爱。

Oracle 数据库：Oracle 数据库系统是美国 ORACLE（甲骨文）公司提供的以分布式数据库为核心的一组软件产品，是目前最流行的客户/服务器或浏览器/服务器体系结构的数据库之一，是目前世界上使用最为广泛的数据库管理系统。Oracle 数据库的主要特点为：高兼容性、可移植性、可联结性、高生产率以及高开放性。

9.3.2 关系数据库设计

要想利用关系数据库解决各种实际问题，需要将现实生活的事物以及事物与事物之间的联系存储在计算机中，使计算机能对其进行操作和运算。但是现实中的事物和联系是具有较多层次和较为复杂的，与计算机的存储方式有非常大的差别，因此需要专业的数据库设计人员将现实存在的事物和联系进行抽象和建模，并经过多步骤的精心设计，才能使这些信息在计算机中得以表达和存储。

在数据模型一节我们介绍了概念模型、逻辑模型和物理模型三类表示数据的模型，其中概念模型最接近现实世界，物理模型最接近计算机存储结构。从概念模型到物理模型，人们所能理解的程度是逐渐减弱的，而计算机能接受的程度却在逐渐加强，它们的关系如图 9-10 所示。因此，在进行数据库设计的时候也需要遵循概念结构设计、逻辑结构设计、物理结构设计这一过程，将现实世界中的数据逐步设计成数据库能存储的形式。数据库管理系统能自动将逻辑模型转化为物理模型，因此物理结构设计我们不做考虑。

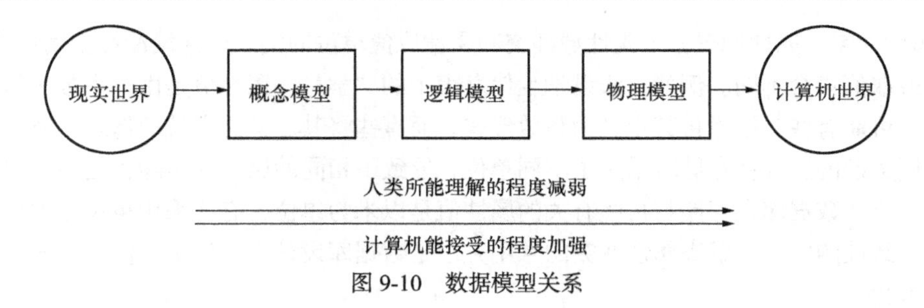

图 9-10　数据模型关系

1. 概念结构设计

与软件工程一样，数据库设计同样是从需求分析开始的，需求分析阶段用户描述的应用需求是现实世界的具体需求，概念结构设计阶段的目标就是将具体需求抽象为概念模型。概念结构是各种逻辑模型的共同基础，它独立于机器，更加抽象，也因此更加稳定。

数据库中广泛使用的描述概念模型的工具是前面介绍过的 E-R 模型。E-R 模型由实体和联系构成，其中实体又包含有自己的属性。将现实世界的信息设计成 E-R 模型，需要准确提取出所需的实体和实体具有的属性，并正确地将实体与实体之间通过联系进行关联。设计的策略有自顶向下、自底向上、逐步扩张以及混合策略，其中自底向上策略是普遍适用的，其步骤是：

（1）进行数据抽象并设计局部视图。

① 确定实体；

② 确定实体的属性，在属性中确定主键；

③ 根据实际情况确定实体间的联系及类型（一对一、一对多、多对多）。

（2）将局部视图进行集成，得到全局概念结构。

① 合并分 E-R 模型；

② 进行修改与重构。

确定实体、实体的属性以及关系的过程实际上是一种数据抽象，是从实际的人、物、事和概念中抽取所关心的共同特性，忽略非本质的细节并把这些特性用各种概念精确地加以描述的过程。数据抽象分为如下 3 种常见类型：

- 分类（Classification）。分类的本质是定义某一类概念作为现实世界中一组对象的类型，这些对象具有某些共同的特性和行为。例如，教数学的张老师和教语文的刘老师都抽象为教师，她们都向学生教授某些课程。分类抽象了对象值和型之间“is member of”的语义。E-R 模型中的实体型可通过分类抽象得到。

- 聚集（Aggregation）。聚集的本质是定义某一类型的组成成分。例如，姓名、年龄、工资、教授课程等信息可抽象为教师实体的属性。聚集抽象了对象内部类型和成分之间“is part of”的语义。E-R 模型中的实体具有的不同属性可通过聚集抽象得到。

- 概括（Generalization）。概括的本质是定义类型之间的一种子集联系。它抽象了类型之间的“is subset of”的语义。概括有一个很重要的性质：继承性。子类继承超类上定义的所有抽象。例如，火车、汽车、飞机都是交通工具的子类，也具有交通工具能够运送旅客、货物的特性，以及交通工具具有的价格、路程等属性。

在对分 E-R 模型进行合并时，由于各个局部模型所面向的问题不同、设计人员不同等原因，分 E-R 模型很有可能存在冲突和不一致之处，因此合理消除各个分 E-R 模型的之间的冲突是合并分 E-R 模型的主要工作与关键之处。冲突的种类如下：

- 属性冲突。属性冲突分为属性域冲突和属性取值单位冲突。属性域冲突指属性值的类型、取值范围或取值集合不同。例如，假设学生信息表中的“学号”属性值是由一串数字组成的，但是在设计中可能有些数据库将其定义为整数形式，而有些将其定义为字符串形式。属性取值单位冲突是指同类型的属性在存储时采用了不同单位，导致了相同的属性在实际存储中出现了不同的值。例如，有些数据库在存储与长度有关的属性值是以米为单位，有些采用英尺为单位，这将导致数据不一致性的发生。解决属性冲突的常用方法是数据库设计人员讨论、协商，通过沟通交流将属性一致化。
- 命名冲突。命名冲突分为同名异义和异名同义。同名异义指在局部应用中具有相同名字的对象实际却表示不同含义。例如，局部应用 A 中将教室称为房间，局部应用 B 中将学生宿舍称为房间，导致“房间”属性出现二义性。异名同义指具有相同含义的对象在不同局部应用中具有不同的名字。例如，局部应用 A 中将教科书称为课本，局部应用 B 中将教科书称为教材。命名冲突在实体、属性、联系的命名过程中均会发生，它虽然不会导致数据库出错，但是很容易带来逻辑上的混淆，因此在数据库设计时最好能通过讨论、协商等方法避免命名冲突。
- 结构冲突。结构冲突分为三类：第一类，同一对象在不同应用中具有不同抽象，例如“课程”在某一局部应用中被当作实体而在另一局部应用中则被当作属性；第二类，同一实体在不同局部视图中所包含的属性不完全相同，或者属性的排列次序不完全相同，例如，用来做学籍管理的学生表可能包含“政治面貌”属性而不关心学生每门课程的成绩，而教务系统使用的学生表却关心学生“成绩”属性而不是政治面貌；第三类，实体之间的联系在不同局部视图中呈现不同类型。结构冲突出现的原因多为在数据抽象过程中不同局部应用没有统一概念，导致局部应用概念结构设计在结构上出现不一致的情况。

总结概念结构设计的特点有：

（1）是对现实世界的真实建模，能真实、充分地反映现实世界中的事物和事物之间的联系，因此能满足用户对数据处理的要求；

（2）易于理解。概念结构独立于计算机系统，使不熟悉计算机和数据库的用户也能参与到数据库设计当中；

（3）易于更改，当应用环境和应用要求改变时，容易对概念模型进行修改和扩充；

（4）易于向逻辑结构转换。

2. 逻辑结构设计

通过概念结构设计我们得到了现实需求经过建模后的 E-R 模型，但这只是对实际信息的第一层抽象，还不能被数据库接受。逻辑结构是对概念结构设计的结果做了更进一步的抽象，是各种数据模型的基础。因此逻辑结构设计阶段的目标是通过一定的规则将概念结构设计得到的 E-R 模型转换为一系列逻辑数据模型。得到了数据模型之后便可通过数据库管理系统建立数据库，而数据库管理系统能自动将逻辑结构转换为物理结构在计算机中存储。

转换的目标逻辑结构一般是层次、网状、关系模型，这主要取决于所使用的数据库管理系统的支持类型。对于关系数据库，我们的目标是将 E-R 模型中的实体、实体具有的属性和实体之间的联系转换为关系模式的集合，利用这些关系模式即可通过数据库管理系统建立起数据库表格。

转换过程中有如下 7 条原则可以作为指导：

（1）一个实体型转换为一个关系模式。关系的属性为该实体型的属性，关系的键为该实体型的键；

（2）一个多对多联系转换为一个关系模式。关系的属性为联系本身具有的属性以及与该联系相连的各实体的键，关系的键为各实体键的组合；

（3）一个一对一联系可以转换为一个独立的关系模式，也可以与任意一端对应的关系模式合并。若转换为一个独立的关系模式，则关系的属性为与该联系相连的各实体的键以及联系本身的属性，关系的键为每个实体的键中的一个。若将联系与其中一个实体关系合并，则将另一个实体的主键与关系本身的属性也进行合并，合并后关系的主键不变；

（4）一个一对多联系可以转换为一个独立的关系模式，也可以与多数量端实体关系模式合并。若转换为一个独立的关系模式，则关系的属性为与该联系相连的各实体的键以及联系本身的属性，关系的键为多数量端实体的键。若将联系与多数量端实体关系合并，则将另一个实体的主键与关系本身的属性也进行合并，合并后关系的主键不变；

（5）3 个或 3 个以上实体间的一个多元联系转换为一个关系模式。关系的属性为与该多元联系相连的各实体的键以及联系本身的属性，关系的键为各实体键的组合；

（6）同一实体集之内的联系，按（2）、（3）、（4）对应原则处理；

（7）具有相同键的关系模式可合并。

下面以图 9-11 所示的 E-R 图进行举例，该 E-R 图展示了由学生实体、小组实体以及领导联系构成的实体—联系模型，表明学生可以领导小组，学生实体有学号、姓名、年龄属性，小组实体有小组号、小组名称属性，领导联系有领导开始时间和领导结束时间两个属性。

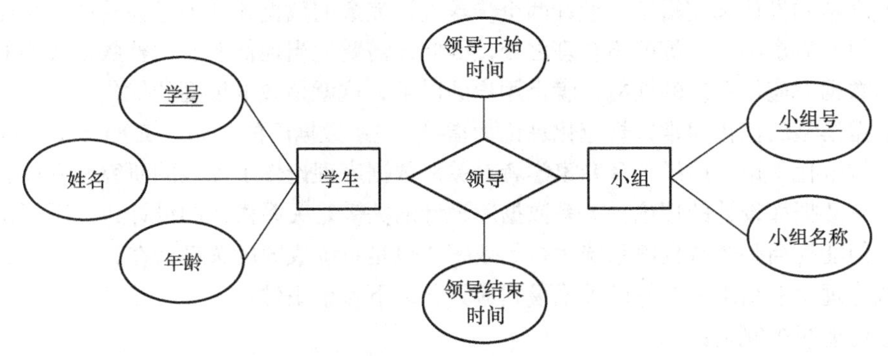

图 9-11　学生小组 E-R 图

根据原则（1），可由学生实体建立学生关系模式，关系的属性包括学号、姓名、年龄，关系的主键为学生实体的键：学号，因此学生关系模式可表示为：

学生（<u>学号</u>，姓名，年龄）

同理，小组实体可转换为关系模式：

小组（<u>小组号</u>，小组名称）

假设学生和小组实体是多对多的联系，即一个学生可以领导多个小组，一个小组可被多个学生领导。则根据原则（2），可将领导联系单独构成一个关系模式，关系的属性包含领导联系自身的属性以及学生实体和小组实体的主键，关系的主键由学生和小组实体的主键组合构成，领导关系模式可表示为：

领导（<u>学号</u>，<u>小组号</u>，领导开始时间，领导结束时间）

假设学生和小组实体是一对一的联系，即一个学生最多领导一个小组，一个小组也最多能被一个学生领导。则根据原则（3），可将领导联系单独构成一个关系模式“领导（<u>学号</u>，小组号，领导开始时间，领导结束时间）”，此时关系的主键使用“学号”或“小组号”其中一个即可；或者将领导联系与学生关系模式或小组关系模式合并。以合并学生关系为例，只要向学生关系模式中加入小组关系的主键和领导联系的属性即可，学生关系的主键保持不变，合并后的学生关系模式为：

学生（学号，姓名，年龄，小组号，领导开始时间，领导结束时间）

假设学生和小组实体是一对多的关系，即一个学生可以领导多个小组，而一个小组至多能被一个学生领导。则根据原则（4），可将领导联系单独构成一个关系模式“领导（小组号，学号，领导开始时间，领导结束时间）”，此时关系的主键只能使用“小组号”；若选择合并关系模式，则只能与小组关系模式合并，向小组关系模式中加入学生关系的主键和领导联系的属性即可，小组关系的主键保持不变，合并后的小组关系模式为：

小组（小组号，小组名称，学号，领导开始时间，领导结束时间）

在一对一以及一对多联系中，采用合并关系模式的方法能减少系统中的关系个数，因此一般情况下在设计逻辑结构过程中一般采用合并关系的方法。

但是请注意以上 7 条原则只是一般性的方法，并不是唯一的，甚至不是准确的。无论是 E-R 模型设计还是根据 E-R 模型设计关系模式，其结果都不是唯一的，设计过程中需要从实际需求出发，在数据操作效率、设计合理性等多个角度考虑问题。

3. 数据模型的优化

按照概念结构设计和逻辑结构设计两个步骤设计完成的数据库并不是完善的，往往存在冗余或者与用户原始需求不一致等的不合理之处，因此还需要适当地修改、调整数据模型的结构，以进一步提高数据库应用系统的性能，满足用户的需求，这就是数据模型的优化。

关系数据模型的优化通常以规范化理论为指导。关系数据库的创始人 E.F.Codd 最早提出了关系数据库的规范化理论，后经许多专家学者对关系数据库理论作了深入的研究和发展，形成了一整套有关关系数据库设计的理论。关系数据库设计的关键是关系模式的设计，一系列精心设计的关系模式不但能提高整个数据库系统运行的效率，也是系统成败的关键所在，经过大量的实践和研究，规范化理论总结出一个好的关系模式应具备以下 4 个条件：

（1）尽可能减少冗余；

（2）没有插入异常；

（3）没有删除异常；

（4）没有更新异常。

冗余的数据是指可由基本数据导出的数据，冗余的联系是指可由其他联系导出的联系。冗余数据和冗余联系容易破坏数据库的完整性，给数据库维护增加困难。然而并不是所有的冗余数据与冗余联系都必须加以消除，有时为了提高某些应用的效率，会人为地保留冗余。没有插入异常、没有删除异常、没有更新异常则是在数据库操作的角度对关系模式设计提出了要求。

规范化理论以设计出满足以上 4 个条件的关系模式为目标，包含了函数依赖、范式、模式设计 3 个方面的内容。其中，函数依赖起着核心的作用，是模式分解和模式设计的基础，范式是模式分解的标准。

对于一个具体应用来说，并不是规范化的程度越高，数据库的数据操作效率和存储空间利用率就越高，到底规范化进行到什么程度，需要权衡响应时间和潜在问题两者的利弊才能决定。最终设计结果还应该提交给用户，征求用户和有关人员的意见，进行评审、修改和优化，才能最终确定。

9.3.3 结构化查询语言

使用数据库的最终目的是对数据进行插入、删除、修改、查询等操作，原始的数据库中这些操作需要人工完成，而现在的数据库管理系统已经集成了底层的算法，我们只需要使用结构化查询语言输入指令即可得到相应的运算结果。**结构化查询语言**（Structured Query Language，SQL）是通用的、功能性极强的一体化关系数据库语言。相比于非关系模型数据库使用的存储模式描述语言、概念模式表述语言等，结构化查询语言内容更加简洁、功能更加全面，目前主流的数据库系统全部支持结构化查询语言。

SQL 的主要特点有：

（1）SQL 是一体化语言。SQL 包括了以下 4 个核心部分。

- **数据定义语言**：用于建立、删除和改变基本表、视图、索引等结构。
- **数据查询语言**：用于从数据库中获取定制数据，是数据库的核心操作。
- **数据操纵语言**：用于插入、删除和修改数据。
- **数据控制语言**：用于对表和视图进行授权、完整性规则描述、事务控制等。

通过这 4 种语言，SQL 可以完成数据库活动中的全部工作，同时具有简单、实用的特点。

（2）SQL 是高度非过程化的语言。SQL 不需要使用者清楚操作的每一步是如何实现的，而只需要向数据库管理系统描述清楚“做什么”，数据库操作系统会自动完成工作并返回结果。

（3）SQL 是面向集合的操作。SQL 在执行过程中的操作对象不是某一条记录，而是记录的集合。不仅查找操作返回的结果是记录的集合，插入、删除、更新操作的对象也可以是集合，这使 SQL 的执行效率大大增加。

（4）SQL 具有统一的语法结构。使用 SQL 进行数据操作有两种方式：可以直接向数据库管理系统中输入 SQL 命令，也可以将 SQL 命令嵌入计算机程序中，在程序运行的过程中自动执行 SQL 命令。不管使用哪种方法，SQL 的语法是一致的，增强了使用的便捷性。

（5）SQL 具有简洁的语法。SQL 对数据库执行的操作全部使用表 9-1 所示的命令完成。命令的数量很少，语法接近自然语言，使 SQL 容易学习和使用。

表 9-1　　SQL 命令列表

SQL 功能	命令动词
数据查询	SELECT
数据定义	CREATE、DROP、ALTER
数据操纵	INSERT、UPDATE、DELETE
数据控制	GRANT、REVOKE

1. SQL 语法符号含义与数据查询语法

先给出数据查询的语法格式：

```
SELECT[ALL|DISTINCT] <目标列表达式>[,<目标列表达式>]…
FROM <表名或视图名>[,<表名或视图名> ]…
[ WHERE <条件表达式> ]
[ GROUP BY <列名 1> [ HAVING <条件表达式> ] ]
[ ORDER BY <列名 2> [ ASC|DESC ] ];
```

语法格式中包含了一些符号，其中方括号“[]”表示可选项，即该项可以保留也可以省略，

竖线“|”表示在若干值中选择一个。例如，“[ALL|DISTINCT]”部分的语法表示在SQL语句中可以写“ALL”“DISTINCT”或两者都不写，但不可以两者都写。尖括号“<>”表示占位符，在实际书写SQL语句时用SQL元素或标示符替代它。省略号“…”前面相同元素可以重复。逗号“,”表示元素的分隔，分号“;”表示语句的结束。

数据查询语法中，SELECT子句用来指定要显示的属性列，DISTINCT表示在结果中取消重复结果，ALL表示在结果中不取消重复结果，缺省时默认值为ALL；FROM子句用来指定查询对象；WHERE子句用来指定查询条件；GROUP BY子句用来对查询结果按指定列的值分组，HAVING短语用来筛选出满足指定条件的组；ORDER BY子句用来对查询结果表按指定列值的升序（ASC）或降序（DESC）排序。

其中WHERE子句常用的查询条件见表9-2。

表9-2　WHERE子句查询条件

功能	谓词
比较	=、>、<、>=、<=、!=、<> NOT +上述比较运算符
确定范围	BETWEEN AND，NOT BETWEEN AND
确定集合	IN，NOT IN
字符匹配	LIKE，NOT LIKE
判断空值	IS NULL，IS NOT NULL
多重条件	AND，OR

以图9-12所示的学生表为例，对其执行SQL语句：

```
SELECT'姓名','年龄','专业'
FROM'学生表'
WHERE'专业'IN('物理','经济','摄影') AND'年龄'<= 20
ORDER BY'年龄'ASC
```

即得到如图9-13所示的查询结果。

学号	姓名	年龄	专业
1001	李勇	19	数学
1005	刘晨	20	经济
1006	王刚	25	摄影
1009	张伟	18	物理

图9-12　学生表

姓名	年龄	专业
张伟	18	物理
刘晨	20	经济

图9-13　查询结果

2. 数据定义语法

数据定义功能中，CREATE命令用来创建一个基本表，其语法格式为：

```
CREATE TABLE <表名>
        (<列名><数据类型>[ <列级完整性约束条件> ]
        [,<列名><数据类型>[ <列级完整性约束条件>] ] …
        [,<表级完整性约束条件> ] );
```

其中<表名>为所要定义的基本表的名字，<列名>为组成该表的各个属性（列），<列级完整性约束条件>为涉及相应属性列的完整性约束条件，<表级完整性约束条件>为涉及一个或多个属性列的完整性约束条件。常用的完整性约束有，主键约束：PRIMARY KEY，将一个属性标识为关系表的主键；唯一性约束：UNIQUE，标识该属性在所有记录中的取值不能相同；非空值约束：NOT NULL，标识该属性在所有记录中的取值不能为空；参照完整性约束：REFERENCES，将一个属性标识为外键。

执行如下 SQL 语句可创建图 9-12 所示的学生表：

```
CREATE TABLE '学生表'(
'学号' CHAR(5)  PRIMARY KEY,
'姓名' CHAR(10),
'年龄' INT,
'专业' CHAR(10) );
```

DROP 命令用来删除一个基本表，其语法格式为 DROP TABLE <表名>；表名为要删除的基本表。执行 SQL 语句：DROP TABLE'学生表'；即可将学生表删除。

ALTER 命令用来对基本表模式进行修改，其语法格式为：

```
ALTER TABLE <表名>
[ ADD <新列名><数据类型> [完整性约束] ]
[ DROP <列名> |<完整性约束名>]
[ MODIFY <列名><数据类型>];
```

其中<表名>为要修改的基本表；ADD 子句为增加新列和新的完整性约束条件；DROP 子句为删除指定的列或完整性约束条件；MODIFY 子句用于修改列名和数据类型。执行 SQL 语句：ALTER TABLE'学生表'MODIFY'学号'INT；即可将学生表中学号的属性更改为整型。

3．数据操纵语法

数据操纵功能中，INSERT 命令用来插入一个元组，其语法格式为：

```
INSERT INTO <表名> [(<属性列 1>[, <属性列 2 >] …)]
VALUES (<常量 1> [, <常量 2>] …);
```

其中<表名>为要插入记录的基本表，之后列举出将要插入的记录包含的属性，用括号括起并用逗号将属性列分隔，若不列举属性列，则默认按该基本表的全部属性列顺序排列，在 VALUES 后依次列出与列举属性对应的值。对于数据库表中包含而插入记录不包含的属性，插入时取空值。执行 SQL 语句：INSERT INTO'学生表' ('学号','姓名') VALUES ('1008','赵勇')；即可将赵勇的记录插入学生表中，新记录在'年龄'和'专业'两个属性上取空值。

UPDATE 命令用来修改满足特定条件的元组，其语法格式为：

```
UPDATE  <表名>
    SET  <列名>=<表达式>[, <列名>=<表达式>]…
    [WHERE <条件>];
```

其中<表名>为要修改的元组所在的基本表，SET 语句指明要修改的属性和对应的修改后的值，WHERE 语句指明需要修改的元组，满足 WHERE 语句条件的元组进行修改，其余不进行修改，省略 WHERE 语句则默认修改基本表中的全部元组。执行 SQL 语句：UPDATE'学生表'SET'年龄'='年龄'+1WHERE'专业'='数学'；即可将学生表中数学专业的学生年龄增加一岁。

DELETE 命令用来删除满足特定条件的元组，其语法格式为：

```
DELETEFROM <表名>
      [WHERE <条件>];
```

其中<表名>为要删除的元组所在的基本表，WHERE 语句指明需要删除的元组，满足 WHERE

语句条件的元组会被删除，省略 WHERE 语句默认删除该基本表中的全部元组。执行 SQL 语句：`DELETEFROM'学生表'WHERE'学号'='1001';` 即表示删除学生表中学号为 1001 的学生记录。

数据库管理系统在执行 SQL 语句进行数据操作时需要随时保持数据库的各种约束不受破坏。例如，在执行删除语句时，数据库管理系统会检查删除元组的操作是否会破坏数据模型中已定义的完整性规则，如果完整性存在冲突，则可以选择不允许删除或者级联删除。级联删除是指当删除被参照关系表中包含主键的某条记录时，参照关系表中包含对应外键值的全部记录也同时被删除。在执行插入、更新语句时，数据库管理系统也必须从多个方面保证数据库的一致性。

扩展阅读：结构化查询语言历史

自 E.F.Codd 于 20 世纪 70 年代初发表了关系数据库理论后，IBM 公司于 20 世纪 70 年代中期最先以 Codd 的理论为基础在 SYSTEM R 关系数据库中开发了 “Sequel” 语言，之后重新将其命名为 “SQL”，并于 1976 年 11 月在一本杂志上公布了最早的 SQL 语言（Sequel 2）。随着 1979 年 Oracle 公司首先发布了商业版 SQL 之后，20 世纪 80 年代以来其他商业版本的 SQL 竞相出现，其中就包括：IBM(DB2)、Data General(DG/SQL)、Relational Technology(INGRES)等。

SQL 标准化的进程开始于 20 世纪 80 年代中后期，1986 年美国 ANSI 与国际化标准组织 ISO 先后将 SQL 采纳为关系数据库管理系统的标准语言。1989 年，美国 ANSI 发布了 ANSI SQL 89，代替了 1986 年版标准，该标准已成为目前主要关系数据库都遵循的标准。

SQL 自身也有巨大发展：1989 年增加了引用完整性，2003 年 SQL 包含进了 XML 相关内容并能自动生成列值，2006 年定义了 SQL 与 XML（包含 XQuery）的关联应用等。

本章小结

数据库的作用是将逻辑一致的相关数据结构化地进行存储和维护，并提供各种服务以便使用这些数据的对象更加高效、便捷地操作数据。使用数据的对象可能是计算机程序，也可能是数据库管理员等。而数据库能提供的服务一般包含插入新的数据，修改和查找原有数据，删除数据，对数据增加索引等。

向计算机系统中引入数据库后的系统构成称为数据库系统（Data Base System，DBS），由数据库、数据库管理系统、应用系统、数据库管理员（和用户）构成，在不引起混淆的前提下常常把数据库系统简称为数据库。

根据数据管理技术处理数据特点的不同，可将数据库管理的发展历程分为 3 个阶段：手工管理阶段、文件系统阶段以及数据库系统阶段。

数据库系统管理数据有数据结构化、数据共享、减少数据冗余、有较高的数据独立性、有方便的用户接口、有统一的数据管理与控制功能 6 个特点。

数据模型是数据库结构的基础，它是描述数据、数据联系、数据语义及一致性约束的概念工具的集合。现有的数据模型可分为三类：概念数据模型、逻辑数据模型和物理模型，它们对现实世界的抽象程度由浅到深。

在现今的商务数据库系统中，基于关系模型的关系数据库已经成为最流行的数据模型，在大量领域中均有广泛应用。关系数据模型具有坚实的理论基础，对数据库的设计和数据库信息的高效处理有很好的支持。

进行数据库设计的时候也需要遵循概念结构设计、逻辑结构设计、物理结构设计这一过程，将现实世界中的数据逐步设计成数据库能存储的形式。

结构化查询语言（Structured Query Language，SQL）是一通用的、功能性极强的一体化关系数据库语言。相比于非关系模型数据库使用的存储模式描述语言、概念模式表述语言等，结构化查询语言内容更加简洁，功能更加全面，目前主流的数据库系统全部支持结构化查询语言。

习　　题

（一）填空题

1. 数据库的作用是将__________的相关数据结构化地进行__________和__________，并提供各种__________以便使用这些数据的对象更加高效、便捷地操作数据。

2. 数据库系统由__________、__________、__________和数据库管理员构成。

3. 不清楚数据库的内部逻辑甚至数据组织方式，只是利用数据库管理系统定义的接口进行数据操作的用户是__________。

4. 数据库管理系统能对存储在数据库中的数据进行管理和控制，主要体现在数据的_______性、__________ 性和__________ 3 个方面。

5. 现有的数据模型可分为三类：__________、__________和__________，它们对现实世界的抽象程度由浅到深。

6. 实体的特性通过__________进行描述。

7. 网状模型允许两个节点之间存在多对多的关系，其基本特征是__________和__________。

8. 关系模型中的完整性约束分为__________、__________、__________和__________ 4 种。

9. 数据库中广泛使用的描述概念模型的工具是__________模型。

10. SQL 4 个核心部分为__________、__________、__________和__________。

（二）选择题

1. 数据库系统不包括________。

   A. 数据库　　B. 机器语言　　C. 应用系统　　D. 数据库管理系统

2. 数据操作包括________。

   A. 查找　　B. 插入　　C. 删除　　D. 以上都是

3. 数据库中数据具有的特性不包括________。

   A. 容量大　　B. 有组织　　C. 不可扩展　　D. 可共享

4. 数据库管理系统功能不包括________。

   A. 数据库安装　　B. 数据定义功能

   C. 数据操纵功能　　D. 数据库运行管理

5. 负责对数据库进行总体控制的数据库用户是________。

   A. 外部用户　　B. 数据库管理员

   C. 数据库计人员　　D. 程序编码人员

6. 根据用户需求编写使用数据库的应用程序的数据库用户是________。

   A. 外部用户　　B. 数据库管理员

   C. 数据库设计人员　　D. 程序编码人员

7. 负责根据系统需求对数据库进行概要设计的数据库用户是________。
A. 外部用户 B. 数据库管理员
C. 数据库设计人员 D. 程序编码人员

8. 数据手工管理阶段的特点不包括________。
A. 数据被保存 B. 没有对数据进行管理的软件系统
C. 没有文件概念 D. 一组数据对应一个程序，数据面向应用

9. 某一系列数据操作要么全部发生，要么一个都不发生，这属于哪类问题________。
A. 数据冗余 B. 原子性问题 C. 数据孤立 D. 安全性问题

10. 数据库管理系统的特点不包括________。
A. 数据结构化 B. 数据共享 C. 增加数据冗余 D. 数据独立性高

11. 数据模型包括________。
A. 概念数据模型 B. 逻辑数据模型
C. 物理模型 D. 以上都是

12. 实体—联系模型属于________。
A. 概念数据模型 B. 逻辑数据模型
C. 物理模型 D. 以上都是

13. E-R 图中表示实体的形状是________。
A. 椭圆 B. 线段 C. 矩形 D. 菱形

14. 逻辑数据模型包括________。
A. 层次模型 B. 网状模型
C. 关系模型 D. 以上都是

15. 关系完整性不包括________。
A. 域完整性 B. 实体完整性
C. 数量完整性 D. 参照完整性

16. 数据抽象类型不包括________。
A. 分类 B. 分层 C. 聚集 D. 概括

17. 冲突种类包括________。
A. 属性冲突 B. 命名冲突
C. 结构冲突 D. 以上都是

18. 结构化查询语言不包括________。
A. 数据定义语言 B. 数据查询语言
C. 数据转换语言 D. 数据操纵语言

（三）简答题

1. 简述文件系统阶段管理数据的缺陷。
2. 数据库系统有哪些特点？
3. 基于记录的逻辑模型分为哪几种，每种有哪些特点？
4. 关系模型中的完整性约束分为哪几类，各类约束的对象是什么？
5. 列举 SQL 的 4 个核心部分以及每一部分完成的功能。

第 10 章 计算机网络

进入 21 世纪以来，网络成为人们使用计算机时必需的一部分，计算机网络出现以来，计算机不再仅仅扮演计算器的角色，而在通信领域发挥了巨大作用。连接不同计算机的网络就如同信息的高速公路一般，使数据在机器之间传递。本章中我们将从计算机网络的基础知识出发，从计算机网络的结构、设备、应用以及网络编程几个方面对计算机网络进行介绍，使读者对计算机网络有一个整体的认识。章节最后将为读者介绍一些其他类型的网络。

10.1 计算机网络基础

现如今的计算机使用者进行的一个最频繁的活动就是使用计算机连接互联网。的确，计算机网络的不断发展使我们足不出户也能了解到世界上每个角落正在发生的事情，基于网络而新兴的应用也能极大服务于我们的生活。然而究竟计算机网络是什么，它有哪些分类、哪些性能指标和功能，人们口中的因特网又和计算机网络有什么联系呢?

10.1.1 计算机网络概念与发展

如同许多其他的计算机概念一样，计算机网络也并没有一个严格而统一的定义，通常认为计算机网络是利用通信设备和线路将地理位置不同的、功能独立的多个计算机系统连接起来的、以功能完善的网络软件实现网络的硬件、软件及资源共享和信息传递的系统。按照这种定义，有两台计算机并用一条链路将它们连接起来就构成了最简单的计算机网络，而复杂的计算机网络则包含了数量巨大的计算机和链路，例如最流行的因特网几乎可以连接所有的计算机。

可以发现计算机网络的定义与通信技术的定义有相似之处，事实上计算机网络正是计算机技术与通信技术紧密结合的产物，通信网络的“三网”指的就是电信网络、有线电视网络和计算机网络。这 3 种网络向用户提供的服务不同，其中电信网络向用户提供电话、电报及传真等服务；通过有线电视网络，用户可以接收到有线电视信号进而观看电视节目；而计算机网络用户可以在不同计算机之间传送数据，或者利用网络查找并获取各种有用的资料。其中计算机网络出现得最晚，但发展却最为迅速，特别是在 20 世纪 90 年代以后，以因特网为代表的计算机网络从最初的教育科研领域逐步发展到商业领域，得到了广泛的应用，并已成为仅次于全球电话网的世界第二大网络，它在信息传递上的巨大优势加速了全球信息革命的进程，也深入人们生活的各个方面。

我们现在所处的时代就是一个以网络为核心的信息时代，各种网络对信息的传递和社会的发展起到了不可估量的作用，而计算机网络无疑是通信网络发展的高级产物，相比于电信网络和有线电视网络，计算机网络有两个最重要的特性：

- 连通性；
- 共享性。

连通性指计算机网络上的任何用户之间都可以进行信息交换，如同所有使用计算机网络的用户都可以彼此直接连通一样，用户可以利用网络传递信息而不受地理位置的限制。共享性指计算机网络不同用户之间可以实现资源共享，这种共享不单是信息，也包含了软件和硬件共享。用户无论身在何地，只要能访问计算机网络就能访问网络中所有共享的资源，就如同这些资源随时都在用户身边一样。这些具有积极意义的特性使计算机网络在人类社会中发挥了重要价值，大到加速全球信息化进程，加快人类知识的积累与增长，小到给每个人的日常工作、学习、生活带来娱乐和便利，这都意味着计算机网络已经是人们日常活动必不可少的组成。虽然计算机网络也存在着一些负面影响，如网络犯罪、隐私问题、不良信息传播等，但显然是无法与其积极意义相提并论的。

自第一代电子计算机诞生以来，计算机专家们一直致力于将计算机技术与通信技术相结合，这种尝试为计算机网络的产生奠定了坚实的理论基础。根据网络发展程度的不同，可以将计算机网络的发展历史分为 4 个阶段。

1. 第一阶段：计算机—终端

该阶段的时间为 20 世纪 60 年代末到 70 年代初，是计算机网络发展的萌芽阶段。其主要特征是：将地理位置分散的多个终端通信线路连到一台中心计算机上，用户可以在自己办公室内的终端键入程序，通过通信线路传送到中心计算机，分时访问和使用资源进行信息处理，处理结果再通过通信线路回送到用户终端显示或打印。这种以单个为中心的联机系统称为面向终端的远程联机系统。第一个采用这种结构的远程分组交换网叫 ARPANET，是由美国国防部于 1969 年建成的，第一次实现了由通信网络和资源网络复合构成计算机网络系统，标志着计算机网络的真正产生，ARPANET 是这一阶段的典型代表。

2. 第二阶段：以通信子网为中心的计算机网络

该阶段的时间是 20 世纪 70 年代中后期，是局域网（LAN）发展的重要阶段，其主要特征为：将分布在不同地点的计算机通过通信线路互连成为计算机—计算机网络，连网用户可以通过计算机使用本地计算机的软件、硬件与数据资源，也可以使用网络中的其他计算机软件、硬件与数据资源，以达到资源共享的目的，这便是局域网的雏形。局域网技术是从远程分组交换通信网络和 I/O 总线结构计算机系统派生出来的。1976 年，美国 Xerox 公司的 Palo Alto 研究中心推出以太网（Ethernet），它成功地采用了夏威夷大学 ALOHA 无线电网络系统的基本原理，使之发展成为第一个总线竞争式局域网络。1974 年，英国剑桥大学计算机研究所开发了著名的剑桥环网（Cambridge Ring）。这些网络的成功实现，一方面标志着局域网络的产生；另一方面，它们形成的以太网及环网对以后局域网络的发展起到了重要的作用。

3. 第三阶段：网络体系结构标准化阶段

该阶段的时间是 20 世纪 80 年代，是局域网络的发展时期。其主要特征是：局域网络完全从硬件上实现了国际标准化组织（ISO）的开放系统互连通信模式协议的能力。计算机局域网及其互连产品的集成，使得局域网与局域互连、局域网与各类主机互连，以及局域网与广域网互连的技术越来越成熟，综合业务数据通信网络（ISDN）和智能化网络（IN）的发展标志着局域网络的飞速发展。1980 年 2 月，美国电气和电子工程师学会（IEEE）下属的 802 局域网络标准委员会宣告成立，并相继提出 IEEE 801.5～802.6 等局域网络标准草案，其中的绝大部分内容已被 ISO 正式认可，成为局域网络的国际标准，它标志着局域网协议及其标准化的确定，为局域网的进一步发展奠定了基础。

4. 第四阶段：网络互连阶段

该阶段从 20 世纪 90 年代初持续至今，是计算机网络飞速发展的阶段，其主要特征是：计算机网络化，各种网络进行互连形成更大规模的互连网络，协同计算能力发展以及因特网（Internet）的盛行。计算机的发展已经完全与网络融为一体，体现了“网络就是计算机”的口号。目前，计算机网络已经真正深入社会生活，为各行各业所采用，网络技术蓬勃发展并迅速走向市场，走进平民百姓的生活。

随着计算机网络越来越得到普及，网络已经成为人们工作、生活中必不可少的部分。计算机网络的功能主要体现在以下 4 个方面。

- 数据通信：作为计算机网络的主要功能，数据通信使网络中的主机之间可以发送、接收数据，用户可以利用网络享受传真、电子邮件、电子公告牌、在线购物、远程教育等服务，使许多活动的固有模式产生了变革。
- 资源共享：能利用网络进行共享的不仅指信息资源，也包括软、硬件资源。通过计算机网络，用户可以共享文件、利用远程存储空间、共享软件和数据库等，使原本独立的、自身占有的资源实现了共享，极大推进了信息增长速度。
- 提高性能：有了网络之后，各种设备都可以接入实现相同功能的后备机，这样可以避免出现因为系统中某一台机器出现故障而导致整个系统瘫痪的情况发生。利用网络也能对各个设备进行负载监控和平衡，当网络中某台设备负载过重时，可将部分任务交给负载较轻的设备完成，进而减少了每台设备的负担，这些都有利于提高网络可靠性、可用性等性能。
- 分布处理：分布式处理指的是将单个任务分割交给多个计算机分别完成。计算机网络使分布式处理成为可能，原本单个机器不能完成的处理任务现在可由多个机器分担完成，使复杂度较高的综合大型问题有了解决的可能，拓展了人们解决问题的领域。

综上所述，计算机网络不但扩展了计算机系统的功能和性能，也给人们的社会生活提供了前所未有的便捷性和高效性，极大推进了人类信息化步伐。

扩展阅读：第一个计算机网络的诞生

因特网起源于阿帕网，阿帕网 UCLA 第一节点与斯坦福研究院（SRI）第二节点的连通，实现了分组交换技术（又称包切换）的远程通信，是互联网络正式诞生的标志。UCLA 连网实验的主持者是克兰罗克教授，不过，准确的时间是 1969 年 10 月 29 日 22 点 30 分。这一过程充满了传奇彩色，有许多鲜为人知的轶闻趣事。

UCLA 由 IMP1 联接的大型主机叫 Sigma-7，与它通信的 SRI 大型主机是 SDS 940。10 月 29 日晚，克兰罗克教授命令他的研究助理、UCLA 大学生查理・克莱恩（C. Kline）坐在 IMP1 终端前，戴上头戴式耳机和麦克风，以便通过长途电话随时与 SRI 终端操作员保持密切联系。

据克莱恩回忆，教授让他首先传输的是 5 个字母——“LOGIN”（登录），以确认分组交换技术的传输效果。根据事前约定，他只需要键入“LOG” 3 字母传送出去，然后由斯坦福的机器自动产生“IN”，合成为“LOGIN”登录。22 点 30 分，他带着激动不安的心情，在键盘上敲入第一个字母“L”，然后对着麦克风喊：

“你收到‘L’吗？”

“是的，我收到了‘L’。”耳机里传来 SRI 操作员的回答。

“你收到 O 吗？”

“是的，我收到了‘O’，请再传下一个。”

克莱恩没有迟疑，继续键入第3个字母“G”。然而，IMP仪表显示，传输系统突然崩溃，通信无法继续进行下去。世界上第一次互联网络的通信试验，仅仅传送了两个字母“LO”，但它真真切切标志着人类历史上最激动人心的那一刻到来！由于没有照相机摄影留念，克莱恩把这一重大事件发生的准确时刻，记录在他的“IMP LOG”（工作日志）上，并签上了自己姓名的缩写（CSK），作为互联网络诞生永久的历史见证。

10.1.2 因特网概述

因特网（Internet）是目前世界上最大的国际性计算机互联网络，它起源于美国的APRANET，经过不断地发展已经成为连接数以亿计用户和数以百万计网络的互联网。

因特网的发展大体分为以下三个阶段：

（1）初始阶段。因特网的起源是美国的APRANET，它是美国国防部于1969年出于军事目的建立的一个分组交换网络。APRANET建立之初并不是一个互连的网络，而是所有接入该网络的主机仅是接入最近的网络节点，形成一个单独的网络。随着APRANET的不断使用，单独的网络已经不能解决通信问题，于是在20世纪70年代网络研究人员开始解决网络互连问题。在1983年，TCP/IP成为APRANET上的标准协议，这也使所有使用这一协议的计算机都能接入网络进行通信，因此APRANET成为因特网的雏形，1983年也被认为是因特网诞生的时间。

（2）形成三级结构。第二阶段开始于19世纪80年代中期，美国国家科学基金会依据APRANET建立了分为主干网、地区网和校园网这三级结构的计算机网络——国家科学基金网NSFNET。这种三级网络成为因特网的主要组成部分之后，因特网的使用范围进一步扩大，网络通信量剧增，因特网的容量已经不能满足需要，于是美国政府决定由私人公司经营因特网主干网络并对接入网络的用户收费。

（3）形成多层次ISP结构。第三阶段开始于19世纪90年代初期，在美国政府将因特网的经营权交给私人网络公司之后，许多**因特网服务提供者**（Internet Service Provider，ISP）竞相出现，它们一般是商业性公司（如美国的Verizon、AT&T和中国大陆的中国联通、中国移动等），对想使用因特网的用户收取费用并提供网络接入服务，因此ISP又被称为**因特网服务提供商**。ISP按规模由大到小分为3个层次：主干ISP、地区ISP以及本地ISP，具有三层ISP的因特网结构如图10-1所示。

为了理解因特网的工作原理，通常将其按工作方式划分为边缘部分和核心部分。

1. 边缘部分

因特网的边缘部分指的是因特网用户可以直接使用的部分，由所有连接在因特网上的主机（或称为端系统）构成，这些主机可能是计算机、手机、服务器或者网络摄像头等，用户通过因特网服务和主机内部的相应软件，进行资源共享和数据通信等一般意义上的“上网”功能。主机之间的通信方式又可划分为客户/服务器（C/S）方式和对等方式（Peer-to-Peer，P2P）。

客户/服务器方式是目前因特网上最常用的边缘通信方式，这种方式中主机分为客户和服务器两种，客户之间的通信通过一个具有强大硬件和高级操作系统支持、不断运行并被动接受请求、可同时处理多个请求的服务器间接进行，而客户之间并不进行直接通信。用户使用客户程序主动向服务器发送请求，服务器被动收到请求后对其进行处理，并将信息返回给客户，因此这种方式中客户永远是服务请求方，而服务器永远是服务提供方。我们通过网络使用电子邮件或搜索网站时，使用的就是客户/服务器方式。对等方式指的是两个主机在通信过程中进行的是直接的、平等的通信，即不区分客户和服务器。一个主机在一个通信中可能是服务请求方，而在另一个通信中又可能是服务提供方。

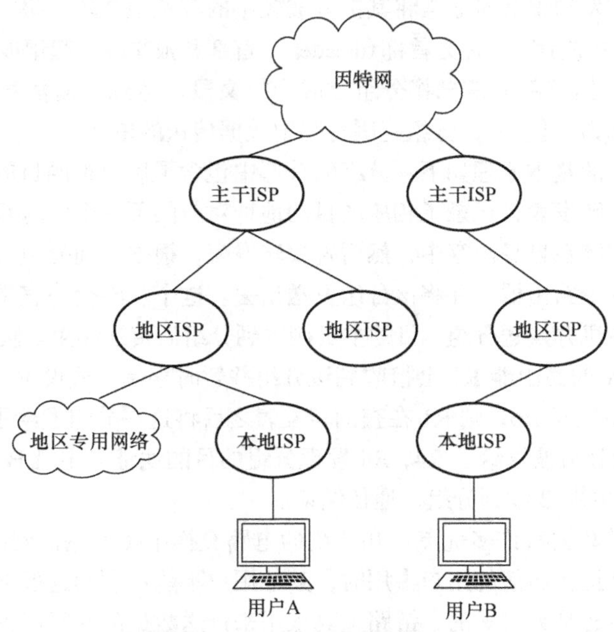

图 10-1　三层 ISP 的因特网结构

2. 核心部分

因特网的核心部分指的是网络中除去主机之外的部分，由大量子网和连接这些子网的路由器组成。因特网核心部分主要负责为边缘部分提供连通性和信息交换等服务，这是通过分组交换（packet switching）方法采用存储转发技术实现的，而路由器是实现分组交换的主要设备，其执行的工作是转发收到的分组。路由器将因特网核心部分的子网连接起来，使其形成一个整体，路由器之间一般通过高速链路相连，包含路由器的因特网可简化表示为如图 10-2 所示的结构。

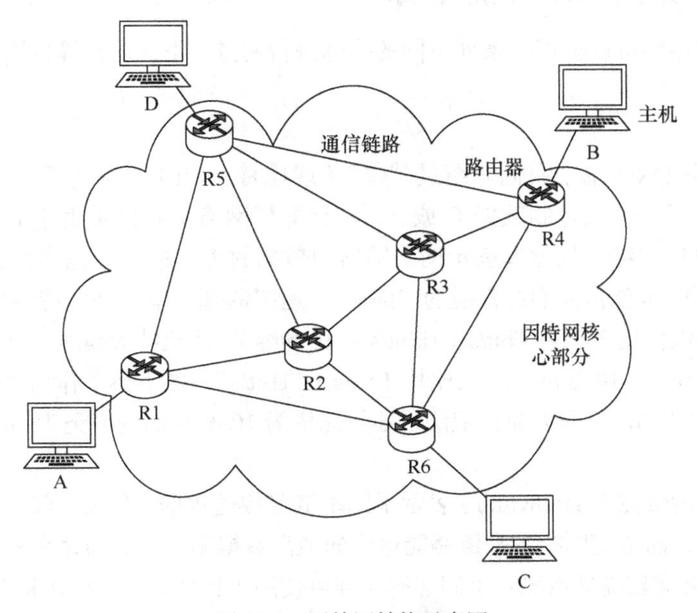

图 10-2　因特网结构示意图

计算机网络中数据的单元称为报文（Message），指的是主机一次性要发送的数据块，然而由于报文的长度不定，在发送报文时通常将其拆分成较小的等长报文段。报文段在发送时要在前面加上必要的路径和内容控制信息，称为首部（header），首部和报文段一起组成了一个分组（packet），接收到分组的主机会根据首部的信息将分组合成为报文段，达到传输信息的目的。分组又称为“包”，首部相应地也称为“包头”，分组是因特网中数据传送的单元。

分组在网络中传送的基本原理如下：分组的首部中包含了该分组的目的地址，路由器根据一定的算法动态维护一个转发表，记录了相应的目的地址对应的下一个发送目标。当路由器收到一个分组之后，先将其存储在自身内存中，然后查找转发表，根据当前分组首部的目的地址确定应将这个分组发至的下一个路由器，并将该分组发送出去。这个步骤会一直重复，直到某个路由器找到目的地址对应的主机并发送分组，目的主机接收到分组后传送结束。假设主机 A 要发送一个分组给主机 B，连接 A 的路由器 R1 会接收到该分组并暂时存储，假设 R1 的转发表中记录：应将目的地址为 B 的分组发至 R6，则 R1 在查询转发表之后将这一分组发给了 R6。R6 重复这一存储、转发的步骤，假设分组被发给了 R4，R4 发现分组的目的地址为主机 B，而 B 又与自身相连，则 R4 将分组发给 B。主机 B 收到分组，通信结束。

采用分组交换发送数据有许多优点。在传统的电路交换中（如电话网络），通信链路是专用的，即一条链路被两个正在通信的用户占用时，其他用户不能再利用这条链路进行通信。而在计算机网络中对数据的传送是突发式的，链路上真正用来传送数据的时间所占比例很小，如果链路被专用则会造成资源的极大浪费。而分组交换中链路是逐段占用，假设主机 A 通过线路 R1-R2-R3-R4 向主机 B 发送数据，当分组在 R2-R3 段上传输时，其他主机的通信仍可利用 R1-R2 段和 R3-R4 段。另外分组在传输过程中是考虑了链路闲、忙状况的，路由器在转发分组时会尽量利用空闲路段，这无疑提高了链路使用的效率。此外每一个分组均被视为独立的数据单元进行传输，即使属于同一报文的分组也可以通过不同的路径进行传送；以分组作为传送单位可以不先建立连接就能向其他主机发送数据，这些都使分组交换更加灵活、迅速。

10.1.3 计算机网络性能指标

计算机网络的性能可以根据一系列不同的指标进行衡量，下面对计算机网络的几种主要性能指标进行简述。

1. 速率

在计算机数据表示一章中我们介绍过“位”（或比特，Bit）是计算机中表示数据量的基本单位，一个比特表示一个二进制数据 0 或 1，在计算机网络中同样采用这个单位来度量数据，并用比特与时间单位“秒”的比率表示网络链路中数据的传送速率，也称为**数据率**（data rate）或**比特率**（bit rate），也就是人们通常说的“网速”。速率的基本单位是比特每秒（记为 bit/s），对于较高的数据率可以使用千比特 kbit/s（$1\text{kbit/s} = 10^3\text{bit/s}$）、兆比特 Mbit/s（$1\text{Mbit/s} = 10^6\text{bit/s}$）、吉比特 Gbit/s（$1\text{Gbit/s} = 10^9\text{bit/s}$）或太比特 Tbit/s（$1\text{Tbit/s} = 10^{12}\text{bit/s}$）作为单位。现实中人们通常采用省略单位中的“b/s”作为简化记法，如将速率为 10Mb/s 的网络记为 10M 网络。

2. 带宽

计算机网络中的带宽（Bandwidth）表示了网络链路传送数据的能力，前面说到的链路的速率一般指额定数据率，而带宽则指的是链路能达到的最高数据率。带宽与速率有相同的单位：比特每秒（b/s），对于带宽较高的情况，也同速率一样可使用千比特 kb/s、兆比特 Mb/s、吉比特 Gb/s 或太比特 Tb/s 等单位。

3. 吞吐量

吞吐量（Throughput）用来表示单位时间内通过网络某个部分的数据量，其大小受到网络带宽或额定速率的限制，吞吐量与单位时间的比值不可能高于带宽或额定速率，而且往往在实际中某个网络的吞吐量会比这两个数值低，这是因为链路中的数据并不总是以最高速率进行传输的。现实中经常用吞吐量作为测量值对网络进行检测，以知道当前通过网络的数据量。

4. 时延

时延（Delay）指的是一定大小的数据从链路的一端传送到另一端所需要的时间，由主机或路由器内部产生的处理时延和排队时延、主机或路由器发送数据所需的发送时延以及数据在链路中传播所需的传播时延四部分构成。这 4 种时延根据不同的情况会在总时延中占据不同的比重，根据占比重较大的时延对网络进行优化能减少总时延，进而提高网络性能。

发送时延指的是主机或路由器发送数据时，从发送的第一个比特开始计算，到该数据的最后一个比特发送完毕这之间所需的时间间隔，其大小与发送数据的长度成正比，和链路的数据率成反比，计算公式为：

$$发送时延=\frac{发送数据长度（b）}{数据率（b/s）}$$

传播时延指的是数据在链路中进行传输所需要的时间，数据在链路中是以电磁波的形式进行传播的，因此传播时延的计算公式为：

$$传播时延=\frac{链路长度（m）}{电磁波在链路中的传播速度（m/s）}$$

电磁波在链路中传播的速度只与物理介质相关而与硬件无关，例如电磁波在真空中的传播速率是 3.0×10^5 km/s，在铜介质电缆中的传播速率约为 2.3×10^5 km/s，与电磁波传播速率相关的时延为传播时延，该时延产生在传输媒介中；数据率是由硬件决定的，与数据率相关的时延为发送时延，该时延产生在网络适配器（硬件）中。读者应对这两种时延加以区分。

5. 利用率

利用率分为信道利用率和网络利用率两种。信道利用率指的是某段链路中有数据通过的时间与总时间的比例，而网络利用率是全网络中信道利用率的加权平均值。利用率反映了某个信道或某个网络的闲、忙程度。然而利用率并不是越高越好：越高的利用率说明网络越繁忙，这会造成网络的时延急剧增大，进而严重影响网络性能。

由此可见网络性能的好坏不是由单一性能指标决定，而是受各个因素综合影响的，性能指标之间也存在一定的联系。除此之外，计算机网络还有一些非性能指标如费用、质量、可靠性、可扩展性和易维护性等都能作为网络的衡量标准。

扩展阅读：网速和下载速度的区分

网速即网络速率的俗称，它和下载速度的单位是不同的概念：网速单位为 b/s，其中的 b 指的是比特 bit，而下载速度为 B/s，其中的 B 指的是字节 Byte。与计算机相关的单位中，表示存储单位即文件大小的单位均是字节，下载时间是与文件大小相关的，因此下载速度的单位是字节每秒。有的地方对小写的 b 与大写的 B 区分不严格，使网速与下载速度的单位看上去一样，实际上小写的 b 代表比特 bit 而大写的 B 代表字节 Byte，应避免混淆。

可能经常利用网络进行下载的读者会发现一个规律：一般下载最大平均速率为网速的十分之一左右，如带宽为 2M 的网络（最大网速为 2Mb/s）下载速度最高在 200kb/s 左右，这是可以通过单位换算进行解释的。一个比特就是一个二进制数的最小单元，而一个字节由 8 个比特构成。

则有：下载最大平均速 = 网速/8 × (1 000/1 024) ≈ 网速/10。

另外，使用 ADSL 的读者会发现自己的下载和上传速度差很多，这是因为它的上行和下行速度不一致所决定的，一般所说的 ADSL 速度只是它的下行速度，也就是下载速度。ADSL 理论的最大值是上行/下行 = 2 048/8 192，也就是 2M/8M。不过考虑到线路问题，一般地区下行最多 3M。

10.1.4 计算机网络分类

计算机网络按照不同的标准可以分成不同的类别，常见的分类标准有网络的作用范围、使用者、拓扑结构、信息交换方式等。

1．按网络的作用范围分类

按网络的作用范围由小到大可将网络分为以下几种。

（1）个人区域网 PAN

个人区域网（Personal Area Network）是作用范围最小的网络类型，其覆盖范围大约在 10 米以内，它主要用来在个人工作地方将属于个人的电子设备如笔记本电脑、智能手机、打印机等连接起来构成网络，由于这种个人区域网一般通过无线连接技术实现，因此也称为无线个人区域网 WPAN（Wireless Personal Area Network）。

（2）局域网 LAN

局域网（Local Area Network）的作用范围一般为几千米左右，一般用小型计算机或工作站通过高速通信线路相连，链路速率通常在 10Mb/s 以上。现在局域网有非常广泛的应用，一个学校或企业大都拥有一个或多个局域网用于数据传递。应用最广泛的一类局域网是基于总线的以太网（Ethernet），它最初由 Xerox 公司研制而成，并且通过不断发展成为 IEEE 802.3 标准，成为局域网设计的规范。早期的以太网传输速率为 10Mb/s，之后出现 100Base-T 快速以太网，传输速率为 100Mb/s，100Base-T 以太网于 1995 年成为 IEEE 802.3u 标准。随着信息传输速率的需求增大，又出现了吉比特以太网（传输速率 1Gb/s）和 10 吉比特以太网（传输速率 10Gb/s）。

（3）城域网 MAN

城域网（Metropolitan Area Network）的作用范围一般为几千米到几十千米，可跨越一个城市。城域网一般由几个局域网进行互连得到，因此采用的主要技术为以太网技术。城域网可以为一个或几个企业所有，或作为一种公共设施。

（4）广域网 WAN

广域网（Wide Area Network）的作用范围通常在几十千米到几千千米，可以跨越一个或多个国家。广域网的主要任务是长距离传输数据，由于传输的数据量较大，连接广域网各节点的链路都是高速链路，具有较大的通信容量。

因特网是连接网络的网络，以上 4 种网络都可能构成因特网的子网，但其中广域网是构成因特网的核心部分。因特网具有最大的作用范围，这几种网络的对比信息见表 10-1。

表 10-1　按作用范围分类网络的比较

网络类别	作用范围	作用距离
个人区域网 PAN	室内、工作间	10m 以内
局域网 LAN	企业、校园范围	100m～10km

续表

网络类别	作用范围	作用距离
城域网 MAN	城市范围	5～150km
广域网 LAN	国家范围	100～1 000km
因特网 Internet	全球	7 100km

2. 按网络的使用者分类

（1）公用网络

公用网络（Public Network）也称为开放式（Open）网络或公众网，指的是由电子通信公司建造的对所有人提供服务的营业性网络，即只要按照运营商的规定费用缴纳一定金额的用户都可以使用该网络。公用网络对用户提供不设限制的网络使用自由，用户也能因此享受到网络带来的全部服务。由于使用人数远远超过专用网络，公用网络在这一分类中占据更重要的地位。

（2）专用网络

专用网络（Private Network）也称为封闭式（Closed）网络，是相对于公用网络而言的，指的是某个行业或部门因为特殊业务或工作需要而建立的内部网络。专用网络与公用网络隔绝，既不对外提供网络服务，也不对内提供访问外网的功能。虽然专用网络限制了信息的流通自由性，但由于其完全与外部隔绝，因此杜绝了外部网络攻击与信息泄露的可能性，使其具有比公用网络更高的安全性。对信息安全性要求较高的部门一般都设有内部专用网络，如政府、军队、银行、公安部门等。

3. 按网络的拓扑结构分类

网络拓扑指的是网络中计算机的连接模式，即计算机与连接计算机的媒介是以怎样的几何结构进行架构的。通过网络拓扑，可以用所构成网络的几何构型来体现网络各组成成分之间的结构关系，从而反映了整个网络的整体结构外貌。

图 10-3 展示了 3 种常见的网络拓扑结构。

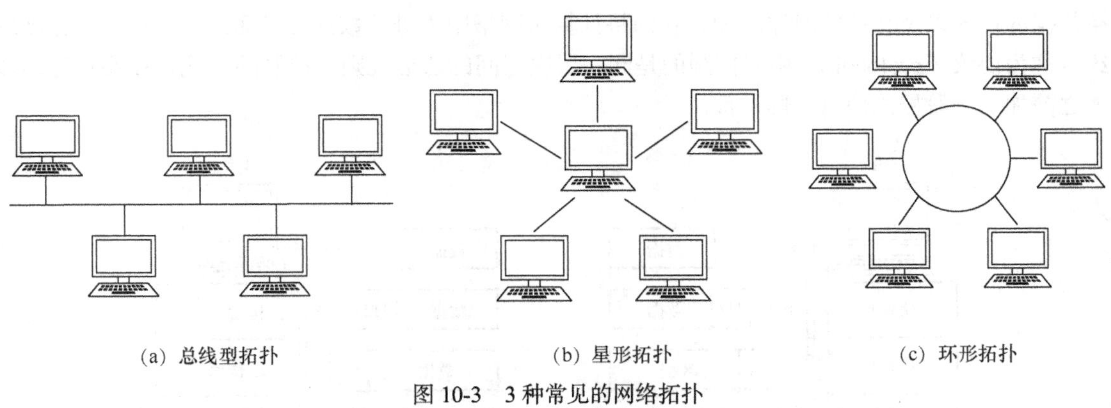

(a) 总线型拓扑　　(b) 星形拓扑　　(c) 环形拓扑

图 10-3　3 种常见的网络拓扑

各种网络拓扑物理结构的不同，也使它们的网络性能有较大差别：总线型拓扑中存在一条用来连接全部计算机的通信链路称为“总线”，当有新的计算机加入网络时，只需要将其连接到总线上即可。总线型网络架设较为简单，但是一旦总线出现损坏，对整体网络性能影响极大，且处在总线两端的计算机通信效率较低；星形拓扑中存在一台连接其他计算机的“中心计算机”，当有新的计算机加入网络时，只需要将其连接到中心计算机即可。星形网络通过不断发展成为

“服务器/客户端”架构的雏形。由于星形网络中所有计算机的通信均通过中心计算机进行，因此中心计算机的处理速度会极大影响网络的整体性能；环形拓扑与总线型拓扑类似，只不过将总线型拓扑中的总线替换为一个首尾相连的环状线，但是环形网络的数据传送机制却与总线型有不同之处。

10.2 计算机网络体系结构

在因特网概述一小节中我们以分组交换方法和路由器的存储转发技术为例，对计算机网络的工作原理进行了简要介绍，然而实际情况却要复杂得多，如当两台计算机利用网络传送文件时还要考虑：如何识别对方的计算机地址，对方计算机的程序是否已经做好接收数据的准备，数据如何在物理介质中传递，对方接收到分散的数据如何还原成原始的文件，传送出现差错如何解决，等等，可见计算机网络是一个非常复杂的体系，需要通信的主机高度协调才能传送数据。本节将对计算机网络的体系结构进行介绍，使读者对网络工作原理有进一步的认识。

10.2.1 层次、协议与服务

计算机网络中解决复杂问题的根本思想是“分层”：将庞大而难以解决的问题拆分成一个个规模较小、更容易解决的局部问题，通过每个层次专注解决一个局部问题的方式，达到各层次叠加之后使整体问题得到解决的目的。假设将网络中两个主机之间传送数据的过程划分为：先建立连接，然后传送数据这两个工作（实际要比这复杂得多），那么计算机网络可能将建立连接的工作设为第一层：连接层，将传送文件的工作设为第二层：传送层。初始时执行连接层的工作，建立连接时并不需要考虑数据是如何传送的。同理在传送层工作时，只需认为连接层的工作已经完成即可，因此只要专注于实现数据传送而不必考虑建立连接的细节。

与读取自己计算机硬盘中的数据不同，网络中两台主机要传送数据需要进行同步，即规定交换数据的格式以及相关的时序问题，我们将计算机网络中为进行数据交换而建立的规则、标准或约定称为**协议**（protocol）。协议控制的是同一层次之间的通信规则，控制的方式是在要传送的数据之前加上一段控制信息，即首部。

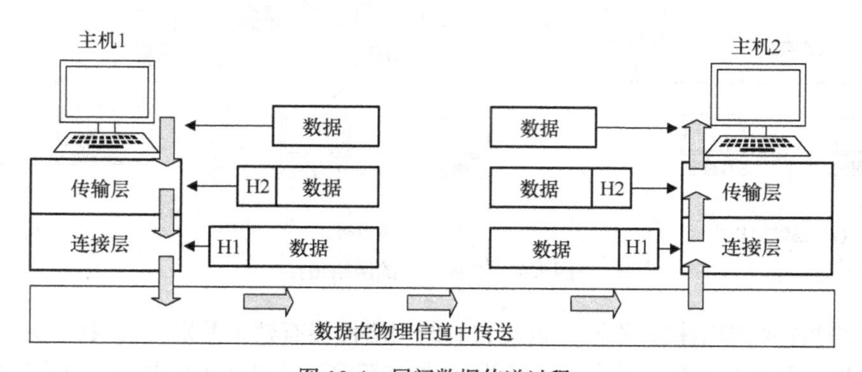

图 10-4 层间数据传递过程

图 10-4 以上文中具有连接层、传送层两层的假想计算机网络模型为例，展示了数据在各层之间传递的过程。主机 1 要将一段数据发送给主机 2，则在主机 1 中数据先被交给传输层，传输层在数据之前根据本层协议加上控制信息的首部 H2；原始数据加上首部 H2 后成为新的连接层的数

据，连接层再根据本层协议在数据之前加上首部 H1。加上首部 H1 和 H2 的原始数据以比特流的形式在物理信道中传送至主机 2。主机 2 的连接层根据本层协议读取首部 H1，进行相关操作，并将数据剥去首部 H1 向上交给本主机传输层。传输层也根据对应协议读取首部 H2，进行相关操作，并剥去首部 H2，此时数据恢复为发送时的原始状态被交给主机 2。

同一层之间在协议的控制下可以利用下一层的服务并对上一层提供服务，而无需了解下一层的具体协议是怎样的。例如在图 10-4 中，主机 1 的传输层和主机 2 的传输层利用本层的协议和连接层提供的连接服务进行了通信，但传输层并不需要清楚连接层的协议是如何控制数据的，好像主机 1 的传输层和主机 2 的传输层直接进行了通信一样。

我们将计算机网络的各个层次及每层协议的集合称为网络的**体系结构**（architecture），计算机网络在发展过程中经历了许多不同的体系结构，用相关硬件和软件根据某个体系结构搭建的实体网络成为该体系结构的一个**实现**（implementation）。

扩展阅读：区分协议与服务

在协议的控制下，两个对等层次间的通信使得本层能够向上一层提供服务。要实现本层协议，还需要使用下一层所提供的服务。协议和服务在概念上是很不一样的。

首先，协议的实现保证了能够向上一层提供服务，使用这一服务的层次只能看见服务而无法看见下面的协议。也就是说，下面的协议对上面的层次是透明的。

其次，协议是“水平的”，即协议是控制对等层次之间通信的规则。但服务是“垂直的”，即服务是由下层向上层通过层间接口提供的。另外，并非在一个层内完成的全部功能都成为服务，只有那些能够被高一层利用到的功能才能被称之为“服务”。上层使用下层所提供的服务必须通过与下层交换一些特定的命令实现。

10.2.2　OSI 七层结构模型

OSI 的全称为**开放系统互连基本参考模型**（Open Systems Interconnection Reference Model，即 OSI/RM，简称 OSI），是国际标准化组织 ISO 为了在全球范围内建立一个计算机网络的标准化模型而提出的，目的在于为全球的计算机提供一个接入网络的标准：只要系统遵循 OSI 模型，那么这个系统就可以与世界上任意一个也在遵循 OSI 标准的系统通过网络进行通信。OSI 体系结构模型包含 7 个层次，由上至下依次为应用层、表示层、会话层、传输层、网络层、数据链路层、物理层。

国际标准化组织建立 OSI 最初的想法是希望使全世界的计算机网络都遵循这个统一的标准，使全世界的计算机都能在同样的一个标准下建立连接和交换数据，这会大大简化网络复杂度。然而在 OSI 颁布以前，因特网已经在全球得到了大范围覆盖，不同的硬件设施都已流行开来。另外，OSI 模型中的层次划分不甚合理，有些层次之间存在重叠的功能；OSI 的协议实现复杂度较高，很难有良好的运行效率。这些因素都使这个全球化统一标准的建立成为不太可能的事情。

事实上目前计算机网络中应用最广泛的体系结构模型是 TCP/IP 体系结构，然而这一标准并不是由国际标准化组织制定的，而是由于其广泛的应用却成为实际上的国际标准。TCP/IP 体系结构仅包含四层，自上而下依次为应用层、传输层、网际层和网络接口层。TCP/IP 的四层模型和 OSI 的七层模型的层次之间具有图 10-5 所示的对应关系。

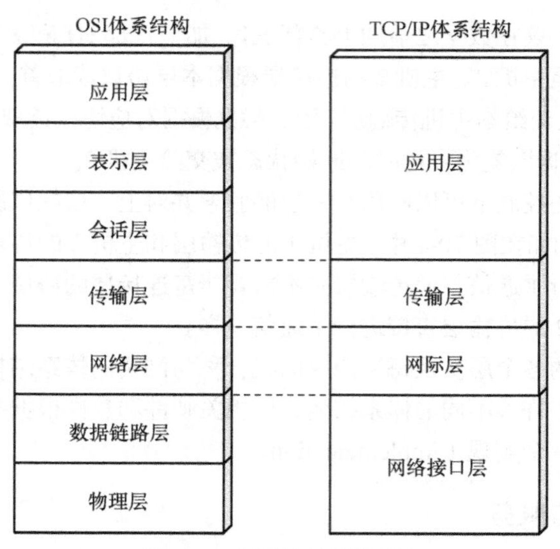

图 10-5　两种体系结构对比

10.2.3　TCP/IP 四层结构模型

TCP/IP 体系结构是目前计算机网络应用最广泛的结构，其中 TCP 指的是传输控制协议（Transmission Control Protocol），IP 指的是网际协议（Internet Protocol），它们是 TCP/IP 体系结构全部协议中最基础的两个协议。TCP/IP 体系结构分为四层，自上而下分别是应用层（对应 OSI 应用层、表示层、会话层）、传输层（对应 OSI 传输层）、网际层（对应 OSI 网络层）、网络接口层（对应 OSI 数据链路层、物理层）。

现对各层功能进行简要介绍。

1. 应用层

应用层的任务是为网络中两个主机的进程（即正在运行的程序）之间建立交互以完成基于网络的各种应用。我们常说“两个主机之间进行通信”，指的并不是两台机器之间直接进行通信，而是运行在主机上的程序之间进行通信，用户使用各种网络应用也是通过程序实现的。例如，两个网络用户利用各自计算机上的聊天软件进行在线聊天，则是这两个正在运行的聊天软件进程在通信。我们利用浏览器（也是一个软件）浏览网络、利用邮件客户端查收邮件也是相同的原理。不同的网络应用需要不同的应用层协议支持，因此应用层存在多种协议，如支持万维网应用的 HTTP 协议、支持电子邮件的 SMTP 协议等。不同的网络应用进程会产生各自的应用层报文。

2. 传输层

传输层的任务是向进程之间的通信提供通用的数据传输服务。一个主机上可能同时运行多个网络应用进程，传输层可将多个应用层进程产生的不同报文以统一的数据形式进行发送，并能在收到数据后将其交付给对应的应用层的进程中。传输层主要使用的协议为传输控制协议 TCP、用户数据报协议 UDP（User Datagram Protocol）。TCP 提供面向连接的、可靠的传输服务，数据传输的单位是报文段（Segment）；UDP 提供无连接的、尽最大努力的数据传输服务。UDP 不保证数据传输的可靠性，其数据传输的单位是用户数据报。

3. 网络层

网络层的任务是为不同主机提供通信服务。发送和接收数据的主机存在于因特网的边缘部分，而因特网的核心部分可看成路由器以及由路由器连接起来的子网构成的整体，网络层的工作是将运输层产生的报文段（对应 TCP）或用户数据报（对应 UDP）进行封装，通过路由器选择合适的路径，使分组能从边缘部分的一个主机（发送主机）经过因特网核心部分找到边缘部分的另一个主机（目的主机）。网络层的协议由网际协议 IP 和多种路由选择协议构成，数据传输的单元称为 IP 数据报。

4. 网络接口层

网络接口层的任务是在物理介质上传送数据。在计算机网络中，数据总是在一段一段的链路上传送的，链路的两端称为节点，两个节点之间传送数据时要在传送的数据之前加上必要的控制信息进行同步和差错控制等，才能保证数据顺利进行传送。

分层的思想有助于帮助我们理解计算机网络工作的原理，事实上 TCP/IP 体系结构经过不断的发展已经不再严格遵循分层概念，例如有些网络应用程序可以直接使用网络层甚至网络接口层的服务，也正是因为 TCP/IP 体系提供了如此大的灵活性，才使它成为应用最广泛的体系结构，因特网才会发展至如此大的规模。

扩展阅读：分层体系结构的优点

（1）各层之间是独立的：某一层并不需要知道它的下一层是如何实现的，而仅仅需要知道该层通过层间的接口所提供的服务。由于每一层只实现一种相对独立的功能，因而可将一个难以处理的复杂问题分解为若干个较容易处理的更小一些的问题。这样，整个问题的复杂程度就下降了。

（2）灵活性好：当任何一层由于技术变化等原因发生变化时，只要层间接口关系保持不变，则在这层以上或以下各层均不受影响。此外，对某一层提供的服务还可进行修改。当某层提供的服务不再需要时，也可将这层取消。

（3）结构上可分隔开：各层都可以采用最合适的技术来实现。

（4）易于实现和维护：这种结构使得实现和调试一个庞大而复杂的系统变得易于处理，因为整个系统已被分解为若干个相对独立的子系统。

（5）能促进标准化工作：因为每一层的功能及其所提供的服务都已有了精确的说明。

10.3 计算机网络应用

计算机网络的普及不但加快了信息传播的速度，更给人类的生活方式带来极大的变革，各种基于网络的应用给生产、生活带来了巨大的便捷性，使学习、工作的效率得到提升。本节中将为读者介绍一些基本的网络应用。

10.3.1 文件传送协议

利用网络进行文件传送是因特网的一项基本功能，我们在线上传、下载电子图书、音乐或电影等活动都涉及文件的传送。因特网中使用最为广泛的相关协议为**文件传送协议**（File Transfer Protocol，FTP），它同时也是在因特网中使用最早的协议之一。

文件传送协议 FTP 属于应用层协议，其主要功能是为网络中两台主机之间提供交互式的文件访问和复制功能，包括文件的查看、上传、下载以及创建或更改主机上的文件目录等。FTP 的特点是复制整个文件，即若需对文件进行存取，则必须先将文件复制一份副本到本地。例如，主机 A 要对主机 B 上的文件 F1 进行修改，则主机 A 必须先在本地获得一个文件 F1 的副本 F2，主机 A 只能对副本 F2 进行修改，再将修改完成后的 F2 传回到主机 B，而不能直接修改主机 B 上的文件 F1。

多数文件传输中，文件并不是直接在两台网络用户的主机之间传送，而是在客户机与 FTP 服务器之间传送。FTP 服务器是具有较大存储空间，能根据 FTP 协议同时对多个客户机提供文件传送服务的主机。FTP 服务器起到一个文件“中转站”的作用：用户上传的文件被存储在服务器中，其他用户下载时直接在 FTP 服务器中获取文件而不是上传文件的主机。

FTP 使用具有可靠连接的传输控制协议 TCP，在传送文件时生成两个进程：主进程用来传送控制信息，从属进程用来传送数据。主进程工作的步骤为：打开规定端口，进入与客户进程的连接准备状态；等待客户进程发出连接请求；当有客户发出连接请求时，开启一个从属进程进行文件处理；主进程回到连接准备状态，继续接受其他客户连接的请求。主进程与从属进程并发进行，且从属进程也可同时运行多个，使 FTP 服务器能够同时处理多个客户的请求，其工作状态如图 10-6 所示。

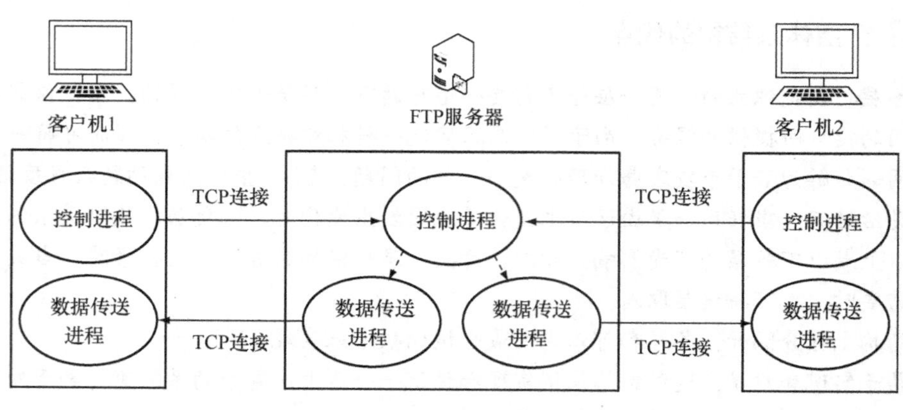

图 10-6　FTP 连接状态

10.3.2　万维网及其应用

我们在上网时输入的网址中通常会包含“WWW”，它指的就是**万维网**（World Wide Web）。万维网并不是具体的计算机网络，而是一个大规模联机信息存储系统。万维网允许用户通过“超链接”的形式主动地实现从网络中的一个站点跳转到另一个站点，使信息的获取更加便捷。

1．万维网中的一些概念

万维网中的一个站点称为网站，每个网站由许多网页构成，这些网页组合起来体现了一个网站的整体功能，如一个整体功能为在线学习的网站包含了创建课程和选择课程等页面，将进入网站看到的第一个页面称为主页（homepage）。万维网中的每个网页可看作一份文档，它由网页内的文字、图像、音频、视频、超链接以及页面结构等信息构成。

为了使不同风格、不同内容的网页都能正确地在不同的主机中显示，万维网规定统一采用**超文本标记语言**（HyperText Markup Language，HTML）作为页面编程的语言，超文本指的就是包含超链接的网页文档的组织方式，HTML 通过标签（Tag）对网页进行排版控制。解析 HTML 文件并能显示网页的软件就是我们常用的浏览器，这样一来不论主机有怎样的不同，只要安装了能解析 HTML 的浏览器，就能浏览不同内容的页面，消除了不同主机之间的交流障碍。主流的浏览器有微软的 Internet Explorer、谷歌的 Chrome 和开源的 Mozilla Firefox 等。

万维网将网络中可以被访问的对象称为“资源”，如一个网页、一张图片或一段视频等都是网络资源，这些资源需要被唯一地标识才能被访问。万维网中通用的对资源进行标识的工具是**统一资源标识符**（Uniform Resource Locator，URL），它由四部分组成：

<协议>://<主机>:<端口>/<路径>

其中协议指的是用何种协议获取该资源，常用的协议有超文本传输协议 HTTP，其次是文件传送协议 FTP。主机指出了资源在网络中的哪一个主机上，端口和路径指出了该资源在指定主机上的位置，有时可省略。例如，“百度”网站的 URL 为“http://www.baidu.com/”。

超链接是万维网实现资源跳转的方式，它可以是一段文字或是一张图片等，有静态和动态之分，当我们的鼠标移动到具有超链接的文字或图片上时，光标会变成一个手的形状。单击超链接，浏览器就会跳转到超链接指定的 URL，使用户可以对其内容进行访问。

2. 万维网工作方式

万维网以客户、服务器方式工作，客户指的就是运行在用户主机上的浏览器进程，而服务器中包含了万维网的资源。万维网的工作方式简单来说就是：客户向服务器发出请求，服务器接受请求并将请求结果（即万维网资源）发回至客户。万维网中应用最普遍的获取资源的协议是**超文本传送协议**（HyperText Transfer Protocol，HTTP），它属于应用层的协议，定义了客户浏览器进程与服务器进程传送超文本的方式。

HTTP 协议会话过程包括以下 4 个步骤：

（1）建立连接。客户的浏览器进程向服务器进程发出建立连接的请求，服务进程给出响应，连接建立完成；

（2）发送请求。浏览器按照 HTTP 协议的要求通过已经建立的连接向服务端发送自己的请求；

（3）给出应答。服务器处理浏览器提交的请求，把请求结果以 HTML 文件的形式返回给浏览器，浏览器对 HTML 解析并显示在屏幕上，此时用户可以进行浏览；

（4）关闭连接。浏览器接收到请求结果后关闭连接。

HTTP 是基于 TCP/IP 之上的协议，它不仅保证正确传输超文本文档，还确定文档显示的顺序，是万维网能够可靠交换资源的基础。

3. 万维网应用

随着万维网的广泛流行，基于万维网的各种应用也极大地丰富了我们的生活。

搜索引擎：万维网一项最基本的功能为信息检索，在信息海量的网络中知道每一个资源对应的 URL 是不现实的，而搜索引擎的存在使这一操作对用户来说变得异常简单。搜索引擎（search engine）是万维网中用来搜索信息的工具，它能够根据一定的策略、运用特定的计算机程序从互联网上搜集信息并对信息进行重新组织和筛选，当用户给出检索条件后，搜索引擎能根据检索条件在经过整理之后的信息中进行查找，并将搜索结果返回给用户。搜索引擎主要分为全文索引搜索引擎、目录索引搜索引擎、垂直搜索引擎、元搜索引擎等多种类型，它们在产生搜索结果的方式上存在不同之处。典型的搜索引擎网站有国内的百度和国外的谷歌等。

社交网络：社交网络（Social Network Service，SNS）的流行体现了人们在网络时代下的社交需要，它指代的是能够利用网络为用户提供社交功能的网络服务集合，主要方式是提供让用户能够进行交互的功能，如在线聊天、电子邮件、图片和视频的分享、个人主页和博客、讨论组群等。由于万维网功能越来越完善，这些功能一般通过万维网实现。社交网络使用户可以建立自己的网络档案，同步或异步地与其他用户进行交流，分享自己的经历和见闻，等等。计算机网络的普及使社交网络在近些年取得了巨大的发展，例如，国外流行的社交网站 FaceBook 截至 2014 年每天活跃用户达 8.6 亿。但社交网络的流行也带来了个人资料安全性问题和社交恐惧等社会问题。

10.3.3 网站编程

计算机网络的逐步发展也使网络开发技术不断成熟，许多完善的网站搭建框架让即使没有很强专业背景的用户在一定的学习之后也能搭建起自己的网站。下面介绍几种流行的网站相关开发技术。

1. LAMP

LAMP 指的是由操作系统 Linux、Web 服务器 Apache、数据库 MySQL/MariaDB 以及编程语言 PHP/Python/Perl 构成的一组经常用来搭建动态网站的软件集合，它最大的特点是：这一套软件集合里的全部软件都是开源的。由于这些软件经常被一起使用，在发展过程中形成了越来越好的兼容性，并组成了一个强大的 Web 应用程序开发平台。

2. JSP

JSP 的全称为 Java Server Pages，它是由开发 Java 语言的 Sun Microsystems 公司倡导并由许多其他公司参与创建的一种使软件开发者可以响应客户端请求并能动态生成 HTML、XML 或其他格式文档的 Web 网页技术标准。JSP 技术以 Java 语言作为脚本语言，与 HTML 或 XML 结合使用，它不但可以嵌入静态页面中，也可以创建 JSP 标签库，然后像使用 HTML 或 XML 标签一样使用。JSP 具有良好的可伸缩性和跨平台性。

3. ASP.net

ASP.net 是微软公司在.NET Framework 中提供的用于开发 Web 应用程序的开发平台。ASP.net 技术由 ASP 技术发展而来，但是在技术上比 ASP 更加成熟。通过 ASP.net，用户可以对网页进行处理和扩充，进行通信处理，创建网页或 Web 服务。ASP.net 支持任何.NET 语言，如非常流行的 C#。微软公司对软件开发人员提供了完善并集成多种技术的开发工具，使采用 ASP.net 开发网站的简易性、灵活性和可管理性大大提升。

4. HTML5

HTML 5 是超文本标记语言 HTML 的最新修订版本，于 2014 年 10 月由万维网联盟（W3C）完成标准的制定，其目标是取代 1999 年制定的 HTML 4.01 和 XHTML 1.0 标准。HTML 5 增添了许多新特性，如本地存储特性、设备兼容特性、网页多媒体特性等，使其更能适应互联网应用的迅速发展，满足未来网络开发的需求。广义的 HTML 5 包含了超文本标记语言 HTML、层叠样式表 CSS（Cascading Style Sheets）以及脚本语言 JavaScript。层叠样式表 CSS 是用来为结构化文档如 HTML 文件进行样式控制的编程语言，它能够对网页中对象的位置排版、网页颜色字体等显示特性进行精确控制。CSS 将文件内容与显示方式分隔开来，增强了文件的灵活性，简化了文件结构。JavaScript 是一种解释性脚本语言，它既可以单独写成 js 文件，也能嵌在 HTML 语句内部。JavaScript 由浏览器做出相应，能增加 HTML 页面的动态行为。

扩展阅读：无线网络、蜂窝移动网络与物联网

无线网络（Wireless Network）指的是任何型式的无线电计算机网络，普遍和电信网络结合在一起，不需电缆即可在节点之间相互链接。无线电信网络一般被应用在使用电磁波的遥控信息传输系统，像是无线电波作为载波和物理层的网络，如 WLAN、Wi-Fi 等。无线网络的发展方向之一就是“万有无线网络技术”，也就是将各种不同的无线网络统一在单一的设备下。Intel 正在开

发的一个芯片采用软件无线电技术，可以在同一个芯片上处理 Wi-Fi、WiMAX 和 DVB-H 数字电视等不同无线技术。

蜂窝网络（Cellular Network）也称为移动网络，是一种移动通信硬件架构，分为模拟蜂窝网络和数字蜂窝网络。由于构成网络覆盖的各通信基地台的信号覆盖呈六边形，从而使整个网络像一个蜂窝而得名。常见的蜂窝网络类型有：GSM 网络、CDMA 网络、3G/4G 网络、FDMA、TDMA、PDC、TACS、AMPS 等，主要应用于移动设备如手机的网络接入。蜂窝网络的组成主要有以下 3 部分：移动站、基站子系统、网络子系统。移动站就是网络终端设备，如手机或者一些蜂窝工控设备 。基站子系统包括移动基站、无线收发设备、无数的数字设备等。

物联网（Internet of Things，IOT）是一个基于互联网、传统电信网等信息承载体，让所有能够被独立寻址的普通物理对象实现互连互通的网络。物联网指物物相连的网络，这包含两层意思：其一，物联网的核心和基础仍然是互联网，是在互联网基础上的延伸和扩展的网络；其二，其用户端延伸和扩展到了任何物品与物品之间，进行信息交换和通信，也就是物物相息。物联网通过智能感知、识别技术与普适计算等通信感知技术，广泛应用于网络的融合中，也因此被称为继计算机、互联网之后世界信息产业发展的第三次浪潮。通过物联网可以用中心计算机对机器、设备、人员进行集中管理、控制，也可以对家庭设备、汽车进行遥控，以及搜寻位置、防止物品被盗等，具有十分广阔的市场和应用前景。

本章小结

计算机网络是利用通信设备和线路将地理位置不同的、功能独立的多个计算机系统连接起来，以功能完善的网络软件实现网络的硬件、软件及资源共享和信息传递的系统。计算机网络有两个最重要的特性：连通性、共享性。根据网络发展程度的不同，可以将计算机网络的发展历史分为 4 个阶段：计算机—终端阶段、以通信子网为中心的计算机网络阶段、网络体系结构标准化阶段、网络互连阶段。计算机网络的功能主要体现在 4 个方面：数据通信，资源共享，提高性能，分布处理。

因特网是目前世界上最大的国际性计算机互联网络，它起源于美国的 APRANET，经过不断的发展已经成为连接数以亿计用户和数以百万计网络的互联网，按工作方式划分为边缘部分和核心部分。

计算机网络的性能可以根据一系列不同的指标进行衡量，如速率、带宽、吞吐量、时延、利用率等。

计算机网络按照不同的标准可以分成不同的类别，常见的分类标准有网络的作用范围、使用者、拓扑结构、信息交换方式等。

计算机网络中解决复杂问题的根本思想是“分层”。计算机网络中为进行数据交换而建立的规则、标准或约定称为协议。计算机网络的各个层次及每层协议的集合称为网络的体系结构，计算机网络在发展过程中经历了许多不同的体系结构，用相关硬件和软件根据某个体系结构搭建的实体网络成为该体系结构的一个实现。

OSI 体系结构模型包含 7 个层次，由上至下依次为应用层、表示层、会话层、传输层、网络层、数据链路层、物理层。TCP/IP 体系结构分为四层，自上而下分别是：应用层（对应 OSI 应用层、表示层、会话层）、传输层（对应 OSI 传输层）、网际层（对应 OSI 网络层）、网络接口层（对应 OSI 数据链路层、物理层）。

因特网中使用最为广泛的相关协议为文件传送协议（File Transfer Protocol，FTP），它同时也是在因特网中使用最早的协议之一。万维网允许用户通过“超链接”的形式主动地实现从网络中的一个站点跳转到另一个站点，使信息的获取更加便捷。网站编程技术包括 LAMP 架构、JSP、ASP.Net、HTML 5 等。

习　题

（一）填空题

1. 计算机网络是利用________和________将地理位置不同的、功能独立的多个________连接起来，以功能完善的网络软件实现网络的硬件、软件及________和________的系统。
2. 计算机网络有两个最重要的特性：__________、__________。
3. 由美国国防部于 1969 年建成的标志着网络的真正产生的网络称为__________。
4. 计算机网络的功能主要体现在 4 个方面：________、________、________和________。
5. 因特网核心部分主要负责为边缘部分提供连通性和信息交换等服务，这是通过__________方法采用存储转发技术实现的。
6. 表示了网络链路传送数据的能力的性能指标是__________。
7. 计算机网络中解决复杂问题的根本思想是__________。
8. TCP/IP 结构模型中向进程之间的通信提供通用的数据传输服务的层次是____________。
9. 文件传送协议 FTP 属于__________层协议。
10. LAMP 指的是由操作系统：________、服务器：________、数据库：________以及编程语言：________构成的一组经常用来搭建动态网站的软件集合。

（二）选择题

1. 通信网络“三网”不包括______。
   A. 电信网络　B. 无线网络　C. 计算机网络　D. 有线电视网络
2. 1974 年，英国剑桥大学计算机研究所开发了著名的______。
   A. ARPANET　B. Internet　C. LAN　D. Cambridge Ring
3. 计算机网络的功能包括______。
   A. 数据通信　B. 资源共享　C. 提高性能　D. 以上都是
4. 将单个任务分割交给多个计算机分别完成的处理方式称为______。
   A. 分布处理　B. 线性处理
   C. 普适计算　D. 云计算
5. ISP 按规模大小分为 3 个层次，其中不包括______。
   A. 主干 ISP　B. 本地 ISP　C. 外部 ISP　D. 地区 ISP
6. 主机之间的通信方式可划分为______。
   A. 客户/服务器方式　B. 对等方式
   C. 并行方式　D. A 和 B
7. 一定大小的数据从链路的一端传送到另一端所需要的时间的指标称为______。
   A. 吞吐量　B. 时延　C. 利用率　D. 带宽

8. 表示了网络链路传送数据的能力的指标称为______。

A. 吞吐量　　B. 时延　　C. 利用率　　D. 带宽

9. 表示单位时间内通过网络某个部分的数据量的指标称为______。

A. 吞吐量　　B. 时延　　C. 利用率　　D. 带宽

10. 网络按作用范围划分不包括______。

A. 专用网络　　B. 局域网　　C. 城域网　　D. 广域网

11. 将计算机网络中为进行数据交换而建立的规则、标准或约定称为______。

A. 服务　　B. 层次　　C. 协议　　D. 实现

12. 将计算机网络的各个层次及每层协议的集合称为网络的______。

A. 服务　　B. 体系结构　　C. 模式　　D. 划分

13. OSI 体系结构模型包含 7 个层次，其中不包括______。

A. 应用层　　B. 会话层　　C. 程序层　　D. 物理层

14. OSI 体系结构模型中应用层、表示层、会话层对应 TCP/IP 模型中______。

A. 应用层　　B. 传输层　　C. 网际层　　D. 网络接口层

15. TCP/IP 模型中，在物理介质上传送数据属于______的任务。

A. 应用层　　B. 传输层　　C. 网际层　　D. 网络接口层

16. 为网络中两台主机之间提供交互式的文件访问和复制功能的协议是______。

A. SMTP　　B. FTP　　C. TCP　　D. HTTP

17. URL 的组成部分不包括______。

A. 协议　　B. 主机　　C. 端口　　D. 层次名称

（三）简答题

1. 简述计算机网络发展的 4 个阶段及各阶段特点。
2. 因特网核心部分和边缘部分分别完成哪些工作?
3. 简述 TCP/IP 四层结构模型中各层功能。

第11章 信息安全

随着互联网技术的发展，信息在互联网的流通和传递越来越便捷，随之而来的就是信息安全的问题。信息安全关注的主要问题就是如何保证信息不被他人非法窃取，保证得到的信息是安全可靠的。本章将会对信息安全这一领域的知识进行简要的介绍，包括当前信息安全存在的问题、采取的策略以及常用的信息安全技术等。通过本章的学习，读者将会对信息安全领域有一个整体宏观的认识。

11.1 计算机安全概述

11.1.1 信息安全的现状

随着互联网和计算机科学的飞速发展，网络应用和桌面应用日益普及并更加复杂，计算机信息安全所面临的问题也越来越多。目前信息安全面临的问题主要来自3个方面。

1. 网络攻击

网络攻击是指通过网络系统或计算机系统集中发起大量的非正常访问，使得计算机无法响应正常的服务请求。由于非正常的服务请求的干扰，使得系统拒绝正常的服务访问。例如，集中向邮件服务器发送大量的垃圾邮件，占满存储空间，使得无法正常收发邮件；向网站集中发起大量的垃圾链接，占满通信带宽，致使其无法响应正常的链接。

2. 恶意软件

恶意软件是起恶作剧或破坏作用软件的总称，主要有计算机病毒、蠕虫、特洛伊木马和间谍软件等。这类软件主要是在计算机上破坏文件系统、盗取个人信息并占用系统资源，或以计算机作为攻击发起点等。病毒主要是破坏文件系统和计算机系统的一类恶意软件，蠕虫主要是通过电子邮件进行复制和传播，危害计算机的正常使用的恶意软件，木马一般用来盗取一些重要的个人信息，如银行账户、网站账户信息等。间谍软件则是在用户不知情的情况下，监视键盘的操作和收集机密信息的恶意软件。

3. 非法入侵

非法入侵指非法用户通过技术手段或欺骗手段以非正常的方式入侵计算机系统或网络系统，窃取、篡改和删除系统中的数据。其主要的目的是获取数据信息，如银行账号信息、个人网站信息等，以贩卖数据或利用其中的信息来盗取财产。

目前，计算机的安全受到了极大的威胁。黑客攻击行为组织性更强，攻击目标从单纯的追求

“荣耀感”向多方面实际利益转移，如倒卖数据，或是从数据中提取个人信息进行威胁财产安全等。网上的木马、间谍程序、恶意网站和假冒网站等出现更加泛滥；手机、平板等无线终端等的处理能力日益加强，针对这些设备的攻击也越来越多。总之，在计算机信息安全方面，安全问题变得更为复杂，面临的挑战也越来越多。

11.1.2 维护信息安全的重要性

信息安全的需求在过去的几十年内发生了很大的变化。在计算机广泛使用之前，企业、个人等单位都要是通过物理手段和管理制度来保证信息的安全，信息的存储主要是通过实体存储，如账本、日记本等。但是随着计算机技术的发展，人们越来越依赖于计算机和网络系统来存储文件和信息，维护信息安全的重要性就越来越高。

对于商业用户来讲，存储在计算机系统上的信息是其核心的商业机密、财产数据和用户的数据。一旦其信息被窃取或泄露，带来的危害非常巨大。信息的泄露会带来财产的损失，而商业机密被窃取之后带来的损失会更大；用户数据的丢失会导致用户对公司发出投诉以及用户的流失。如果商业公司的网络被攻击，造成正常用户的访问被拒绝，那么会极大地影响公司的用户忠诚度。

对于银行和国防这些涉及国家安全的领域来说，信息安全的意义更大。目前的国防和武器系统大部分都实现了计算机自动化，如果计算机系统被破坏或入侵，那么将会导致国家安全的极大威胁。银行系统存储着巨量的金融交易数据和几乎每个人财产，其系统的安全更是不言而喻的。

对于每一个人来讲，信息安全也是非常重要的。存储在云空间和计算机系统的信息包含个人的隐私和数据，一旦被泄露或计算机系统被破坏，会给个人带来极大的损失。在计算机信息时代，对于每一个人来讲，信息安全就是自身的安全。

扩展阅读：近年国内的信息泄露事件

2014 年 5 月，小米科技官方数据库泄露涉及 800 万小米论坛注册用户，泄露的数据可进入小米账户，通过小米云服务可得到手机号及设备信息。

2014 年 3 月，携程网保存支付日志的服务器未做较严格的基线安全配置，存在目录遍历漏洞，导致所有支付过程中的调试信息可被任意黑客读取，用户身份证号、银行卡号、CVV 码等信息或遭泄露。

2013 年 10 月，如家、汉庭等酒店使用了浙江慧达驿站网络有限公司开发的酒店 Wi-Fi 管理、认证管理系统，但由于系统中存在漏洞，使得酒店在使用过程中存在数据泄露的风险，数据超过 2 千万条。

2011 年 12 月，CSDN 安全系统遭到黑客攻击，600 万用户的登录名、密码及邮箱遭到泄漏。

2010 年，阿里巴巴旗下支付宝的前技术员工利用工作之便，在 2010 年分多次在公司后台下载了支付宝用户的资料，资料内容超 20G，随后将用户信息多次出售予电商公司、数据公司。

11.1.3 信息安全目标与服务

所有信息安全技术都是为了达到一定的目标，信息安全的目标主要分为如下几个部分。

1. 完整性

完整性（Integrity）是指信息在存储或传输过程中保持不被修改、不被破坏的特性，完整性防止了信息未经授权情况下的篡改。它使得信息保持原始的状态，如果这些信息被随意地修改、插入和删除，那么就会形成虚假信息，将带来严重的后果。

2. 保密性

保密性（Confidentiality）是指信息不泄露给非授权的个人和实体，阻止其在未被授权的情况下获取到信息。这是信息安全从开始诞生就有的特性，也是信息安全最主要的研究内容之一。

3. 可用性

可用性（Usability）是指信息可被用户访问并且使用的特性，也就是指当需要的时候获取到所需要的信息。可用性是在信息安全保护阶段对信息安全提出的新要求，也是网络化空间中必须满足的一项信息安全要求。

4. 可控性

可控性（Controllability）是指授权机构可以随时控制信息的机密性，防止非法利用信息和信息系统。

5. 不可否认性

不可否认性（Non-repudiation）是指在网络环境中，信息交换的双方不能否认其在交换过程中发送信息或接受信息的行为。不可否认性对于在线交易系统十分重要，通常将数字签名和公证机制一同使用来保证不可否认的特性。

信息安全服务是指通常为了加强网络系统安全性以及对抗入侵进攻而采取的一系列措施，同信息安全目标相对应，信息安全服务也有 5 个方面。

- 数据完整性：数据完整性用于保证所接受的数据未经过复制、插入、篡改、重排和重放，用于对付主动攻击。此外，还可能对遭受一定程度破坏的数据进行恢复。
- 鉴别：鉴别用来保证通信的真实性，证实接收的数据就来自所要求的源方。鉴别一方面确保双方实体是可信的，即每个实体确实是它宣称的那个实体，另一方面可确保该连接不被第三方干扰。
- 数据保密：数据保密用于保护数据以防止被攻击，服务可以根据保护的范围大小分为几个层次。最为广泛的就是保护两个用户在一定时间段之内的传输服务，狭义的服务保护只包括对单个消息的保护或对消息中某一个特定字段的保护。
- 访问控制：访问控制用于防止对网络资源的非授权访问，保证系统的可控性。访问控制可以用于通信的源或目的，或是通信链路上的某一个部分。一种简单的访问控制策略如图 11-1 所示。

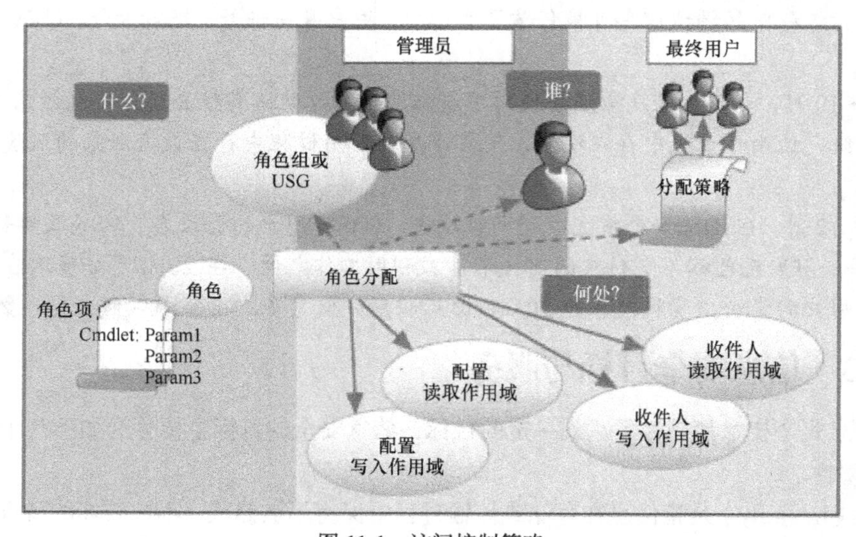

图 11-1　访问控制策略

- 不可否认：不可否认是用于防止通信双方中某一方抵赖所传输的信息。即消息的接收者能够证明消息的确是由消息的发送者发出的，而消息的发送者能够证明这一消息的确被消息的接收者接收了。

11.1.4　信息安全策略和信息安全技术

信息安全策略是指为了保证提供一定的安全保护所必须遵守的规则。实现信息安全不但需要依靠先进的技术，而且也得依靠严格的安全管理、法律约束和安全教育。在实际应用中，到底应该采用什么样的安全机制，提供什么样的服务，需要根据用户自身面临的威胁和风险，制定好相应的安全策略，然后由安全策略来决定采用何种方式和手段来保证系统的安全。

1. 应用先进的技术

先进的技术是信息安全的重要保证，根据用户的需求采用相应的安全机制，集成先进的安全技术，形成一个全方位的安全系统，以更好地保护信息安全。

2. 建立严格的安全管理制度

各个信息系统使用机构、企业或单位应该根据本单位的具体情况建立相应的信息安全管理办法，加强内部管理，建立审计和跟踪机制，提高整体信息安全意识。

3. 制定严格的法律、法规

相比于现实生活中的实体事务，计算机网络在一定程度上被认为是虚拟的事务，缺乏相应的法律和法规来限制网络犯罪活动。因此，必须建立起与信息安全相关的法律和法规，震慑破坏信息安全的违法犯罪活动。

信息安全策略的实现需要相应的信息安全技术来保证，目前使用比较广泛的信息安全技术如下所示。

1. 用户身份验证

用户身份验证是保证信息安全的首要任务，将验证身份不合法的用户拒之门外，会极大地降低信息安全被破坏的概率。目前的身份认证技术包含静态密码、动态密码、USB-KEY、智能卡和指纹等。这一部分将会在 11.2.5 小节中详细介绍。

2. 防火墙

防火墙在某种意义上来讲是一种访问控制产品，防火墙将内部网络和不安全的外部网络进行隔离，阻止外界对内部网络的直接非法访问，防止内部对外部的不安全访问。防火墙技术将会在 11.4 节中详细介绍。

3. 虚拟专用网

虚拟专用网是在公共数据网络上，通过采用数据加密和访问控制技术，对内部网络进行访问的一种技术。虚拟专用网保证了在不安全的外部网络上，通过安全的技术手段，对内部的网络进行访问。虚拟专用网的构筑通常需要有加密功能的路由器。

4. 电子签名与证书

电子签名是互联网上的“身份证”，电子证书是基于电子签名技术而形成的信息安全技术，电子证书的技术保证通信的双方都是经过身份认证的，也保证了一旦消息发出，双方就无法抵赖和撤销发送过的消息，还能保证信息在传递过程中没有被恶意篡改或修改。这一部分的内容将会在 11.2.3 和 11.2.4 小节中详细介绍。

5. 入侵检测系统

入侵检测系统是传统保护机制的补充，它能对进入系统内部的一切行为进行记录，并且在发现可疑行为时，及时进行阻止并且报警，是信息系统中不可或缺的一种反馈链。

6. 网络安全隔离

网络隔离是指将整个网络或单台主机与公共网络进行隔离，网络卡一般是用来隔离单台主机，网闸主要用来隔离整个网络。

扩展阅读：网络安全隔离与防火墙

网络安全隔离和防火墙虽然都是在隔离公网和内网之间的访问，但网络安全隔离卡与防火墙截然不同。防火墙是一种复杂的软件工具，通常设置在安全的内部 LAN 与外界 Internet 间，通过比对已定义的规则分析通信包，从而提供数据安全。相对应地，该操作与本地设置与维护密切相关，而且通常是一项专门的工作。网络安全隔离卡通常在工作站水平，通过物理分离提供高水平的数据安全。这是一个在简单、无须维修的低物理层上运行的硬件设备。使用网络安全隔离卡，可以在一个 PC 上创立两个虚拟系统。用户可以将公共网络连接到 Internet。这样，防火墙可以用在网络安全隔离卡之上来限制用户访问特定站点并保护用户的公共 PC，同时网络安全隔离卡保证安全 PC 与组织分类信息的安全。

11.2 加密技术与安全认证技术

密码技术是计算机信息安全中非常重要的一种策略，通过对信息进行加密，使得能得到加密信息的人很难通过解密来还原原始的信息，本节将对当前的密码技术做一个总结。

11.2.1 加密技术的发展

加密技术是一门古老的技术，是从源源不断的战争中衍生出来的需求，加密技术在公元前的古希腊战争中就得到使用。总的来说，加密技术的发展分为 3 个阶段：古代手工加密阶段、古典机械加密阶段和现代密码学阶段。

1. 古代手工加密阶段

源于应用的无穷需求是推动技术发展的直接动力，在古希腊、埃及人、希伯来人和亚述人等不断的战争实践中，加密技术得到了发展。

古代的加密技术主要是通过手工进行加密，如古希腊战争中将信息写在剃光头发的奴隶的头上，待头发长长之后将奴隶送到另一个部落，剃光头发就能看到原来书写的信息。在公元前 400 年前，斯巴达人发明了“塞塔式密码”，即把长条纸螺旋缠绕在棒上，然后沿着水平方向书写信息，写完之后将长条纸取下进行信息传递，只有对方也是按照同样的方式将纸缠在粗细相近的棍棒上面才能读取信息。这就是最早的密码技术。

2. 古典机械加密阶段

古典加密技术主要是通过文字置换的方式进行加密，采用的方式一般是手工或者机械变化的方式。

例如，美国电话电报公司的弗纳姆密码，其原理是利用电传打字机的五单位码和密钥字母进行模 2 相加，如信息码是 11010，密钥码是 11101，那么模 2 相加得到 00111 为密文码。这种加密方式在现代使用电子电路实现非常简单，但是在机械手工时代却是一个很困难的事情。

还有在第二次世界大战时期，德国使用的“恩尼格玛”技术，盟军密码科学家花费了好几年才将其解密。解密之后，德军的一举一动都在盟军的注视之下，盟军掌握了战争的主动权，为最终击溃德国做了很大的贡献。

古典密码的体制主要是单表置换密码、多表置换密码等，主要还是依靠文字置换的方式来进行加密。

3. 现代加密技术

现代加密技术主要的贡献是信息论的引入，这奠定了密码学的基础，也使得依据密码的加密技术可靠性大大增强。在这一阶段，数据加密技术 DES 率先被提出，成为美国国家标准局的标准并被使用在军用和民用领域之内。1976 年，美国密码学家迪非和赫尔曼提出了公钥密码体制，引发了密码学上的一次革命性的变革。公钥密码体制可以将加密算法公开，加密的密钥公开，只有解密用的私钥隐藏，使得只有获得私钥的用户才能完全将信息解密。1978 年，公钥体制的 RSA 公钥被首次提出，是目前公钥领域内使用最为广泛的一种公钥。

目前，基于认证体制的消息传递技术也发展比较迅速，可以在一定程度上减少很多的主动攻击。

11.2.2 对称密钥密码术与公开密钥密码术

信息加密的过程是发送方将待发送的信息用一个密钥进行加密，然后信息的接收方利用另一个密钥对信息进行解密，还原原始的信息。按照加密和解密过程使用密钥的方式划分，现在主要的加密方式有对称密钥加密方式和公开密钥加密方式。

1. 对称密钥密码术

对称密钥密码术在加密和解密的过程中，采用的是相同的密钥，是一种传统的方法。发信人利用密钥将信息进行加密，然后将加密之后的信息发送给收信人，收信人再使用同样的密钥对信息进行解密。这种做法方便快捷，也比较简单，而且即使加密后的信息在网络上被截取，也不会造成信息丢失。

目前采用对称密钥的加密算法有 DES、3DES、AES、IDEA、RC5 等，对称密钥的加密速度比公钥的加密速度要快得多，在很多场合都需要采用对称密钥的加密算法。

对称密钥密码术虽然简单，但是也带来了一系列的问题。

（1）密钥的交换过程很不方便。由于在加密和解密过程中使用的是同一个密钥，因而密钥需要事先分发，在网络上分发密钥的做法存在巨大的安全隐患，在线下进行密钥分发成本又非常高，当密钥被破解需要更换密钥的时候，也无法及时更换。通常的做法是在安全的网络上对密钥进行分发。

（2）密钥的规模比较庞大。由于收发双方要使用的是同一个密钥，多人进行通信时，密钥数目就会成几何级数的增长。假设通信的人数是 N，那么每个通信方都需要保存 N-1 个密钥，总共需要生成 N*（N-1）个密钥，这对密钥的生成、分发和管理都带来了极大的麻烦。

（3）无法提供身份鉴别和不可否认的特性。

2. 公开密钥密码术

公开密钥密码术也称为是非对称密钥密码术，在加密和解密过程中使用了两个密钥：一个是公开密钥，一个是私人密钥，公开密钥是对所有人公开的，而私人密钥则是只有收信人保管。发信者在发信时使用收信者公开密钥对信息进行加密，然后通过网络将加密后的信息发送给收信人，收信人使用私钥进行解密。在非对称密钥密码术中，除了持有私钥的人，其他人都无法对加密后的信息进行解密，即使是发信者。公钥是对所有人公开的，甚至加密算法都可以公开，所以可以在不安全的网络上进行传播，只需要管理每个人手中的私钥即可。

目前使用公开密钥加密的算法有 RSA、ElGamal 和 Rabin 算法等。

使用公开密钥加密算法还有一个好处就是能够同时实现对信息进行署名和加密。发信者使用自己的私钥对信息进行加密，然后再使用收信者的公钥进行加密，然后发送给对方。收信者先用自己的私钥进行解密，再用发信人的公钥进行身份验证，就达到了上述的目标。

11.2.3 消息认证技术

加密技术保证了信息在发送方和接收方之间的保密传输，即使第三方能够获取到传输的信息，不能解密也不能理解其真正的含义。除此之外，对于网上传输的信息，还应保证其内容的完整性，也就是发送方不能抵赖，接收方或第三方不能进行伪造和篡改，安全认证技术就是为了解决这一问题。在本小节和接下来的两个小节内，将会简要地介绍安全认证技术。

消息认证技术用于检查发送方发送的信息是否被篡改或是伪造的，因为发送的消息可能在中途被人进行篡改，如图 11-2 所示。消息认证技术的核心是消息认证算法。在发送信息之前，发送方先将信息和认证密钥输入认证算法中，认证算法会计算出认证标签，也就是消息认证码，然后将信息和认证码一起发送给接收方；接收方在接收到信息之后，将信息和相同的认证密钥输入认证算法得到认证标签，系统将会比对传输过来的认证标签和得到的认证标签，看两者是否是相同的。如果是相同的，那么就认为信息是原始信息并接受；反之，则认为信息是经过篡改的或是伪造的，将其进行丢弃。

图 11-2　消息认证的必要性

消息认证技术的核心是消息认证算法，下面是常见的消息认证算法和消息认证码的概念。

1. Hash 函数

Hash 函数又称为是消息摘要函数、散列函数或杂凑函数，是将一种任意长度的消息压缩成某一固定长度的消息摘要的函数。Hash 函数具有单向性特征和输出数据长度固定的特性。单向性是指给定任意长度的消息，很容易生成消息摘要；但是反过来，如果给定消息摘要，计算出原始的消息是不可行的。Hash 函数的这两种特性使得它可以用于检验消息的完整性是否得到了破坏。将 Hash 函数的输出值称为数字指纹，也就是通过检验数字指纹就能确定消息是否被破坏了。

2. MD5 算法

MD5 算法是 Hash 函数的一种，也是比较著名的一种哈希函数。算法主要是将 512bit 划为一块处理输入的消息文本，每个块又划分为 16 个 32bit 的子块。算法的输出是由 4 个 32bit 的块组成的，将其级联成为一个 128bit 的摘要值。其做法一般是先将消息填充为 512bit 的整数倍，然后将缓冲区进行初始化，然后不断地循环处理 512Bit，最后再输出。

3. SHA-1 算法

SHA-1 算法也是一种 Hash 函数，是由美国 NIST 开发的。SHA-1 算法是模仿 MD5 算法设计的，与之不同的是在处理 512bit 时所使用的非线性函数是不同的。

4. 消息认证码

一些消息完整性的检验技术只能检验消息是否是完整的，但是不能检验消息是否被篡改过，因为被修改过的数字指纹有可能是一样的。为了避免这一情况，在进行消息验证的时候，除了输入消息之外，还需要输入密钥 K，通过 Hash 函数得到的消息指纹就称为消息验证码。一种验证技术是消息发送者通过将信息和密钥输入认证算法，得到认证码，认证码和消息一起发送给接收方，接收方通过比对自己生成的认证码和传输得到的认证码来鉴别消息是否被篡改。另外一种验证技术是先对消息进行加密，对加密后的密文计算认证码，之后接收方通过对认证码鉴别身份之后再解密消息。

Hash 函数是目前使用最广泛的散列函数，消息认证码的生成就用到了这种技术。评价 Hash 函数好坏的标准就是找到输入不同消息而能产生相同数字指纹的一对消息代价的大小，目前针对 Hash 函数的攻击方法有生日攻击法、中间相遇攻击法、差分分析法等。值得一提的是，在 2004 年，山东大学的王小云教授就在国际密码大会上指出 MD5 算法和 SHA-1 算法被破解。因此，寻找新的消息验证技术迫在眉睫。

11.2.4 数字证书技术

数字证书就是在互联网通信中标志通信双方身份信息的一串数字，提供了一种在 Internet 上验证实体身份的机制，其作用类似于日常生活中的身份证。数字证书是由 CA 机构（证书授权机构）中心发行的，人们可以利用它在网上识别对方的身份。数字证书是一个经过 CA 机构数字签名过的拥有公开密钥信息和公开密钥的文件。数字证书可以对网络上传播的信息进行加密和解密、数字签名和签名认证。加密和解密过程主要是依靠目前的公开密钥算法进行加密解密，目前数字签名技术采用的也是类似于消息认证中的消息摘要技术，签名验证过程就是验证数字签名的真伪以确认消息来源和消息完整性的过程。支付宝的证书信息如图 11-3 所示。

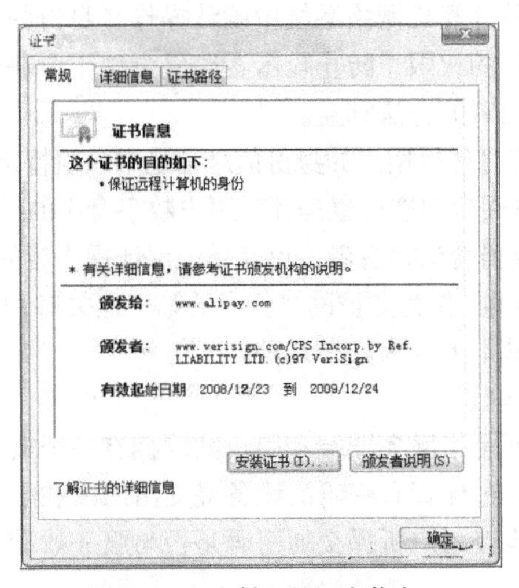

图 11-3 支付宝的证书信息

数字证书采用公钥体制，即利用一对互相匹配的密钥进行加密、解密。每个用户自己设定一把特定的仅为本人所知的私钥，用它进行解密和签名；同时设定一把公钥并由本人公开，为一组用户所共享，用于加密和验证签名。当发送一份保密文件时，发送方使用接收方的公钥对数据加密，而接收方则使用自己的私钥解密，这样信息就可以安全无误地到达目的地了。用户也可以采用自己的私钥对信息加以处理，由于密钥仅为本人所有，这样就产生了别人无法生成的文件，也就形成了数字签名，可以保证信息不能否认或难以否认。

数字证书保证了在互联网上进行的交易是真实可靠的，并且能够使交易的各方都具有绝对的信心。总的来说，数字证书保证了交易中如下几个方面。

1. 信息的保密性

信息的保密性是指在交易过程中的信息不能被别人知道，如银行卡号、用户名。数字证书通过对交易信息进行加密和解密，保证了即使在交易过程中加密过的信息被别人获取，也不会造成交易信息的泄露。

2. 交易者身份的确定性

电子商务的交易双方往往是相互不认识的，要想交易成功，首先需要确定对方的身份。数字证书采用的是消息验证中确定消息源的方式对交易双方的身份进行确定，保证在交易中的双方是合法用户。

3. 不可否认性

电子商务同现实中一样，一旦交易达成，就不能否认交易的存在，交易的某一方也不能抵赖交易的存在。数字证书保证在信息发送的时候，会由用户的私钥对数据进行加密处理，而私钥是用户个人所有，具有唯一性，保证了发送的数据是由签名者自己发送的，不能否认。

4. 不可修改性

同不可否认性一样，基于网络平台的交易还需要保证交易信息不能被修改，以保证交易的严肃性和公正性。数字证书采用的基于消息摘要的机制保证了一旦信息经过修改，那么数字签名就会改变和不被接收，保证了交易信息不会被改变。

11.2.5 身份认证

身份认证是指在计算机及计算机网络系统中确认操作者身份的过程，从而确定该用户是否具有对某种资源进行访问和使用的权限，防止攻击者假冒合法用户获得资源的访问权限，保证系统和数据的安全，以及授权访问者的合法利益。

计算机网络世界中一切信息包括用户的身份信息都是用一组特定的数据来表示的，计算机只能识别用户的数字身份，所有对用户的授权也是针对用户数字身份的授权。如何保证以数字身份进行操作的操作者就是这个数字身份合法拥有者，也就是说保证操作者的物理身份与数字身份相对应，身份认证就是为了解决这个问题，作为防护网络资产的第一道关口，身份认证有着举足轻重的作用。

目前，身份认证的方法基本上分为如下几种。

1. 基于共享密钥的身份认证

基于共享密钥的身份验证是指服务器端和用户共同拥有一个或一组密码。当用户需要进行身份验证时，用户通过输入或通过保管有密码的设备提交由用户和服务器共同拥有的密码。服务器在收到用户提交的密码后，检查用户所提交的密码是否与服务器端保存的密码一致，如普通网站的登录密码。

2. 基于生物学特征的身份认证

基于生物学特征的身份验证是指基于每个人身体上独一无二的特征，如指纹、虹膜等。

3. 基于公开密钥加密算法的身份认证

基于公开密钥加密算法的身份验证是指通信中的双方分别持有公开密钥和私有密钥，由其中的一方采用私有密钥对特定数据进行加密，而对方采用公开密钥对数据进行解密，如果解密成功，就认为用户是合法用户，否则就认为是身份验证失败，如 SSL、数字签名等。

在商业上进行认证的常见的形式主要有如下几种。

（1）静态密码

静态密码就是我们日常使用的应用、网站密码等。用户在登录的时候手动输入密码，如果和服务器上的密码验证一致，则表示操作者是合法用户。但是静态密码的方式安全性很低，如有些人会采用如生日、电话号码等作为密码，很容易被试探出来，另外在提交密码的时候容易在计算机内存或网络传输中被木马程序劫持。但是其使用非常广泛。

（2）智能卡

智能卡是一种内置集成电路的芯片，芯片中存有与用户身份相关的数据，由专门的厂商进行生产，并且不能被复制。在用户需要使用的时候，直接插入读卡器里识别内部的身份信息。由于其卡内的信息是静态的，也容易被内存扫描或者网络监听的方式获取到。

（3）短信密码

短信密码以手机短信形式请求包含六位随机数的动态密码，身份认证系统以短信形式发送随机的六位密码到客户的手机上。客户在登录或者交易认证时候输入此动态密码，从而确保系统身份认证的安全性。由于安全性比较高、手机的普及性也非常好，因而目前在移动互联网和银行等使用比较广泛。

（4）动态口令

动态口令牌是客户手持用来生成动态密码的终端，主流的是基于时间同步方式的，每 60 秒变换一次动态口令，口令一次有效，它产生 6 位动态数字进行一次一密的方式认证。由于其使用起来非常便捷，因而广泛应用在 VPN、网上银行、电子政务、电子商务等领域，如图 11-4 所示。

（5）USB-KEY

USB-KEY 采用软硬件相结合、一次一密的强双因子认证模式，很好地解决了安全性与易用性之间的矛盾。USB-KEY 是一种 USB 接口的硬件设备，它内置单片机或智能卡芯片，可以存储用户的密钥或数字证书，利用 USB-KEY 内置的密码算法实现对用户身份的认证。目前在网上银行上使用比较广泛，如图 11-5 所示。

图 11-4　动态密码

图 11-5　USB-KEY

（6）生物识别

生物识别主要采用的是生物唯一的特征进行身份验证的方法，如指纹、掌型、视网膜、虹膜、血管等。目前比较成型的主要是指纹识别，其余的方式还在研究当中或者尚不能大规模使用。指纹识别用在门禁系统或微型支付方面。

（7）多重手段

多重手段是指将两种或多种的技术结合起来使用，如动态口令牌+静态密码、USB KEY+静态密码、二层静态密码等。

11.3 计算机病毒

本节主要对计算机病毒的定义特点以及危害进行介绍，并在此基础上介绍其发展趋势和检测与防治等。

11.3.1 计算机病毒的定义

在《中华人民共和国计算机信息系统安全保护条例》中，计算机病毒被明确定义为“编制者在计算机程序中插入的破坏计算机功能或破坏数据，影响计算机使用并且能够自我复制的一组计算机指令或程序代码”。

通俗来讲，计算机病毒就是利用计算机软件和硬件的缺陷或操作系统的漏洞，由被感染机器发出的能够破坏计算机数据并且影响计算机正常工作的一组指令集或程序代码。

计算机病毒和生物病毒一样，由自身病毒体和寄生体组成。所谓的感染或寄生，是病毒将其自身嵌入宿主指令序列中，寄生体为病毒提供了一种生存环境，是一种合法的程序。当病毒程序寄生于合法程序之后，病毒就称为程序的一部分，并在程序中占有合法的地位，随后就会随着合法程序在计算机中运行。为了增强活力，病毒程序会寄生在一个或多个被频繁调用的程序中。

11.3.2 计算机病毒的危害

计算机病毒的危害是多方面的，对计算机的硬件、软件和信息等资源都能造成破坏。主要的危害列举如下。

1. 对计算机数据信息造成破坏

大部分计算机病毒的破坏手段有格式化磁盘，改写文件分配表和目录区，删除重要文件或使用无意义的垃圾数据改写文件，破坏 CMO 设置等。

2. 占用磁盘空间，破坏磁盘信息

寄生在磁盘上的病毒会占用磁盘的空间，尤其是进行大量自我复制的病毒，会占用相当一部分的空间来存储自身。引导型病毒一般的侵占方式是由病毒本身占领磁盘的引导区，把原来的引导区转移到其他的地方，这样丢失的扇区数据永远无法找回。文件型的病毒会利用 DOS 功能进行传播，把未占用的磁盘空间全部占满。

3. 抢占系统资源，影响系统使用

病毒为了方便自身的复制和传播，大部分是在动态的情况下常驻于内存当中，占用了一部分的内存资源。同时，病毒为了传播自身，每次在寄主程序被调用的时候，都会进行占用 CPU 资源

进行自身的复制和对磁盘进行读写操作，使得计算机的运行速度明显变慢。有一部分病毒为了保护自己，在内存当中处于加密状态，CPU 需要不断地对病毒进行加密和解密，耗费了大量的无用资源。有些病毒会将计算机蓝屏，或者使计算机无法开机，或者发出奇怪的鸣叫声等，严重影响计算机的使用。

4. 盗取个人信息

现在的计算机病毒已经不再是单纯为了娱乐而编写，更多的目的是盗取个人信息，如账户密码信息、银行卡信息，甚至是授权身份验证信息等。病毒编制者通过售卖这些信息或者通过这些信息来盗取用户的实际或虚拟财产，造成用户的巨大经济损失。这是目前计算机病毒的主要危害方式。

11.3.3 计算机病毒的发展趋势

在计算机病毒的发展史上，病毒的出现是有规律的。一般情况下，一种新的病毒技术出现后，病毒迅速发展，接着反病毒技术的发展会抑制其流传。操作系统或者硬件在进行升级之后，病毒也会调整自己的传播和感染的形式，产生一种新的传播技术。

计算机病毒的发展经历了 DOS 阶段、伴随病毒阶段、多形病毒阶段、网络蠕虫阶段和宏病毒阶段等。目前病毒的传播主要是依靠互联网的传播，因此病毒的发展也进入了一个新的阶段——互联网病毒阶段，其传播的趋势呈现出如下几个特点。

1. 病毒技术日趋复杂化

病毒制造者充分利用计算机软件的脆弱性和互联网的开放性，不断发展计算机病毒技术，朝着能对抗反病毒手段和有目的方向发展，使得病毒的花样不断翻新，编程手段越来越高，防不胜防。如采用生物工程学的“遗传基因”原理编写的“病毒生产机”软件，该软件不需要病毒编写者绞尽脑汁地编写程序，就可以轻易地自动生产出大量的“同族”新病毒。利用军事领域的“集束炸弹”原理编写的“子母弹”病毒，一旦被激活之后，该病毒会分裂出多种类型的病毒攻击计算机。

2. 互联网成为病毒的主要传播途径

早期的病毒只是通过软盘、硬盘和光盘的形式进行传播。随着互联网的发展，目前计算机病毒可以通过电子邮件、网页、下载的软件或文档进行传播。由于现代计算机已经基本无法脱离互联网，因而互联网已经成为了病毒传播的重灾区。通过互联网传播的病毒传播速度大大提高，感染的范围也越来越广。

3. 计算机病毒的变形速度极快

早期的病毒更新速度非常慢，当病毒被查杀之后，往往需要半年左右的时间才能出现一个新的版本，但是由于现代病毒的技术日趋复杂化，病毒变形和更新的速度也越来越快。例如，“震荡波”病毒大规模爆发不久之后，它的变形病毒就出现了，并且不断更新，从变种 A 到变种 F，时间不到一个月。人们在忙于扑杀“震荡波”病毒的时候，一个新的计算机病毒——“震荡波杀手”病毒诞生了。由此可见，现代计算机病毒的更新和变形速度非常快，查杀难度越来越大。

4. 病毒的隐蔽性越来越强

早期的病毒隐藏方式往往只是隐藏文件夹或者附加在可执行文件之后，很容易识别，但是现代病毒隐蔽性是极其高的。如 2007 年微软安全中心发布的 GDI+漏洞，该漏洞会使用户浏览 JPG 图片的时候，缓冲区溢出，进而执行病毒攻击代码。该类病毒可以通过群发邮件，附带病毒的.JPG 文件传播；可以采用恶意网页形式，浏览病毒的.JPG 文件，甚至可以感染上传的.JPG 文件；可以通过即时通信软件的头像或发送图片文件进行传播。该类病毒在计算机中的进程往往是伪装成正常的计算机进程 svchost、taskmon 等，难以查杀。

5. 利用操作系统的漏洞进行传播

还有相当一部分的病毒是通过操作系统的漏洞进行攻击的，主要是针对 Windows 操作系统。如“蠕虫王”病毒、“冲击波”病毒、“震荡波”和“熊猫烧香”病毒等，短短几天时间之内就能对互联网造成很大的危害。

6. 经济利益将会成为推动计算机病毒发展的最大动力

越来越多的案例表明，与以往的炫耀和好奇不同，现在经济利益已经成为了推动计算机病毒发展的最大动力。国内外的游戏网站和商业网站频频遭到黑客的攻击，攻击的目的主要是其内部的虚拟或真实的财产，其次是推销自己的防病毒产品或者是恶性竞争。

11.3.4 计算机病毒的防治

计算机病毒的防治主要分为计算机病毒的预防、检测、清除和软件查杀等。

解决病毒攻击的最好方法就是预防病毒，也就是在第一时间内阻止其侵入。预防主要采取的手段就是对系统进行监控，及时清除发现的异常文件和养成良好的上网和使用计算机习惯等。日常的预防措施主要有尽量少使用 U 盘和移动硬盘等引导系统，不使用来源不明的 U 盘，不用来源不明的软件，不点开陌生人发送的邮件附件或程序，养成良好的上网习惯，不访问恶意的网站，还有在计算机上安装防火墙和杀毒软件等。

对计算机病毒的检测方法较多，如针对计算机出现蓝屏、异常文件丢失等的外观检测法，比较内存的占用情况或可执行文件的大小的比较法，还有使用病毒代码库对可疑文件进行扫描的特征扫描法，以及对可执行文件计算校验和并同可疑文件对比的校验和法等。日常可以使用杀毒软件来对病毒进行检测。

如果确定了病毒文件，对病毒进行查杀采取的措施有杀毒软件清除法、重装系统并格式化磁盘以及手工的清除方法。前两种方式一般都是比较常用的方式，杀毒软件对已知病毒的查杀和控制能起到很大的作用，但对于新的病毒的控制效果不是很显著。重装系统和格式化磁盘一般是在病毒入侵了系统文件，难以使用查杀工具来查杀的情况下使用。手动清除病毒的难度比较大，需要熟悉机器指令，一般需要专业的人员来处理。

对于日常使用来说，安装杀毒软件是非常有效的防护措施。国内的杀毒软件厂商有瑞星、金山、江民、360 等公司，目前这些公司的软件基本都是免费的，用户可以下载安装。国外的杀毒软件有著名的卡巴斯基软件、德国的小红伞、美国的诺顿杀毒软件和 NOD32 杀毒软件等。国外的杀毒软件大多是收费软件，但是杀毒能力很强。还有手机端的杀毒软件有 QQ 手机管家、360 手机卫士、瑞星杀毒手机软件等。

扩展阅读：卡巴斯基反病毒软件

卡巴斯基反病毒软件是世界上拥有最尖端科技的杀毒软件之一，总部设在俄罗斯首都莫斯科，全名“卡巴斯基实验室”，是国际著名的信息安全领导厂商，创始人为俄罗斯人尤金·卡巴斯基。公司为个人用户、企业网络提供反病毒、防黑客和反垃圾邮件产品。经过 14 年与计算机病毒的战斗，卡巴斯基获得了独特的知识和技术，使得卡巴斯基成为了病毒防卫的技术领导者和专家。该公司的旗舰产品——著名的卡巴斯基安全软件，主要针对家庭及个人用户，能够很好地保护用户计算机不受各类互联网威胁的侵害。

11.3.5 臭名昭著的计算机病毒

计算机病毒的危害不用再叙述，这一小节主要是对近 40 年来的比较著名的计算机病毒进行简要的介绍。

1. Creeper（1971 年）

最早的计算机病毒 Creeper 出现在 1971 年，当然那时 Creeper 还未被称为是病毒。Creeper 是由 BBN 技术公司的程序员罗伯特·托马斯编写，通过最早的 ARPANT 进行传播。Creeper 在串口上显示“我是 Creeper，有本事来抓我呀!（I'm the creeper，catch me if you can!）”。Creeper 在网络中移动，从一个系统跳到另外一个系统并且复制，但是没有危害性，如图 11-6 所示。

2. 求职信病毒（Klez，2001 年）

求职信病毒是病毒传播的里程碑。在出现了几个月后有了很多变种，在互联网肆虐数月。最常见的求职信病毒通过邮件进行传播，然后自我复制，同时向受害者通讯录里的联系人发送同样的邮件。一些变种求职信病毒携带其他破坏性程序，使计算机瘫痪。有些甚至会强行关闭杀毒软件或者伪装成病毒清除工具，如图 11-7 所示。

求职信病毒出现不久，黑客就对它进行了改进，使它传染性更强。除了向通讯录联系人发送同样邮件外，它还能从中毒者的通讯录里随机抽选一个人，将该邮件地址填入发信人的位置。

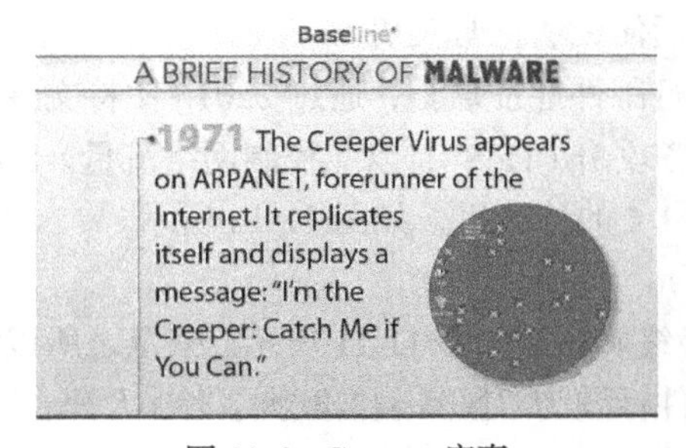

图 11-6 Creeper 病毒

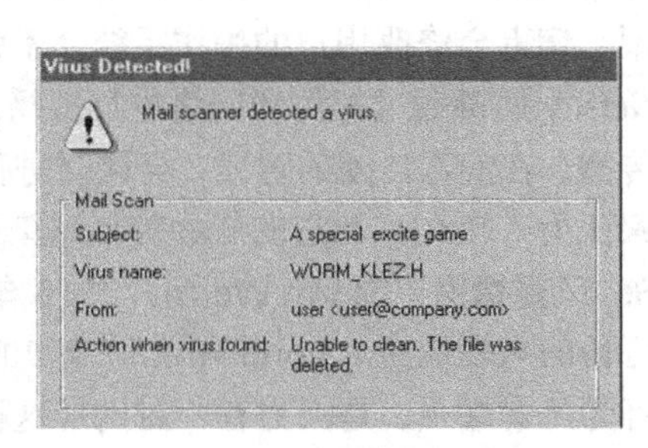

图 11-7 “求职信”病毒

3. 红色代码（Code Red，2001 年）

红色代码和红色代码Ⅱ（Code Red Ⅱ）两种蠕虫病毒都利用了在 Windows 2000 和 Windows NT 中存在的一个操作系统漏洞，即缓存区溢出攻击方式，当运行这两个操作系统的机器接收的数据超过处理范围时，数据会溢出覆盖相邻的存储单元，使其他程序不能正常运行，甚至造成系统崩溃。与其他病毒不同的是，Code Red 并不将病毒信息写入被攻击服务器的硬盘，它只是驻留在被攻击服务器的内存中，如图 11-8 所示。

最初的红色代码蠕虫病毒利用分布式拒绝服务（DDOS）对白宫网站进行攻击。安装了 Windows 2000 系统的计算机一旦中了红色代码Ⅱ，蠕虫病毒会在系统中建立后门程序，从而允许远程用户进入并控制计算机。病毒的散发者可以从受害者的计算机中获取信息，甚至用这台计算机进行犯罪活动，受害者有可能因此成为别人的替罪羊。

虽然 Windows NT 更易受红色代码的感染，但是病毒除了让机器死机，不会产生其他危害。

4. 灰鸽子（2001 年）

灰鸽子是一款远程控制软件，有时也被视为一种集多种控制方法于一体的木马病毒，如图 11-9 所示。用户计算机不幸感染，一举一动就都在黑客的监控之下，窃取账号、密码、照片、重要文件都轻而易举。灰鸽子还可以连续捕获远程计算机屏幕，还能监控被控计算机上的摄像头，自动开机并利用摄像头进行录像。截至 2006 年底，“灰鸽子”木马已经出现了 6 万多个变种。虽然在合法情况下使用，它是一款优秀的远程控制软件，但如果做一些非法的事，灰鸽子就成了强大的黑客工具。

图 11-8 “红色代码”病毒

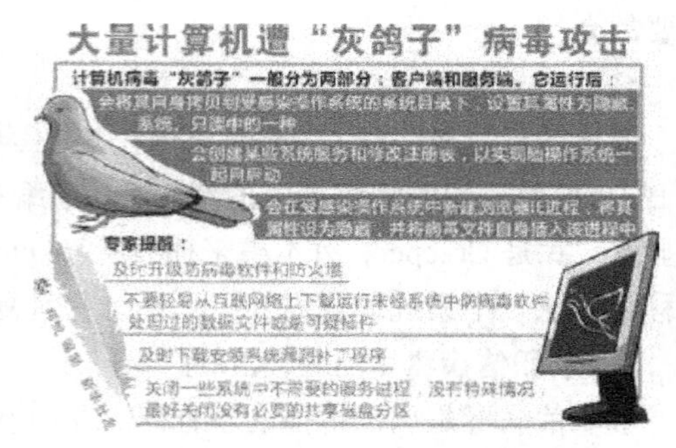

图 11-9 “灰鸽子”病毒报道

5. 震荡波（Sasser，2004 年）

德国 17 岁的 Sven Jaschan 于 2004 年制造了 Sasser 和 NetSky。Sasser 通过微软的系统漏洞攻击计算机。与其他蠕虫不同的是，它不通过邮件传播，病毒一旦进入计算机，会自动寻找有漏洞的计算机系统，并直接引导这些计算机下载病毒文件并执行，因此整个传播和发作过程不需要人为干预。病毒会修改用户的操作系统，不强行关机的话便无法正常关机。

Netsky 病毒通过邮件和网络进行传播。它同样进行邮件地址欺骗，通过 22016 比特文件附件进行传播。在病毒传播的时候，会同时进行拒绝式服务攻击（DoS），以此控制网络流量。Sophos 的专家认为，Netsky 和它的变种曾经感染了互联网上 1/4 的计算机，如图 11-10 所示。

6. 风暴蠕虫（Storm Worm，2006 年）

可怕的风暴蠕虫（Storm Worm）于 2006 年年底最终确认，如图 11-11 所示。公众之所以称这种病毒为风暴蠕虫，是因为有一封携带这种病毒的邮件标题为“风暴袭击欧洲，230 人死亡”。有些风暴蠕虫的变种会把计算机变成僵尸或“肉鸡”。一旦计算机受到感染，就很容易受到病毒传播者的操纵。有些黑客利用风暴蠕虫制造僵尸网络，用来在互联网上发送垃圾邮件。许多风暴蠕虫的变种会诱导用户去点击一些新闻或者新闻视频的虚假链接。用户点击链接后，会自动下载蠕虫病毒。很多新闻社和博客认为风暴蠕虫是近些年来最严重的一种病毒。

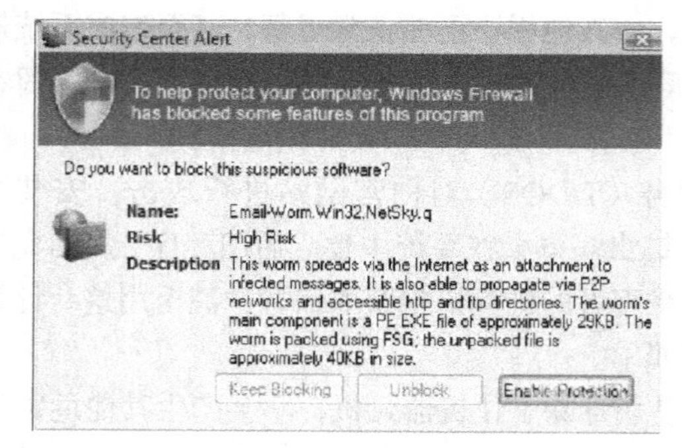

图 11-10 “震荡波”病毒

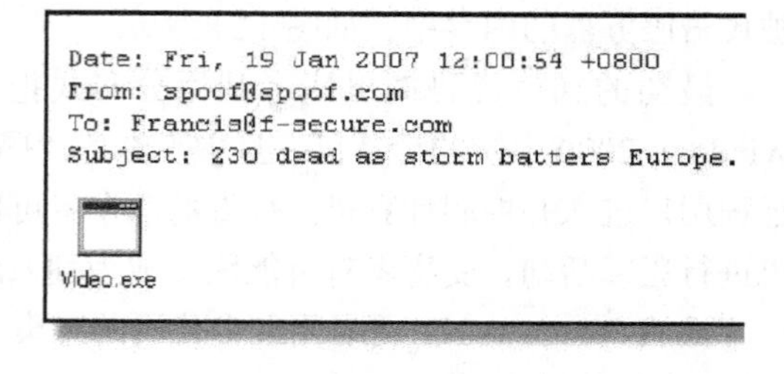

图 11-11 “风暴蠕虫”

7. 熊猫烧香（2006—2007 年）

熊猫烧香是一种经过多次变种的蠕虫病毒，2007 年 1 月初肆虐网络。这是一波计算机病毒蔓延的狂潮，在极短时间之内就可以感染几千台计算机，严重时可以导致网络瘫痪。那只憨态可掬、颔首敬香的“熊猫”除而不尽。反病毒工程师们将它命名为“尼姆亚”。病毒变种使用户计算机中毒后可能会出现蓝屏、频繁重启以及系统硬盘中数据文件被破坏等现象。同时，该病毒的某些变种可以通过局域网进行传播，进而感染局域网内所有计算机系统，最终导致企业局域网瘫痪，无法正常使用，它能感染系统中 exe、com、pif、src、html、asp 等文件，它还能终止大量的反病毒软件进程并且删除扩展名为 gho 的备份文件。被感染的用户系统中所有.exe 可执行文件全部被改成熊猫举着三根香的模样，如图 11-12 所示。

8. 震网（Stuxnet，2009 年—2010 年）

震网是一种 Windows 平台上针对工业控制系统的计算机蠕虫，如图 11-13 所示，它是首个旨在破坏真实世界而非虚拟世界的计算机病毒，利用西门子公司控制系统（SIMATIC WinCC/Step7）存在的漏洞感染数据采集与监控系统（SCADA），向可编程逻辑控制器（PLCs）写入代码并将代码隐藏。这是有史以来第一个包含 PLC Rootkit 的计算机蠕虫，也是已知的第一个以关键工业基础设施为目标的蠕虫。

图 11-12　“熊猫烧香”病毒图标

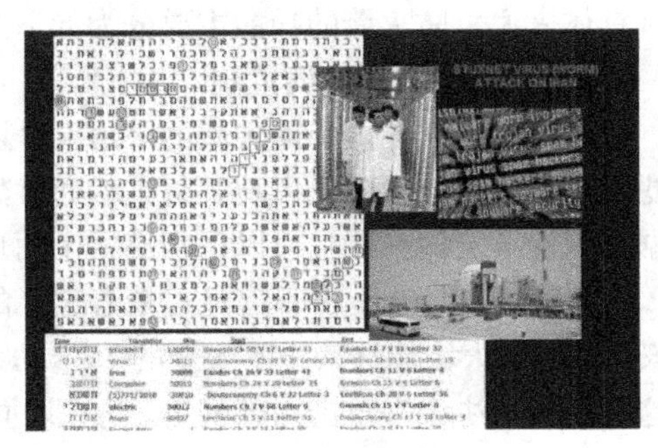

图 11-13　震网病毒

11.4　防火墙技术

如何既能和外部互联网进行有效的沟通，又能保证内部网络或计算机系统的安全，成为了网络安全技术的一道难题。为了解决这一问题，防火墙技术应运而生，本节主要介绍防火墙相关的技术。

11.4.1　防火墙的概念

防火墙是建立在内、外网络边界上的过滤封锁机制，是计算机硬件和软件的结合，其作用是保护内部的网络系统和计算机免受外部非法用户的入侵。一般认为，内部网络和计算机系统是可信的，外部网络是不可信的，防火墙的作用就是既能访问外部不可信的网络，又能保证自己内部的安全。

严格来讲，防火墙技术是指目前最主要的一种网络防护技术，采用该技术的网络安全系统就称为防火墙系统，包括硬件设备、相关的软件代码和安全策略。防火墙是技术和设备的结合体，而非单指某一个设备。图 11-14 所示是防火墙的一个示意图。

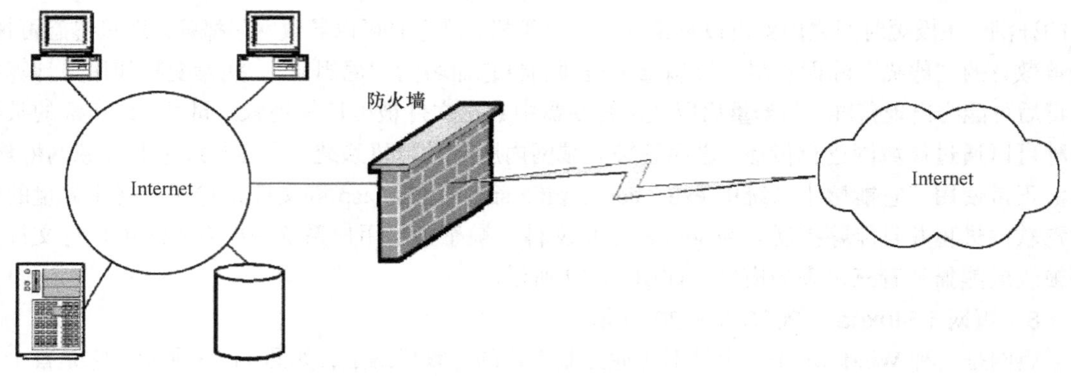

图 11-14　防火墙示意图

11.4.2　防火墙功能

防火墙的主要功能就是保证内部网络能够访问外部网络并且使内部网络不受外部网络的攻击，具体来说，防火墙的功能主要分为如下几个部分。

1. 对内部网络的访问控制

防火墙是建立在内外网之间的一道安全屏障，能够极大地提高内部网络的安全性，并且通过过滤不安全的服务来降低风险。防火墙通过禁止或允许特定用户访问特定资源，保护内部网络的数据和软件等资源，并且可以识别出哪个用户可以访问哪类资源。

在防火墙的存在下，只有经过精心选择的应用协议才能通过防火墙，所以网络环境会变得更加安全。如防火墙能够禁止不安全的 NFS 协议进出受保护的网络，这样就能防止外部的攻击者使用这些脆弱的协议来攻击内部网络。防火墙同时可以保护网络免受基于路由的攻击，如 IP 的源路由攻击和 ICMP 重定向中的攻击。

2. 对网络访问进行日志记录

如果所有的访问都经过防火墙，那么，防火墙能够记录下经过防火墙的访问行为，同时能够提供网络使用情况的统计数据。当发生可疑动作时，防火墙能够进行适当的报警，并提供网络是否收到检测和攻击的详细信息。另外，防火墙记录的日志能够为分析清楚防火墙是否能够抵挡攻击者的探测和攻击，并且清楚防火墙的控制是否充足，同时也对网络需求分析和威胁分析提供重要的依据。

3. 强化安全策略

以防火墙为核心的安全方案配置，能够将所有的安全软件（如密码、加密、身份认证、审计等）都配置在防火墙上。与将网络安全问题分散到各个主机上相比，防火墙的这些集中管理更为安全和经济。例如在进行网络访问时，一次一密的口令系统和其他身份认证系统完全可以不必分散到各主机上，而集中在防火墙上。

4. 保护内部信息，防止外泄

利用防火墙对内部网络进行划分，可实现内部重点网段的隔离，从而防止了局部重点或敏感网络安全问题对全局网络造成的影响。再者，内部网络中的某些信息往往会引起攻击者的兴趣，因而暴露出内部网络的某些安全漏洞，使用防火墙就能隐蔽那些透露内部细节的如 Finger、DNS 等。Finger 是一个查询用户信息的程序服务，可以显示当前用户名单和用户详细信息，DNS 能够提供各个主机的域名以及相应的 IP 地址。防火墙对这些服务进行了封锁，以防止外部用户利用这些信息对内部网络进行攻击。

11.4.3　防火墙类型

防火墙按照标准不同有多种分类方式，下面主要介绍两种分类方式。

1．按照防火墙使用的技术来划分

（1）包过滤防火墙

在互联网和内部网的连接处安装一台包过滤的路由器，构成了包过滤防火墙，如图 11-15 所示。包过滤的规则主要是根据数据包的各个字符进行过滤，包括源地址、端口号以及协议类型等。然后在路由器里设置包过滤规则，路由器根据这些规则审查每个数据包并决定通过或丢弃。

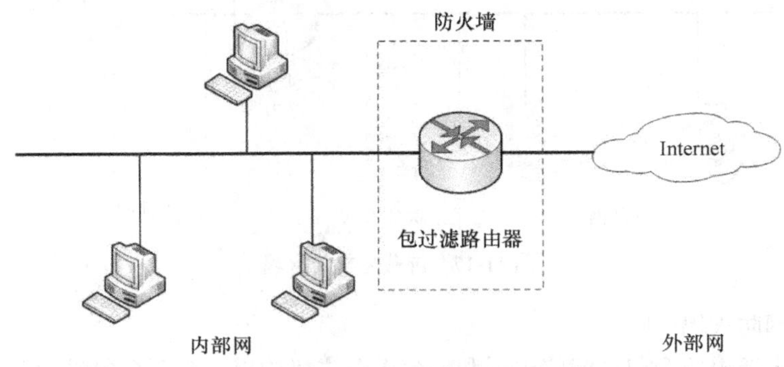

图 11-15　包过滤防火墙

（2）代理型防火墙

代理型防火墙为每一个服务都建立了一个代理，防火墙将所有的网络访问都阻断，内部网络和外部网络之间的访问都是通过相应的代理审核之后转发的。

2．按照防火墙的具体实现来划分

（1）多重宿主主机防火墙

利用一台带有两个或多个接口的主机，一个网络接口用来连接内部网，其余的接口用来连接外部网，这样就构成了多重宿主主机防火墙，其中的每个网络结构相当于一个网关，如图 11-16 所示。外部网中的用户不能直接访问内部网，这样就保证了内部网的安全，两个网络之间的通信通过应用层的数据共享或应用层代理服务来完成。

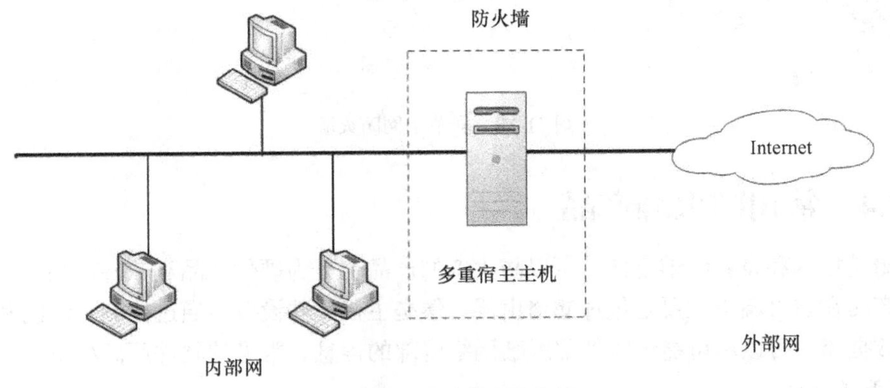

图 11-16　多重宿主防火墙

（2）屏蔽主机防火墙

屏蔽主机防火墙由内部网络和外部网络之间的一台路由器和堡垒主机构成，如图 11-17 所示，它强迫所有的外部主机与堡垒主机相连接，而不让它们与内部主机直接连接。堡垒主机屏蔽了外部网对内部网的访问，外部网上的用户需要经过包过滤路由器，再经过堡垒主机才能访问内部网。而对于内部网访问外部网的策略则有所不同，有的也需要通过堡垒主机进行访问，有的则可以绕过堡垒主机。

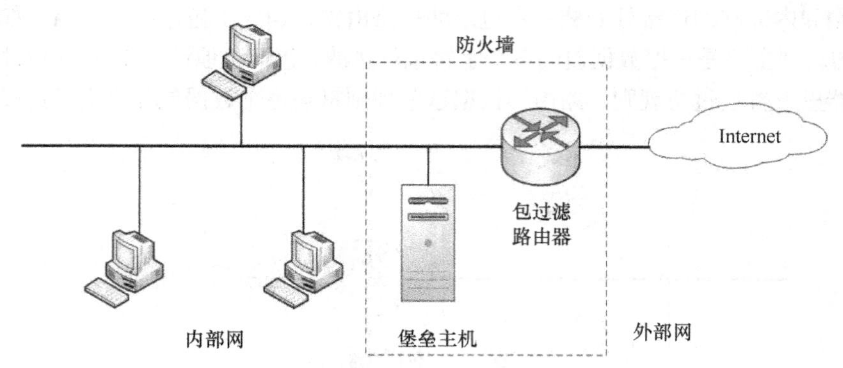

图 11-17　屏蔽主机防火墙

（3）屏蔽子网防火墙

屏蔽子网防火墙由两个包过滤路由器和一台堡垒主机构成，在两个包过滤路由器中间建立一个内部的屏蔽子网。这个屏蔽子网作为外部网络和内部网络之间的缓冲区，可以放置堡垒主机以及内部网对外公开的公共服务器，如 Web 服务器、FTP 服务器等，如图 11-18 所示。

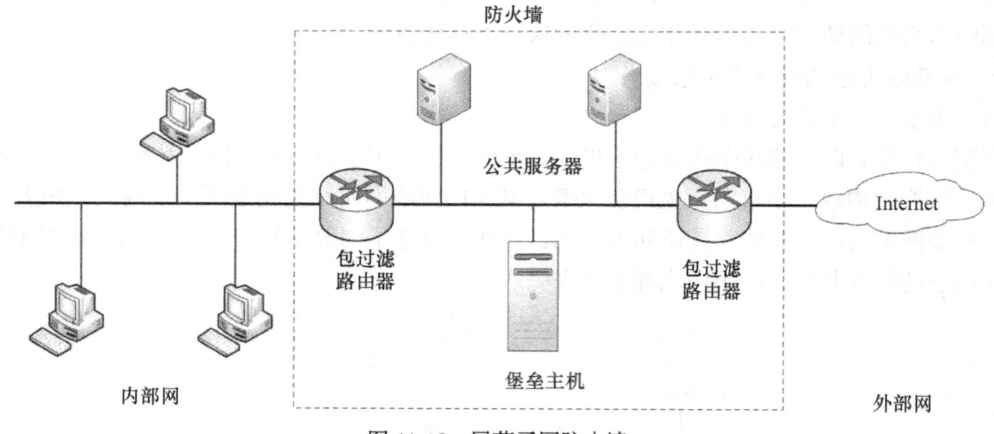

图 11-18　屏蔽子网防火墙

11.4.4　常用防火墙产品

防火墙是技术和设备的结合体，所以防火墙的产品也分为硬件产品和软件产品。

硬件产品在防火墙中主要是包过滤路由器、堡垒主机硬件设备。通过检测、限制和更改跨越防火墙的数据流，可以尽可能地对外部屏蔽网络内部的信息。常见的硬件厂商如下。

1. 思科 Cisco

思科是最著名的网络设备公司，硬件产品以路由器、交换机和 IOS 软件为主，防火墙硬件产品也是思科的主要产品之一。思科的防火墙产品涵盖的范围很广，主要有 PIX 和 ASA 两大系列，每一个系列里的产品都从小型办公室应用覆盖到了大型企业的应用。图 11-19 所示是思科的 ASA 系列防火墙。

2. Juniper

Juniper 是目前全球第二大网络安全厂商，主要的业务领域是网络安全领域，其生产的防火墙和 VPN 都位居世界前列。Juniper 生产的 SRX 系列的防火墙是目前性能最好的防火墙产品之一。Juniper 生产的防火墙产品可靠性和可扩展性都很强，功耗消耗很低，性能优良。图 11-20 所示是 Juniper 的 SRX 系列防火墙。

3. Checkpoint

Checkpoint 是唯一一家为网络、数据及端点提供全面安全保护的厂商，其核心竞争力在于为用户提供更多、更好、更简单的安全解决方案。Checkpoint 生产的 CPAP 系列、IP 系列的防火墙都是极具竞争力的防火墙产品。

4. 天融信

天融信是中国国内领先的信息安全产品和服务解决方案提供商，主要的产品系列包括防火墙系统、VPN 系统、网络密码机等。其主要的防火墙型号是 TG 系列的产品，性能在国内处于领先地位。天融信的产品线也比较丰富，拥有整套的安全解决方案。

5. 东软

东软集团是中国最大的 IT 解决方案和服务供应商，其在安全领域的主要产品是安全网关、防火墙和入侵检测系统等。防火墙的主要产品系列为 FW 系列、ACS 系列以及 ACR 系列等。

软件产品是防火墙中用于执行过滤和转发规则的软件，在购买防火墙的硬件产品时，都会有配套的软件产品。对于个人计算机来说，防火墙的软件系统主要是保护一台计算机的软件产品，目前比较流行的个人计算机上的软件产品主要有天王防火墙、江民防火墙、瑞星个人防火墙和 Windows 自带的防火墙等产品。

图 11-19 Cisco ASA 5540 防火墙产品

图 11-20 Juniper SRX 210B 防火墙

本章小结

本章主要介绍的是信息安全的内容。随着计算机和互联网的发展，信息安全面临的问题越来越多，主要受到来自网络攻击、恶意软件和非法入侵 3 个方面的威胁。信息安全对于商业公司、银行和军事等都有着非常重要的意义，对于个人而言也是不可或缺的一部分。信息安全的目标是完整性、保密性、可用性、可控性和不可否认性，同时也有 5 种与之对应的信息安全服务。信息安全策略是根据用户需求制定的信息安全计划，目前广泛采用的信息安全技术有用户身份验证、防火墙、虚拟专用网技术等。

加密技术是信息技术的基础，通过对信息加密来防止信息被截取之后泄露。加密技术的发展经历了古代手工加密阶段、古典机械加密阶段、现代加密阶段。在加密技术中，最重要的就是对称密钥密码术和公开密钥密码术，前者加密和解密使用的是同一个密钥，后者则使用的是不同的密钥。消息认证技术提供了一种保证信源安全、保证信息完整和未经篡改的机制。数字证书技术则是提供了一种确保交易信息保密，不能修改和不能反悔的机制。身份认证技术提供了在互联网中确认操作者身份的一种机制。

计算机病毒是一种编制者在计算机程序中插入的破坏计算机功能或破坏数据的一段计算指令，对计算机有极大的危害。在新的时期，计算机病毒的发展也呈现出新的特点，如技术复杂化、传播途径互联网化、变形速度较快等。对计算机病毒的防治主要是采用预防、检测、清理的机制，对于个人计算机，杀毒软件有很好的效果。在计算机的发展历史上，有很多著名的病毒呈现出来，如红色代码、熊猫烧香和震荡波等病毒。

防火墙是将外部网络与内部网络进行隔离硬件和软件设备，以避免外部网络的用户直接对内部网络进行攻击。防火墙的功能主要是隔离内外网，对访问进行记录，强化安全策略和保护内部信息等。目前的防火墙的类型主要有包过滤防火墙、多重宿主防火墙、屏蔽主机防火墙和屏蔽子网防火墙等。生产防火墙的厂商主要有思科、Juniper、东软集团等。

习　题

（一）填空题

1. 信息安全面临的问题主要来自________、________和________3 个方面。
2. 信息安全的目标包括________、________、________、________和________部分。
3. 信息安全服务包括________、________、________、________和________5 个方面。
4. 保证信息安全所采取的策略有________、________和________等。
5. 加密技术发展分为________、________和________3 个阶段。
6. 常见的消息认证算法有________、________和________等。
7. 数字证书技术是为了保证交易过程中的________、________、________和________。
8. 著名的计算机病毒有________、________、________和________等。
9. 防火墙的功能有________、________、________和________。
10. 按照具体实现技术划分，防火墙的类型分为________、________和________三种类型。

（二）选择题

1. 下列______不属于恶意软件。
   A. 计算机病毒　B. 特洛伊木马　C. 插件　D. 间谍软件
2. 下列______不属于信息安全的目标。
   A. 完整性　B. 保密性　C. 可用性　D. 完备性
3. 不属于常见的信息安全技术的是______。
   A. 防火墙　B. 虚拟专用网　C. 入侵检测系统　D. 广域网
4. “恩尼格玛”密码属于加密技术的______。
   A. 古代手工加密　B. 古典机械加密
   C. 现代加密技术　D. 原始加密技术
5. 下面不输入消息认证 Hash 函数的是______。
   A. MD5 算法　B. A*算法　C. MD4 算法　D. SHA-1 算法

6. 下面不属于身份认证方法的是______。

   A. 基于情感分析的身份认证　　B. 基于生物学特征的身份认证

   C. 基于公开密钥的身份认证　　D. 基于共享密钥的身份认证

7. 下列______不属于计算机病毒的发展趋势。

   A. 病毒技术日趋复杂化

   B. 计算机病毒的编制者往往是为了好奇或炫耀

   C. 互联网成为病毒的主要传播途径

   D. 计算机病毒变形速度快

8. 下列不属于病毒的是______。

   A. 灰鸽子　　B. 飞鸽　　C. Leap-A/Oompa-A　　D. 震荡波

9. 下列______没有使用包过滤路由器。

   A. 包过滤防火墙　　B. 多重宿主主机防火墙

   C. 屏蔽主机防火墙　　D. 屏蔽子网防火墙

10. 下列______企业不生产防火墙。

   A. 华为　　B. Hulu　　C. Juniper　　D. Cisio

（三）简答题

1. 请简述信息安全的重要性。
2. 简要叙述信息安全中与 5 种目标对应的 5 种服务。
3. 请说明信息安全策略应该包含哪些部分。
4. 简述对称密钥加密术的缺点。
5. 简要叙述数字证书的作用。
6. 简要总结计算机病毒的危害。
7. 简要叙述一下如何应对计算机病毒，应该养成怎样的习惯？
8. 概述防火墙的功能。
9. 简述本章中提到的 4 种防火墙的区别。

第 12 章 计算机科学发展前景

计算机科学自从 60 多年前诞生以来，得到极大的发展，并且在研究和工程领域扮演着越来越重要的角色。可以预见的是，计算机科学在未来生活中的重要性更大。本章将对计算机科学的发展前景做一个总结和描述，使得读者对计算机学科的发展有更多的了解。在本章中也介绍了一些目前处于起步阶段但是前景非常好的技术，这些技术将会成为未来计算机科学研究的重点。

12.1 发展前景概述

12.1.1 计算机科学的发展

计算机科学，是系统性研究信息与计算的理论基础，以及它们在计算机系统中如何实现与应用的实用技术的学科。计算机科学包含很多分支领域，如计算机图形学、计算复杂性理论和程序设计等。还有一些领域专注于怎样实现计算，如编程语言理论是研究描述计算的方法，而程序设计是应用特定的编程语言解决特定的计算问题，人机交互则是专注于怎样使计算机和计算变得有用、好用，以及随时随地为人所用。

计算机科学的创建源于电子计算机的发明。如算盘这类的计算固定数值任务的机器，从古希腊时期就开始存在。威廉·施长德在 1623 年设计了世界上第一台机械计算器，但没有完成它的建造。布莱兹·帕斯卡在 1642 年设计并且建造了世界上第一台可以工作的机械计算器 Pascaline。艾达·拉芙蕾丝协助查尔斯·巴贝奇在维多利亚时代设计了差分机。1900 年左右，打孔机器问世。以上的这些机器都只能计算单个任务，或者完成有限数量的任务集合，可以算作是计算机科学的起源。

到了 20 世纪 40 年代，随着更新更强大的计算机器被发明，计算机的概念变得更加清晰，它不仅仅用于数学运算，而且还用来处理音频视频等领域。总的来说，计算机科学的领域也扩展到了对于计算的研究，20 世纪 50 年代至 20 世纪 60 年代早期，计算机科学开始被确立为不同种类的学术学科。世界上第一个计算机科学学位点于 1962 年在普渡大学设立。随着实用计算机的出现，很多计算的应用都以它们自己的方式逐渐转变成了研究的不同领域。

在随后的 50 年里，计算机科学作为一门科学也逐渐被学术界认可，IBM 公司是那段时期计算机科学革命的参与者之一。IBM 的 704 和后来的 IBM 709 计算机被广泛使用。但是那个阶段的计算机都存在不同程度的差错问题，20 世纪 50 年代后期，计算机科学学科还在发展阶段，这种问题在当时是一件很常见的事情。

随着时间的推移，计算机科学技术在可用性和有效性上都有显著提升。现代社会见证了计算机从仅仅由专业人士使用到被广大用户接受的重大转变。最初，计算机非常昂贵，要有效利用它们，某种程度上必须得由专业的计算机操作员来完成。然而，随着计算机变得普及和低廉，已经几乎不需要专人的协助，虽然某些时候援助依旧存在。

到目前为止，计算机科学已经成为了科学领域内的一门重要的学科，计算机在社会生活中起到的作用也越来越大。

12.1.2　计算学科的发展方向与领域

作为一门非常重要的学科，计算机科学涵盖了从算法的理论研究和计算的极限，到如何通过硬件和软件实现计算系统。计算机学科的发展领域主要涵盖了计算理论、算法与数据结构、编程方法与编程语言，以及计算机组成与架构 4 个基础的方面。此外，计算机科学还包含了其他一些重要领域，如软件工程、人工智能、计算机网络与通信、数据库系统、并行计算、分布式计算、人机交互、计算机图形学、操作系统，以及数值和符号计算等。

从宏观的角度划分，计算机科学分为理论计算科学和应用计算科学两个部分。

1. 理论计算科学

广义的理论计算科学包括经典的计算理论和其他专注于更抽象、逻辑与数学方面的计算。理论计算科学的内容包含如下几个主要部分。

（1）计算理论：研究关于什么能够被计算，实施计算需要用到多少资源的问题，如图 12-1 所示。

（2）信息和编码理论：用于寻找信号处理操作的极限，与信息论和信息量化相关。

（3）算法：研究良好的计算过程。

（4）程序设计语言理论：主要处理程序设计语言的设计、实现、分析、描述和分类，以及它们的个体特性。

（5）形式化方法：用于软件和硬件系统的形式规范、开发以及验证。

（6）并发、并行和分布式系统：建立同时执行多个可能互相交互的计算模型。

（7）数据库和信息检索：更容易地组织、存储和检索大量数据。

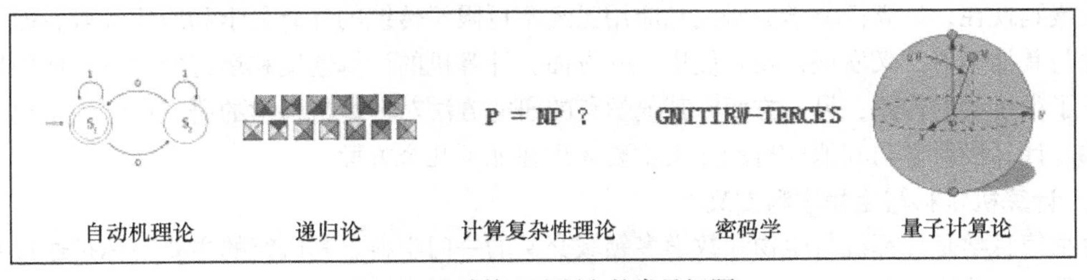

图 12-1　计算理论研究的常见问题

2. 应用计算科学

计算机应用科学研究的是计算机在实际中的应用，计算机理论科学研究的是计算机计算的复杂度和计算的资源问题，但是应用科学研究的是计算机科学在现实生活的应用。

（1）人工智能：旨在创造可以解决计算问题，以及像动物和人类一样思考与交流的人造系统。

（2）计算机体系结构和工程：研究一个计算机系统的概念设计和根本运作结构。

（3）计算机图形和视觉：对于数字视觉内容的研究，涉及图像数据合成和操作。

（4）**计算机安全和密码学**：保护计算机文件安全和访问安全的技术。

（5）**计算科学**：关注构建数学模型和量化分析技术的研究领域。

（6）**信息科学**：关注信息处理和信息检索等信息处理领域。

（7）**软件工程**：对于设计、实现和修改软件的研究。

扩展阅读：千禧年大奖难题

千禧年大奖难题是7个由美国克雷数学研究所（Clay Mathematics Institute，CMI）于2000年5月24日公布的数学难题。根据克雷数学研究所订立的规则，所有难题的解答必须发表在数学期刊上，并经过各方验证，只要通过两年验证期，对每破解一题的解答者，会颁发奖金100万美元。这些难题主要关注的内容是计算理论和计算科学的问题。千禧年大奖难题包含以下难题：

（1）P/NP问题（P versus NP）；

（2）霍奇猜想（The Hodge Conjecture）；

（3）庞加莱猜想（The Poincar é Conjecture），此猜想已获得证实；

（4）黎曼猜想（The Riemann Hypothesis）；

（5）杨-米尔斯存在性与质量间隙（Yang-Mills Existence and Mass Gap）；

（6）纳维-斯托克斯存在性与光滑性（Navier-Stokes existence and smoothness）；

（7）贝赫和斯维纳通-戴尔猜想（The Birch and Swinnerton-Dyer Conjecture）。

随着计算机科学的发展，其研究的领域也越来越广泛。在硬件方面，计算机硬件的集成度会越来越高，处理器和存储技术发展迅速。此外，量子计算机、光子计算机等硬件技术将会突破传统的计算机结构模型，使得计算机的计算能力更加强大。在软件方面，软件的高效开发已经成为当前的趋势，模块化的方法、基于服务理念的软件设计理念将会更加普及，在这一方面，Google等公司起到了很好的带领作用。新的技术领域会对传统的行业造成更大的冲击，如人工智能的机器人将会对传统的服务业造成不小的影响。计算机科学研究的领域将会更加广泛，在生活中起到的作用将会更加强大。

12.1.3 交叉学科对于计算机学科发展的促进作用

发展到现在，计算机科学的研究和应用已经不再限于传统的计算科学和应用领域，而是越来越多地与其他学科交叉发展，相互促进。一方面，计算机的计算速度和运行能力对其他领域的发展起到了很重要的作用；另一方面，其他学科的研究方法对计算机科学的研究也起到了很好的促进作用。计算机科学与其他学科的交叉主要体现在如下几个方面。

1. 计算机学科与生物学科交叉

生物信息学是计算机与生物和数学多领域交叉的一门学科，其研究的主要目标是通过对生物学实验数据的获取、加工、存储和分析，揭示数据蕴含的生物学意义。此外，在生物学领域采用计算机管理生物信息数据库，处理实验数据也是计算机的运用。生物计算机是将计算机科学和生物学结合起来的一项非常重要的研究项目，采用生物学中的神经网络、光神经以及生物芯片的思想来构建新的计算机体系，图12-2所示是生物芯片。

2. 计算学学科与物理学交叉

计算机对物理学的最直接的影响就是利用计算机的高效率缩短了研究时间，简化了研究步骤，甚至直接降低了研究难度。计算机提供的快捷而又精确的数据处理平台，使得人们可以迅速地在大量的数据中发现规律。此外，在物理学领域，计算机可以在理论研究中为研究人员提供一套合适的模板，用模拟程序代替现实中一些难以实现的实验。物理学和计算机学科也形成了交叉学科，如计算物理学和工程物理学等。

3. 计算机学科与化学交叉

计算化学是理论化学的一个分支，主要是利用有效的数学近似以及计算机程序计算分子的性质，例如总能量、偶极矩、四极矩、振动频率、反应活性等，并用以解释一些具体的化学问题，现在计算化学是一门交叉学科。此外，在计算机和化学当中，利用计算机模拟化学反应过程，求解化学方程等，都利用了计算机和化学的交叉学科的知识，图 12-3 所示是利用计算机模拟的化学结构。

4. 计算机学科与艺术的交叉

数字媒体艺术作为人类数字时代的一门新兴学科已经引起世人瞩目，数字媒体艺术既属于传统的艺术学科，也是新型的计算机学科。设计艺术和计算机技术相结合，计算机艺术制作和新颖的设计创意结合会产生出真正的计算机艺术设计作品。在工业设计中，CAD 制图工具已经在业内领域广泛使用，在工程类项目中起到了很大的作用。计算机平面设计是融合了计算机图形技术和艺术设计技术的一个领域，计算机艺术设计的加入使得广告、报纸、杂志等设计更为多元。建筑和装潢领域 3D MAX 和 Maya 等工具的使用使建筑设计变得更加快捷，此外还有影视和游戏行业的艺术设计的广泛使用。

除此之外，计算机科学与数学、医学、金融学等学科都有广泛的交叉性，计算机科学在这些学科领域也起到了重要的作用。因此，随着计算机科学的进一步发展，计算机科学与各个领域科学的联系会更加紧密。

图 12-2　生物计算机芯片

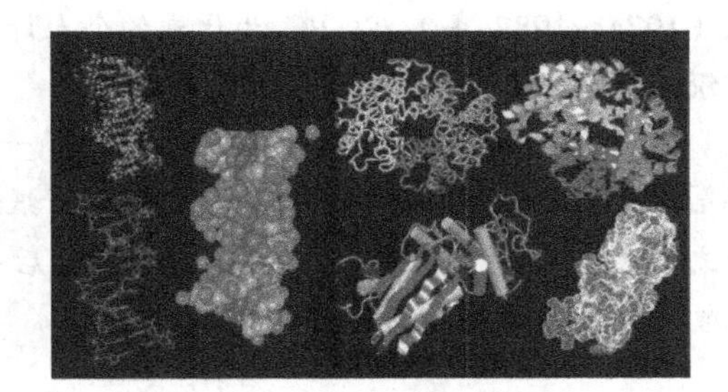

图 12-3　用计算机模拟化学结构

12.2　硬件

12.2.1　摩尔定律

摩尔定律是由英特尔创始人之一戈登 • 摩尔提出来的。其内容为：集成电路上可容纳的电晶体（晶体管）数目，约每隔 18 个月便会增加一倍。这一定律揭示了信息技术进步的速度。尽管这种趋势已经持续了超过半个世纪，摩尔定律仍应该被认为是观测或推测，而不是一个物理或自然法，预计定律将持续到至少 2015 年或 2020 年。

关于摩尔定律，主要从个人计算机、半导体存储器和系统软件方面来考察其正确性。

在微处理器方面，从 1979 年的 8086 和 8088，到 1982 年的 80286、1985 年的 80386、1989

年的 80486、1993 年的 Pentium、1996 年的 PentiumPro、1997 年的 PentiumII，功能越来越强，价格越来越低，每一次更新换代都是摩尔定律的直接结果。与此同时，PC 的内存储器容量由最早的 480KB 扩大到 8MB、16MB，与摩尔定律更为吻合。

系统软件方面，随着内存容量按照摩尔定律的速度呈指数增长，系统软件不再局限于狭小的空间，其所包含的程序代码的行数也剧增：Basic 的源代码在 1975 年只有 4 000 行，20 年后发展到大约 50 万行。微软的文字处理软件 Word，1982 年的第一版含有 27 000 行代码，20 年后增加到大约 200 万行。有人将其发展速度绘制一条曲线后发现，软件的规模和复杂性的增长速度甚至超过了摩尔定律。系统软件的发展反过来又提高了对处理器和存储芯片的需求，从而刺激了集成电路的更快发展。

"摩尔定律"归纳了信息技术进步的速度，对整个世界意义深远。回顾 40 多年来半导体芯片业的进展并展望其未来，在以后"摩尔定律"可能还会适用，但随着晶体管电路逐渐接近性能极限，这一定律终将走到尽头。从技术的角度看，随着硅片上线路密度的增加，其复杂性和差错率也将呈指数增长，同时也使全面而彻底的芯片测试几乎成为不可能。一旦芯片上线条的宽度达到纳米（10^{-9} 米）数量级时，相当于只有几个分子的大小，这种情况下材料的物理、化学性能将发生质的变化，致使采用现行工艺的半导体器件不能正常工作，摩尔定律也就要走到尽头。

扩展阅读：戈登·摩尔

戈登·摩尔是科学家与富豪融于一身的双面人，他既是 Intel 公司的创始人之一，也是摩尔定律的提出者之一。

1968 年，摩尔和诺伊斯一起退出仙童公司，创办了 Intel 公司。摩尔主导 Intel 的十几年时间里（1974～1987 年），以 PC 为代表的个人计算机工业产生萌芽并获得了飞速的发展。摩尔以其敏锐的眼光，准确地预测到了 PC 的成功。

1965 年的一个无意的瞬间，摩尔发现了一个对后来计算机行业极为重大的定律，它发表在当年第 35 期《电子》杂志上，虽然只有 3 页纸的篇幅，但却是迄今为止半导体历史上最具意义的论文。这个定律就是红极一时的摩尔定律。后来的实践检验结果，如图 12-4 所示，摩尔定律与实际硬件发展规律相当吻合。

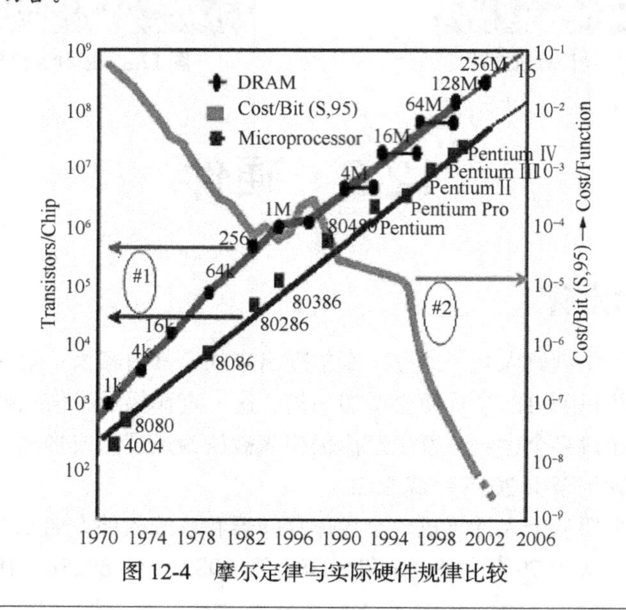

图 12-4　摩尔定律与实际硬件规律比较

12.2.2　计算机硬件发展趋势

计算机在尖端科学技术和其他科学技术与工程设计方面（如数学、物理、力学、化学天文、晶体结构分析、石油勘探与开发、桥梁设计、大地测量等）的普遍应用对计算机的性能、容量也提出了更高的要求。在所经历的计算机各代次中，其硬件实现从电子管、晶体管已转变到了大规模集成电路与超大规模集成电路，计算机的核心部件早已进入超大规模集成电路的时代。与此同时，处理器的结构也由早期的串行单流水线方式过渡至多核并行方式。所有这些实现技术都带来性能成倍增长，并形成增长的摩尔定律。目前，支撑计算机性能增长集成制造技术已达到新的巅峰，晶圆直径已经达到 20cm，芯片特征尺寸为 90rim 或 65nm，它不但提高了芯片的集成密度，缩小了芯片尺寸，也加快了处理器的工作频率，使运算能力得以大幅度提高。然而，集成度的提高也同时带来了负作用，即芯片工作时将产生大量热量，这使得采用单纯借助芯片集成度来提高性能的做法将触及设计极限。它也成为处理器部件设计转向采用多核结构并行操作来提高性能的主要原因。

尽管推动计算机性能提高两项实现技术还在向前行进，但如果没有重大技术突破，发展就会遭遇“瓶颈”限制。据计算，集成电路在发展到芯片特征尺寸为 22nm 时将达极限，对多核设计来说，并行设计受到整体系统的制约，因为过多核数将使系统设计变得复杂，其每核对性能提高的贡献将会降低，谨慎应用成为当下设计中实际对策。因此计算机各个硬件部分的可能发展趋势如下。

1. 中央处理单元

CPU 从计算机诞生以来就一直平稳地升级、换代、过渡，充当着计算和大脑的角色。与奔腾时代的 CPU 相比，现在 CPU 运行速度达到了前所未有的高度，主频往往能达到 2GHz 以上。CPU 的发展趋势呈现出如下几个特点。

（1）多核化趋势依然明显

在 CPU 的主频达到极限陷入瓶颈的时候，多核化成为了提高 CPU 运行速度的一项技术。多内核技术是指在一枚处理器中集成两个或多个完整的计算内核，通过划分任务，线程应用能够充分利用多个执行内核，并可在特定的时间内执行更多任务。多核技术能够使服务器并行处理任务，并且能够在更纤巧的外形中融入更强大的处理性能，这种外形所用的功耗更低，计算功耗产生的热量更少。多核技术是处理器发展的必然。

（2）集成化程度会进一步提高

随着硬件制造技术的提高，集成化的趋势也会体现在 CPU 上。目前影响计算机运行速度的一个很重要的因素就是内存的存取速度，未来发展的一个趋势是可能将内存作为一块超大缓存集成在 CPU 之内，这将极大地改善 CPU 和内存速度的不平衡。

（3）功耗会进一步降低

影响 CPU 发展的一个很重要的因素就是 CPU 的功耗，集成程度越高的处理器，发热带来的功耗影响越大。目前，运用新型材料技术制造的元器件比原先电子集成的元件要省电很多，在 CPU 中采用新型的材料技术将会很大程度上降低 CPU 的功耗，减少发热。

2. 存储技术

存储设备按照硬件的层次级别可以划分为多层结构，不同层次的硬件技术发展趋势也有所不同。

（1）寄存器和缓存

寄存器是临时存储 CPU 数据的设备，缓存是用于减少处理器访问内存所需平均时间的部件，两者的主要功能还是协助 CPU 更快地进行运算。寄存器和缓存设备的访问速度会更快，容量也会相应地增大。

（2）内存

现在 DDR3 内存的频率已经被发挥到了极致，而更快的 DDR4 内存要等到 2015 年才会量产，可 CPU 的频率却是与日俱增，可见内存的发展已经无法满足计算机数据传输速度的要求。为了解决这一问题，未来内存可能会集成到 CPU 之内，以超大容量缓存的形式存在，这样一来内存的频率将与 CPU 的频率同步，当然这就需要更快的存储芯片，而这显然不会是 DDR 系列内存能够实现的。

（3）硬盘

随着云技术的兴起，未来硬盘很可能将从个人计算机中消失，而出现一个超大型的数据存储中心，人们只需要通过网络就可以读取其中的数据，甚至将整个操作系统都安装在云服务器上，我们的个人计算机将根本不需要存储任何数据，只要有一根网线就可以完成所有应用。如果有个人信息需要保存，SSD 固态硬盘因为其数据安全性和存取速度将会淘汰传统的机械硬盘。随着机械硬盘被固态硬盘和云计算技术取代，我们的计算机不仅可以获得无尽的数据存储空间，计算机噪音也将明显降低。

（4）其他存储设备

随着蓝光技术的发展，现在光盘的存储容量已经能够达到 40～50GB，随着激光技术和光盘蚀刻技术的发展，光盘的存储容量还会进一步提升。而磁带和胶卷等存储设备可能会被逐步淘汰。

3. 交互技术

（1）WIMP 界面

施乐研究中心于 20 世纪 70 年代中后期研制出来的原型机 Start，形成了以窗口（Windows）、菜单（Menu）、图符（Icons）和指示装置（Pointing Devices）为基本元素的图形用户界面，也称为是 WIMP 界面，WIMP 界面是最传统的用户界面。WIMP 界面面临的问题就是多媒体计算机和虚拟现实的出现，使得人机交互发生了很大的变化。WIMP 界面已经难以满足所有的交互需求。

（2）多媒体和虚拟现实系统的交互特点

与传统的用户界面相比，引入了视频和音频之后的多媒体用户界面最重要的变化就是界面不再是静态的界面，而是一个与时间有关的动态界面。虚拟现实的核心就是人机交互，要想实现观察、导航、操作和临境等特点，就需要有三维空间定位装置、语言理解、视觉跟踪、头部跟踪和姿势识别等技术。目前达到可穿戴设备已经基本实现如上的功能（见图 12-5），可见，未来与计算机的交互技术会更加方便和丰富。

图 12-5　可穿戴式游戏设备

（3）3D 显示技术

3D 显示技术的兴起也必将给显示器带来一次技术革命，相信随着技术的成熟，3D 显示技术将广泛运用在显示器中。采用超薄的尺寸和 3D 立体显示技术制成的全息立体显示器将可能变成现实。

4. 主板

主板虽然无法对计算机性能起到决定性作用，但由于几乎所有硬件都要通过主板互相连接，因此主板的好坏将直接影响计算机的稳定。现在的主板大多是控制器的整合，如硬盘控制器、内存控制器、扩展接口控制器等，但从目前的趋势看，越来越多的硬件开始直接集成控制芯片，比如以往的内存控制器都是整合在主板上，而最新的 i3、i5 处理器则将控制器移植到 CPU 内，主板的工作只不过是提供数据通道而已。原本主板上至关重要的北桥芯片，也随着 i3、i5 处理器的问世而被取消，以往 ATX 主板必然比 MicroATX 主板好的概念也越来越模糊。

我们不妨畅想未来主板将朝着两个极端发展，对于高度整合硬件来说，主板的概念将越来越模糊，或许主板将变成几根数据线而已。而对于高端计算机来说，主板的作用将是为计算机提供更丰富的功能，如超频控制器更多的扩展接口。

12.2.3　计算机进一步集成的趋势

从计算机硬件的发展历史来看，计算机的集成度提高是始终的发展趋势。第一台计算机采用了 1 500 个继电器和 18 800 个电子管，占地 170m^2，重量达 30 多吨，耗电 150kW，造价 48 万美元，其集成度非常低，却开启了计算机的一个时代。第一代计算机（见图 12-6）是 4 位或低档 8 位微处理器和微型机，采用的是晶体管，集成度为 1 200 晶体管/片。第二代计算机分为两个阶段，以美国 Intel 公司的 8080 和 Motorola 公司的 MC6800 为代表，8080 集成度分别达到了 4 900 管/片和 9 000 管/片。第二代计算机采用的电子设备仍然是晶体管，但是显然可以看出，其集成度提高了 1～2 倍。第三代计算机的集成度进一步提高，代表产品是 Intel 8086（集成度为 29 000 管/片）、Z8000（集成度为 17 500 管/片）和 MC68000（集成度为 68 000 管/片）。第四代计算机是大规模集成电路计算机（见图 12-7），可以在一个芯片上容纳几百个元件，到 20 世纪 80 年代的超大规模集成电路能够在芯片上容纳几十万个元件，后来的 ULSI 将数字扩充到百万级。可见，计算机硬件产品的集成度是逐代提高的，集成的趋势也是越来越明显。

图 12-6　晶体管计算机

图 12-7　超大规模集成电路

计算机的集成度一方面体现在单个元器件的芯片集成度，如 CPU 上芯片的密度以及能够容纳的器件元素；另一方面，计算机硬件的集成度也体现在各个设备的整合和集成上，如显卡和主板的集成。从前面我们讨论的计算机集成的趋势来看，单个设备的集成程度会越来越高，那么就会导致元件的大小会相应变小，这也为设备之间的集成和整合提供了便捷。当然，设备之间的集成并不仅仅基于大小和规模的考虑，还需要考虑性能的因素。内存的存取速度限制了运算的速度，所以可能的趋势就是将内存集成到 CPU 上。此外，像主板的发展一样，有些计算机的元器件可能会变少或变没有。所以，从整个计算机硬件的发展趋势来看，单个元器件的集成度提高和设备之间的集成度提高都会是显著的趋势。

12.3 软件

计算机软件是现代计算机不可缺少的主要部分之一，本节将介绍计算机软件的发展前景。

12.3.1 软件的模块化开发

现代软件开发提倡的是复用技术，开发软件的过程不再是从零开始的开发过程，要想高效地实现软件复用，模块化开发是软件开发的重要趋势之一。

模块化一方面通过抽象、封装、分解、层次化等基本的科学方法，对各种软件构件和软件应用进行打包，提高复用率和软件开发的效率；另一方面，基于模块化思想、SOA 技术，它提供一组基于标准的方法和技术，通过有效整合和重用现有应用系统和各种资源，对各种服务进行服务组件化，并基于服务组件实现各种新的业务应用的快速组装，实现软件可开发的灵活性。

模块化设计是以分治法为依据，但是并不是将软件无限制地细分下去，而是按照实际的需求对软件就此进行划分。事实上当分割过细，模块总数增多，每个模块的成本确实减少了，但模块接口所需代价随之增加。要确保模块的合理分割，则需了解信息隐藏、内聚度及耦合度。内聚度是一个模块内部聚合的程度，也就是依赖其他模块的程度，显然模块的内聚度越高，对其模块的依赖性越小，模块的独立性保持得越好。耦合度是模块与模块之间联系的程度，软件设计追求尽可能松散耦合的系统。模块之间的联系越简单，那么一旦发生错误传播到其他地方的可能性就越小，模块之间的耦合度对系统的可理解性、可测试性和可维护性影响极大。软件设计的一个原则就是高内聚、低耦合。

模块化是在传统设计基础上发展起来的一种新的设计思想，现已成为一种新技术在软件设计和软件开发上被广泛应用。软件的模块化设计对于软件的个性化需求、稳定性需求、容错性需求有着重要的作用。平台化、模块化的软件设计和生产可以在保持软件产品较高通用性的同时提供产品的多样化配置，可以显著地缩短开发时间，降低开发成本。实践证明，采用模块化开发的软件产品在质量和安全性上比采用传统开发方法开发的软件产品更强，可维护性更高。因此，随着软件开发效率和软件开发成本的要求，软件的模块化设计将会成为软件开发的一个显著趋势。

12.3.2 软件的网络化和服务化

传统的软件一般都是安装在本地，一次性付费，这样数据都是本地性处理，速度比较快。但是相对而言，这些软件的安装和使用、版本的升级和维护的成本比较高，容易感染病毒和木马，威胁到计算机文件信息的安全，此外还需要考虑安装的各种因素。现今，随着 ASP 热潮的冷却，SaaS（Software-as-a-Service，软件即服务）作为一种新型软件服务形式，正在全球兴起。这种软件即服务的形式有共同的优点，如按使用时间收费，总体成本低，数据在服务器上存储，不受地点限制，无需安装，即购即用，网络操作简单等。软件的网络化和服务化由此兴起。

软件的网络化和服务化改变了软件的价值观念，也为软件产业的发展开辟了新的道路。软件通过网络更灵活地为大规模的用户服务，催生了各种新的商业模式和赢利模式。和传统的通过销售软件而取得收入完全不同，新的软件商业模式不再通过销售软件获得收入，而是通过大规模用户使用软件支付的增值收入、会员收入以及用户因使用软件而带来的广告收入而获利。作为网络服务的软件，其价值是无边界的。

软件的网络化和服务化的发展是在特定的基础上才能很好实现的，这些基础包括：

（1）网络无边界。随着近几年全球网络服务质量和普及率的提高，在网上的沟通和交流变得越来越方便，使得网络无边界能够实现；

（2）企业无边界。现代企业面对的市场都是全球化市场，尤其是互联网和软件企业。软件服务提供商、软件生产厂家和软件使用者之间的关系已经越来越密切，软件使用和服务的范围也由局部地区变成了全球市场，企业之间的边界越来越模糊；

（3）协同无边界。基于互联网的沟通模式和全球化的互联网市场使得企业和开发者之间的协同工作越来越紧密，使得协同之间边界越来越模糊。从信息化提供商到信息化解决方法提供商，已经可以越来越体现出协同的价值；

（4）价值的无边界。传统软件70%～80%的费用在维护上，以往的情况常常是用户购买了软件产品的同时不得不接受一份厂商关于该产品使用中出现问题的免责声明，这对其他硬件产品而言是不可想象的。而作为服务的软件，可以有很灵活的商业模式，软件可以是租用，用户只需要为享有服务的这段时间付费，不需要考虑后期维护问题；软件可以是服务提供商和用户合作的产物，软件服务提供商可以从用户的赢利中分得利润；软件可以是免费的，只要用户同意在界面上插播一定的广告。在大量的个性化用户需求带来的“长尾效应”驱动下，软件的服务价值就会一直延伸下去。

目前已经有众多的软件商采用了网络化和服务化的软件，Google 公司系列的服务，包括Gmail、Google Docs、Google Drive、Google Translate 等都是基于网络的服务，这些服务在传统的软件领域都是桌面或离线的软件产品。还有基于社交网络平台开发的在线游戏，如 Facebook 的在线应用、人人网的在线应用等。

扩展阅读：软件即服务（Software-as-a-Service，SaaS）

SaaS 是 Software-as-a-Service（软件即服务）的简称，是在21世纪开始兴起的一种完全创新的软件应用模式。它是一种通过 Internet 提供软件的模式，厂商将应用软件统一部署在自己的服务器上，客户可以根据自己的实际需求，通过互联网向厂商定购所需的应用软件服务，按定购的服务多少和时间长短向厂商支付费用，并通过互联网获得厂商提供的服务。用户不用再购买软件，而改用向提供商租用基于 Web 的软件，来管理企业经营活动，且无需对软件进行维护，服务提供商会全权管理和维护软件，软件厂商在向客户提供互联网应用的同时，也提供软件的离线操作和本地数据存储，让用户随时随地都可以使用其定购的软件和服务。对于许多小型企业来说，SaaS 是采用先进技术的最好途径，它消除了企业购买、构建和维护基础设施和应用程序的需要。

目前比较成功的 SaaS 服务有 Google Docs 和 Microsoft Office Online 等。

12.3.3　软件全球化

全球化的世界必然带来全球化的软件交付模式。根据 Forester 的数据，目前 87% 的开发团队是分布式的，56%有两个以上的开发地点，同时企业的合并和收购趋势不断产生众多新的分布式开发团队，企业为了提供全球化的 24×7 支持和开发能力，也在不断加强全球化软件协作交付能力。

全球化软件协作交付的另一个重要的驱动力来自于软件外包行业的发展。放眼今天，外包从最初的在印度公司购买廉价的劳动力，到今天在全球全面展开；从最初的以使用海外更廉价的劳动力为目的，到今天的有效使用海外更多人才和领先技术；从最初的技术编程为主的外包，到今天的咨询、BPO、SOA 和基础设施的全面外包；从企业最初的有无数战略外包供应商，到今天建立 3～5 家战略性外包供应商，我们都不难看到外包和全球化交付正在成为软件交付发展的标准模式，而不再是个例。

对于互联网和计算机软件的发展，软件全球化有很多的优点。首先，软件全球化能够在业务或地理市场的新领域中获得市场份额，获得比较灵活的人员配备模型和低成本的劳动力。其次，软件全球化能够利用具有业务专长和经验的外包提供者来满足具体领域的新的需求或革新。最后，软件全球化能够利用比较低的人力资源和有经验的外包人员来获得更强的竞争力，通过时区的差异性覆盖可以增加速度和减少成本。

然而，软件全球化的缺点也是显著的。首先，团队之间沟通的不便捷、文化和语言障碍等会导致工作传递中的错误、重复工作增加，以及生产力增加；其次，跨多个地点和时区的协调工作比集中的项目更耗费时间和成本，对在所有地点上的开发活动的可见性和控制是一个挑战，特别是当与其他公司或不同时区的团队合作时；最后，不同公司之间的基础结构和项目标准不同可能会导致对于项目成功的度量比较困难，决策的实施也会遇到不同的阻力。

12.4 网络与信息

计算机网络已经成为了现代生活中不可或缺的一部分，互联网将全世界的计算机都连接起来，实现资源的共享。

12.4.1 信息交流方式的改变

信息交流是自然界生物之间相互传递思想的一种方式。从古代结绳记事、烽火传信、快马加鞭、八百里加急、信使步行传送、信鸽传书、军事旗语、金鼓之声传递信息到现在利用电磁技术、有线通信、无线通信、卫星通信、互联网、电信、移动电话、电话、电报等，信息交流的方式发生了很大的改变。到现在步入了信息时代，互联网的崛起通过人与计算机的交互，将实现信息交流的实时化，跨越空间、时间。所有这些极大地解放和发展了社会生产力，极大地降低了人们的交流成本，使人类的协作实时化，过程精确化，生活效应化，促进了社会进步。

传统的人际交流是“点对点”的“对话式”双向交流，大众传播多是“点对面”的“独白式”单向交流，而新型的互联网络则为人类提供了一种全新的信息交流方式，这种信息交流方式既综合了人际交流和大众传播的一些特点和优势，又不是两者简单的整合和延伸，而是一种全新的创造。互联网不仅可以供人们获取比传统的印刷媒介、大众媒介更鲜活的信息，如法律咨询、购物指南、人才信息、交通信息等，还可以通过电子邮件在网上进行交流与沟通。同时，由于网上空间具有虚拟性、开放性和交互性，在网上交流者可以匿名进入，也可以对对方的真实身份一无所知，使信息交流更加自由、轻松和平等。

互联网在生活的方方面面都提供了新的信息交流方式。在政治生活方面，目前很多西方国家的政府利用互联网络树立国家与政府的良好形象，从各方面详细地介绍政府各个部门，宣传政府的政绩，公布政府的财政预算和税收。政治家利用互联网提高自身的知名度，吸引支持者，使互联网成为一种新的政治信息交流工具和竞选工具。在商业方面，网络时代电子商务的崛起成为商业信息交流的一种重要方式。顾客可以在网上虚拟的环境中查看需要购买的物品，与商家商讨价格，计算机虚拟环境比真实环境有更强的可塑性。在教育方面，传统的课堂模式通过互联网改变成为远程教育模式，需要学习的人在何时何地都能根据自己的要求去学习，改变了传统老师和学生面对面的交流方式。在社会知识传播和社会知识表达方面，博客、论坛和微博等由参与者自己提供内容的媒体形式受到越来越多人的关注，这种媒体方式的内容由参与者本人提供，其他人可以对其评论或转发，信息的流通速度明显加快。其他新型的沟通方式，如轻博客和问答网，都是以内容为核心的社会化信息交互平台。轻博客是一种聚合网站，它会将内容根据发布者的标注和阅读者的行为进行分析并对内容进行分类聚合。然后再根据用户的行为，向用户推荐其可能喜欢的内容。问答网是沿袭论坛的方式，由用户来解决其他人提出的问题，采取的问答方式突破了地域的限制，而且汇集了众多的人才，是进行知识传播的一种重要的途径。

互联网的发展给传统的信息交流方式带来了巨大的改变，计算机科学的发展势必要继续促进互联网的发展，进一步提升信息交流的效率。

12.4.2　Web 2.0 的普及与 Web 3.0 的发展

Web 时代的划分主要是互联网模式的划分，按其商业模式、用户与服务器之间的交互以及信息来源等，可分为 3 种模式：传统的 Web 1.0 时代、发展中的 Web 2.0 时代和探索中的 Web3.0 时代。

Web1.0 时代，也就是第一代互联网，有诸多的特征，表现在技术创新主导模式、基于点击流量的盈利共通点、门户合流、明晰的主营兼营产业结构、动态网站。从知识生产的角度看，Web1.0 的任务是将以前没有放在网上的人类知识通过商业的力量放到网上去。Web1.0 是商业公司为主体向互联网上发布内容，并且仅限于主要的交互模式是网站对用的交互模式。在 Web1.0 上做出巨大贡献的公司有 Netscape、Yahoo 和 Google。Netscape 研发出第一个大规模商用的浏览器，Yahoo 的杨致远提出了互联网黄页，而 Google 后来居上，推出了大受欢迎的搜索服务。

Web 2.0 指的是一个利用 Web 的平台，由用户主导而生成内容的互联网产品模式，区别传统由商业公司或网站主导生成的内容的模式。Web 2.0 是网络运用的新时代，网络成为了新的平台，内容因为每位用户的参与而产生，参与所产生的个人化内容，借由人与人的分享，形成了现在 Web 2.0 的世界。与 Web 1.0 相比，Web2.0 的任务是将这些知识通过每个用户的浏览求知的力量协作工作，把知识有机地组织起来，在这个过程中继续将知识深化，并产生新的思想火花。Web 2.0 则更注重用户的交互作用，用户既是网站内容的消费者（浏览者），也是网站内容的制造者。从交互性上讲，Web 1.0 是网站对用户为主，Web 2.0 是人与人之间的分享为主。总的来说，Web 2.0 时代，用户在互联网上的作用越来越大，他们贡献内容，传播内容，而且提供了这些内容之间的链接关系和浏览路径。

Web 2.0 是当前正在发展的互联网模式，基于 Web 2.0 的具有代表性的相关技术有博客（BLOG）、内容源（RSS）、Wiki 百科全书（Wiki）、网络书签（Delicious）、社交网站（SNS）、即时信息（IM）、基于地理信息服务（LBS）等。

- 博客（Blog）：最早期的 Web 2.0 服务之一，可使任何参与者拥有自己的专栏、成为网络内容产生源，进而形成微媒体，为网络提供文字、图片、声音或视频信息，如 Google 的 Blog、国内的 CSDN、网易博客等。

- 内容源（RSS）：伴随博客产生的简单文本协议，将博客产生的内容进行重新格式化输出，从而将内容从页面中分离出来，便于同步到第三方网站或提供给订阅者进行阅读。一般在博客上都有相应的 RSS 订阅来格式化信息。
- Wiki：是一个众人协作的平台，方便写百科全书、词典等。Wiki 指的是一种超文本系统，这种超文本系统支持面向社区的协作写作。如维基百科、百度百科等。
- 网络书签（Delicious）：用户可根据自己的喜好进行网络内容的收藏与转载，并将自己的收藏或转载整理成列表，分享给更多的用户，从而在网络上起到信息聚合与过滤的作用。
- 社交网络（SNS）：从原有的以网站、内容为中心，转而侧重于以人与人之间的关联为中心，网络上每一个节点所承载的不再是信息，而是以具体的自然人为节点，形成的新型互联网形态。如 Facebook、国内的人人网等。
- 微博（Twitter）：博客的精简版，更简单的发布流程和更随意的写作方式，使得参与到网络内容贡献中的门槛降低，更大程度地推动了网络内容建设和个体信息贡献，如 Twitter、新浪微博等。
- 基于位置信息的服务（LBS）：将地理信息、微博和移动设备结合在一起的技术，每一条信息不仅以时间为索引，也加入了地理经纬度的索引，使得每条信息都有时空特性。
- 即时通信（IM）：即时通信软件是即时在线沟通的软件，是从论坛的聊天系统中衍生出来的，目前即时通信软件以微信、QQ、Google Talk 为主要代表。

此外，还有像 Google 阅读器、豆瓣网、知乎等 Web 2.0 应用。

继 Web 1.0 和 Web 2.0 之后，Web 3.0 的概念被提出。Web 3.0 网站内的信息可以直接和其他网站相关信息进行交互，能通过第三方信息平台同时对多家网站的信息进行整合使用；用户在互联网上拥有自己的数据，并能在不同网站上使用；完全基于 Web，用浏览器即可实现复杂系统程序才能实现的系统功能；用户数据审计后，同步于网络数据。Web 3.0 概括了互联网发展过程中可能出现的各种不同方向和特征，比如互联网本身转化为一个泛型数据库；跨浏览器、超浏览器的内容投递和请求机制；人工智能技术的运用；语义网；地理映射网；运用 3D 技术搭建的网站，甚至虚拟世界或网络公国等。

Web 3.0 目前还处于一个概念阶段，而且对其定义和存在的意义也有不少的争论。形象地来说，Web 2.0 在人们参与互联网创造的活动中，特别是在内容的创造上具有革命性的意义。因为有了更多的人参与到了有价值的创造劳动，那么互联网价值的重新分配将是一种必然趋势，所以必然催成新一代互联网的产生，这就是 Web3.0。Web 1.0、Web 2.0 和 Web 3.0 的一个形象对比，如图 12-8 所示。

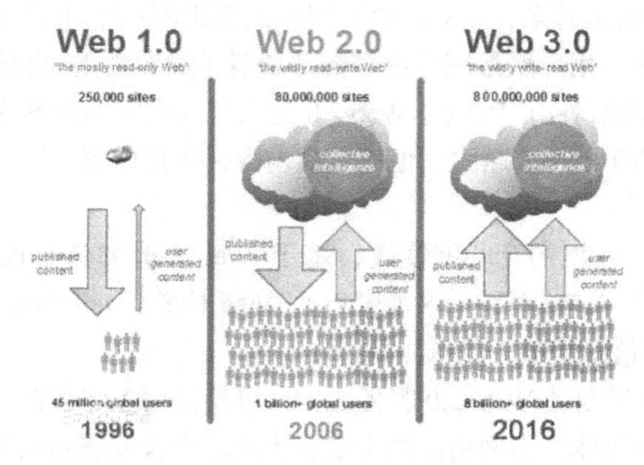

图 12-8　Web 1.0、Web 2.0、Web 3.0 区别与联系的形象表示

12.4.3　物联网技术的发展

物联网是一个基于互联网、传统电信网等信息承载体，让所有能够被独立寻址的普通物理对象实现互联互通的网络，其概念想象图如图 12-9 所示。在物联网上，每个人都可以应用电子标签将真实的物体上网联结，在物联网上都可以查找出它们的具体位置。物联网的定义为：通过红外感应器、全球定位系统、激光扫描器等信息传感设备，将任何物品与互联网相连接，进行信息交换和通信，以实现智能化识别、定位、追踪、监控和管理的一种网络技术。

物联网要实现物与物之间的感知、识别、通信等功能，需要有大量先进技术的支持。目前物联网关键性的技术包括：感知事物的传感器网络技术；联系事物的组网和互联技术；判别事物位置的全球定位系统；思考事物的智能技术；认识事物的射频识别技术 RFID 以及提高事物性能的新材料技术。

1．传感器技术

传感器是机器感知物质世界的“感觉器官”，能够探测、感受外界的信号、物理条件或化学组成，并将探知的信息传递给其他装置或器官。目前传感器节点技术的研究主要包括传感器技术、RFID 射频技术、微型嵌入式系统。

传感器技术是研究的重点，因为传感器节点技术是传感网信息采集和数据预处理的基础和核心，而传感器技术则是传感器节点技术的前提。

2．组网和互联技术

传感器组网和互联技术是实现物联网功能的纽带，因为该技术涉及网上信息传播与交流过程。目前主要有研究分布式无线传感网组网结构、基于分布式感知的动态分组技术、实现高可靠性的物联网单元冗余技术等。

3．全球定位系统

全球卫星定位系统（GPS）是一种结合卫星及通信发展的技术，利用导航卫星进行测时和测距，从而实现物体的精确定位。在物联网中，物体的位置信息是一个重要的信息，因此全球定位系统的技术也是关键技术之一。

4．智能技术

智能技术是为了有效地达到某种预期的目的，利用知识所采用的各种方法和手段。通过在物体中植入智能系统，可以使得物体具备一定的智能性，能够主动或被动地实现与用户的沟通。智能技术也是互联网的关键技术之一，与人工智能、嵌入式智能系统以及智能控制技术有很强的联系。

5．新材料技术

为了进一步提高传感器的性能，新材料技术是不可或缺的。物联网新材料技术的研究主要包括：使传感器节点进一步小型化的纳米技术；提高传感器可靠性的抗氧化技术；减小传感器功耗的集成电路技术。

物联网技术在社会生活中有广泛的应用，如在医学领域内将病人、医生、护士、医疗器械和设备、药品等的信息通过物联网来进行共享，对医疗卫生保健服务能够实时动态监控、连续跟踪管理和精准的医疗健康。在安防领域，通过散布在各个角落的微小传感器将监视到的声音、图像、震动频率等信息进行协同到一个系统之内，可以准确地识别出是否有入侵或异常事件。在物流业领域内，通过智慧的供应链将先进的传感器、软件及相关知识整合到系统中，从中抽取出有价值的信息，包括基于地理空间或位置的信息，关于产品属性的信息，产品流程、条件、供应链等，以及数据流的速度，从而提高效率，降低风险，也能减少供应链的环境保护压力。在通信行业中，通过手机等移动端与银行、互联网的连接，实现支付的统一化，如通过刷手机来实现购物支付、公共交通系统的支付等。物联网还在智慧城市建设、精细农业、能源管理和交通管理行业内有很大的应用前景。

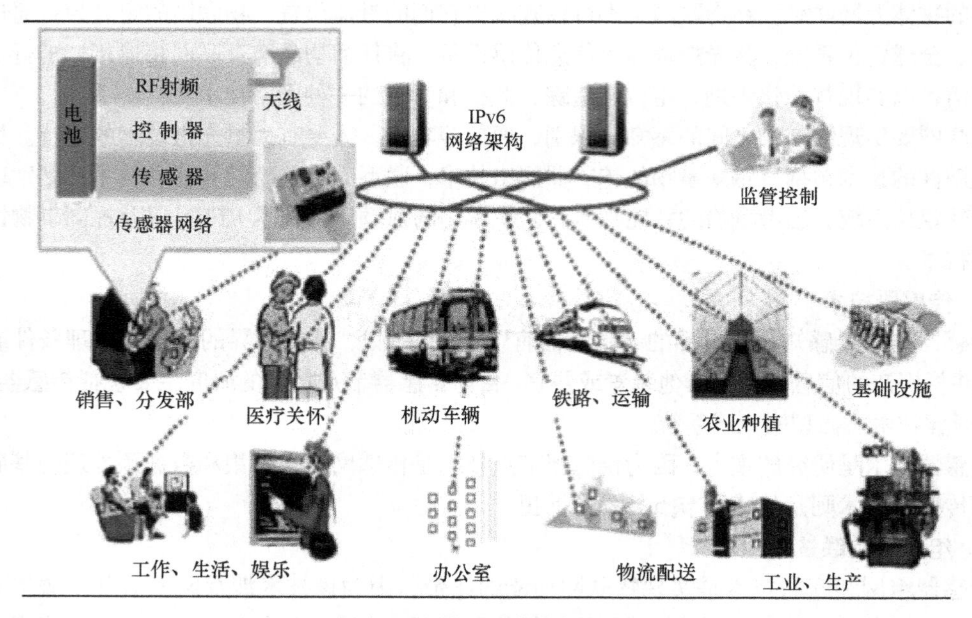

图 12-9　物联网技术畅想图

12.5　新兴技术领域

这一节将会对目前处于起步阶段但是前景非常好的技术做一些介绍，包括云计算、大数据、机器学习等，这些技术将会对生活产生重大的影响。

12.5.1　云计算

云计算是近年来非常热门的一项技术，是一种基于互联网的相关服务的增加、使用和交付模式。云是网络、互联网的一种比喻说法，是计算能力的一种体现。用户可以随时通过计算机、笔记本电脑、手机等方式接入云中，按照自己的需求进行计算。通过这种集中式的计算方式，甚至可以在手机上体验每秒 10 万亿次的运算能力，拥有这么强大的计算能力可以模拟核爆炸、预测气候变化和市场发展趋势。

对云计算的定义有多种说法，目前广为接受的是美国国家标准与技术研究院（NIST）定义：云计算（Cloud Computing）是一种按使用量付费的模式，这种模式提供可用的、便捷的、按需的网络访问，进入可配置的计算资源共享池（资源包括网络、服务器、存储、应用软件、服务），这些资源能够被快速提供，只需投入很少的管理工作，或与服务供应商进行很少的交互。

云计算是继 20 世纪 80 年代大型计算机到客户端—服务器的大转变之后的又一种巨变，用户不再需要了解“云”中基础设施的细节，不必具有相应的专业知识，也无需直接进行控制，在需要的时候接入云就可以获得相应的服务。云计算描述了一种基于互联网的新的 IT 服务增加、使用和交付模式，通常涉及通过互联网来提供动态易扩展而且经常是虚拟化的资源。云计算的一个形象示意图如图 12-10 所示。

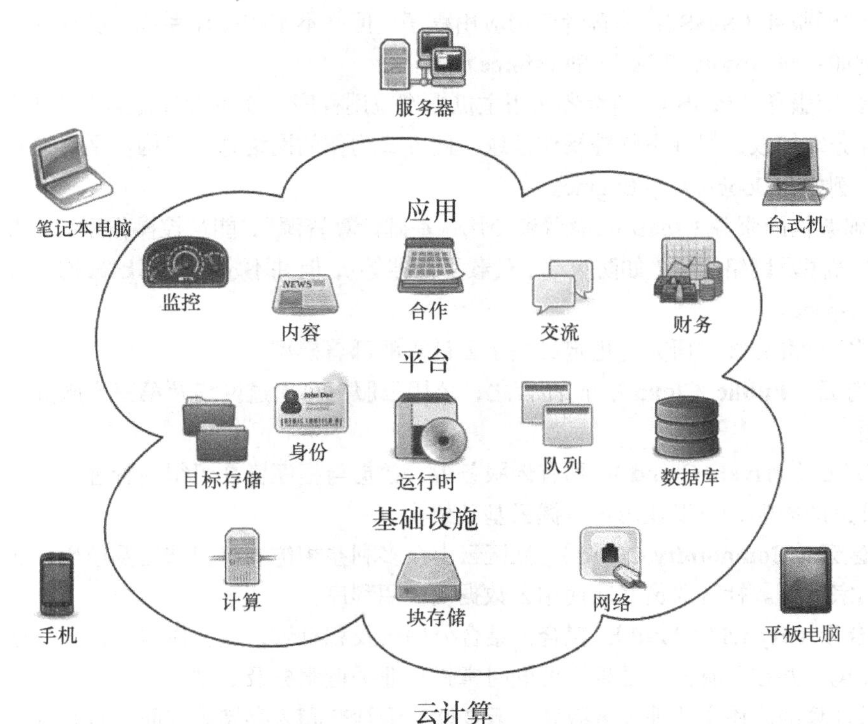

图 12-10　关于“云计算”的示意图

云计算式通过使计算分布在大量的分布式计算机上，而非本地计算机或远程服务器中，将单一设备的计算模式转化成为了集中计算模式，一般来说，云计算的特点总结如下。

（1）超大规模：“云”的规模相当庞大，Google 云计算已经拥有 100 多万台服务器，Amazon、IBM、微软、Yahoo 等的“云”均拥有几十万台服务器。企业私有云一般拥有数百上千台服务器。“云”能赋予用户前所未有的计算能力。

（2）虚拟化：云计算支持用户在任意位置使用各种终端获取应用服务，在需要请求资源时，只需接入云就可以获得。用户无需了解、也不用担心应用运行的具体位置，只需要一台笔记本电脑或者一个手机，就可以通过网络服务来实现我们需要的一切。

（3）高可靠性：“云”使用了数据多副本容错、计算节点同构可互换等措施来保障服务的高可靠性，使用云计算比使用本地计算机可靠。

（4）通用性：云计算不针对特定的应用，在“云”的支撑下可以构造出千变万化的应用，同一个“云”可以同时支撑不同的应用运行。

（5）高可扩展性：“云”的规模可以动态伸缩，满足应用和用户规模增长的需要。

（6）按需服务：“云”是一个庞大的资源池，按需购买；云的计算资源可以像自来水、电、煤气那样计费。

（7）极其廉价：由于“云”的特殊容错措施、自动化集中式管理以及通用性，因此用户可以充分享受“云”的低成本优势，通常只需要花费几百美元、几天时间就能完成以前需要数万美元、数月时间才能完成的任务。

云计算与社会资源一样，也有着不同的服务模式，美国国家标准和技术研究院的云计算定义中明确了3种服务模式。

- **软件即服务（SaaS）**：消费者使用应用程序，但并不掌控操作系统、硬件或运作的网络基础架构。例如：Microsoft CRM 与 Salesforce.com。
- **平台即服务（PaaS）**：消费者使用主机操作应用程序。消费者掌控运作应用程序的环境，拥有主机部分掌控权，但并不掌控操作系统、硬件或运作的网络基础架构。平台通常是应用程序基础架构。例如：Google App Engine。
- **基础架构即服务（IaaS）**：消费者使用"基础计算资源"，能掌控操作系统、存储空间、已部署的应用程序及网络组件（如防火墙、负载平衡器等），但并不掌控云基础架构。例如：Amazon AWS、Rackspace。

美国国家标准和技术研究院也定义关于云计算的部署模型。

- **公有云（Public Cloud）**：简而言之，公用云服务可通过网络及第三方服务供应者，开放给客户使用。
- **私有云（Private Cloud）**：私有云服务中，数据与程序皆在组织内管理，不会受到网络带宽、安全疑虑的影响，可以让用户掌握云基础架构。
- **社区云（Community Cloud）**：社区云由众多利益相仿的组织掌控及使用，例如特定安全要求、共同宗旨等。社区成员共同使用云数据及应用程序。
- **混合云（Hybrid Cloud）**：混合云结合公用云及私有云，这个模式中，用户通常将非企业关键信息外包，并在公有云上处理，但同时掌控企业关键服务及数据。

目前云计算的应用主要涉及云教育、云物联、云社交和云存储等方面。云教育是基于云搭建教育平台，与目前的在线教育课程网站类似，不过功能会更强大。云物联主要与物联网进行结合，到了物联网的高级阶段，必将会用到云计算的资源。云社交是基于云计算的社交应用，将资源分享作为目标。云存储是最常见的云的应用类型，例如像已经实现的 Google Drive 和 DropBox 等。

扩展阅读：云计算、网格计算、效用计算和自主计算的区别

由于这4种计算模式都涉及分布式计算和集中式管理，因而容易被混淆。

网格计算：网格计算是分布式计算的一种，是由一群松散耦合的计算机组成的一个超级虚拟计算机，常用来执行一些大型任务。

效用计算：效用计算是IT资源的一种打包和计费方式，如按照计算、存储分别计量费用，像传统的电力等公共设施一样。

自主计算：具有自我管理功能的计算机系统。

云计算的许多部署都依赖于计算机集群，但是与网格计算的组成、体系结构等大相径庭，并且吸收了效用计算和自主计算的特点。

12.5.2 大数据

大数据（Big data），或称巨量数据、海量数据，指的是所涉及的数据量规模巨大到无法通过人工在合理时间内达到截取、管理、处理并整理成为人类所能解读的信息。与个别分析独立的小型数据集相比，将各个小型数据集合并后进行分析可得出许多额外的信息和数据关系性，可用来察觉商业趋势，判定研究质量，避免疾病扩散，打击犯罪或测定实时交通路况等，这正是大数据发展的广阔前景。

与传统的数据集相比，大数据呈现出 4 个英文开头都是字母“V”的特点。

- **大量（Volume）**：大数据的规模相当庞大，处理的数据规模都是以 PB 为单位。
- **多样（Variety）**：多样性是指大数据的来源广泛，网络日志、社交媒体、互联网搜索、手机通话记录及传感器网络数据类型都造成了数据的多样性。
- **高速（Velocity）**：高速是指数据产生的速度快，而相应地要求分析、处理并且返回给用户的速度也快。
- **价值（Value）**：大量的不相关信息集合在一起，就能挖掘出很多相关的信息，对未来趋势与模式的可预测分析、报告等都能获取到大数据当中无穷的知识。

大数据几乎无法使用大多数的数据库管理系统处理，而必须使用“在数十、数百甚至数千台服务器上同时平行运行的软件”。因此，从技术上看，大数据与云计算的关系就像一枚硬币的正反面一样密不可分。大数据必然无法用单台的计算机进行处理，必须采用分布式架构。它的特色在于对海量数据进行分布式数据挖掘，但它必须依托云计算的分布式处理、分布式数据库和云存储、虚拟化技术。关于大数据、云计算和机器学习相结合的一个结构示意图如图 12-11 所示。使用大数据的技术，包括大规模并行处理数据库、数据挖掘电网、分布式文件系统、分布式数据库、云计算平台、互联网和可扩展的存储系统。

图 12-11　大数据和云计算、机器学习相结合模式

对大数据进行处理的流程一般分为采集、统计分析和挖掘 3 个步骤。

（1）采集：采集过程主要是利用各种轻型数据库接收来自客户端的数据，并且使用这些数据来进行简单的查询和处理工作。一般都使用 MySQL、Oracle、HBase、MongoDB 等数据库系统。

（2）统计分析：统计分析过程将海量的来自前端的数据快速导入一个集中式的分布式数据库或存储集群，利用分布式技术来对其中的数据进行普通的查询和汇总等。这一部分是大数据的核心技术部分，使用的技术包含 InfoBright、Hadoop、SAP Hana 等。

（3）挖掘：基于前面的查询数据进行数据挖掘，来满足高级别的数据分析需求，难点在于数据量比较大并且算法比较复杂，可以使用的产品包括 R 和 Hadoop Mahout 等。

谷歌搜索、Facebook 的帖子和微博消息使得人们的行为和情绪的细节化测量成为可能。挖掘用户的行为习惯和喜好，在凌乱纷繁的数据背后找到更符合用户兴趣和习惯的产品和服务，并对产品和服务进行针对性的调整和优化，这就是大数据的价值。大数据的价值首先是由数据的丰富度来决定的，其次数据量会使发现从量变到质变跳跃。

大数据技术的战略意义不在于掌握庞大的数据信息，而在于对这些含有意义的数据进行专业化处理。换言之，如果把大数据比作一种产业，那么这种产业实现盈利的关键，在于提高对数据的“加工能力”，通过“加工”实现数据的“增值”。

12.5.3 机器学习

机器学习算法是一类从数据中自动分析获得规律，并利用规律对未知数据进行预测的算法。机器学习算法中涉及大量的概率论、统计学、逼近论、凸分析、算法复杂度理论等多门学科，属于一门交叉学科。在算法设计方面，机器学习理论关注可以实现的、行之有效的学习算法。很多推论问题属于无程序可循难度，所以部分的机器学习研究是开发容易处理的近似算法。

机器学习算法按照学习集合的大小，一般划分为如下三类。

- **监督学习（Supervised Learning）**：监督学习从给定的训练数据集中学习出一个函数，当新的数据到来时，可以根据这个函数预测结果。监督学习的训练集要求是包括输入和输出，也可以说是特征和目标。训练集中的目标是由人标注的。常见的监督学习算法包括回归分析和统计分类。
- **无监督学习（Unsupervised Learning）**：无监督学习与监督学习相比，训练集没有人为标注的结果。常见的无监督学习算法有聚类。
- **半监督学习（Semi-supervised Learning）**：半监督学习介于监督学习与无监督学习之间。

机器学习已经有了十分广泛的应用，例如，数据挖掘、计算机视觉、自然语言处理、生物特征识别、搜索引擎、医学诊断、检测信用卡欺诈、证券市场分析、DNA 序列测序、语音和手写识别、战略游戏和机器人运用。

12.5.4 量子计算机

量子计算机是一类遵循量子力学规律进行高速数学和逻辑运算、存储及处理量子信息的物理装置。量子计算机的计算模式是按照量子理论形成的。

关于量子理论可以做一个通俗的解释，假设一个“量子”距离也就是最小距离的两个端点 A 和 B。按照量子论，物体从 A 不经过 A 和 B 中的任何一个点就能直接到达 B。换句话说，物体在 A 点突然消失，与此同时在 B 点出现。这样的理论在现实生活中很难找到，量子论把人们在宏观世界里建立起来的“常识”和“直觉”打了个七零八落。

量子计算机的原理实际上并不复杂，普通的数字计算机在 0 和 1 的二进制系统上运行，称为比特。但量子计算机要更为强大。它们可以在量子比特上运算，可以计算 0～1 的数值。假想一个放置在磁场中的原子，它像陀螺一样旋转，于是它的旋转轴可以不是向上指就是向下指。常识告诉我们：原子的旋转可能向上也可能向下，但不可能同时都进行。但在量子的奇异世界中，原子被描述为两种状态的总和，一个向上转的原子和一个向下转的原子的总和。在量子的奇妙世界中，每一种物体都被使用所有不可思议状态的总和来描述。

想象一串原子排列在一个磁场中，以相同的方式旋转。如果一束激光照射在这串原子上方，激光束会跃下这组原子，迅速翻转一些原子的旋转轴。通过测量进入的和离开的激光束的差异，我们已经完成了一次复杂的量子“计算”，涉及了许多自旋的快速移动。

从数学抽象上看，量子计算机执行以集合为基本运算单元的计算，普通计算机执行以元素为基本运算单元的计算。假设集合中只有一个元素，那么量子计算机和经典计算机没任何区别。量子计算机输入的是一个集合，在执行一次量子计算的时候，就可以一步到位计算出结果，也就是一个值域集合；而普通的计算机的运算过程则是输入一个值，然后经过一次计算只能得到一个值。如果要得到一个集合，那么需要进行多次的计算。这也是为什么量子计算机会比普通计算机快的原因。

目前量子计算机仍处于研究阶段。在 2011 年 5 月 11 日，加拿大的 D-Wave System Inc. 发布了全球第一款商用型量子计算机的计算设备“D-Wave One”，如图 12-12 所示，实验结果显示该运行设备善于处理海量复杂的数据和变量问题。2013 年 5 月，Google 和 NASA 在加利福尼亚的量子人工智能实验室发布 D-Wave Two。2013 年 6 月，中国科学技术大学潘建伟院士领衔的量子光学和量子信息团队的陆朝阳、刘乃乐研究小组，在国际上首次成功实现用量子计算机求解线性方程组的实验。

量子计算机的应用前景十分广阔，一旦能够投入实际使用，其运算能力是十分惊人的。就目前加密使用的以 RSA 为代表的加密方式用量子计算机破解起来都是轻而易举的事情。此外，量子计算机还可以用来做量子系统的模拟，人们一旦有了量子模拟计算机，就无需求解薛定谔方程或者采用蒙特卡罗方法在经典计算机上做数值计算，便可精确地研究量子体系的特征。

图 12-12　D-Ware One 量子计算机

12.5.5　分布式计算与并行计算

在数据规模越来越大的情况下，计算机的计算能力和硬件却越来越成为了瓶颈。因此，对单个计算能力受限制的计算机进行计算改造或计算能力整合也是当前研究的重点之一。这一小节主要介绍分布式计算和并行计算。

1. 分布式计算

分布式计算主要研究在分散系统上如何进行计算。分散系统是一组电子计算机通过计算机网络相互链接与通信后形成的系统。分布式计算的任务是把需要进行大量计算的工程数据分区成小块，由多台计算机分别计算，在上传运算结果后，将结果统一合并得出数据结论。

在大部分的日常生活中，我们 CPU 的利用率是非常低的，家用的计算机将大多数的时间花费在“等待”上面。即便是使用者实际使用他们的计算机时，处理器依然是寂静的消费，依然是不计其数的等待，等待着用户的指令或数据输入。这样的使用效率很大程度上浪费了 CPU 的计算能力，并行计算就是将这些被浪费掉的资源充分利用起来。

目前常见的分布式计算项目主要是网格计算。网格计算是使用世界各地上千万志愿者计算机的闲置计算能力，通过互联网进行数据传输，然后分别由这些计算机进行计算，最后再将计算后的结果统一合并出数据结论。分布式计算的一个应用是，分析计算蛋白质的内部结构和相关药物的 Folding@home 项目，该项目结构庞大，需要惊人的计算量，由一台计算机计算是不可能完成的。虽然现在有了计算能力超强的超级计算机，但这些设备造价高昂，而一些科研机构的经费却又十分有限，借助分布式计算可以相对廉价地完成它们的计算任务。

就目前来看，全球的各种分布式计算已有约百种，这些计算大多互无联系、独立管理、独立使用自己的一套软件。美国加州大学伯克利分校创立了 BOINC，即伯克利开放式网络计算平台，对分布式项目进行集中统一式管理，目前取得了不错的成果。

2. 并行计算

并行计算一般是指许多指令得以同时进行的计算模式，可以提高计算机系统计算速度和处理能力。它的基本思想是用多个处理器来协同求解同一问题，即将被求解的问题分解成若干个部分，各部分均由一个独立的处理来并行计算。并行计算系统既可以是专门设计的、含有多个处理器的超级计算机，也可以是以某种方式互连的若干台的独立计算机构成的集群。通过并行计算集群完成数据的处理，再将处理的结果返回给用户。

相对于串行计算，并行计算可以划分成时间并行和空间并行。时间并行即流水线技术，空间并行使用多个处理器执行并发计算，当前研究的主要是空间的并行问题。以程序和算法设计人员的角度看，并行计算又可分为数据并行和任务并行。数据并行把大的任务化解成若干个相同的子任务，处理起来比任务并行简单，目前研究的主要成果也是主要集中在数据并行的阶段，任务并行还在研究当中。

日常生活中使用的串行计算机基本上都是在使用冯·诺依曼的计算模型，而并行计算机则需要一个新的计算模型。目前，人们已经提出了几种有价值的参考模型：PRAM 模型、BSP 模型、LogP 模型、C^3 模型等。

云计算是在并行计算产生之后诞生的事物，两者之间有很多的联系和区别。云计算是从并行计算中得到的思路，云计算的思路与并行计算的思路是一致的，两者的区别在于云计算的单元是服务器，而并行计算的单元是处理器。并行计算的目的是提高单个主机的运算能力，即一台计算机的能力；而云计算则是发挥多个计算能力比较低的计算机综合起来的作用。并行计算只是集中于科学和研究的领域，比较适合专业的用户，而云计算则是给所有的用户提供服务。

本章小结

本章主要介绍了计算机科学的发展前景。计算机科学的诞生是源于计算机的诞生，起初的计算机科学主要用于科学计算，此后计算机的应用逐渐扩大到数学运算和处理音频视频等领域，计算机科学由此诞生。计算机科学作为一门科学领域的学科，主要包含理论计算科学和应用计算科学两个方面。理论计算科学主要关注的是计算的复杂度和计算资源的需求，应用计算科学主要关注的是具体的应用领域。计算机科学从诞生以来就不是一门独自发展的学科，而是与生物学、数学、金融学和物理学等诸多的传统学科都有交叉，它们相互促进，相互发展。

计算机硬件是计算机的基础，业界根据硬件的发展规律总结出摩尔定律，即每 18 个月之内，集成电路上可容纳的晶体管数目就能增加一倍，摩尔定律揭示了工业界硬件的一个发展规律。计算机硬件的发展趋势是单个元件的集成化程度提高和各个元件之间的集成化程度提高，具体体现在中央处理单元、存储技术和交互技术等方面。

计算机软件是用户和计算机交互的实体。随着软件开发过程对成本和效率的要求，模块化的软件开发方法能够最大程度地实现软件重用。与传统的本地安装不同，现在软件安装和使用的一个趋势是网络化，用户通过浏览器使用在线软件；与之相关的另外一个趋势是服务化，即用户只需通过接口来获取软件的服务，而不需要软件的实体。软件的全球化也是一个重要的趋势，全球化能够最大程度地利用全球的资源，同时全球化也面临着很大的挑战。

信息的共享是互联网互联的最终目的，随着互联网和计算机技术的发展，人与人之间的交流方式已经发生了很大的改变。从传统的“点对点”的交流变成了多点交流。对 Web 应用来说，按照用户和网站之间交互的方式，将互联网划分为 Web 1.0、Web 2.0 和 Web 3.0 时代，从 Web 1.0 到 Web 3.0 的变化是用户和网站之间更加积极的交互过程。物联网技术的实现会将所有有用的设备集成连接成一个网络，实现信息的更多样化获取和服务的提升。

习　　题

（一）填空题

1. 按照计算机宏观的划分，计算机科学分为__________和__________两个部分。

2. 应用计算科学由人工智能、__________、__________、计算机安全与密码学、__________、信息科学和软件工程组成。

3. 生物信息学研究的主要目标是通过对生物学实验数据的________、________、________和________，达到揭示数据蕴含的生物学意义。

4. 摩尔定律是由__________提出来的。

5. 中央处理单元可能会呈现出__________、__________和__________的发展趋势。

6. 计算机软件可能会向模块化、__________、服务化和__________方向发展。

7. 轻博客和问答网是以__________为核心的社会化信息交互平台。

8. 物联网需要解决的关键技术问题有________、__________、__________、__________和新材料技术。

9. 云计算的部署模型有公有云、__________、__________和混合云等。

10. 大数据的 4 个特点分别是__________、__________、__________和__________等。

（二）选择题

1. 计算机科学被确立为不同种类的学术学科是在什么时候______。

A. 20 世纪 50～60 年代　　B. 20 世纪 30～40 年代

C. 20 世纪 60～70 年代　　D. 20 世纪 90 年代

2. 下面______不属于理论计算科学内容。

A. 计算理论　　B. 信息和编码理论　　C. 人工智能　　D. 算法

3. 下列属于应用计算科学的是______。

A. 形式化方法　　B. 数据库和信息检索

C. 程序设计语言理论　　D. 信息科学

4. 摩尔定律中，每隔______，集成电路上能够容纳的元件个数会翻一番。

A. 12 个月　　B. 15 个月　　C. 18 个月　　D. 24 个月

5. 下列______不是中央处理单元的发展趋势。

A. 多核化趋势　　B. 集成度进一步提高

C. 功耗进一步降低　　D. 交互性能会更好

6. 软件设计的模块之内和之间耦合原则是______。

A. 高内聚，低耦合　　B. 高内聚，高耦合

C. 低内聚，低耦合　　D. 低内聚，高耦合

7. 下面______不是软件发展趋势。

A. 全球化　　B. 模块化　　C. 网络化　　D. 独立化

8. 下列不属于 Web 2.0 的应用是______。

A. 博客　　B. 微博　　C. 网上商城　　D. 社交网络

9. 下列______不属于云计算部署模型。

A. 公有云　　B. 私有云　　C. 社区云　　D. 校园云

10. 下列______是属于大数据的特征。

A. 大量　　B. 高速　　C. 价值　　D. 以上都是

（三）简答题

1. 请简述计算机科学的诞生过程。
2. 请简述计算机科学的研究领域和发展方向。
3. 计算机科学与哪些学科形成了交叉学科，请举例说明。
4. 摩尔定律揭示了怎样的一个规律？
5. 计算机的进一步集成趋势是怎样的趋势？
6. 请简述软件的网络化和服务化是什么，与传统的软件使用和购买方式有什么区别？
7. 请简要概述软件全球化的优点和挑战。
8. 请简述在计算机诞生以来信息交流方式的改变。
9. Web 1.0 和 Web 2.0 以及 Web3.0 之间的区别是什么？
10. 请概述目前处于发展中的一些计算机科学方面的新型技术领域。

附录 ASCII 码

十进制数	字符	十进制数	字符	十进制数	字符	十进制数	字符
0	nul	32	sp	64	@	96	'
1	soh	33	!	65	A	97	a
2	stx	34	"	66	B	98	b
3	etx	35	#	67	C	99	c
4	eot	36	$	68	D	100	d
5	enq	37	%	69	E	101	e
6	ack	38	&	70	F	102	f
7	bel	39	`	71	G	103	g
8	bs	40	(	72	H	104	h
9	ht	41	)	73	I	105	i
10	nl	42	*	74	J	106	j
11	vt	43	+	75	K	107	k
12	ff	44	,	76	L	108	l
13	cr	45	-	77	M	109	m
14	so	46	.	78	N	110	n
15	si	47	/	79	O	111	o
16	dle	48	0	80	P	112	p
17	dc1	49	1	81	Q	113	q
18	dc2	50	2	82	R	114	r
19	dc3	51	3	83	S	115	s
20	dc4	52	4	84	T	116	t
21	nak	53	5	85	U	117	u
22	syn	54	6	86	V	118	v
23	etb	55	7	87	W	119	w
24	can	56	8	88	X	120	x
25	em	57	9	89	Y	121	y
26	sub	58	:	90	Z	122	z
27	esc	59	;	91	[	123	{
28	fs	60	<	92	\	124	|
29	gs	61	=	93	]	125	}
30	re	62	>	94	^	126	~
31	us	63	?	95	_	127	del

习题答案

第 1 章　计算机科学基础

（一）填空题

1. 周
2. 3 个互相锁定的有刻度的长条、滑动窗口
3. 帕斯卡加法器
4. 步进轮
5. 康拉德 • 楚泽
6. 电子管计算机、晶体管计算机、集成电路计算机、大规模集成电路计算机
7. 运算器、逻辑控制装置、存储器、输入设备、输出设备
8. ACM
9. 1956
10. 天河二号

（二）选择题

1-5. DDDDD　6-10. AACBC　11-15. ADCDB　16. C

（三）简答题

1. 试阐述机电计算机的特点，并列举代表机型。

电动机械时代的计算机的特点是使用电力作为驱动计算机的动力，但机器结构本身还是机械式结构。代表机型有制表机，Z2、Z3 计算机，自动序列控制演算器。

2. 简述第四代计算机的特点。

（1）主要元件由微处理器或大规模集成电路代替了普通的集成电路。

（2）计算机的体积和价格不断下降，可靠性和计算能力不断提升，每秒能执行的计算次数上升到上千万次到上亿次。

（3）计算机的存储容量进一步扩大，出现了新的设备如光盘和激光打印机等。

（4）计算机程序设计更加人性化，更高级的程序设计语言如 C、C++、Java 等相继出现并迅速占领市场，编程变得更加简单、高效。

（5）计算机的生产技术不断提升，流水线生产和集成制造技术使一台计算机生产的时间显著下降。

（6）计算机的应用领域前所未有地扩大，深入多媒体技术、人工智能、数据库和数据挖掘、电子商务等各个领域，并且在每个领域中发展了单独的计算机技术，甚至诞生了分支学科。

（7）计算机网络的兴起使全世界各个计算机“互联”起来，从社会、经济、科技等各个方面极大地影响了人们的生活，推动了人类社会的信息化步伐。

3. 什么是超级计算机？

超级计算机主要是为了满足高强度的计算需要而产生的超大型电子计算机，具有很强的计算和处理数据的能力。其基本组成组件与个人计算机的概念无太大差异，但规格与性能则强大许多，能以极高速度执行一般计算机所无法完成的运算，处理海量数据。主要特点表现为高速度和大容

量，配有多种外部和外围设备及丰富的、高功能的软件系统。

4. 简述神经计算机的特点。

神经计算机也被认为是第六代计算机，它的特点是模仿人类大脑的信息处理方式进行计算。用许多微处理机模仿人脑的神经元结构，采用并行分布式网络将这些微处理机连接就构成了神经计算机。神经计算机除有许多处理器外，还有类似神经的节点，每个节点与许多点相连，每一步运算分配给多台微处理器同时进行，大大提高了信息处理速度。

5. 什么是计算机科学，它与计算机有什么关系？

计算机科学是系统性研究信息处理与计算的理论基础以及它们在计算机系统中的实现与应用方法的学科，它通常被形容为对创造、描述以及转换信息的算法的系统研究。计算机硬件是基础，计算机科学是在计算机发展过程中诞生的学科。

6. 请概括一下计算机在哪些领域的应用比较广泛。

（1）科学计算。科学计算也称为数值计算，它是电子计算机的重要应用领域之一，世界上第一台计算机的研制就是为科学计算而设计的。

（2）数据处理。数据处理涉及的数据量大，但计算方法较简单。计算机非常善于处理大数据，因此得到了广泛的应用。

（3）实时控制。利用计算机进行过程控制，不仅可以大大提高控制的自动化水平，而且可以提高控制的及时性和准确性。

（4）计算机辅助系统。

（5）人工智能。

7. 请叙述计算机科学在医学领域的具体应用。

计算机在医学领域中是不可缺少的工具，可以用于进行患者病情的诊断和治疗，控制各种数字化的医疗仪器以及对病员进行健康护理。医学专家系统是把医学专家和医生的经验存储在数据库中，通过人工智能和推理的方式，根据输入的信息和知识库中的知识进行推理，从而得到结论。远程医疗系统是将计算机技术和计算机网络技术结合起来实现远程诊断的一种方式。数字化医疗仪器是利用计算机的高性能来对病情进行诊断的一种方式，如核磁共振技术和超声波仪器以及心电图仪器等。使用计算机还可以对病员进行监控和健康护理，使病员得到更好的护理。

第2章 计算思维

（一）填空题

1. 单一或多个输入值、单一或多个的结果

2. 输入值、输出值

3. 函数的计算

4. 周以真

5. 概念化，不是编程、根本的，不是刻板的技能、是人的，不是计算机的思维方式、是数学和工程思维的互补与融合、是思想，不是人造物

6. 抽象、理论、设计

7. 发现并抓住问题的本质

8. 工程

9. 控制节点

10. 马克 • 维瑟

（二）选择题

1-5. DCDAB　　6-10. DADCC　　11-15. BCCDD

（三）简答题

1. 阐述计算思维的概念。

计算思维是运用计算机科学的基础概念进行问题求解、系统设计，以及人类行为理解等涵盖计算机科学之广度的一系列思维活动。

2. 解释计算机、计算机科学和计算思维的关系。

计算机是可以帮助人们执行计算的硬件工具。计算机科学则是研究计算机与其相关领域的现象与规律的科学，抽象一点来说，是研究计算机如何“计算”的科学。在计算机与计算机科学不断发展的过程之中，它们与人类生活的联系越来越紧密，很多应用在计算机科学研究或实践中的思想对人们解决实际生活中的问题具有越来越深刻和普适的指导意义，这些思想总结起来就是计算思维。

3. 计算思维 5 种特性的含义是什么？

（1）概念化，不是编程：计算机思维使我们能像计算机科学家那样去思考，但计算机科学不是计算机编程，像计算机科学家那样去思维意味着远不止能为计算机编程，还要求我们能够在抽象的多个层次上进行思维。

（2）根本的，不是刻板的技能：计算思维应当成为人们应该掌握的一种思维方式，它的存在能为我们解决问题带来指导意义。但掌握计算思维并不意味着按照既定的模式机械地解决问题，而是应当掌握利用这种思维思考、分析以及解决问题的方法。

（3）是人的，不是计算机的思维方式：计算思维是人类求解问题的一条途径，但决非要使人类像计算机那样思考。

（4）是数学和工程思维的互补与融合：计算机科学在本质上源自数学思维，因为像所有的科学一样，其形式化基础建立于数学之上；计算机科学也从本质上源自工程思维，因为我们建造的是能够与实际世界互动的系统，基本计算设备的限制迫使计算机学家必须计算性地思考，不能只是数学性地思考。

（5）是思想，不是人造物：不只是我们生产的软件硬件等人造物将以物理形式到处呈现并时时刻刻触及我们的生活，更重要的是我们用以接近和求解问题、管理日常生活、与他人交流和互动的计算概念（尤其是计算思维的思想）也会极大影响世界上的每个人、每个角落。

4. 按设计内容和工作的不同，设计分为哪几种，其含义分别是什么？

按照设计内容和工作的不同，可将设计再分为形式、构造和自动化。

形式指利用统一的、严格定义的符号化语言对问题对象的形式进行表述的过程。只有按照严格语法表达的形式才能被计算机所识别与执行，才能对形式多样的问题进行统一处理。

构造指建造起研究对象各要素之间的组合关系与框架。计算机科学领域的构造包括算法的构造、过程的构造等。

自动化指程序、软件、硬件、网络等自动化系统的设计与实现。

5. 解释人工智能、计算智能和智能计算的关系。

人工智能是计算机科学的一个分支领域，是一种用计算机模型模拟思维功能的科学。计算智能是比人工智能低一层次的智能，它与人工智能的地位一样：是一个研究领域和学科范畴，而智能计算是研究计算智能的一种计算方法。

6. DNA 计算机有哪些优点？

体积小、存储量大、运算快、耗能低、具有并行性。

第3章　计算机数据表示

（一）填空题

1. 位置化数字系统、非位置化数字系统
2. 2、1
3. 23、1100.11、51、1001010111100
4. 位、3072
5. 10000001、111100、10111101
6. 00010011、-98
7. 0101、0
8. 符号位、指数域、尾数域、规范化
9. 8
10. 差、MP3

（二）选择题

1-5. DBDCA　　6-10. ADCDB　　11-15. ACAAB　　16-17. DC

（三）简答题

1. 试阐述信息与数据的概念，并举例说明二者的联系与区别。

数据是指存储在某种介质上并且能够被识别的物理符号，用来表示通过科学实验、检验、统计等方式获得的和用于研究、设计、决策、验证等目的的数值。信息泛指人类社会传播的全部内容。数据是信息的一种表现形式，也是构成信息的原始材料。而信息是反映事件的内容，包括事件判断、事件动作以及对事件运动的描述，即信息包含了人们对事物的认识。信息由数据分析得到，并通过不同的形式进行表现。以班级的考试成绩为例，每一个学生的成绩可视为一组数据；通过每个学生的成绩可计算出班级平均成绩或每个学生的排名，这些即为通过数据提取出的信息。

2. 计算机内部采用二进制的优点有哪些？

与物理状态相符、便于进行逻辑判断、便于进行数值运算和编码、抗干扰能力强、可靠性高。

3. 反码解决了原码的哪些缺陷？补码解决了反码的哪些缺陷？

反码解决了原码计算时需要判断符号的缺陷，使符号位可以参与计算；补码解决了反码“+0”和“-0”的问题，降低了计算逻辑复杂度。

4. 下列十进制数字的八位二进制原码、反码、补码分别如何表示？

（1）56　　（2）-78　　（3）1　　（4）-1

原数	原码	反码	补码
56	00111000	00111000	00111000
-78	11001110	10110001	10110010
1	00000001	00000001	00000001
-1	10000001	11111110	11111111

5. 利用八位二进制补码计算如下十进制数运算：

（1）5-7　（2）10+8　（3）6-3

$(5)_{10}-(7)_{10}=(5)_{10}+(-7)_{10}=[00000101]_{补}+[11111001]_{补}=[11111110]_{补}=-2$

$(10)_{10}+(8)_{10}=[00001010]_{补}+[00001000]_{补}=[00010010]_{补}=18$

$(6)_{10}-(3)_{10}=(6)_{10}+(-3)_{10}=[00000110]_{补}+[11111101]_{补}=[00000011]_{补}=3$

6. 试解释溢出问题是如何产生的。

对任意两个数值进行运算，当运算的结果超过了可表示的数值范围，会导致实际结果产生错误，发生溢出现象。

7. 利用八位二进制浮点记数法表示如下十进制实数：

（1）-3.5　　（2）0.75

$$-3.5=(-0.111)_2\times 2^2=[11101110]$$

$$0.75=(0.11)_2\times 2^0=[01001100]$$

8. 举例说明截断误差的累积效应。

将 3 个十进制数 2.5、0.125、0.125 进行相加：如果先将 2.5 与 0.125 相加，结果为 2.625，用浮点记数法将其存储会发生截断误差，导致实际存储的结果为 2.5。将这个结果再加上另一个 0.125，结果还是 2.625，用浮点计数法存储再次发生截断误差，最终得到的加法结果为 2.5，可见两次截断误差造成了累计的错误。

9. 使用 8 位 ASCII 码对如下文本进行编码：

“Hello World !”

H	e	l	l	o	空格
01001000	01100101	01101100	01101100	01101111	00100000
W	o	r	l	d	!
01010111	01101111	01110010	01101100	01100100	00100001

10. 解释位图文件和矢量图文件在存储方式上的不同。

在位图中，图像是由一个个像素组成的，存储位图就是存储每一个像素点的编码。矢量图将图像分解成为一些特定形状的组合进行存储，这些形状都是通过数学公式表示的。

第 4 章　计算机硬件结构

（一）填空题

1. 中央处理单元、存储器、输入输出设备，系统总线
2. 数字逻辑电路、控制系统、机器
3. 取指、译码、执行
4. 控制单元、算术逻辑单元、寄存器
5. 只读存储器
6. 容量、速度、价格
7. 字符输入设备、定点输入设备、扫描输入设备、音频输入设备
8. 显示器、打印机
9. 数据总线、地址总线、控制总线

（二）选择题

1-5. CCBDD　　6-7. DD

（三）简答题

1. 计算机硬件的主要组成部分是什么？

计算机硬件的主要组成部分为中央处理单元、存储器、输入输出设备、系统总线。

2. 传统的计算机分层组织分为哪几层？每层的特点是什么？

传统的计算机分层组织分为用户层、高级语言层、汇编语言层、系统软件层、机器层、控制层和逻辑层。

第 6 层是用户层，也是用户在使用计算机时所能看到的一层，而其余各比较低层次的内容都是不可见的，用户也无需了解。

第 5 层是高级语言层，它由各种高级语言组成，如 C、C++、Java、Web 编程语言等。我们必须使用编译器或者解释器将这些高级语言翻译解释成机器可以理解的语言。

第 4 层是汇编语言层，它包括各种类型的汇编语言。

第 3 层是系统软件层，其核心就是操作系统。

第 2 层是机器层，这是面向计算机体系结构设计者的层次。

第 1 层是控制层，这一层的核心是计算机硬件控制单元。

第 0 层是数字逻辑层，这一层是计算机系统的物理构成：各种逻辑电路和连接线路，它们是组成计算机硬件的基础。

3. 简述冯·诺依曼模型的主要特点。

冯·诺依曼模型的计算机体系结构有如下特点：

（1）计算机系统由运算器、控制器、存储器、输入设备和输出设备五部分组成。

（2）数据和程序以二进制代码的方式不分区别地存放在存储器中，存放的位置由地址确定。

（3）具备顺序执行的能力。

（4）在主存储器系统和 CPU 控制单元之间，包含有物理上或者逻辑上的唯一通道，可以强制改变指令和执行的周期。

4. 中央处理单元的主要组成部分有哪些？

组成部分有控制单元、算术逻辑单元、寄存器。

控制单元是计算机内部的“交通协管员”，协调和控制中央处理单元中所有的操作。控制单元对指令进行译码操作，并且发出指令执行和数据传输所需要的信号。

算术逻辑单元是计算机的“计算器”，主要负责完成算术运算和逻辑运算。

寄存器是 CPU 内部的存储单元，用来临时存储数据和指令，寄存器一般集成在控制器中，并且由控制器进行控制。

5. 简述指令周期的过程。

现代计算机系统的指令执行过程一般都遵循一个基本的循环过程：取指、译码、执行。在这个周期中，CPU 首先将指令从主存储器转移到指令寄存器，这是取指过程；接着对指令进行译码，即将指令转化为 CPU 所能理解的机器码形式，同时提取该条指令所需要的数据，这是译码过程；然后执行这条指令，即执行这条指令的所规定的各种操作，这是执行过程。

6. 简述 RISC 和 CISC 体系的特点。

RISC 的特点是所有指令的格式都是一致的，所有指令的指令周期也是相同的，并且采用流水线技术。RISC 设计的基本理念是只关注那些经常用到的指令，尽量使指令简单高效，而复杂的操作则通过简单指令的组合来实现。同时，RISC 指令的指令周期都相同，便于使用指令流水线进行操作。

CISC 的特点是指令的格式并不一致，指令的周期也长短不一，指令设计比较复杂，但是涵盖了尽可能多的指令。CISC 的设计理念是使操作尽可能在一个周期内结束，指令尽可能全面，复杂的操作往往都能在一个周期内执行完毕，相比几条简单指令组合的 RISC 指令更为省时间。

7. 简要概述中央处理器发展的 5 个阶段。

第一阶段的处理器是 4 位或 8 位的低档微处理器，算作成型的第 1 代微处理器。其特点为使用晶体管，集成度低(4 000 晶体管/片)，系统结构和指令系统比较简单。

第二阶段的处理器是 8 位的中档处理器，通常称为第 2 代微处理器。相比于第 1 代微处理器，集成度提高了约 4 倍，运算速度提高了 10～15 倍，指令系统逐渐完善。

第三阶段微处理器潮流仍然由 Intel 公司引领，16 位处理器正式诞生，称为第 3 代微处理器。这一时期的微处理器集成度已经达到（50 000 晶体管/片），主频达到了 8MHz，指令系统已经十分完善。

第四阶段的处理器以 Intel 公司推出的 80386 和 80486 处理器为代表，这两款处理器都是 32 位，集成度已经达到了 100 万晶体管/片，每秒钟完成的指令数达到了 600 万条。

第五阶段微处理器以 Intel 公司的奔腾系列处理器为代表，因此第 5 代微处理器时代也称为“奔腾”时代。

第 6 代处理器是“酷睿”时代，这一时期正是以 Intel 公司推出的酷睿系列处理器为代表。酷睿时代的处理器已经不仅仅体现在集成度和运算速度的进一步提高，而且还进入了多核时代。

8. 存储器的种类分为哪几种？每一种存储器又是怎样分类的？

随机存储器：分为静态随机存储器和动态随机存取存储器；

只读存储器：分为可编程只读存储器、可擦可编程序只读处理器、电可擦可编程只读存储器。

9. 度量存储器的指标一般都有哪些？

容量、价格和速度，除此之外还有稳定性、可靠性等其他指标。

容量是指存储器能容纳数据的大小，价格是指存储器单位存储数据的价格，速度是指单位时间内读写数据的大小。

10. 请列举出几个生产磁盘的公司。

生产磁盘的公司有希捷公司（Seagate）、西部数据（Western Digital Corp）、东芝硬盘（Toshiba）、日立硬盘（Hitachi）等。

11. 请简述 CD、DVD 和 BD 的区别。

在 CD 上，信息只能存储在一个层面上，而 DVD（Digital Versatile Disk）则由多个半透明层组成，精确聚焦的激光能够识别出不同的层面，从而大大地增加存储容量，DVD 的存储容量一般在 5G 左右。另外，CD 只能在单面存储数据，但是 DVD 则能够在单面或者双面存储数据。尽管 CD 是当前光盘的标准，但是 DVD 的发展已经让更多的人看到了将来取代 CD 的趋势。

蓝光技术的发展进一步增大了光盘的存储容量，相比于 CD 和 DVD 使用的红色激光，BD（Blue-ray Disk，蓝光光碟）使用的是蓝色激光，波长更短，聚焦更为精确，存储容量更大，是 DVD 的 5 倍多。蓝光光碟一般用来存储高清甚至超高清视频。

12. 请列举出几个定点输入设备。

常见的定点输入设备有鼠标、游戏杆、触控板、触摸屏、光笔、感应笔等。

13. I/O 控制方式有哪几种？

程序控制 I/O、中断控制 I/O、直接存储器控制、通道控制 I/O 等。

采用程序控制 I/O 的计算机系统通过 CPU 不断地扫描专门分配给硬件的寄存器实现，因此这种控制方式也称为“轮询”方式。

中断控制 I/O 与程序控制 I/O 的方式相反，CPU 不会主动去询问硬件寄存器的状态，当外部硬件设备准备就绪的时候，就会给 CPU 发出一个中断通知 CPU，此时 CPU 停下当前的工作去处理外部设备的状况。

不管是程序控制I/O还是中断控制I/O,外部设备与CPU之间数据的传输总是通过CPU控制。而直接存储器控制的思想是通过专门的DMA（Direct Memory Access）模块与外部设备进行数据传输，通道控制I/O的思想是通过多个I/O控制器控制多条I/O路径来进行数据传输，加快了传输速率并降低了管理成本，一般在大型机上使用较多。

第5章　操作系统

（一）填空题

1. 高层次、低层次
2. 方便、可靠、安全、高效
3. 进程管理、存储管理、文件管理、设备管理、网络与安全管理、用户界面与接口
4. 并发性、共享性、虚拟性、不确定性
5. 驱动程序、内核、接口库、外围
6. 手工操作系统阶段、批处理操作系统阶段、分时系统阶段、实时系统阶段、通用操作系统阶段、进一步发展阶段
7. 进程控制、进程通信、进程同步
8. 内存分配、内存保护、地址映射
9. 索引分配
10. 图形接口、程序接口

（二）选择题

1-5. CDABA　　6-10. BACDA

（三）简答题

1. 请概括操作系统的定义以及其作用。

操作系统是位于硬件层之上、其他软件层之下的系统软件，操作系统负责管理系统和资源。

操作系统是用户与计算机硬件之间的接口，用户通过操作系统来使用计算机系统；操作系统为用户提供了虚拟计算机；操作系统是计算机系统的资源管理者。

2. 请简述操作系统的发展历史。

（1）手工操作阶段：20世纪50年代中期，计算机运行速度缓慢、规模小、外设少，用户直接使用机器语言或汇编语言进行程序编制，没有操作系统的概念。

（2）批处理系统阶段：批处理是系统将用户提交的程序和数据以“成批”的方式送给计算机执行。批处理系统在完成一项任务之后，会自动调取下一项任务进行执行。批处理操作系统分为单道批处理系统和多道批处理系统。

（3）分时系统阶段：所谓分时，是指将计算机的系统资源也就是CPU的时间进行分片，每个用户依次使用一个时间片，从而使多个用户共享一台计算机。虽然CPU还是通过程序之间的切换来执行多个任务，但是切换的速度相当快，用户可以在每个程序期间与之进行交互。

（4）实时系统阶段：实时系统是一种能及时响应随机发生的外部事件，并能在严格的时间内进行处理的系统。

（5）通用操作系统阶段：通用操作系统是具有多种类型操作特征的操作系统，可以兼有几种功能。如实时批处理系统、分时批处理系统等。

（6）操作系统的进一步发展：操作系统进一步向分布式操作系统、网络操作系统等方向发展。

网络操作系统是在原来计算机操作系统的体系上，按照网络体系结构的各个协议标准管理通信和资源共享的模块，分布式系统类似于网络操作系统，但是分布式系统更注重分布式的计算和处理。

3. 操作系统常用的结构有哪些，它们之间的区别是什么？

（1）驱动程序：最底层的、直接控制和监视各类硬件的部分，它们的职责是隐藏硬件的具体细节，并向其他部分提供一个抽象的、通用的接口。

（2）内核：操作系统内核部分，通常运行在最高特权级，负责提供基础性、结构性的功能。

（3）接口库：是一系列特殊的程序库，它们职责在于把系统所提供的基本服务包装成应用程序所能够使用的编程接口（API），是最靠近应用程序的部分。

（4）外围：是指操作系统中除以上三类以外的所有其他部分，通常是用于提供特定高级服务的部件。

4. 请简要说明进程通信有哪些方式。

进程之间的通信有两种方式：共享内存和消息传递。

采用共享内存的进程间通信需要在通信进程之间建立共享的内存区域，进程通过向此共享区域读出或写入数据来交换信息；消息传递机制是相互协作的进程之间通过发送或接收消息来进行通信。

5. 进程解决同步和互斥的方式有哪些？

解决互斥问题应该满足互斥和公平两个原则，即任意时刻只能允许一个进程处于同一共享变量的临界区，而且不能让任一进程无限期地等待。互斥问题可以用硬件方法解决，也可以用软件方法。解决进程同步问题，通常采用信号量 P&V 操作或管程来实现。信号量的值与当前相应资源的使用情况有关，利用 PV 操作可以实现进程的同步和互斥。管程是将信号量和操作封装在一起的一种机制，避免了操作分散和难以控制。

6. 存储管理的主要任务都是什么？

存储管理的主要任务包括内存分配、内存保护、地址映射和虚拟内存。

7. 文件管理的主要目标是什么？

文件系统是管理文件资源的系统，程序和数据按照一定的格式和组织形式放置在磁盘上，但需要的时候才加载进内存中执行。文件系统的任务就是有效地组织、存储、管理和保护这些数据，以便在需要的时候能够及时取出。

8. 常见的 I/O 控制有哪些？

常见的 I/O 控制有程序 I/O 控制、中断控制和 DMA 控制。

9. 操作系统安全机制的实现方式有哪些？

信息安全机制主要分为内部安全机制和外部安全机制两种。

内部安全机制是防止正在运行的程序任意访问系统资源的手段。操作系统实现这种机制是在硬件层级上实现了一定程度的特殊指令保护概念；在操作系统内部也常设置许多种类的软件防火墙。软件防火墙可设置接受或拒绝在操作系统上运行的服务与外界的连接。因此避免任何人都可以安装并运行某些不安全的网络服务，如 Telnet 或 FTP，并且设置除了某些自用通道之外阻挡其他所有连接，以达成防堵不良连接的机制。

10. 请简要概述 Linux 系统的发展和优点。

1991 年，在赫尔辛基，芬兰大学的 Linus Torvalds 完成了 Linux 内核，并将该内核放置在网络上，供人们自由下载。1993 年，大约有 100 余名程序员参与了 Linux 内核代码编写/修改工作。

1994 年 3 月，Linux 1.0 发布，当时按照完全自由免费的协议发布，随后正式采用 GPL 协议。

1995 年 1 月，Bob Young 创办了 RedHat（小红帽），以 GNU/Linux 为核心，集成了 400 多个源代码开放的程序模块，开发出了一个冠以品牌的 Linux 操作系统，即 RedHat Linux，称为 Linux “发行版”，并在市场上出售。这在经营模式上是 Linux 发展历史上的一个重要创举。

2001 年 1 月，Linux 2.4 发布，它进一步提升了 SMP 系统的扩展性，同时也集成了很多用于支持桌面系统的特性。

2003 年 12 月，Linux 2.6 版内核发布，相对于 2.4 版内核 2.6 在对系统的支持都有很大的变化。

现在 Linux 操作系统已经成了一种广泛应用的多任务的操作系统，也由此衍生出众多的发行版本，如 Ubuntu、FreeBSD、RedHat 等。目前 Linux 已经和 Windows、Mac OS 一起成为了操作系统的主流产品。

优点：完全免费、完全兼容 POSIX1.0 标准、多用户、多任务、支持多种平台、性能高且安全性强、便于定制和再开发。

第 6 章　算法和数据结构

（一）填空题

1. 有穷性、确定性、可行性、有输入
2. 正确性、可读性、高效率与低存储率
3. 物理符号、抽象描述
4. 二元组、逻辑结构图
5. 树形结构
6. 任意的
7. 深度优先算法、广度优先算法
8. 冒泡排序、快速排序、插入排序、选择排序
9. 图论

（二）选择题

1-5. D B C C C　　6-10. C D D B D　　11-14. D A B D

（三）简答题

1. 描述算法时间和空间复杂度计算的基本思想。

时间复杂度是衡量算法在特定数据量情况下执行时间的长短的标准。抛开与计算机硬件本身相关的因素，仅考虑问题规模的话，那算法的运行时间与问题的规模是紧密相关的，因此将算法的运行时间定义为问题规模的函数。

空间复杂度，是对一个算法在运行过程中临时占用存储空间大小的度量，一般也是作为问题规模 N 的函数。

2. 简要叙述算法 3 种控制结构的共同特点。

3 种控制结构具有的共同点是：

（1）每个循环结构都只有一个入口和一个出口，也就意味着必有输入和输出，而且对于同一输入，执行多次必然会得到同样的输出。

（2）结构内的每一部分都会有机会被执行到，即对于每一个框来说，都应当有一条入口到出口的路径通过它。

（3）结构内不存在死循环，即无终止的循环，在流程图和算法中是不允许死循环出现的。

3. 简要叙述算法的伪代码表示法的优缺点。

优点：结构清晰、代码简单、可读性好并且类似于自然语言，容易转成程序设计语言。

缺点：没有统一的规范。

4. 数据结构包含哪3方面的内容，每一方面的含义是什么？

逻辑结构：即数据元素之间的逻辑关系。它是独立于计算机之外仅从逻辑角度描述数据的，因而与数据在物理介质上的存储方式无关，可以看作经过抽象的模型。

存储结构：即数据元素以何种存储方式存储在计算机中，也称物理结构。数据的逻辑结构需要以一定的形式存储在计算机中，这需要依赖高级计算机语言实现。

运算：即对数据进行的操作。数据结构的运算定义于逻辑结构之上，实现于存储结构之上，这需要利用特定的算法。最常见的运算包括查找、插入、删除、排序等。

5. 简述单链表、双链表、循环链表在结构和功能上的区别和联系。

单链表的数据访问方向是单一的，每个节点的指针域只有指向其直接后继节点的指针，数据元素的访问方向只能为开始节点到终端节点的方向。双链表中，每个节点除了有指向其直接后继节点的指针外，还有一个指针指向其直接前驱节点，这样从一个节点出发，就能从两个方向任意访问其他节点。循环链表中，终端节点原本为null的指针域指向头节点，使链表首尾相连，实现循环访问。

6. 简要总结一下常见的搜索算法。

常见的搜索算法有枚举算法、二分查找算法、深度优先算法和广度优先算法、启发式算法（如A*搜索算法、遗传算法）。

7. 简要总结一下常见的排序算法。

按照排序过程实现方法的不同，排序算法一般分为交换、插入、选择和合并等。具体有冒泡排序、快速排序、选择排序、堆排序和归并排序等。

8. 简述动态规划和贪心算法的思路。

动态规划主要的思路是将原问题分解为简单的子问题进行处理，然后再使用子问题得到的结果来求解原问题。

贪心算法是一种在每一步中都选择采取在当前状态下中最好或最优的选择，从而导致结果是最优的算法。

9. 简要概括图论研究的领域。

图论研究的领域包括图的计数问题、子图相关的问题、染色问题、路径问题、网络流与匹配和覆盖问题。

10. 简要叙述哲学家进餐问题

假设有五位哲学家围坐在一张圆形餐桌旁，做以下两件事情之一：吃饭，或者思考。吃东西的时候，他们就停止思考，思考的时候也停止吃东西。餐桌中间有一大碗意大利面，每两个哲学家之间有一只餐叉。因为用一只餐叉很难吃到意大利面，所以假设哲学家必须用两只餐叉吃东西。他们只能使用自己左右手边的那两只餐叉。

第7章 程序设计

（一）填空题

1. 艾达·拉芙蕾丝、Ada语言
2. 机器语言

3. 分析问题、设计算法、编写程序、运行调试、编写文档

4. 命令型范型、说明性范型、函数式范型、面向对象范型

5. 操作码、操作数

6. 助记符

7. FORTRAN 语言

8. 声明

9. 顺序结构、选择结构、循环结构

10. 出错处理

（二）选择题

1-5. CADAC　　6-10. DBDAD　　11-15. ADCBD

（三）简答题

1. 简述程序设计包含的步骤及各步骤工作。

分析问题：对于需要处理的实际问题进行认真、严谨的分析，研究的内容包括：问题领域和范围、给定条件、方法要求、预期目标与结果，找到问题蕴含的规律和可能的解决办法。

设计算法：根据分析问题得到的解决方案设计详细解题步骤并将这些步骤用伪代码表示。

编写程序：选择合适的编程语言将伪代码编写为可以执行的计算机程序，编写程序的过程中要排查语法错误直到程序可以正常运行。

运行调试：运行编写完成的程序，得到运行结果，如果结果错误需要对其进行排错，对编写完成的程序进行测试和调试是确保程序正确性的必不可少的步骤。

编写文档：将程序的名称、功能、实现原理、运行环境、安装和运行方法、需要的输入和输出等相关注意事项用文档化的方式记录下来。

2. 高级程序设计语言有哪些特点？

（1）高级语言更接近自然语言（英语）和数学公式的表达习惯，学习、掌握和使用相比于机器语言和汇编语言更加容易。

（2）高级语言不再依附于硬件，所用的指令与处理器指令无关，使用高级语言编写的程序可移植性和可重用性大大高于使用机器语言和汇编语言编写的程序。此外程序设计人员无需了解硬件知识（如内存、寄存器的结构和运行机制）也能使用高级语言进行编程。

（3）高级语言指令功能集成度较高，程序开发自动化程度高，开发周期短。程序员得到解脱，能够从功能层面直接进行对他们来说更为重要的创造性劳动而不必考虑机器层面烦琐的细节，提高了编程人员的创造力和程序质量。

（4）高级语言为程序员提供了结构化的、集成度较高的程序设计环境和工具，使设计出来的程序可读性、可维护性和可靠性与机器语言和汇编语言相比也大幅提升。

3. C 语言有哪些特点？

（1）简洁、灵活。C 语言语法简单，限制宽泛，提供了丰富的数据类型和数据操作，程序设计自由度较大，使用 C 语言编程十分灵活。

（2）模块化、结构化。C 语言编程主要采用命令型范型，对初学者来说容易理解，编写的程序层次清晰，便于按模块进行组织，易于实现程序结构化。

（3）功能强大，效率较高。C 语言既支持高级语言的功能，也能实现汇编语言的大部分功能，可以直接访问物理地址，对位进行操作。用 C 语言编写的程序只比用汇编语言编写的程序效率低 10%～20%，相比其他高级语言有很高的执行效率。

（4）适用范围大，可移植性好。由于C语言在不同机器上80%以上的指令是相同的，因此用C语言编写的程序可以很容易地移植到不同型号的计算机上。

4. C语言语句按功能可分为哪几种，各种语句功能是什么？

（1）变量声明语句：变量在使用之前需要先进行声明，声明语句的作用就是声明变量。

（2）表达式语句：表达式语句主要执行表达式的算术运算、位运算、赋值运算等。

（3）函数的声明、调用语句：声明和定义函数的功能并在适当地方使用已经定义的函数。

（4）控制语句：控制语句主要用来控制程序的流程，使程序可以按一定的结构执行。

（5）复合语句：可将几条简单语句合并为一条语句执行。

（6）空语句：不执行任何功能，可在特殊情况下起作用。

5. C语言程序的声明周期包含的阶段有哪些？简述各阶段主要工作。

编辑：利用编辑器进行代码的编写，进行任何必要的修改，并将编写完成的代码保存在计算机磁盘中。

预处理：预处理器根据源代码中的预处理指令进行一些文本的替换，包括宏定义、头文件文件包含和条件编译，这些过程对程序员来说是不可见的。

编译：编译器将源代码中的高级语言翻译成计算机可以理解的机器语言。

连接：连接器将目标代码和缺少的函数代码连接起来，形成完整的可执行程序并将其存储在磁盘中。

载入：用户运行可执行程序，程序通过载入器被载入计算机内存中。

执行：CPU控制计算机以每次一条指令的方式执行程序。

6. 阐述Java语言的混合执行模式是如何提高程序二进制代码级可移植性的。

字节码文件是与具体硬件平台无关的，它只要有Java虚拟机就可以执行，因此只要在不同的计算机上安装了Java虚拟机，就能执行字节码文件。通过这种机制，Java虚拟机把不同硬件平台的具体差别隐藏起来，使得字节码文件可以在任何计算机上执行而不需要修改，而字节码文件是二进制文件，不能从中看出程序的设计细节，从而既达到了保护知识产权的目的，又实现了二进制代码级的跨平台可移植性。

第8章 软件工程

（一）填空题

1. 60
2. 软件需求、软件建构、软件维护、软件配置管理、软件工程过程
3. 可行性研究、软件实现、软件测试
4. 喷泉模型、增量模型、敏捷模型
5. 原型模型、增量模型
6. 初始、细化、构造
7. 数据字典、结构化语言、判定表
8. Jackson方法、Warnier方法
9. 高内聚、低耦合
10. 类图、组件图、对象图、包图
11. 活动图、交互图、状态机图

（二）选择题

1-5. BBAAD　　　6. B

（三）简答题

1. 什么是软件工程？

软件工程是应用计算机科学与技术、数学、管理学的原理，运用工程科学的理论、方法和技术，研究和指导软件开发与演化的一门交叉学科。

2. 软件工程开发周期都包含哪些，其内容分别是什么？

软件工程的开发周期包括可行性研究、需求分析、软件设计、软件实现、软件测试、软件维护。

可行性研究是为后续的软件开发做必要的准备工作，要解决的是软件能不能开发的问题。

需求分析是指为了解决用户提出的问题，目标系统需要做什么的问题，也就是开发什么的问题。

软件设计就是在需求分析的基础上，目标系统该怎么开发的问题，也就是怎么做的问题。

软件实现阶段就是按照软件设计阶段的设计方案，进行实际的编码工作。

软件测试是保证软件质量的关键步骤。软件测试的目的是发现软件产品中存在的缺陷，进而保证软件产品的质量。

在软件产品被交付后，其生命周期还在继续。在使用的过程中，用户仍然会发现产品中存在的各种各样的错误，同时，随着用户需求的增长或市场的改变，软件产品需要不断地更新，版本需要不断地升级。

3. 软件模型提出的意义是什么，都包含哪些模型？

意义：软件开发模型描述了主要的开发阶段，定义了每个阶段需要完成的任务和活动，规范了每个阶段的输入和输出，并且为开发过程定义了一个框架，将必要的活动都映射到框架中。

包含：瀑布模型、喷泉模型、原型模型、增量模型、螺旋模型、统一软件开发模型、敏捷模型。

4. 统一过程模型的特点是什么？

RUP 模型主要适用于规模比较大、团队成员比较多的项目。其开发过程比较全面，比较完备，对风险控制和进度管理都有质量保证，都有很好的效果。但是，因为其配套的管理过程等比较复杂，所以不太适合规模比较小、简单的项目。

5. 与传统软件开发模型相比，敏捷模型的优势是什么？

敏捷方法是一种轻量级的软件工程方法，相对于传统的方法，敏捷模型强调人与人之间沟通的重要性以及开发过程的简洁性。

敏捷模型避免了传统的重量级软件开发过程复杂、文档烦琐和对变化的适应性比较弱等弊端，强调软件开发过程中团队成员之间的交流、过程的简洁性、用户反馈、对决定的信心和人性化的特征。

6. 面向对象的开发方法有哪些？

有 Booch 方法、OOD 方法、OMT 方法、UML 等。

7. 软件重用技术的意义在哪里，为什么要提倡软件重用？

软件重用的意义在于为了避免软件开发这种复杂过程的重复性。软件重用技术也是作为一种软件开发的方法存在的，即采用已经存在的软件产品，如代码片段、模块等，然后再进行加工而开发出新的软件的过程。

8. UML 2.0 语言都包含哪些图？

UML 2.0 共支持 13 种图示，其中包括 6 种结构图和 7 种行为图。

其中，静态模型图包括类图、组织结构图、组件图、部署图、对象图和包图；行为图也叫动态图，包括活动图、交互图、用例图和状态机图。

9. 闭源软件和开源软件的区别是什么？请举出其各自的代表。

开源软件是一种源代码可以任意获取的计算机软件，这种软件的版权持有人在软件协议的规定之下保留一部分权利并允许用户学习、修改、增进提高这款软件的质量。一些著名的开源软件有 Linux、Eclipse、Emacs、Apache、Mozilla Firefox、Chromium 等。

闭源软件是相对于开源软件而言的，被用于指代任何没有资格作为开源许可术语的程序，这就意味着使用者只能得到一个二进制程序而没有源代码。这类软件一般都是商业软件，如 Windows 系列、Office 系列、IOS 系列以及 Oracle 数据等，均以盈利为目的，相比于开源软件具有更稳定的特性。

10. 为什么要保护软件的知识产权，为了抵制盗版软件，我们都应该做些什么？

盗版软件涵盖了音乐、游戏、应用等，大部分的盗版软件都有内置广告或木马等，也有潜在的病毒和恶意软件等，会给用户带来极大的风险。盗版软件使用者还将承担法律风险，生成、传播和使用盗版软件的组织和个人都有可能被告侵权。盗版软件一般还存在一定的缺陷和使用问题，如数据丢失等，采用盗版软件无法获得正常的维护和修缮服务，由此带来的损失可能远超盗版所节约的成本。除此之外，盗版软件带来的最大的危害就是打击了软件产业。软件的开发和维护都要投入巨大的成本，盗版软件的猖狂会使开发软件的人的积极性下降，无法使开发人员投入更多的精力研发更好的软件系统，最终受害的还是我们自己。

我们应该从自身做起，拒绝使用盗版软件，并且积极宣传抵制盗版软件。

第 9 章　数据库

（一）填空题

1. 逻辑一致、存储、维护、服务
2. 数据库、数据库管理系统、应用系统
3. 外部用户
4. 完整性、安全性、并发控制
5. 概念数据模型、逻辑数据模型、物理模型
6. 属性
7. 允许一个及以上的节点没有父节点、一个节点可以有多于一个的父节点
8. 域完整性、实体完整性、参照完整性、用户定义完整性
9. E-R
10. 数据定义语言、数据查询语言、数据操纵语言、数据控制语言

（二）选择题

1-5. BDCAB　　6-10. DCABC　　11-15. DACDC　　16-18. BDC

（三）简答题

1. 简述文件系统阶段管理数据的缺陷。

（1）数据不保存；

（2）没有对数据进行管理的软件系统；

（3）没有文件概念；

（4）一组数据对应一个程序，数据面向应用。

2. 数据库系统有哪些特点？

数据结构化、数据共享、减少了数据冗余、有较高的数据独立性、有方便的用户接口、有统一的数据管理与控制功能。

3. 基于记录的逻辑模型分为哪几种，每种有哪些特点？

层次模型：

- 一定有且只有一个位于树根的节点，称为根节点；
- 一个节点下面可以没有节点，即向下没有分支，那么该节点称为叶节点；
- 一个节点可以有一个或多个分支节点，前者称为父节点，后者称为子节点；
- 拥有相同父节点的子节点互相为兄弟节点；
- 除根节点外，其他任何节点有且只有一个父节点。

网状模型：

- 允许一个及以上的节点没有父节点；
- 一个节点可以有多于一个的父节点。

关系模型：

- 建立在关系数据理论之上，有可靠的理论基础；
- 可以描述一对一、一对多和多对多的联系；
- 表示的一致性。实体本身和实体间联系都使用关系描述；
- 关系的每个分量具有不可分性，也就是不允许表中表。

4. 关系模型中的完整性约束分为哪几类，各类约束的对象是什么？

（1）域完整性：域完整性是指关系中的属性必须满足的数据类型或取值范围的约束。

（2）实体完整性：实体完整性要求关系中的主属性不能为空值且取值唯一。

（3）参照完整性：参照完整性对主键和外键的一致性进行了约束。

（4）用户定义完整性：用户定义的完整性是针对某一具体关系数据库的约束条件，反映某一具体应用所涉及的数据必须满足的语义要求。

5. 列举 SQL 的 4 个核心部分以及每一部分完成的功能。

- 数据定义语言：用于建立、删除和改变基本表、视图、索引等结构。
- 数据查询语言：用于从数据库中获取制定数据，是数据库的核心操作。
- 数据操纵语言：用于插入、删除和修改数据。
- 数据控制语言：用于对表和视图进行授权、完整性规则描述、事务控制等。

第 10 章　计算机网络

（一）填空题

1. 通信设备、线路、计算机系统、资源共享、信息传递
2. 连通性、共享性
3. ARPANET
4. 数据通信、资源共享、提高性能、分布处理
5. 分组交换
6. 带宽

7. 分层思想

8. 运输层

9. 应用

10. Linux、Apache、MySQL/MariaDB：PHP/Python/Perl

（二）选择题

1-5. BDDAC　　6-10. DBDAA　　11-15. CBCAD　　16-17. BD

（三）简答题

1. 简述计算机网络发展的4个阶段及各阶段特点。

第一阶段：计算机—终端。主要特征是：将地理位置分散的多个终端通信线路连到一台中心计算机上，用户可以在自己办公室内的终端键入程序，通过通信线路传送到中心计算机，分时访问和使用资源进行信息处理，处理结果再通过通信线路回送到用户终端显示或打印。

第二阶段：以通信子网为中心的计算机网络。主要特征为：将分布在不同地点的计算机通过通信线路互连成为计算机－计算机网络，连网用户可以通过计算机使用本地计算机的软件、硬件与数据资源，也可以使用网络中的其他计算机软件、硬件与数据资源，以达到资源共享的目的。

第三阶段：网络体系结构标准化阶段。主要特征是：局域网络完全从硬件上实现了国际标准化组织的开放系统互连通信模式协议的能力。

第四阶段：网络互连阶段。主要特征是：计算机网络化，各种网络进行互连形成更大规模的互连网络，协同计算能力发展以及因特网的盛行。

2. 因特网核心部分和边缘部分分别完成哪些工作？

核心部分：主要负责为边缘部分提供连通性和信息交换等服务，这是通过分组交换方法采用存储转发技术实现的，而路由器是实现分组交换的主要设备，其执行的工作是转发收到的分组。

边缘部分：用户通过因特网服务和主机内部的相应软件，进行资源共享和数据通信等一般意义上的“上网”功能。

3. 简述TCP/IP四层结构模型中各层功能。

应用层：应用层的任务是为网络中两个主机进程之间建立交互以完成基于网络的各种应用。

运输层：运输层的任务是向进程之间的通信提供通用的数据传输服务。

网络层：网络层的任务是为不同主机提供通信服务。

网络接口层：网络接口层的任务是在物理介质上传送数据。

第11章　信息安全

（一）填空题

1. 网络攻击、恶意软件、非法入侵

2. 完整性、保密性、可用性、可控性、不可否认性

3. 数据完整性、鉴别、数据保密、访问控制、不可否认

4. 应用先进的技术、建立严格的安全管理制度、制定严格的法律法规

5. 古代手工加密阶段、古典机械加密阶段、现代加密技术

6. Hash函数、MD5算法、SHA-1算法

7. 信息的保密性、交易者身份的确定性、不可否认性、不可修改性

8. Creeper、求职信病毒、红色代码病毒、震荡波病毒（只需回答出4个即可）

9. 对内部网络进行访问控制、对网络访问进行日志记录、强化安全策略、保护内部信息

10. 多重宿主主机防火墙、屏蔽主机防火墙、屏蔽子网防火墙

（二）选择题

1-5. C D D B B　　　6-10. A B B B B

（三）简答题

1. 请简述信息安全的重要性。

随着计算机技术的发展，人们越来越依赖于计算机和网络系统来存储文件和信息，维护信息安全的重要性也越来越高。对于商业用户来讲，信息的泄露会带来财产的损失，用户数据的丢失会导致用户对公司发出投诉以及用户的流失。如果商业公司的网络被攻击，则会极大地影响公司的用户忠诚度。对于银行和国防这些涉及国家安全的产业来说，如果计算机系统被破坏或入侵，那么将会导致国家安全的极大威胁。对个人来讲，一旦存储在云空间和计算机系统的个人的隐私和数据被泄露，会给个人带来极大的社会损失和经济损失。

2. 简要叙述信息安全中与5种目标对应的5种服务。

对应的5种服务分别是：（1）数据完整性。数据完整性用于保证所接受的数据未经过复制、插入、篡改、重排和重放，用于对付主动攻击。此外，还可能对遭受一定程度破坏的数据进行恢复。（2）鉴别。鉴别用来保证通信的真实性，一方面确保双方实体是可信的，另一方面可确保该连接不被第三方干扰。（3）数据保密。数据保密用于保护数据以防止被攻击。（4）访问控制。访问控制用于防止对网络资源的非授权访问，保证系统的可控性。（5）不可否认。不可否认是用于防止通信双方中某一方抵赖所传输的信息。

3. 请说明信息安全策略应该包含哪些部分。

（1）应用先进的技术。先进的技术是信息安全的重要保证，根据用户的需求采用相应的安全机制，集成先进的安全技术，形成一个全方位的安全系统，以更好地保护信息安全。（2）建立严格的安全管理制度。各个信息系统使用机构、企业或单位应该根据本单位的具体情况建立相应的信息安全管理办法，加强内部管理，建立审计和跟踪机制，提高整体信息安全意识。（3）制定严格的法律、法规。相比于现实生活中的实体事务，计算机网络在一定程度上被认为是虚拟的事务，缺乏相应的法律和法规来限制网络犯罪活动。因此，必须建立起与信息安全相关的法律和法规，震慑破坏信息安全的违法犯罪活动。

4. 简述对称密钥加密术的缺点。

（1）密钥的交换过程很不方便。由于在加密和解密过程中使用的是同一个密钥，所以密钥需要事先分发，在网络上分发密钥的做法存在巨大的安全隐患，在线下进行密钥分发成本又非常高。（2）密钥的规模比较庞大。由于收发双方要使用的是同一个密钥，多人进行通信时，密钥数目就会呈几何级数的增长。（3）无法提供身份鉴别和不可否认的特性。

5. 简要叙述数字证书的作用。

数字证书就是在互联网通信中标志通信双方身份信息的一串数字，提供了一种在 Internet 上验证实体身份的机制，人们可以利用它在网上识别对方的身份。数字证书保证了交易中的信息的保密性、交易者身份的确定性、不可否认性以及不可修改性。

6. 简要总结计算机病毒的危害。

（1）对计算机数据信息造成破坏。大部分计算机病毒的破坏手段有格式化磁盘，改写文件分配表和目录区，删除重要文件或使用无意义的垃圾数据改写文件，破坏 CMO 设置等。（2）占用磁盘空间，破坏磁盘信息。寄生在磁盘上的病毒会占用磁盘的空间，尤其是进行大量自我复制的病毒，会占用相当一部分的空间来存储自身。（3）抢占系统资源，影响系统使用。病毒为了方便

自身的复制和传播，占用了一部分的内存资源。（4）盗取个人信息。现在的计算机病毒已经不再是单纯地为了娱乐而编写，更多目的是盗取个人信息，如账户密码信息、银行卡信息，甚至是授权身份验证信息等。

7. 简要叙述一下如何应对计算机病毒，应该养成怎样的习惯？

计算机病毒的防治主要分为计算机病毒的预防、检测、清除和软件查杀等。解决病毒攻击的最好方法就是预防病毒。预防主要采取的手段就是对系统进行监控，及时清除发现的异常文件和养成良好的上网和使用电脑习惯等。对计算机病毒的检测方法较多，日常可以使用杀毒软件来对病毒进行检测。如果确定了病毒文件，对病毒进行查杀采取的措施有杀毒软件清除法、重装系统并格式化磁盘以及手工的清除方法。对于日常使用来说，安装杀毒软件是非常有效的防护措施。

8. 概述防火墙的功能。

（1）对内部网络的访问控制。在防火墙的存在下，只有经过精心选择的应用协议才能通过防火墙，可以防止外部的攻击者使用这些脆弱的协议来攻击内部网络。（2）对网络访问进行日志记录。防火墙能够记录下经过防火墙的访问行为，同时能够提供网络使用情况的统计数据。另外，防火墙记录的日志能够为分析清楚防火墙是否能够抵挡攻击者的探测和攻击，并且清楚防火墙的控制是否充足，同时也对网络需求分析和威胁分析提供重要的依据。（3）强化安全策略。以防火墙为核心的安全方案配置，能够将所有的安全软件（如密码、加密、身份认证、审计等）都配置在防火墙上。（4）保护内部信息，防止外泄。利用防火墙对内部网络进行划分，可实现内部重点网段的隔离，从而防止了局部重点或敏感网络安全问题对全局网络造成的影响。

9. 简述本章中提到的4种防火墙的区别。

按照技术划分，可以分为包过滤防火墙和代理型防火墙。包过滤的规则主要是根据数据包的各个字符进行过滤，包括源地址、端口号以及协议类型等，代理型防火为每一个服务都建立了一个代理，防火墙将所有的网络访问都阻断，内部网络和外部网络之间的访问都通是过相应的代理审核之后转发的。按照防火墙的具体实现可以分为多重宿主主机防火墙、屏蔽主机防火墙和屏蔽子网防火墙。

第12章　计算机科学发展前景

（一）填空题

1. 理论计算科学、应用计算科学
2. 计算机体系结构和工程、计算机图形和视觉、计算科学
3. 获取、加工、存储、分析
4. 戈登·摩尔
5. 多核化趋势依然明显、集成化程度会进一步提高、功耗会进一步降低
6. 网络化、全球化
7. 内容
8. 传感器技术、组网和互联技术、全球定位技术、智能技术
9. 私有云、社区云
10. 大量、多样、高速、价值

（二）选择题

1-5. ACDCD　　6-10. ADCDD

（三）简答题

1. 请简述计算机科学的诞生过程。

古希腊时期开始存在算盘这类的计算固定数值任务的机器。Wilhelm Schickard 在 1623 年设计了世界上第一台机械计算器。1900 年左右，打孔机器问世，可以算作是计算机科学的起源。

到了 20 世纪 40 年代，随着更新更强大的计算机器被发明，计算机的概念变得更加清晰，它不仅仅用于数学运算，而且还用来处理音频视频等领域。

随着时间的推移，计算机科学技术在可用性和有效性上都有显著提升。现代社会见证了计算机从仅仅由专业人士使用到被广大用户接受的重大转变。

到目前为止，计算机科学已经成为了科学领域内的一门重要的学科，计算机在社会生活中起到的作用也越来越大。

2. 请简述计算机学科的研究领域和发展方向。

作为一门非常重要的学科，计算机科学涵盖了从算法的理论研究和计算的极限，到如何通过硬件和软件实现计算系统。计算机学科的发展领域主要涵盖了计算理论、算法与数据结构、编程方法与编程语言，以及计算机组成与架构 4 个基础的方面。此外，计算机学科学还包含了其他一些重要领域，如软件工程、人工智能、计算机网络与通信、数据库系统、并行计算、分布式计算、人机交互、计算机图形学、操作系统，以及数值和符号计算等。

3. 计算机科学与哪些学科形成了交叉学科，请举例说明。

计算机学科与生物学科交叉：通过对生物学实验数据的获取、加工、存储和分析，达到揭示数据蕴含的生物学意义。

计算学学科与物理学交叉：计算机对物理学的最直接的影响就是利用计算机的高效率缩短了研究时间，简化了研究步骤，甚至直接降低了研究难度。

计算机学科与化学交叉：计算化学是理论化学的一个分支，主要是利用有效的数学近似以及电脑程序计算分子的性质，如总能量、偶极矩、四极矩、振动频率、反应活性等，并用以解释一些具体的化学问题。

计算机学科与艺术的交叉：设计艺术和计算机技术相结合，计算机艺术制作和新颖的设计创意结合会产生出真正的计算机艺术设计作品。在工业设计中，CAD 制图工具已经在业内领域广泛使用，在工程类项目中起到了很大的作用。

4. 摩尔定律揭示了怎样的一个规律？

集成电路上可容纳的电晶体（晶体管）数目，约每隔 18 个月便会增加一倍。这一定律揭示了信息技术进步的速度。

5. 计算机的进一步集成趋势是怎样的趋势？

从计算机硬件的发展历史来看，计算机的集成度提高是始终的发展趋势。

计算机的集成度一方面体现在单个元器件的芯片集成度，另一方面，计算机硬件的集成度也体现在各个设备的整合和集成上。单个设备的集成程度会越来越高，那么就会导致元件的大小会相应变小，这也为设备之间的集成和整合提供了便捷。

6. 请简述软件的网络化和服务化是什么，与传统的软件使用和购买方式有什么区别？

传统的软件一般都是安装在本地，一次性付费，这样数据都是本地性处理，速度比较快。但是相对而言，这些软件安装和使用方式升级和维护的成本比较高，容易感染病毒和木马，威胁到计算机文件信息的安全，此外还需要考虑安装的各种因素。现今，随着 ASP 热潮的冷却，SaaS（Software-as-a-Service，软件即服务）作为一种新型软件服务形式，正在全球兴起。这种软件即服务的形式有共同的优点，如按使用时间收费，总体成本低，数据在服务器上存储，不受地点限制，无需安装，即购即用，网络操作简单等。软件的网络化和服务化由此兴起。

软件的网络化和服务化改变了软件的价值观念，也为软件产业的发展开辟了新的道路。

7. 请简要概述软件全球化的优点和挑战。

首先，软件全球化能够在业务或地理市场的新的领域中获得市场份额，获得比较灵活的人员配备模型和低成本的劳动力。其次，软件全球化能够利用具有业务专长和经验的外包提供者来满足具体领域的新的需求或革新。最后，软件全球化能够利用比较低的人力资源和有经验的外包人员来获得更强的竞争力，通过时区的差异性覆盖可以增加速度和减少成本。

然而，软件全球化的挑战也是显著的。首先，团队之间沟通的不便捷、文化和语言障碍等会导致工作传递中的错误、重复工作增加，以及生产力增加。其次，跨多个地点和时区的协调工作比集中的项目更耗费时间和成本，对在所有地点上的开发活动的可见性和控制是一个挑战，特别是当与其他公司或不同时区的团队合作时。最后，不同公司之间的基础结构和项目标准不同可能会导致对于项目成功的度量比较困难，决策的实施也会遇到不同的阻力。

8. 请简述在计算机诞生以来信息交流方式的改变。

互联网的崛起通过人与电脑的交互，将实现信息交流的实时化，跨越空间、时间。所有这些极大地解放和发展了社会生产力，极大地降低了人们的交流成本，使人类的协作实时化，过程精确化，生活效应化，促进了社会进步。

9. Web 1.0 和 Web 2.0 以及 Web 3.0 之间的区别是什么？

与 Web 1.0 相比，Web 2.0 的任务是将这些知识，通过每个用户的浏览求知的力量协作工作，把知识有机地组织起来，在这个过程中继续将知识深化，并产生新的思想火花。Web 2.0 则更注重用户的交互作用，用户既是网站内容的消费者(浏览者)，也是网站内容的制造者。从交互性上讲，Web 1.0 是网站对用户为主，Web 2.0 是人与人之间的分享为主。总的来说，Web 2.0 时代，用户在互联网上的作用越来越大，他们贡献内容、传播内容，而且提供了这些内容之间的链接关系和浏览路径。

Web 3.0 网站内的信息可以直接和其他网站相关信息进行交互，能通过第三方信息平台同时对多家网站的信息进行整合使用；用户在互联网上拥有自己的数据，并能在不同网站上使用；完全基于 Web，用浏览器即可实现复杂系统程序才能实现的系统功能；用户数据审计后，同步于网络数据。

10. 请概述目前处于发展中的一些计算机科学方面的新型技术领域。

当前处于发展中的计算机科学新型技术领域中云计算是近年来非常热门的一项技术，是一种基于互联网的相关服务的增加、使用和交付模式。云是网络、互联网的一种比喻说法，是计算能力的一种体现。用户可以随时通过计算机、笔记本电脑、手机等方式接入云中，按照自己的需求进行计算。通过这种集中式的计算方式，甚至可以在手机上体验每秒 10 万亿次的运算能力，拥有这么强大的计算能力可以模拟核爆炸、预测气候变化和市场发展趋势。

参考文献

[1] J.Glenn Brookshear. 刘艺，等译. 计算机科学概论[M]. 第 11 版. 北京：人民邮电出版社，2011.

[2] Nell Dale，John Lewis. 张欣，等译. 计算机科学概论[M]. 第 3 版. 北京：机械工业出版社，2009.

[3] 刘艺，蔡敏. 新编计算机科学概论[M]. 北京：机械工业出版社，2013.

[4] 刘艺，蔡敏，李炳伟. 计算机科学概论[M]. 北京：人民邮电出版社，2008.

[5] 袁方，王兵，李继民. 计算机导论[M]. 第 3 版. 北京：清华大学出版社，2004.

[6] 张凯. 计算机导论[M]. 北京：清华大学出版社，2012.

[7] 黄国兴，陶树平，丁岳伟. 计算机导论[M]. 第 3 版.北京：清华大学出版社，2004.

[8] 战德臣，聂兰顺等. 大学计算机：计算思维导论[M]. 北京：电子工业出版社，2013.

[9] Linda Null，Julia Lobur. 计算机组成与体系结构[M]. 北京：机械工业出版社，2004.

[10] 谢希仁. 计算机网络[M]. 第 6 版. 北京：电子工业出版社，2013.

[11] P. J. Deitel，H. M. Deitel. 张引，等译. C++大学教程[M]. 第 7 版. 北京：电子工业出版社，2010.

[12] 李春葆，尹为民等. 数据结构教程[M]. 第 3 版. 北京：清华大学出版社，2009.

[13] 张莉，杨海燕，史晓华等. 编译原理及编译程序构造[M]. 北京：清华大学出版社，2011.

[14] 吕云翔，王昕鹏，邱玉龙. 软件工程：理论与实践[M]. 北京：人民邮电出版社，2012.

[15] 林广艳. 软件工程过程（高级篇）[M]. 北京：清华大学出版社，2011.

[16] A. Silberschatz. 郑扣根，等译. 操作系统概念[M]. 第 6 版. 北京：高等教育出版社，2004.

[17] T. H.Cormen，C. E.Leiserson，R. L.Rivest，C. Stein. 殷建平，徐云，等译. 算法导论[M]. 第 3 版. 北京：机械工业出版社，2013.

[18] A. Silberschatz. 杨冬青，等译. 数据库系统概念[M].第 6 版. 北京：机械工业出版社，2012.